高职化工类
模块化系列教材

化工设备与识图

刘德志　主编
李浩　訾雪　副主编

化学工业出版社
·北京·

内 容 简 介

《化工设备与识图》借鉴了德国职业教育“双元制”教学的特点，以模块化教学的形式进行编写。全书内容按照学生的基本认知规律进行设置，先对化工设备进行感性认知，再学习化工设备识图，共分为五个模块，即化工设备类别认知、化工设备结构认知、制图标准规范、零件图绘制、化工设备图纸识读。内容涉及化工静设备、动设备（机泵）和管道的类别和基本结构内容，通过绘制化工零部件图，深入学习各零部件的知识和掌握化工设备图纸的识读技巧，并介绍了常见化工设备图纸的基本内容。

本书可作为高等职业教育化工技术类专业师生教学用书。

图书在版编目（CIP）数据

化工设备与识图/刘德志主编；李浩，訾雪副主编. —北京：化学工业出版社，2022.9（2024.8 重印）

ISBN 978-7-122-41912-5

Ⅰ.①化… Ⅱ.①刘… ②李… ③訾… Ⅲ.①化工设备-识图-高等职业教育-教材 Ⅳ.①TQ050.2

中国版本图书馆 CIP 数据核字（2022）第 137890 号

责任编辑：王海燕 提 岩　　文字编辑：林 丹 吴开亮

责任校对：王 静　　装帧设计：王晓宇

出版发行：化学工业出版社（北京市东城区青年湖南街 13 号 邮政编码 100011）

印 刷：北京云浩印刷有限责任公司

装 订：三河市振勇印装有限公司

787mm×1092mm 1/16 印张 19¼ 字数 458 千字 2024 年 8 月北京第 1 版第 3 次印刷

购书咨询：010-64518888　　售后服务：010-64518899

网 址：http://www.cip.com.cn

凡购买本书，如有缺损质量问题，本社销售中心负责调换。

定 价：49.80 元

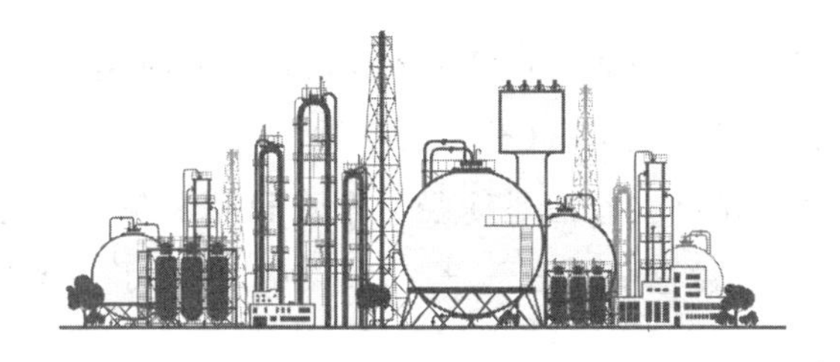

高职化工类模块化系列教材

编 审 委 员 会 名 单

序

目前，我国高等职业教育已进入高质量发展时期，《国家职业教育改革实施方案》明确提出了“三教”（教师、教材、教法）改革的任务。三者之间，教师是根本，教材是基础，教法是途径。东营职业学院石油化工技术专业群在实施“双高计划”建设过程中，结合“三教”改革进行了一系列思考与实践，具体包括以下几方面：

1. 进行模块化课程体系改造

坚持立德树人，基于国家专业教学标准和职业标准，围绕提升教学质量和师资综合能力，以学生综合职业能力提升、职业岗位胜任力培养为前提，持续提高学生可持续发展和全面发展能力。将德国化工工艺员职业标准进行本土化落地，根据职业岗位工作过程的特征和要求整合课程要素，专业群公共课程与专业课程相融合，系统设计课程内容和编排知识点与技能点的组合方式，形成职业通识教育课程、职业岗位基础课程、职业岗位课程、职业技能等级证书（1＋X证书）课程、职业素质与拓展课程、职业岗位实习课程等融理论教学与实践教学于一体的模块化课程体系。

2. 开发模块化系列教材

结合企业岗位工作过程，在教材内容上突出应用性与实践性，围绕职业能力要求重构知识点与技能点，关注技术发展带来的学习内容和学习方式的变化；结合国家职业教育专业教学资源库建设，不断完善教材形态，对经典的纸质教材进行数字化教学资源配套，形成“纸质教材＋数字化资源”的新形态一体化教材体系；开展以在线开放课程为代表的数字课程建设，不断满足“互联网＋职业教育”的新需求。

3. 实施理实一体化教学

组建结构化课程教学师资团队，把“学以致用”作为课堂教学的起点，以理实一体化实训场所为主，广泛采用案例教学、现场教学、项目教学、讨论式教学等行动导向教学法。教师通过知识传授和技能培养，在真实或仿真的环境中进行教学，引导学生将有用的知识和技能通过反复学习、模仿、练习、实践，实现“做中学、学中做、边做边学、边学边做”，使学生将最新、最能满足企业需要的知识、能力和素养吸收、固化成为自己的学习所得，内化于心、外化于行。

本次高职化工类模块化系列教材的开发，由职教专家、企业一线技术人员、专业教师联合组建系列教材编委会，进而确定每本教材的编写工作组，实施主编负责制，结合化工行业企业工作岗位的职责与操作规范要求，重新梳理知识点与技能点，把职业岗位工作过程与教学内容相结合，进行模块化设计，将课程内容按知识、能力和素质，编排为合理的课程模块。

本套系列教材的编写特点在于以学生职业能力发展为主线，系统规划了不同阶段化工类专业培养对学生的知识与技能、过程与方法、情感态度与价值观等方面的要求，体现了专业教学内容与岗位资格相适应、教学要求与学习兴趣培养相结合，基于实训教学条件建设将理论教学与实践操作真正融合。教材体现了学思结合、知行合一、因材施教，授课教师在完成基本教学要求的情况下，也可结合实际情况增加授课内容的深度和广度。

本套系列教材的内容，适合高职学生的认知特点和个性发展，可满足高职化工类专业学生不同学段的教学需要。

高职化工类模块化系列教材编委会

2021 年 1 月

前言

我们的生活已经离不开化学化工，遍观周围，几乎所有事物都与化学化工有关。而化工产品生产过程的正常进行，产品质量和产量的控制和保证，离不开化工设备的正常运转，因此化工设备的安全运行对于整个化工企业的生产有着极其重要的意义。

化工行业在生产中对化工设备的要求非常高。化工设备安全管理必须坚持遵循“预防为主，检修为辅”的管理原则，尽早发现，及时采取有效预防措施，确保设备安全、正常、稳定运行。要保障化工设备正常运行，现场操作人员必须熟悉设备用途、结构及工作原理，掌握设备操作规程和检维修相关技能。

本教材根据企业的生产实际需要和学生的基本认知规律，从简单到复杂、从单一到综合、从感性认识到理性认识，系统设置了化工设备类别认知、化工设备结构认知、制图标准规范、零件图绘制与化工设备图纸识读五个学习模块。通过设计【学习目标】、【任务描述】、【必备知识】、【任务实施】、【考核评价】等内容，引导学生在课堂上“想一想”“学一学”“练一练”，从而主动建构自己的认知结构，提升课堂教学的有效性。

本书由刘德志主编，李浩、訾雪副主编。刘德志编写模块一，李浩编写模块二，訾雪编写模块三、模块四，刘倩编写模块五的任务一，杨林编写模块五的任务二，韩宗编写模块五的任务三，向玉辉编写模块五的任务四，最后由刘德志、李浩、訾雪统稿。本书由东营职业学院的孙士铸教授主审。本书在编写过程中得到秦皇岛博赫科技开发有限公司的大力支持，也得到华泰化工集团有限公司、富海集团有限公司等有关领导及同志的大力帮助，在此表示衷心的感谢！

由于编者水平有限，书中难免有不当之处，望读者给予指正。

编者

2022 年 7 月

目录

模块一

化工设备类别认知

化工生产过程中需要使用多种机器、容器、管道，如各种形式的压缩机、泵、换热设备、反应设备、塔设备、干燥设备、分离设备、储罐、炉子、管子、管件等，以完成生产过程中的各种化学反应、热交换、不同成分的分离、各种原料（包括中间产物）的传输、气体压缩、原料和产品的储存等。从事化工生产工作，应熟悉化工生产过程中常见的机器、容器、管道等设备。

任务一
静设备类别认知

学习目标

知识目标

（1）掌握静设备的种类与用途。

（2）掌握静设备的工作原理与特点。

能力目标

（1）能辨识生产装置中的静设备。

（2）能说出静设备在化工生产中的作用。

素质目标

（1）通过规范学生的着装、工具使用、文明操作等，培养学生的安全意识。

（2）通过信息收集、小组讨论、练习、考核等教学活动，培养学生追求卓越的工匠精神、主动探索的科学精神和团结协作的职业精神。

（3）通过实训场地的整理、整顿、清扫、清洁，培养学生的劳动精神。

任务描述

化工设备包括静设备和动设备。静设备是指设备中没有相对运动的机构（有些静设备中带有运动的传动装置，如反应釜），如储运设备、换热设备、塔设备、反应设备等；动设备即化工机器，机器中有相对运动的机构，如泵、压缩机等。

小王作为化工厂的一名生产人员，要求熟知常见的静设备及用途。

一、化工容器的分类

化工设备尺寸大小不一，形状结构不同，内部构件的形式更是多种多样，但是它们都有一个外壳，这个外壳就称作化工容器，它是化工设备的一个基本组成部分。因化工容器通常承受一定压力，故又称为压力容器。

（1）按制造方法分　根据制造方法的不同，压力容器可分为焊接容器、铆接容器、铸造容器、锻造容器、热套容器、多层包扎容器和绕带容器等。

（2）按承压方式分　压力容器按承压方式分为内压容器和外压容器。

（3）按厚度分　压力容器按厚度分为薄壁容器和厚壁容器。

区分厚壁与薄壁的指标是径比，即 $K=D_o/D_i$，D_o 和 D_i 分别表示容器的外直径和内直径。当 $K>1.2$ 时，为厚壁容器；$K\leqslant1.2$ 时，为薄壁容器。中、低压容器通常为薄壁容器，高压与超高压容器则一般为厚壁容器。

（4）按工作压力分　工作压力是指正常工作情况下容器顶部可能达到的最高压力，压力容器按工作压力可划分如下：

① 低压（代号为 L），$0.1\text{MPa}\leqslant p<1.6\text{MPa}$；

② 中压（代号为 M），$1.6\text{MPa}\leqslant p<10\text{MPa}$；

③ 高压（代号为 H），$10\text{MPa}\leqslant p<100\text{MPa}$；

④ 超高压（代号为 U），$p\geqslant100\text{MPa}$。

（5）按设计温度分　设计温度是指容器在正常工作过程中，在相应的设计压力下，壳壁或受压元件的金属可能达到的最高或最低壁温（值≤−20℃时）。

压力容器按设计温度可划分为低温容器、常温容器、中温容器和高温容器。

① 低温容器：$T_{设}\leqslant-20℃$。

② 常温容器：$-20℃<T_{设}<150℃$。

③ 中温容器：$150℃\leqslant T_{设}<400℃$。

④ 高温容器：$T_{设}\geqslant 400℃$。

（6）按压力容器在生产工艺过程中的作用原理分　压力容器根据在生产工艺过程中的作用原理，可分为反应压力容器、换热压力容器、分离压力容器、储运压力容器 4 种，具体划分如下。

① 反应压力容器（代号 R）。主要是用于完成介质的物理、化学反应的压力容器，如反应器、反应釜、聚合釜、高压釜、合成塔、蒸压釜、煤气发生炉等。

② 换热压力容器（代号 E）。主要是用于完成介质热量交换的压力容器，如管壳式余热锅炉、热交换器、冷却器、冷凝器、蒸发器、加热器等。

③ 分离压力容器（代号 S）。主要是用于完成介质流体压力平衡缓冲和气体净化分离的压力容器，如分离器、过滤器、集油器、缓冲器、干燥塔等。

④ 储运压力容器（代号 C，其中球罐代号 B）。主要是用于储运、盛装气体、液体、液化气体等介质的压力容器，如液氨储罐、液化石油气储罐等。

在一种压力容器中，如同时具备两个以上的工艺作用原理，应按工艺过程中的主要作用来划分品种。

二、储运设备

储运设备（储罐）主要是指用于储存与运输气体、液体、液化气体等介质的设备。按几何形状分为卧式圆柱形储罐、立式储罐、球形储罐，如图 1-1-1 所示。

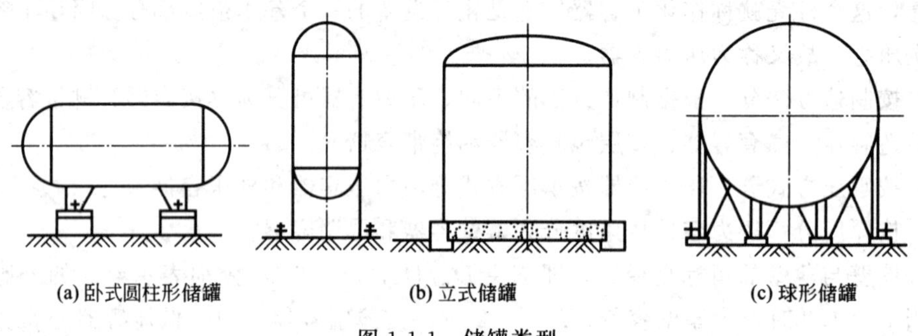

(a) 卧式圆柱形储罐　　(b) 立式储罐　　(c) 球形储罐

图 1-1-1　储罐类型

1. 卧式圆柱形储罐

卧式圆柱形储罐属于典型的卧式压力容器，基本结构如图 1-1-2 所示，主要由筒体、椭圆形封头、支座、法兰接管、安全附件等组成，其中支座通常采用鞍式支座。因受运输条件等限制，这类储罐的容积一般在 $100m^3$ 以下，最大不超过 $150m^3$；若是现场组焊，其容积可更大一些。

2. 立式储罐

立式储罐属于大型仓储式常压或低压储运设备，主要用于储存压力不大于 0.1MPa 的消防水、石油、汽油等常温条件下饱和蒸气压较低的物料。立式储罐按罐顶结构可分为固定顶储罐和浮顶储罐两大类。

（1）固定顶储罐　固定顶储罐按罐顶的形式可分为锥顶储罐、拱顶储罐、伞形顶储罐和

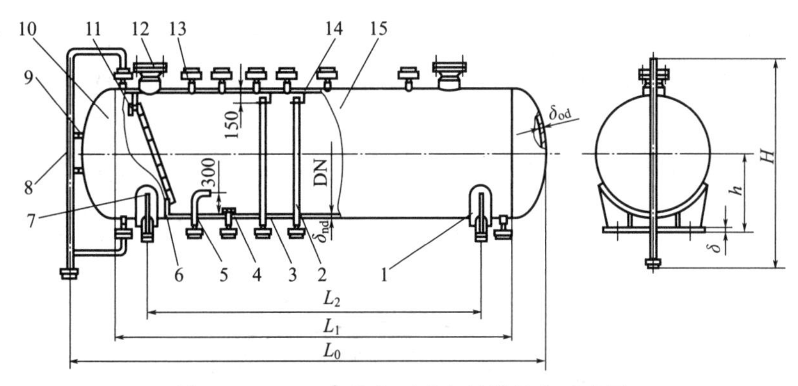

图 1-1-2 100m^3 液化石油气储罐结构示意图

1—活动支座；2—气相平衡引入管；3—气相引入管；4—出液口防涡器；5—进液口引入管；6—支撑板；7—固定支座；8—液位计连通管；9—支撑；10—椭圆形封头；11—内梯；12—人孔；13—法兰接管；14—管托架；15—筒体

网壳顶储罐。拱顶储罐的罐顶类似于球冠形封头，结构一般是自支撑拱顶，如图 1-1-3 所示。这类罐可承受较高的饱和蒸气压，蒸发损耗较少，它与锥顶储罐相比耗钢量少，但罐顶气体空间较大，制作时需用模具，是国内外广泛采用的一种储罐结构。国内最大的拱顶储罐容积为 3×10^4 m^3，国外拱顶储罐的容积已达 5×10^4 m^3。

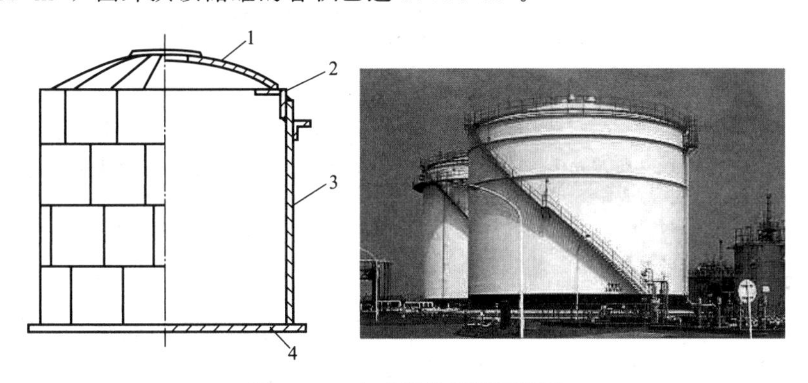

图 1-1-3 自支撑拱顶储罐简图

1—拱顶；2—包边角钢；3—罐壁；4—罐底

(2) 浮顶储罐 浮顶储罐可分为外浮顶储罐和内浮顶储罐（带盖浮顶储罐）。

外浮顶储罐的浮动顶（简称浮顶）漂浮在储液液面上，见图 1-1-4。浮顶与罐壁之间有

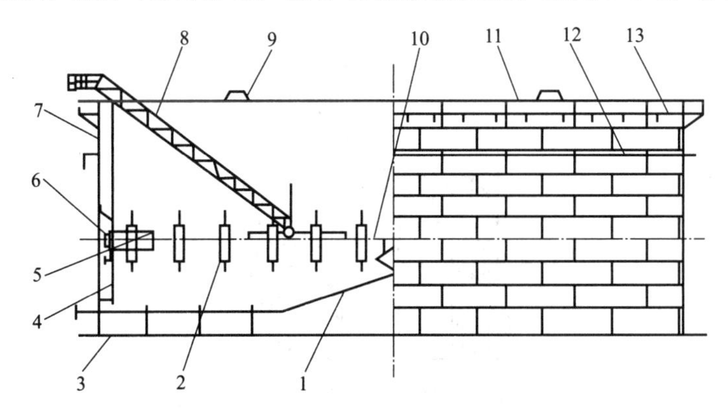

图 1-1-4 单盘式外浮顶储罐

1—中央排水管；2—浮顶立柱；3—罐底板；4—量液管；5—浮船；6—密封装置；7—罐壁；8—转动浮梯；9—泡沫消防挡板；10—单盘板；11—包边角钢；12—加强圈；13—抗风圈

一个环形空间，其内部装有密封装置，浮顶与密封装置一起构成了储液液面上的覆盖层，随着储液上下浮动，罐内的储液与大气完全隔开，以减少介质储存过程中的蒸发损耗，保证安全，并减少大气污染。

内浮顶储罐是在固定罐的内部再加上一个浮动顶盖，主要由罐体、内浮盘、密封装置、静电导线、罐壁通气孔、高液位报警器等组成，如图 1-1-5 所示。

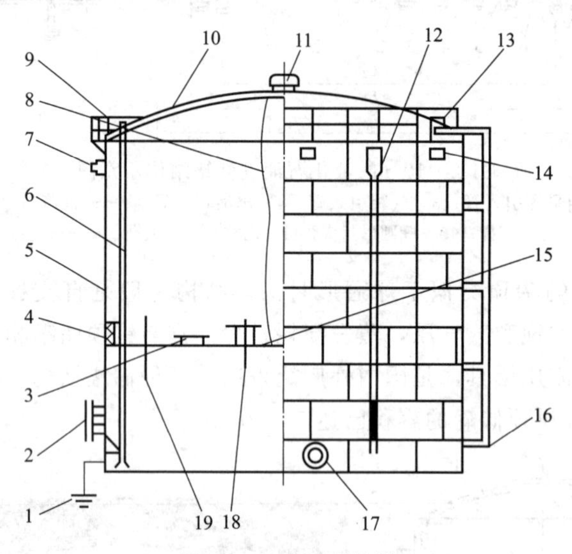

图 1-1-5　内浮顶储罐

1—接地线；2—带芯人孔；3—浮盘人孔；4—密封装置；5—罐壁；6—量油管；
7—高液位报警器；8—静电导线；9—手工量油口；10—固定罐顶；11—罐顶通气孔；12—消防口；
13—罐顶人孔；14—罐壁通气孔；15—内浮盘；16—液位计；17—罐壁人孔；18—自动通气阀；19—浮盘立柱

3. 球形储罐

球形储罐从球壳的组合方案看有橘瓣式、足球瓣式和二者组合的混合式之分。赤道正切柱式支承单层壳球形储罐见图 1-1-6，主要由罐体（包括上下极板、上下温带板和赤道板）、支柱、拉杆、操作平台、盘梯及各种附件（包括人孔、接管、液位计、压力计、温度计、安全泄放阀等）等组成。在某些特殊场合，球形储罐内还设有内部转梯、外部隔热或保温层、隔热或防火水幕喷淋管等附属设施。

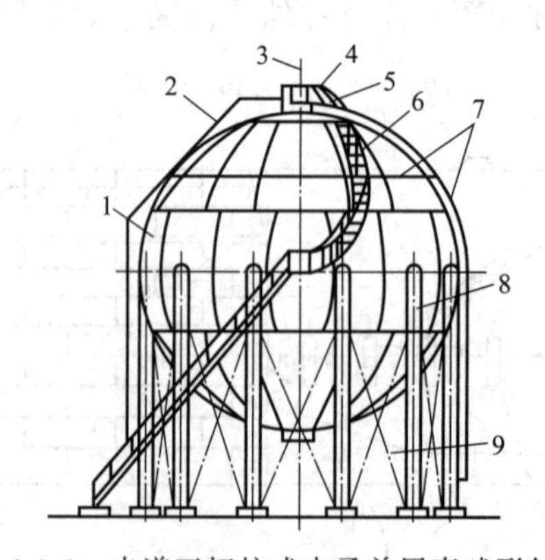

图 1-1-6　赤道正切柱式支承单层壳球形储罐

1—球壳；2—液位计导管；3—避雷针；4—安全泄放阀；5—操作平台；6—盘梯；7—喷淋管；8—支柱；9—拉杆

想一想

储运设备有哪些种类？结构上有哪些不同？

三、换热设备

在工业生产中，换热设备的主要作用是将热量由温度较高的流体传递给温度较低的流体，使流体温度达到工艺过程规定的指标，以满足工艺过程中的需要。此外，换热设备也是回收余热、废热的有效装置，例如烟道气（200～300℃）、高炉炉气（约1500℃）等的余热回收。在化工厂中，换热设备的投资占总投资的10%～20%；在炼油厂中，占总投资的35%～40%。

换热器按作用原理，即依据传热方式分类，可以分成混合式换热器、蓄热式换热器和间壁式换热器。

（一）混合式换热器

混合式换热器又称为直接接触式换热器，如图1-1-7所示。它是通过两种换热流体的直接接触与混合的作用来进行热量交换的。在实际操作中，为了获得大的接触面积，可在设备中放置格栅或填料，有时也将液体喷成细滴。冷水塔、冷却塔、洗涤塔、电厂的除氧器等都属于此类换热器。下面主要介绍冷水塔的种类和工作原理。

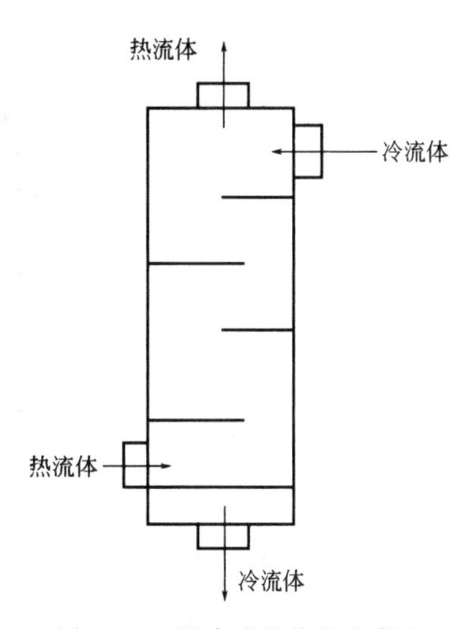

图1-1-7　混合式换热器示意图

冷水塔有很多种类，根据循环水在塔内是否与空气直接接触，可分成干式、湿式。干式冷水塔是把循环水送到安装于冷却塔中的散热器内被空气冷却，这种塔多用于水源奇缺而不允许水分散失或循环水有特殊污染的情况。湿式冷水塔则使水与空气直接接触，把水中的热传给空气，在这种塔中，水因蒸发而造成损耗，蒸发又使循环的冷却水含盐度增加，为了稳定水质，必须排放一部分含盐度较高的水，补充一定的新水，因此湿式冷水塔要有补给水源。

图1-1-8所示为湿式冷水塔的各种类型。在开放式冷水塔［图1-1-8(a)］中，利用风力和空气的自然对流作用使空气进入冷水塔，其冷却效果受到风力及风向的影响，水的散失比其他形式的冷水塔快。在风筒式自然通风冷水塔［图1-1-8(b)］中，利用较大高度的风筒，空气形成的自然对流使空气流过塔内与水接触进行传热，其特点是冷却效果比较稳定。在机械通风冷水塔中，空气以鼓风机送入［图1-1-8(c)］，或以抽风机吸入［图1-1-8(d)］，所以它具有冷却效果好和稳定可靠的特点，它的淋水密度（指单位时间内通过冷水塔的单位截面积的水量）可远高于风筒式自然通风冷水塔。按照热质交换区段水和空气两者流动方向的不同分，方向相反的为逆流塔，方向垂直交叉的为横流塔［图1-1-8(e)］。

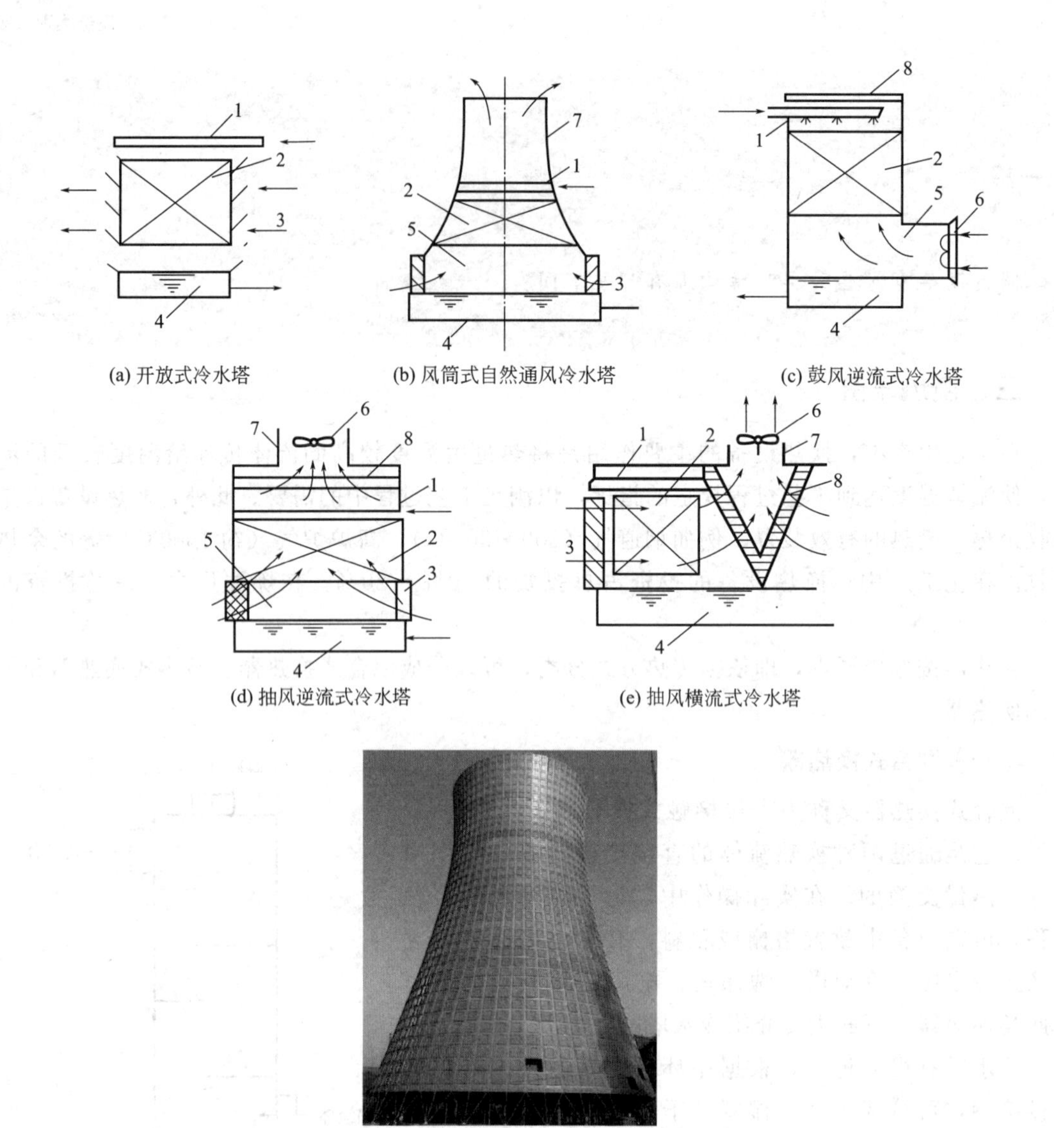

图 1-1-8　湿式冷水塔示意图

1—配水系统；2—淋水装置；3—百叶窗；4—集水池；5—空气分配区；6—风机；7—风筒；8—收水器

（二）蓄热式换热器

蓄热式换热器又称为再生式换热器，它借助固体构件（填充物）组成的蓄热体传递能量。在这类换热器中，热、冷流体依时间先后交替流过蓄热体组成的流道，热流体先对蓄热体加热，把热能储存在蓄热体中，随即让冷流体流过，从蓄热体中带走热量，使蓄热体温度降低。此类换热器主要应用于存在高温废气而又需获得高温预热空气的场合，例如各式加热炉、各类空气预热器等。固定床蓄热式换热器见图 1-1-9。

（三）间壁式换热器

工业上应用最广泛的就是间壁式换热器，其基本工作原理如图 1-1-10 所示。此类换热器的主要特征是：冷、热流体在各自流道中流动，被一固体壁面隔开，彼此不相互接触，热量通过固体壁面传递，因此特别适用于生产中介质不允许掺混的场合。间壁式换热器的结构形式非常多，常用的有管式换热器、板面式换热器、空冷器等。

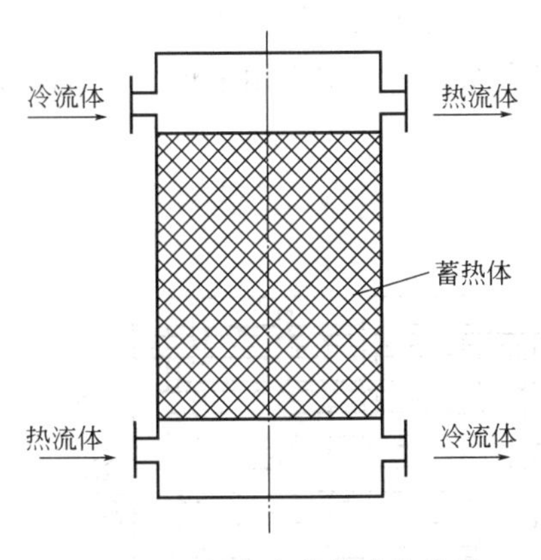

图 1-1-9　固定床蓄热式换热器

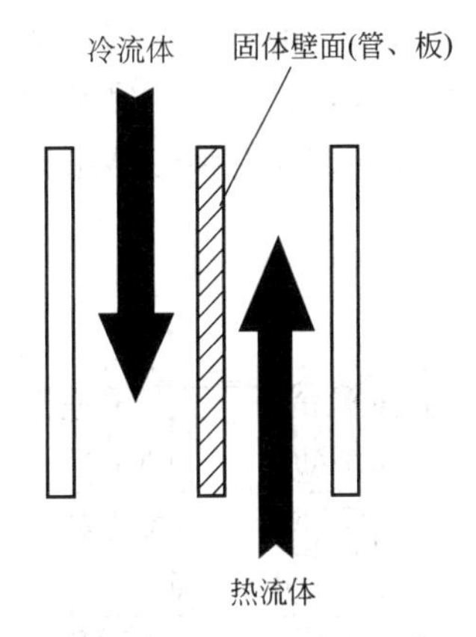

图 1-1-10　间壁式换热器工作原理

1. 管式换热器

管式换热器按传热管的结构形式不同大致可分为蛇管式换热器、套管式换热器和管壳式换热器。

（1）蛇管式换热器　蛇管式换热器一般由金属或非金属管子，按需要弯曲成所需的形状，如圆盘形、螺旋形和长蛇形等。它是最早出现的一种换热设备，具有结构简单和操作方便等优点。按使用状态不同，蛇管式换热器又可分为沉浸式蛇管换热器和喷淋式蛇管换热器两种。

① 沉浸式蛇管换热器。蛇管多以金属管子弯绕而成，或由弯头、管件和直管连接组成，也可制成满足不同设备形状要求的蛇管。使用时沉浸在盛有被加热或被冷却介质的容器中，两种流体分别在管内、外进行换热。它的特点是：结构简单，造价低廉，操作敏感度较小，管子可承受较大的流体介质压力；但是，由于管外流体的流速很小，因而传热系数小，传热效率低，需要的传热面积大，设备显得笨重。沉浸式蛇管换热器常用于高压流体的冷却，以及反应器的传热元件。沉浸式蛇管换热器结构见图 1-1-11。

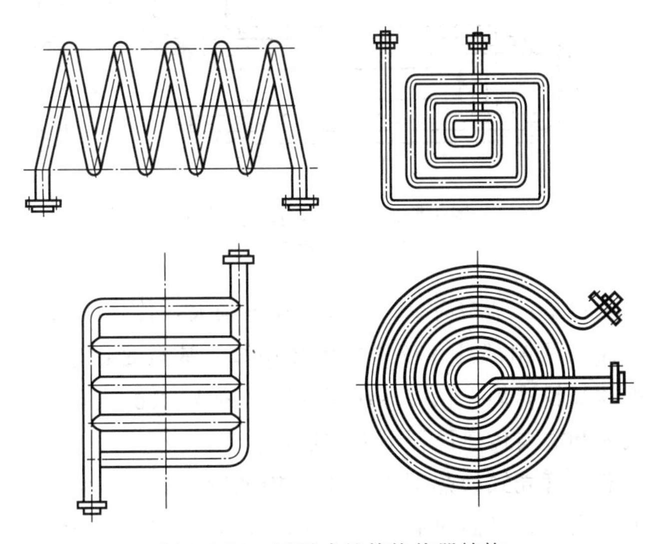
图 1-1-11　沉浸式蛇管换热器结构

② 喷淋式蛇管换热器。将蛇管成排地固定在钢架上，被冷却的流体在管内流动，冷却

水由管排上方的喷淋装置均匀淋下。与沉浸式相比较，喷淋式蛇管换热器主要优点是管外流体的传热系数大，且便于检修和清洗。其缺点是体积庞大，冷却水用量较大，有时喷淋效果不够理想。喷淋式蛇管换热器结构如图 1-1-12 所示。

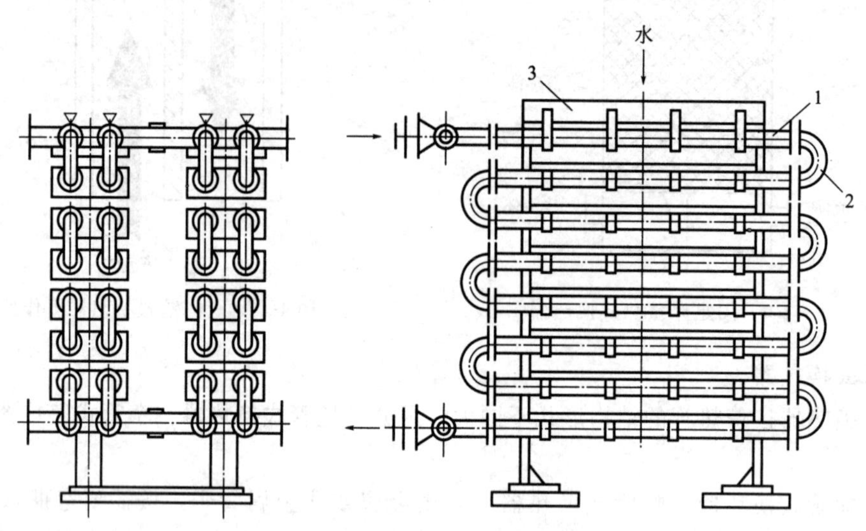

图 1-1-12　喷淋式蛇管换热器结构
1—直管；2—U 形管；3—水槽

（2）套管式换热器　它是由两种不同直径的管子组装成同心管，两端用 U 形管将同心管连接成排，并根据实际需要，排列组合形成传热单元，如图 1-1-13 所示。换热时，一种流体走内管，另一种流体走内外管之间的环隙，内管的壁面为传热面，一般按逆流方式进行换热。两种流体都可以在较高的温度、压力、流速下进行换热。套管式换热器结构如图 1-1-13 所示。

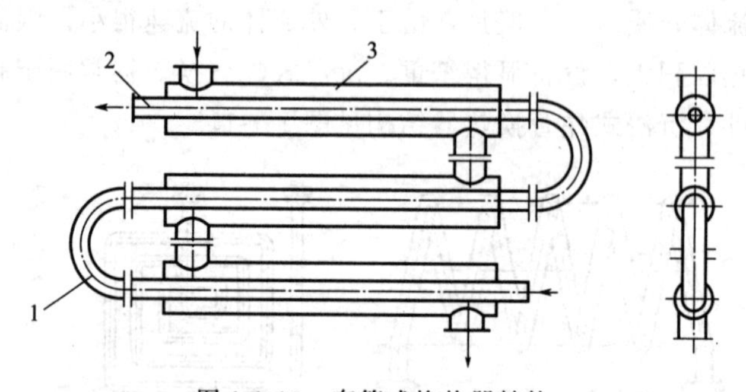

图 1-1-13　套管式换热器结构
1—U 形管；2—内管；3—外管

套管式换热器的优点是：结构简单，适应工作范围大，传热面积增减方便，两侧流体均可提高流速，使传热面的两侧都具有较高的传热系数。缺点是：单位传热面的金属消耗量大，检修、清洗和拆卸都较麻烦，在可拆连接处容易造成泄漏。套管式换热器一般适用于高温、高压、小流量流体和需要传热面积不大的场合。

（3）管壳式换热器　管壳式换热器的基本结构如图 1-1-14 所示，在圆筒形壳体中放置了由许多管子组成的管束，管子的两端（或一端）固定在管板上，管子的轴线与壳体的轴线平行。为了提高流体在管外空间的流速并支承管子，改善传热性能，在筒体内间隔安装多块折流板，用拉杆和定距管将其与管子组装在一起。换热器的壳体上和两侧的端盖上装有流体的进出口，有时还在其上装设检查孔，为安置测量仪表用的接口管、排液孔和排气孔等。

管壳式换热器虽然在传热效率、结构紧凑性和单位传热面积的金属消耗量等方面均不如一些新型高效紧凑式换热器，但它具有明显的优点，即结构坚固、可靠性高、适应面广、易于制造、处理能力强、生产成本低、选用的材料范围广、换热表面的清洗比较方便、能承受较高的操作压力和温度。在高温、高压和大型换热器中，管壳式换热器仍占绝对优势，是目前使用最广泛的一类换热器。常用的管壳式换热器有固定管板式换热器、浮头式换热器、U形管式换热器和填料函式换热器。

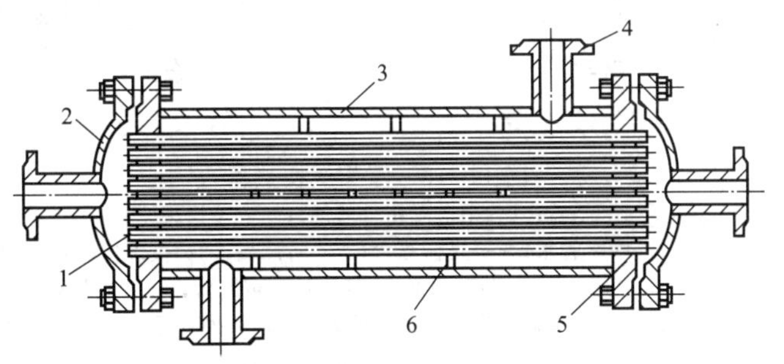

图 1-1-14　管壳式换热器结构

1—管子；2—封头；3—壳体；4—接管；5—管板；6—折流板

① 固定管板式换热器。固定管板式换热器如图 1-1-15 所示，管束连接在管板上，管板与壳体焊接。其优点是结构简单、紧凑，能承受较高的压力，造价低，管程清洗方便，管子损坏时易于更换；缺点是当管束与壳体的壁温或材料的线性膨胀系数（线胀系数）相差较大时，壳体和管束中将产生较大的热应力。这种换热器适用于壳侧介质清洁且不易结垢并能进行清洗，管、壳程两侧温差不大或温差较大但壳侧压力不高的场合。为减小热应力，通常在固定管板式换热器中设置柔性元件（如膨胀节、挠性管板等），以吸收热膨胀差。

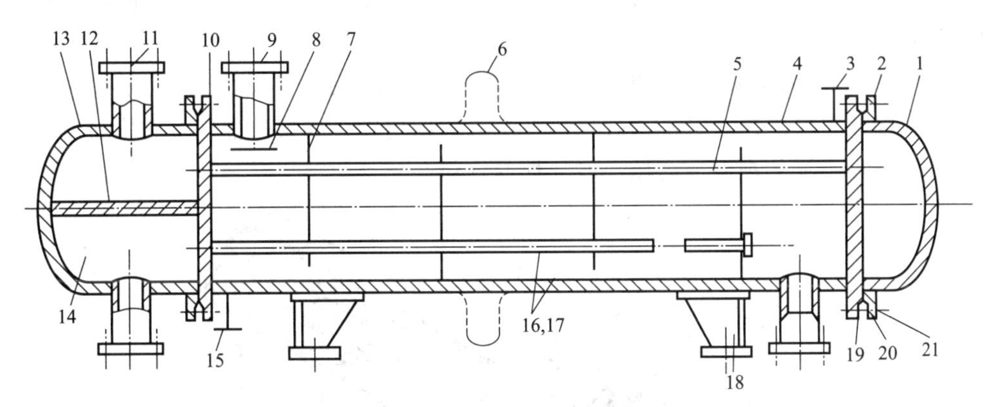

图 1-1-15　固定管板式换热器

1，13—封头；2—法兰；3—排气口；4—壳体；5—换热管；6—波形膨胀节；
7—折流板（或支持板）；8—防冲板；9—壳程；10—管板；11—管程；12—隔板；
14—管箱；15—排液口；16—定距管；17—拉杆；18—支座；19—垫片；20—螺栓；21—螺母

② 浮头式换热器。浮头式换热器的典型结构见图 1-1-16，两端管板中只有一端与壳体固定，另一端可相对壳体自由移动，称为浮头。浮头由浮动管板、钩圈和浮头端盖组成，是可拆连接，管束可从壳体内抽出。管束与壳体的热变形互不约束，因而不会产生热应力。

浮头式换热器的优点是管间和管内清洗方便，不会产生热应力；但结构复杂，造价比固定管板式换热器高，设备笨重，材料消耗量大，浮头端盖在操作中无法检查，制造时对密封要求较高。其适用于壳体和管束之间温差较大或壳程介质易结垢的场合。

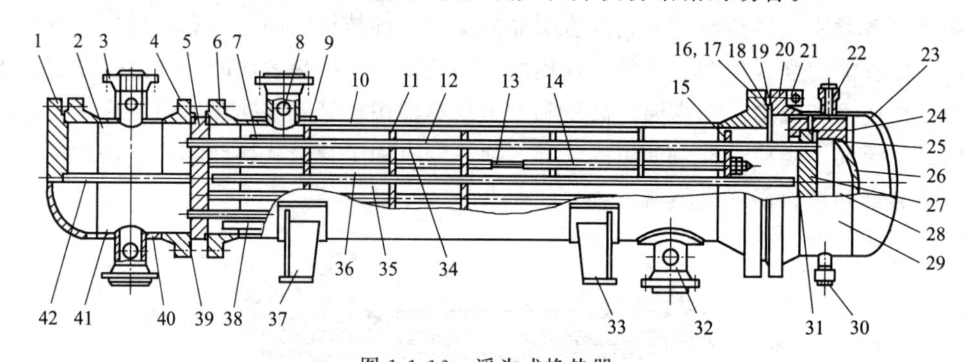

图 1-1-16 浮头式换热器

1—平盖；2—平盖管箱（部件）；3—接管法兰；
4—管箱法兰；5—固定管板；6—壳体法兰；7—防冲板；8—仪表接口；9—补强圈；
10—壳体（部件）；11—折流板；12—旁路挡板；13—拉杆；14—定距管；15—支持板；16—双头螺柱或螺栓；
17—螺母；18—外头盖垫片；19—外头盖侧法兰；20—外头盖法兰；21—吊耳；22—放气口；23—凸形封头；
24—浮头法兰；25—浮头垫片；26—球冠形封头；27—浮动管板；28—浮头端盖（部件）；29—外头盖（部件）；
30—排液口；31—钩圈；32—接管；33—活动鞍座（部件）；34—换热管；35—挡管；36—管束（部件）；
37—固定鞍座（部件）；38—滑道；39—管箱垫片；40—管箱圆筒（短节）；41—封头管箱（部件）；42—分程隔板

③ U形管式换热器。U形管式换热器的典型结构如图 1-1-17 所示。这种换热器的结构特点是只有一块管板，管束由多根U形换热管组成，管的两端固定在同一块管板上，管子可以自由伸缩。当壳体与U形换热管有温差时，不会产生热应力。

由于受弯管曲率半径的限制，其换热管排布较少，管束最内层管间距较大，管板的利用率较低；壳程流体易形成短通路，对传热不利。当管子泄漏坏掉时，只有管束外围处的U形换热管便于更换，内层换热管坏了不能更换，只能堵死，而坏一根U形换热管相当于坏两根换热管，报废率较高。

U形管式换热器结构比较简单、价格便宜、承压能力强，适用于管、壳壁温差较大或壳程介质易结垢需要清洗，又不适合采用浮头式和固定管板式换热器的场合，特别适合于管内走清洁而不易结垢的高温、高压、腐蚀性的物料。

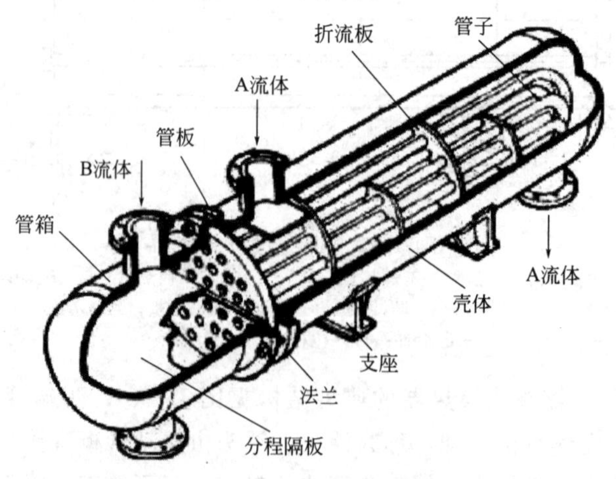

图 1-1-17 U形管式换热器

④ 填料函式换热器。填料函式换热器结构如图 1-1-18 所示。这种换热器的结构特点与浮头式换热器类似，浮头部分露在壳体以外，在浮头与壳体的滑动接触面处采用填料函式密封结构。由于采用填料函式密封结构，管束在壳体轴向可以自由伸缩，不会产生由壳壁与管壁热变形差而引起的热应力。其结构较浮头式换热器简单，加工制造方便，节省材料，造价比较低，且管束可以从壳体内抽出，管内、管间都能进行清洗，维修方便。

因填料处易产生泄漏，填料函式换热器一般适用于 4MPa 以下的工作条件，且不适用于易挥发、易燃、易爆、有毒及贵重介质，使用温度也受填料的性能限制。

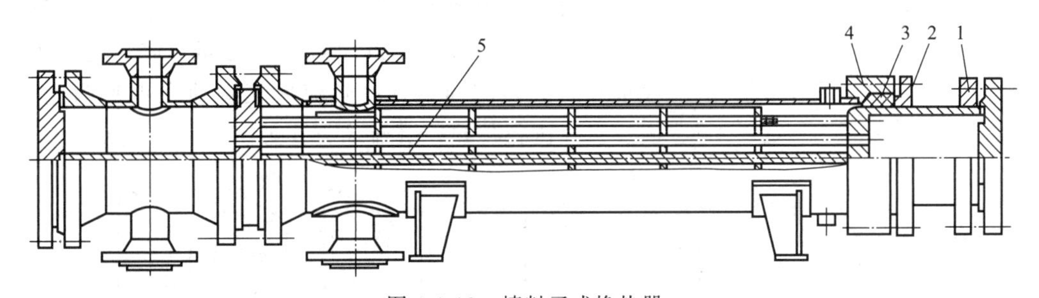

图 1-1-18 填料函式换热器

1—活动管板；2—填料压盖；3—填料；4—填料函式密封结构；5—纵向隔板

2. 板面式换热器

板面式换热器是通过板面进行传热的换热器。常用的板面式换热器包括螺旋板式换热器、板式换热器、板翅式换热器等。

板面式换热器的传热性能要比管壳式换热器优越，由于结构上的特点，流体能在较低的速度下就达到湍流状态，从而强化了传热。板面式换热器采用板材制作，在大规模组织生产时，可降低设备成本，但耐压性能比管壳式换热器差。

(1) 螺旋板式换热器　螺旋板式换热器是由两张平行钢板卷制成的具有两个螺旋通道的螺旋体构成，并在其上安有端盖（或封板）和接管。螺旋通道的间距靠焊在钢板上的定距柱来保证，见图 1-1-19。

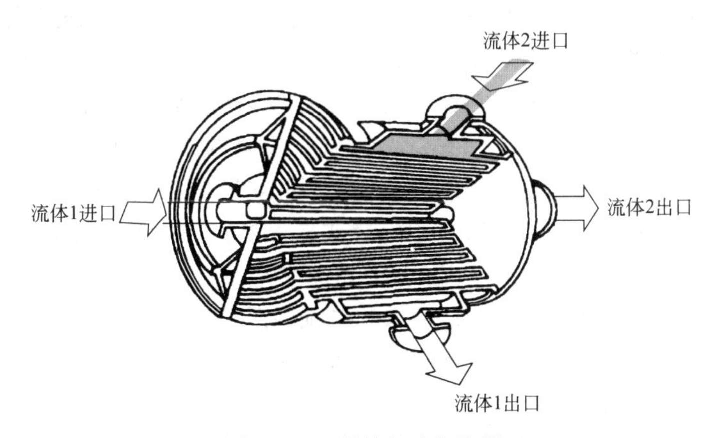

图 1-1-19 螺旋板式换热器

螺旋板式换热器的结构紧凑，单位体积内的传热面积为管壳式换热器的 2～3 倍，传热效率比管壳式高 50%～100%；制造简单；材料利用率高；流体单通道螺旋流动，有自冲刷

图 1-1-20　板式换热器

作用，不易结垢；可呈全逆流流动，传热温差小。其适用于液-液、气-液流体换热，对于高黏度流体的加热或冷却、含有固体颗粒的悬浮液的换热尤为适合。

（2）板式换热器　板式换热器由一组长方形的薄金属传热板片（简称板片）、密封垫片及压紧装置组成，如图 1-1-20 所示。板片表面通常压制成为波纹形或槽形，以增加板片的刚度，增大流体的湍流程度，提高传热效率。两相邻板片的边缘用密封垫片夹紧，以防止流体泄漏，起到密封作用，同时也使板片与板片之间形成一定间隙，构成板片间流体的通道。冷热流体交替地在板片两侧流过，通过板片进行传热，其流动方式如图 1-1-21 所示。

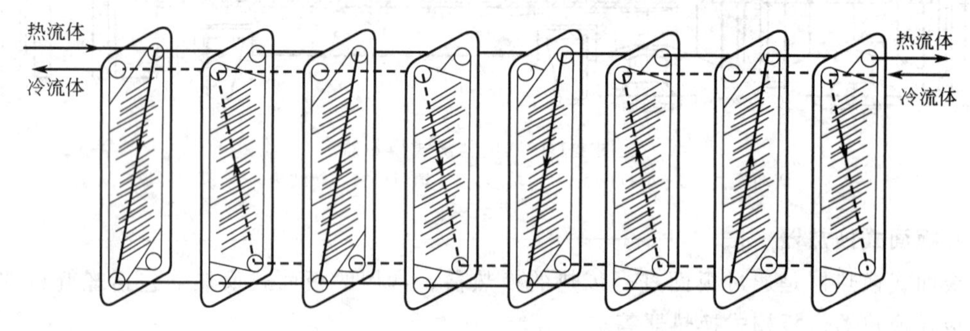

图 1-1-21　板式换热器流动示意图

板式换热器由于板片间流通的当量直径小，板形波纹使截面变化复杂，流体的扰动作用激化，在较低流速下即可达到湍流状态，具有较高的传热效率。同时板式换热器还具有结构紧凑、使用灵活、清洗和维修方便、能精确控制换热温度等优点，应用范围广。其缺点是密封周边太长，不易密封，渗漏的可能性大；承压能力低；受密封垫片材料耐温性能的限制，使用温度不宜过高；流道狭窄，易堵塞，处理量小；流动阻力大。

板式换热器可用于处理从水到高黏度液体的加热、冷却、冷凝、蒸发等过程，适用于经常需要清洗、工作环境要求十分紧凑的场合。

（3）板翅式换热器　板翅式换热器的基本结构是在两块平行金属板（隔板）之间放置一种波纹状的金属导热翅片。翅片称为“二次表面”，在其两侧边缘以封条密封而组成单元体，对各个单元体进行不同的组合和适当的排列，并用钎焊焊牢，组成板束，把若干板束按需要组装在一起，便构成逆流、错流、错逆流板翅式换热器，如图 1-1-22 所示。板翅式换热器形式多样，如图 1-1-23 所示。

冷、热流体分别流过间隔排列的冷流层和热流层而实现热量交换。一般翅片传热面积占总传热面积的 75％～85％，翅片与隔板通过钎焊连接，大部分热量由翅片经隔板传出，小部分热量直接通过隔板传出。不同几何形状的翅片使流体在流道中形成强烈的湍流，使热阻边界层不断破坏，从而有效地降低热阻，提高传热效率。另外，由于翅片焊于隔板之间，起到骨架和支承作用，薄板单元件结构有较高的强度和承压能力。

板翅式换热器是一种传热效率较高的换热设备，传热系数比管壳式换热器大 3～10 倍。板翅式换热器结构紧凑、轻巧，单位体积内的传热面积大。其主要缺点是结构复杂，造价

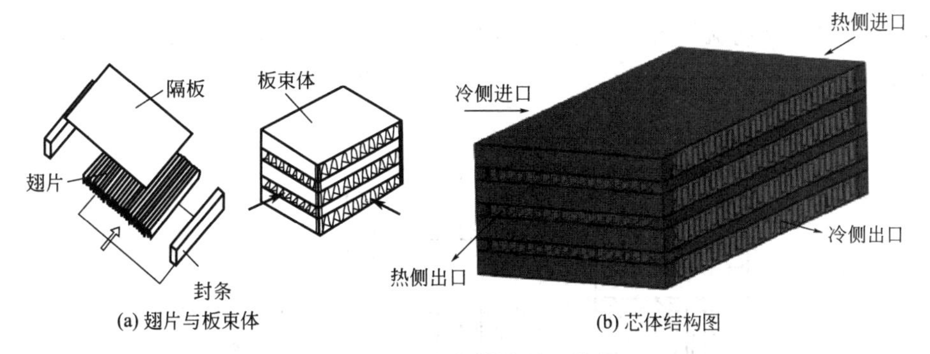

(a) 翅片与板束体　(b) 芯体结构图

图 1-1-22　板翅式换热器结构

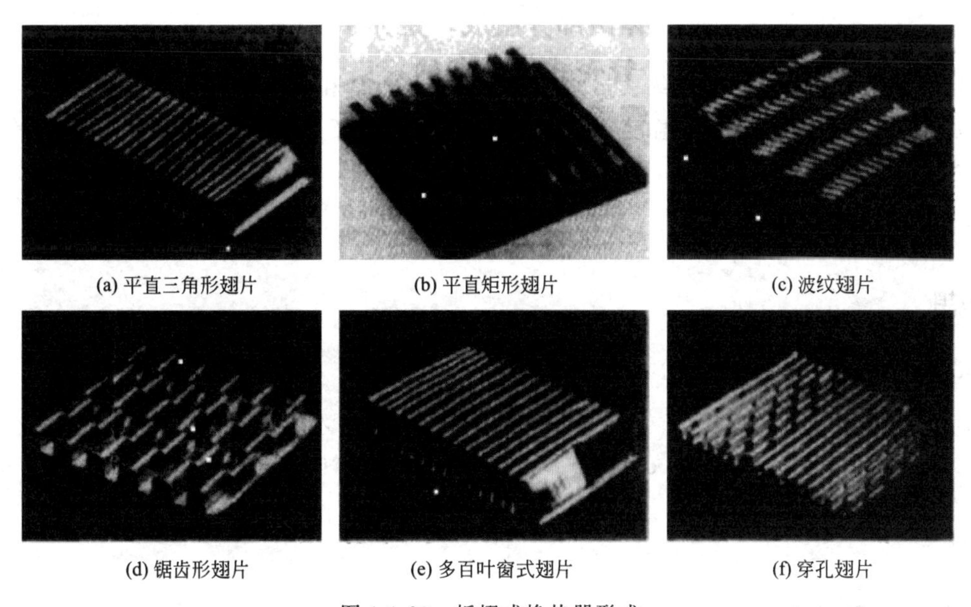
(a) 平直三角形翅片　(b) 平直矩形翅片　(c) 波纹翅片
(d) 锯齿形翅片　(e) 多百叶窗式翅片　(f) 穿孔翅片

图 1-1-23　板翅式换热器形式

高，流道小，易堵塞，不易清洗，难以检修等。

3. 空冷器

空气冷却器简称空冷器，具有传热效率高、建造及操作费用低、能节约工业用水等优点，在缺水地区优越性更为明显。

空冷器由带有铝制翅片的管束、风机、构架等组成，如图 1-1-24 所示。依靠风机向管

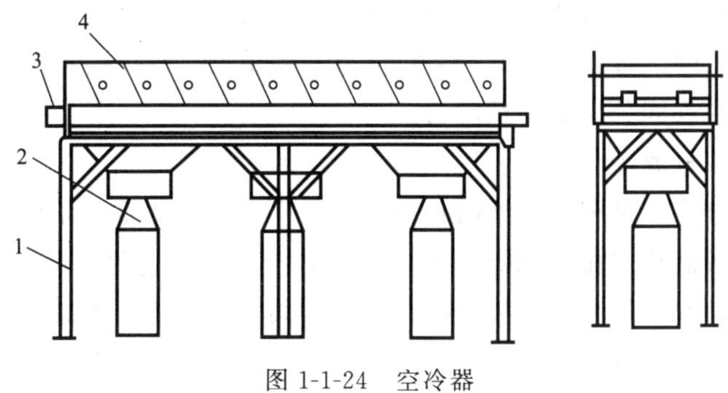

图 1-1-24　空冷器

1—构架；2—风机；3—管束；4—百叶窗

束连续通风，使管束内流体得以冷却，由于空气传热系数低，故采用翅片管增加管子外壁的传热面积，提高传热效率。翅片管结构形式见图 1-1-25。

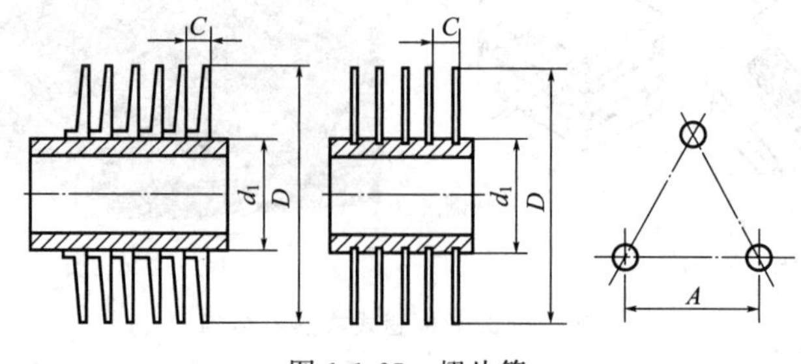

图 1-1-25　翅片管

空冷与水冷相比不仅可节约大量的冷却水，而且投资和操作费用也较低。空冷器虽有很多优点，但冷却能力受大气温度影响较大，被冷却介质的出口温度一般高于大气温度 15～20℃。

想一想

1. 浮头式换热器和 U 形管式换热器是如何消除温差应力的？

2. 某地水资源短缺，工艺气体用中压活塞式压缩机的级间冷却器换热选用哪一种换热器更为合适？给出理由。

四、分离设备

化工分离技术的应用领域十分广泛，原料、产品和对分离操作的要求多种多样，这就决定了分离技术的多样性。按机理来分，可大致分成五类：生成新相进行分离，如蒸馏和结晶等；加入新相进行分离，如萃取和吸收等；用隔离物进行分离，如膜分离等；用固体试剂进行分离，如吸附和离子交换等；用外力场或梯度进行分离，如离心萃取分离和电泳等。按分离过程原理来分，可分为机械分离和传质分离两大类。利用机械力简单地将两相混合物分离的过程称为机械分离过程，两相混合物被分离时相间无物质传递发生，如过滤、沉降、离心分离、旋风分离和电除尘等。常用的分离设备有气液重力沉降分离器、气液过滤分离器、沉降气固分离器、旋风气固分离器和精馏塔。

1. 气液重力沉降分离器

气液重力沉降分离器是利用气液两相的密度差实现两相的重力分离，即液滴所受重力大于气体的浮力时，液滴从气相中沉降出来，被分离。其结构简单、制造方便、操作弹性大，但需要较长的停留时间，体积大，投资高，分离效果差，只能分离较大液滴，分离液滴的极限值通常为 100μm，主要用于地面天然气开采集输。气液重力沉降分离器一般有立式和卧式两类，如图 1-1-26 所示。

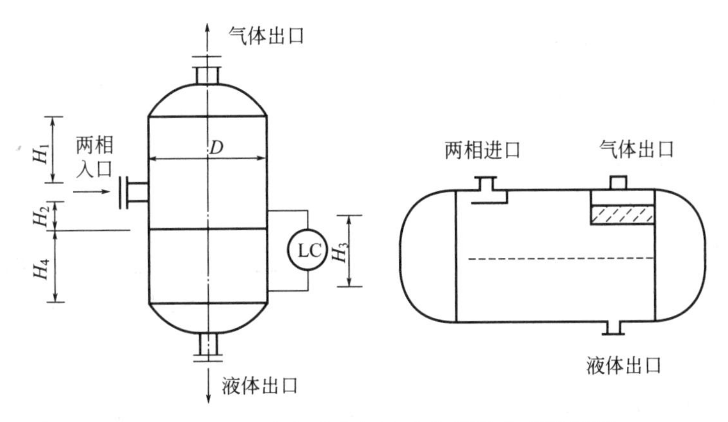

图 1-1-26　立式和卧式气液重力沉降分离器简图

2. 气液过滤分离器

过滤介质将气体中的液滴分离出来的方法称为过滤分离，其核心部件是滤芯，如图 1-1-27 所示，以金属丝网和玻璃纤维较佳。气体流过丝网结构时，大于丝网孔径的液滴被拦截而分离出来。液滴若直接撞击丝网，也会被拦截。直接拦截可以收集一定数量比滤芯孔径小的颗粒。

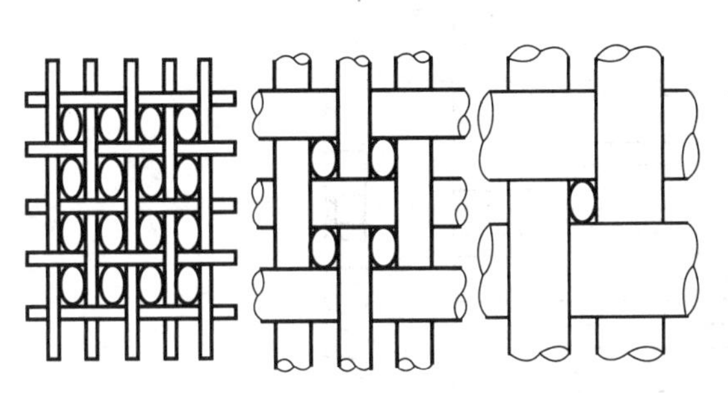

图 1-1-27　金属丝网

气液过滤分离器具有高效、可有效分离 0.1～10μm 小粒子等优点，但当气速提高时，气体中液滴夹带量增加，甚至使填料起不到分离作用，而无法进行正常生产；另外，金属丝网存在清洗困难的问题，故运行成本较高。现主要用于合成氨原料气净化除油、天然气净化以及回收凝析油和柴油加氢尾气处理等场合。图 1-1-28 为洗涤罐（气液过滤分离器）示意图。

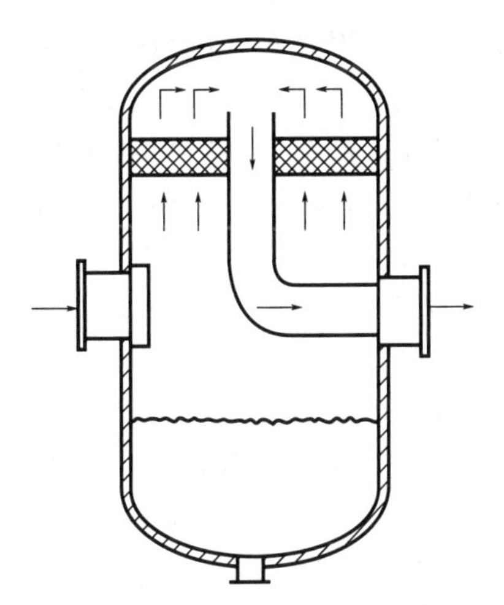

图 1-1-28　洗涤罐（气液过滤分离器）示意图

3. 沉降气固分离器

沉降气固分离器也称降尘室，是依靠重力沉降从气流中分离出尘粒的设备。

最常见的降尘室如图 1-1-29(a) 所示。含尘气体进入降尘室后，颗粒随气流有一水平向前的运动速度 u，同时，在重力作用下，以沉降速度 u_t 向下沉降。只要颗粒能够在气体通过降尘室的时间内降至室底，便可从气流中分离出来。颗粒在降尘室的运动情况如图 1-1-29(b) 所示。

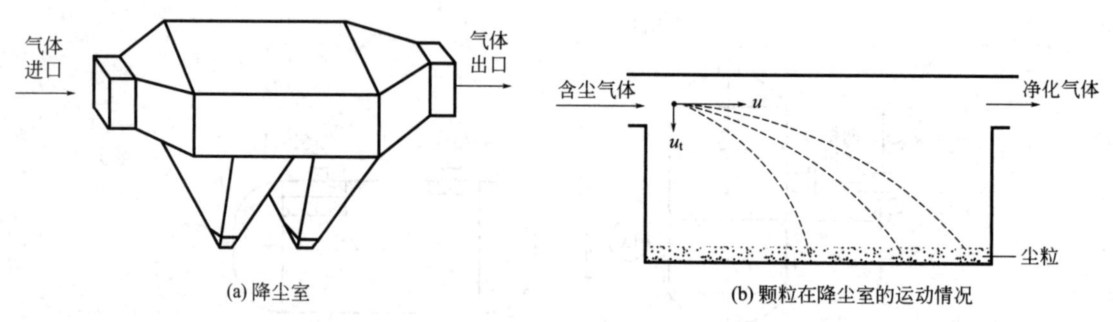

(a) 降尘室
(b) 颗粒在降尘室的运动情况

图 1-1-29　降尘室示意图

降尘室一般设计成扁平形，或在室内均匀设置多层水平隔板，构成多层降尘室，如图 1-1-30 所示。多层降尘室虽能分离较细的颗粒且节省地面，但清灰比较麻烦。

降尘室结构简单，流体阻力小，但体积庞大，分离效率低，通常只适用于分离粒度大于 50μm 的粗颗粒，一般作为预除尘使用。

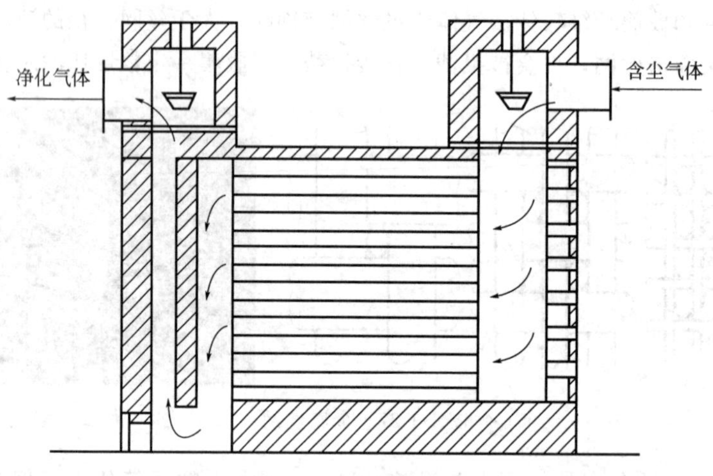

图 1-1-30　多层降尘室

4. 旋风气固分离器

旋风气固分离器是利用惯性离心力的作用从气体中分离出尘粒的设备。含尘气体由圆筒上部的进气管切向进入，受器壁的约束由上向下做螺旋运动。在惯性离心力作用下，颗粒被抛向器壁，再沿壁面落至锥底的排灰口而与气流分离。净化后的气体在中心轴附近由下而上做螺旋运动，最后由顶部排气管排出。

如图 1-1-31 所示的旋风气固分离器称为标准旋风气固分离器，主体的上部为圆筒形，下部为圆锥形，各部位尺寸均与圆筒直径成比例。通常把下行的螺旋形气流称为外旋流，上行的螺旋形气流称为内旋流（又称气芯）。内、外旋流气体的旋转方向相同，外旋流的上部是主要除尘区。

旋风气固分离器结构简单，造价低廉，没有活动部件，可用多种材料制造，操作范围广，分离效率较高，至今仍在化工、采矿、冶金、机械、轻工等行业广泛采用。旋风气固分离器一般用来除去气流中直径在 5μm 以上的颗粒，还可以从气流中分离除去雾沫。对于直径在 5μm 以下的小颗粒，需用袋滤器或湿法捕集。但是，旋风气固分离器不适用于处理黏性粉尘、含湿量高的粉尘及腐蚀性粉尘。

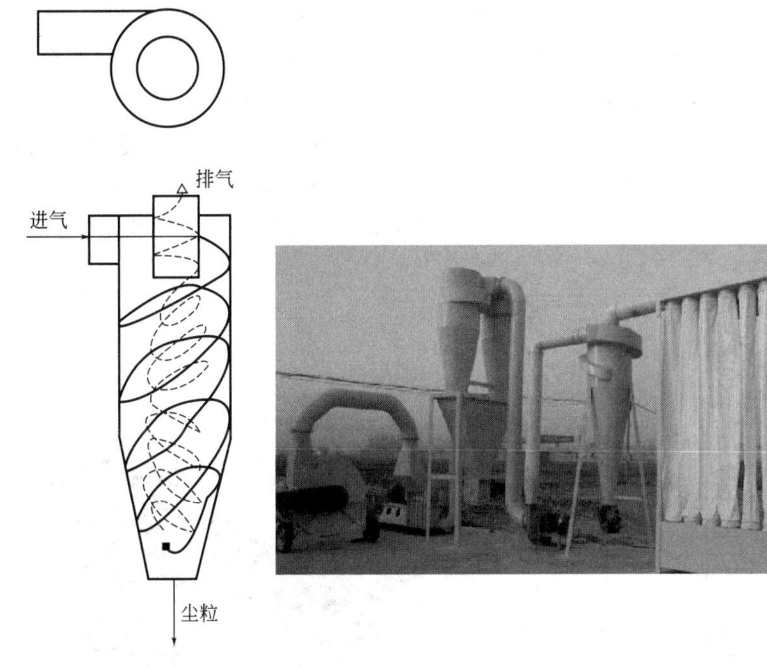

图 1-1-31　旋风气固分离器

5. 精馏塔

精馏是分离液体混合物的一种单元操作，分离的依据是各组分挥发能力的差异。精馏装置由精馏塔、塔顶冷凝器和塔底再沸器等构成，如图 1-1-32 所示。塔底再沸器供热使塔底液体部分汽化，蒸气沿塔高自下而上流过每层塔盘（也称塔板），使全塔处于沸腾状态。蒸气在塔顶冷凝器中冷凝，部分作为塔顶馏出液采出，部分作为回流液返回塔中，逐板下流。料液在精馏塔中部适当位置加入，其液相部分也逐板下流进入塔底再沸器，气相部分上升流经各塔盘至塔顶冷凝器。精馏塔中料液加入板也称为加料板，料液加入板以上部分称为精馏段，料液加入板以下部分称为提馏段。

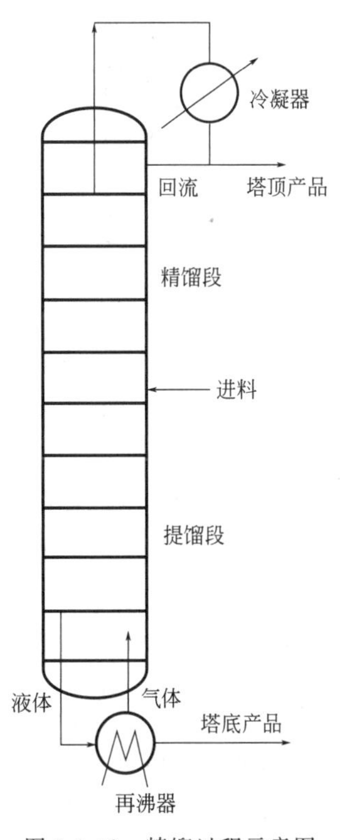

图 1-1-32　精馏过程示意图

在塔的精馏段，料液中的蒸气和提馏段来的气相一起与塔顶回流液逆流接触，液相中的易挥发组分汽化向气相转移，而气相中的难挥发组分则冷凝向液相转移，其结果是，随着气相的上升，其中易挥发组分的含量越来越高，塔顶所得的气相是相当纯净的易挥发物；而液相在下降的过程中，难挥发组分的含量则越来越高，精馏段流下来的液体与料液中的液体合并一起流入塔的提馏段，与来自塔底再沸器的蒸气逆流接触，流入塔底的液相是相当纯净的难挥发物。由于塔底几乎是纯高沸点组分，其温度最高，顶部回流几乎是纯低沸点液体，塔顶温度最低，整个塔温由下向上逐步降低，低沸点组分的浓度则逐步升高。

精馏是采用回流的工程手段，使混合液反复地进行部分汽化和部分冷凝，实现多次易挥发组分和难挥发组分反向扩散的传质过程，从而使料液分离为高纯度产品。在炼油和化工生产中，根据塔的总体结构可分为板式塔和填料塔两大类。

（1）板式塔　板式塔的结构如图 1-1-33 所示，在塔内设置一定数量的塔盘，气体以鼓泡或喷射形式穿过塔盘上液层，气、液相相互接触并进行传质过程。气相与液相组成沿塔高呈阶梯式变化。板式塔根据塔盘结构特点，又可分为泡罩塔、浮阀塔、筛板塔、舌形塔、浮动舌形塔和浮动喷射塔等多种，目前主要使用的板式塔是浮阀塔和筛板塔。

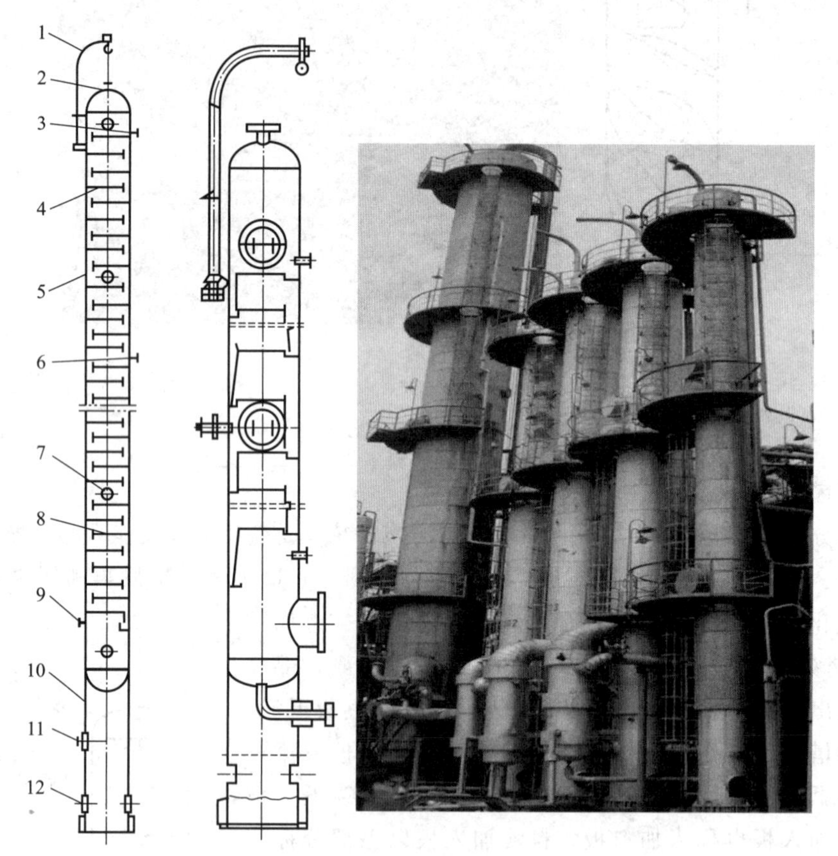

图 1-1-33　板式塔结构

1—吊柱；2—气体出口；3—回流液入口；4—精馏段塔盘；5—壳体；6—料液进口；7—人孔；8—提馏段塔盘；9—气体入口；10—裙座；11—釜液出口；12—检查孔

（2）填料塔　填料塔的基本结构可参见图 1-1-34。塔体部分主要内件包括塔填料、液体分布器、液体收集器、填料支承装置、气体分布装置等。填料塔的综合性能与填料自身的性能固然有关，但与之匹配的塔内件，特别是液体和气体分布装置更为重要。

想一想

1. 工艺气中的液滴分离宜选用哪种分离设备？理由是什么？
2. 汽油是汽车的动力来源，你知道汽油是由哪种设备生产出来的吗？

五、反应设备

反应设备是发生化学反应或生物质变化等过程的场所，是流程性材料产品生产中的核心设备。

工业反应设备按操作方式来划分，可分为间歇式反应器、半连续式反应器和连续式反应器；按结构原理划分，可分为釜式反应器、管式反应器、塔式反应器、固定床反应器和流化床反应器等。

1. 釜式反应器

釜式反应器也称为搅拌釜式、槽式、锅式反应器。

搅拌釜式反应器是各类反应器中结构较为简单、应用最为广泛的一种反应设备。其特点是操作灵活，弹性大，温度、压力范围大，适用性较强。

立式容器中心搅拌反应釜主要由传动装置、搅拌装置、搅拌罐、传热装置组成，如图 1-1-35 所示。传动装置包括电动机、减速器、联轴器及机座等部件，用于提供搅拌物料所需的动力。搅拌装置包括搅拌轴及轴封、搅拌器及挡板、导流筒等。搅拌轴把来自传动装置的动力传递给搅拌器，轴封保证工作时形成密封条件，阻止介质向外泄漏；搅拌器使釜内物料均匀混合，强化釜内的传热和传质过程。搅拌罐包括罐体及支座、人孔、工艺接管等附件，用于盛装反应物料和提供换热条件。传热装置提供（或带走）物料反应所需（或释放的）热量。

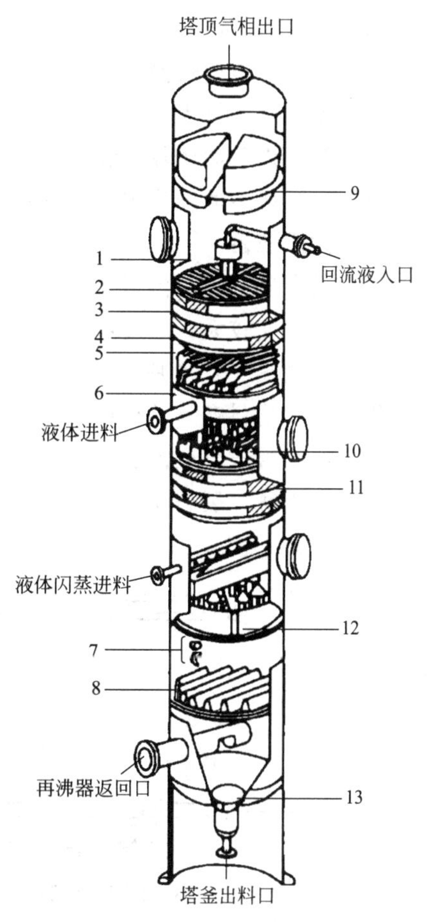

图 1-1-34　填料塔结构示意图

1—排管式液体分布器；2—床层定位器；3，11—规整填料；4—填料支承栅板；5—液体收集器；6—集液槽；7—散装填料；8—填料支承装置；9—除雾器；10—槽式液体分布器；12—盘式液体分布器；13—防涡流器

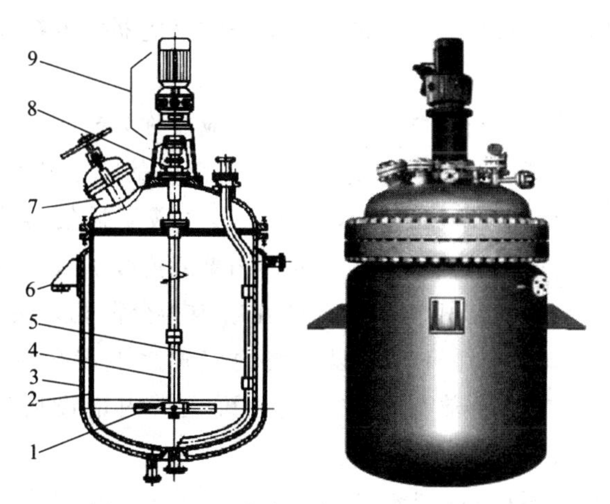

图 1-1-35　立式容器中心搅拌反应釜结构

1—搅拌器；2—釜体；3—夹套；4—搅拌轴；5—压出管；6—支座；7—人孔（或加料口）；8—轴封；9—传动装置

搅拌釜式反应器可单釜使用，也可多釜串联使用；既可进行间歇式操作，也可用于连续式操作。在进行连续式操作时，反应温度和物料浓度较易控制，停工时内部清洗处理也较方便。其缺点是体积较大，生产能力较低，适用于生产规模小，产量低，品种互换性大，温度、压力等操作条件比较缓和的反应过程。对处理量大、反应时间极短、转化率要求很高的反应过程，一般不适合使用搅拌釜式反应器。

2. 管式反应器

管式反应器一般是由多根细管串联或并联而构成的一种反应器。其结构特点是反应器的长度和直径之比较大，一般可达 50～100。常用的有直管式、U 形管式、盘管式和多管式等几种形式，如图 1-1-36 所示。

操作时，物料自一端连续加入，在管中连续反应，从另一端连续流出，便能达到要求的转化率。由于管式反应器能承受较高的压力，故用于加压反应尤为合适，例如油脂或脂肪酸加氢生产高碳醇、裂解反应用的管式炉便是管式反应器。

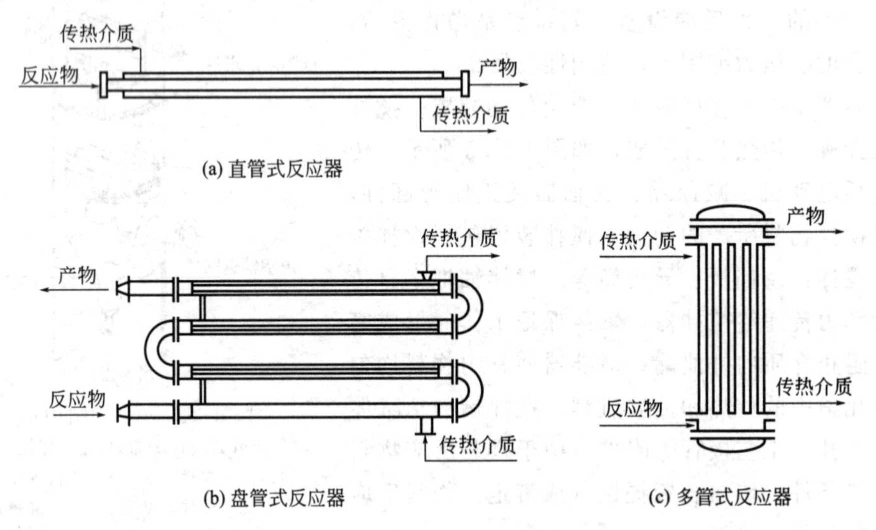

图 1-1-36　管式反应器结构示意图

3. 塔式反应器

塔式反应器主要用于气液反应，常用的有鼓泡塔式反应器、填料鼓泡塔式反应器和板式塔式反应器。

气体以鼓泡形式通过液层进行化学反应的塔式反应器称为鼓泡塔式反应器，它广泛用于气、液相反应过程。鼓泡塔式反应器基本结构是内盛液体的空心圆筒，底部装有气体分布器，壳外装有夹套或其他形式的换热器或设有扩大段、液滴捕集器等，如图 1-1-37 所示。反应气体通过气体分布器上的小孔鼓泡而入，液体间歇或连续加入，连续加入的液体可以和气体并流或逆流，一般采用并流形式较多。气体在塔内为分散相，液体为连续相。为了提高气体分散程度和减少液体轴向循环，可以在塔内安置水平多孔隔板。当吸收或反应过程热效应不大时，可采用夹套；热效应较大时，可在塔内增设换热蛇管或采用塔外换热器。

为了增加气、液相接触面积和减少返混，可在塔内的液体层中放置填料，这种塔称为填料鼓泡塔。填料鼓泡塔中的填料浸没在液体中，填料间的空隙全是鼓泡液体。这种塔的大部

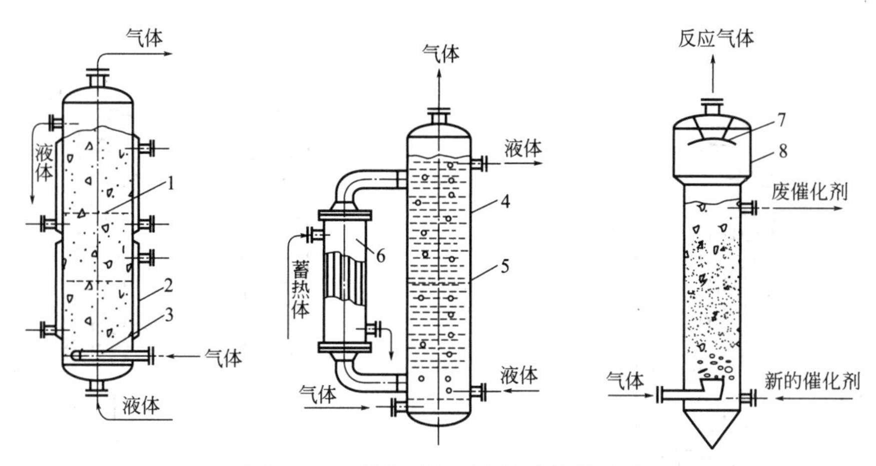

图 1-1-37 鼓泡塔式反应器结构示意图

1—分布格板；2—夹套；3—气体分布器；4—塔体；5—挡板；6—塔外换热器；7—液滴捕集器；8—扩大段

分反应空间被惰性填料所占据，因而液体在填料鼓泡塔式反应器中的平均停留时间很短，虽有利于传质过程，但传质效率较低，故不如中间设有隔板的多段鼓泡塔效果好。

板式塔式反应器是在圆筒体塔内装有多层塔板和溢流装置。在各层塔板上维持一定的液体量，气体通过塔板时，气液相在塔板上进行反应。其特点是气、液逆向流动接触面积大，返混小，传热传质效果好，液相转化率高。

4. 固定床反应器

凡是流体通过不动的固体物料形成的床层进行化学反应的设备都称为固定床反应器。该反应器尤其适合气固相催化反应过程。

单段绝热式固定床反应器如图 1-1-38 所示，为一高径比不大的圆筒体，除在圆筒体下部装有栅板外，内部无其他构件，栅板上部均匀堆置催化剂。反应气体经预热到适当温度后，从圆筒体上部通入，经过气体预分布装置，均匀通过催化剂层进行反应，反应后的气体由下部引出。

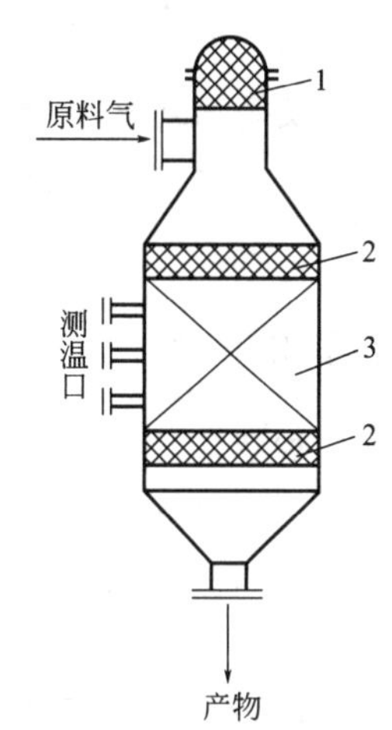

图 1-1-38 单段绝热式固定床反应器

1—矿渣棉；2—瓷环；3—催化剂

5. 流化床反应器

流体原料以一定的流动速度使催化剂颗粒呈悬浮湍动，并在催化剂作用下进行化学反应的设备称为流化床反应器。它是气固相催化反应常用的一种反应器。流化床可分为单器（或称非循环操作的）流化床及双器（或称循环操作的）流化床。

单器流化床在工业上应用最为广泛，如乙烯氧氯化流化床反应器，其结构见图 1-1-39，这类反应器多用于催化剂使用寿命较长的气固相催化反应过程。双器流化床多用于催化剂使用寿命较短且容易再生的气固相催化反应过程，如石油炼制中的催化裂化装置，催化剂在反应器和再生器之间循环，其结构形式参见图 1-1-40。

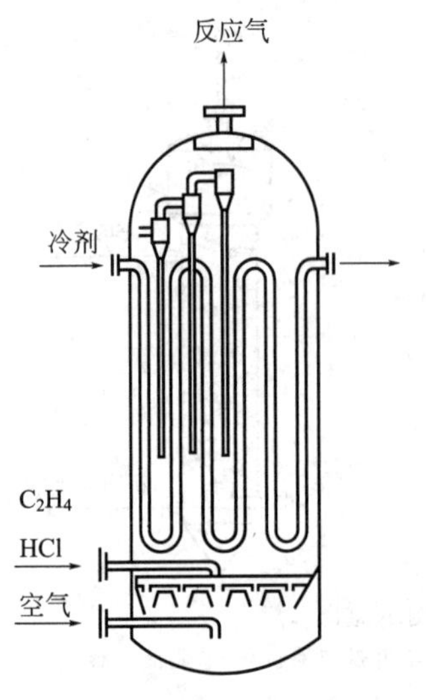

图 1-1-39 乙烯氧氯化流化床反应器

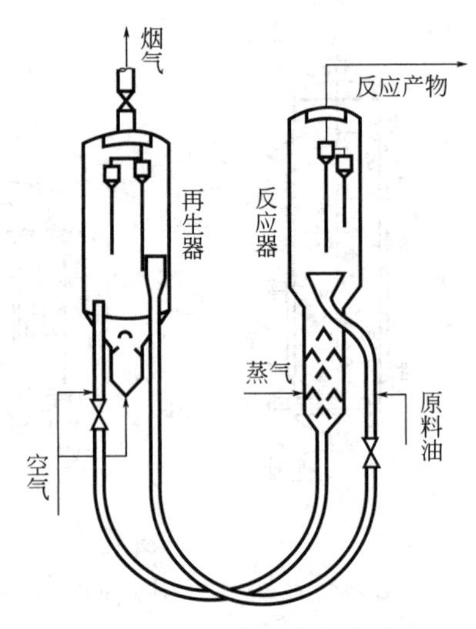

图 1-1-40 流化催化裂化装置

想一想

1. 釜式反应器的做功元件是什么？
2. 固定床反应器和流化床反应器最大的不同点是什么？

六、其他设备

1. 管式加热炉

管式加热炉是炼油厂和石油化工厂的重要设备之一，它利用燃料在辐射室内燃烧产生的高温火焰与烟气作为热源，加热在炉管中高速流动的物料，使其达到生产工艺所要求的温度。

管式加热炉一般由辐射室、对流室、燃烧器及通风系统等组成，其外观如图 1-1-41 所示。在辐射室和对流室内，装有许多炉管，炉管之间以回弯头连接。辐射室又称燃烧室或炉膛，是管式加热炉的核心部分。在炉底或炉侧壁上设置有燃烧器（火嘴）。

燃料从燃烧器以雾状喷出，并与空气混合后在辐射室内燃烧，产生的高温烟气（1000～1500℃）由下而上经辐射室进入对流室。由于放出了热量，烟气温度逐渐下降，进入对流室时一般为 600～800℃，最后由烟囱排出时，降至 200～300℃。被加热的原料由上而下，首先进入对流管，再进入辐射管，管内油品在与管外烟气逆向流动中不断吸收热量，使温度在炉出口处达到规定的指标。

圆筒炉是目前炼油生产中应用最广泛的管式加热炉，其结构如图 1-1-42 所示。辐射室为直立圆筒形，辐射管在辐射室周围垂直排成一圈，炉底装有一圈燃烧器，中部是正方形对流室（对流管为卧排，可用钉头管或翅片管），顶部是烟囱。

图 1-1-41 管式加热炉

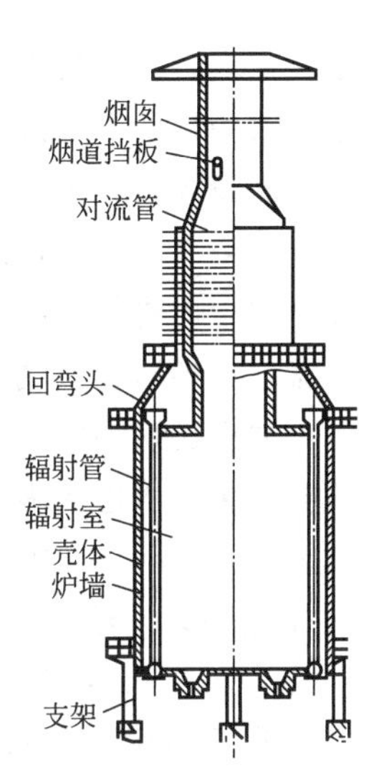

图 1-1-42 圆筒炉

2. 锅炉

锅炉由汽锅和炉子两大部分组成。燃料在炉子里燃烧，它的化学能转化为热能，高温的燃烧产物（烟气）则通过汽锅受热面把热量传递给汽锅中温度较低的水，水被加热或进而沸腾汽化产生蒸汽。热水和蒸汽也用作蓄热体，为工业生产、采暖通风空调等提供所需的热量，如通过热力管道输送至用户，以满足居民采暖及生活等方面的需要；蒸汽也可用作将热能转变成机械能的工质，产生动力，如驱动泵、压缩机等化工机器，也用于发电等。图 1-1-43 为倒 U 形锅炉产生蒸汽用于发电示意图。

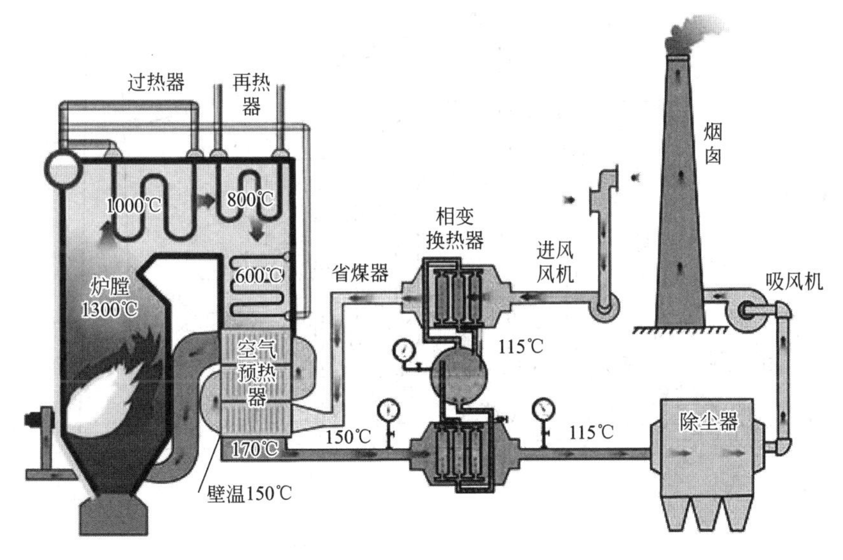

图 1-1-43 倒 U 形锅炉产生蒸汽用于发电示意图

锅炉设备分为锅炉本体和辅助设备两类。锅炉本体主要指由锅筒、集箱、受热面及其间的连接管道、燃烧设备、炉墙和构架等所组成的整体，锅炉本体也称锅炉的主要部件。锅炉辅助设备通常包括鼓引风设备、运煤设备、除灰渣设备、制粉设备（煤粉燃烧锅炉）、给水设备、水处理设备及烟气除尘、脱硫和脱硝设备等。

燃用煤粉的自然循环锅炉工作流程见图 1-1-44。原煤经煤输送带送入煤斗，再由给煤机供给磨煤机制备煤粉。由排粉机直接把磨煤机磨出的煤粉喷入辐射室燃烧。由空气预热器出来的一部分热空气用于携带来自排粉机的煤粉，其余部分直接通到二次风喷口喷入辐射室，煤粉在辐射室中燃烧并放出大量热量。燃烧后的热烟气在炉内一边向水冷壁放热一边上升，经过过热器、省煤器、空气预热器温度降到 140～170℃，由除尘器除去烟气中的飞灰，最后被引风机抽出送入烟囱排往大气。

在热电厂中，水进入锅炉之前已在汽轮机车间受到低压加热器、高压加热器的加热，温度升高到 150～175℃（中压锅炉）或 215～240℃（高压锅炉），再经由给水管道送至省煤器，在被加热到某一温度后，水进入锅筒，然后沿下降管下行至水冷壁进口集箱分配给各水冷壁管。水在水冷壁管内吸收辐射室的辐射热量而部分地蒸发成蒸汽，形成汽水混合物上升回到锅筒中，经过汽水分离器，蒸汽由锅筒上部的蒸汽管道流往过热器。在低温过热器、高温过热器内，饱和蒸汽继续吸热成为一定温度的过热蒸汽，然后送往汽轮机发电。

冷空气由送风机吸入并送往空气预热器。空气在空气预热器中吸收烟气热量后形成热空气，并分为一次空气和二次空气分别送往磨煤机和燃烧器。锅炉的灰渣经灰渣斗落入排灰槽管道后用水力排除并送往灰场。

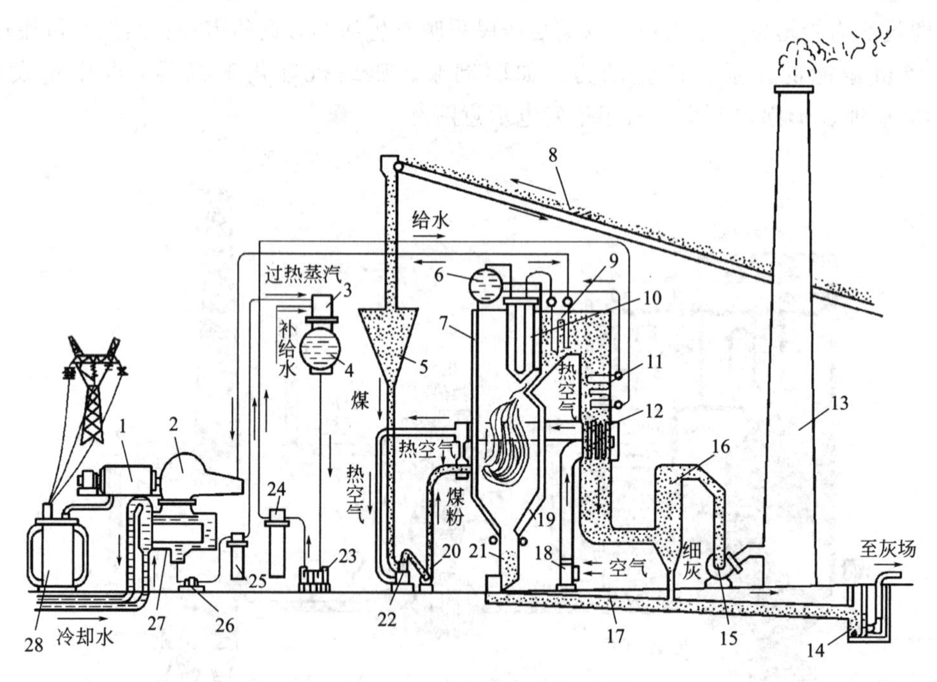

图 1-1-44　锅炉工作过程示意图

1—发电机；2—汽轮机；3—除氧器；4—水箱；5—煤斗；6—锅筒；7—水冷壁；
8—煤输送带；9—对流过热器；10—屏式过热器；11—省煤器；12—空气预热器；13—烟囱；
14—灰渣泵；15—引风机；16—除尘器；17—冲灰沟；18—送风机；19—辐射室；20—排粉机；
21—灰渣斗；22—磨煤机；23—给水泵；24—高压加热器；25—低压加热器；26—凝结水泵；27—冷凝器；28—主变压器

活动1　静设备辨认练习

1. 组织分工。学生 2～3 人为一组，按照任务要求分工，明确各自职责。

序号	人员	职责
1		
2		
3		

2. 实施静设备辨认。按照任务分工，完成静设备辨认。

序号	设备名称	主要用途
1		
2		
3		
…	…	…

活动2　现场洁净

1. 设备、容器分类摆放整齐，无没用的物件。
2. 清扫操作区域，保持工作场所干净、整洁。
3. 产生的废弃物品，统一回收到垃圾桶，不可随意丢弃。
4. 关闭水、电、气和门窗，最后离开教室的学生锁好门锁。

活动3　撰写实训报告

回顾静设备辨认过程，每人写一份实训报告，内容包括团队完成情况、个人参与情况、做得好的地方、尚需改进的地方等。

____

____

1. 学生以小组为单位，按照任务要求，进行自查、互评与总结。
2. 教师参照评分标准进行考核评价。
3. 师生总结评价，改进不足，以便将来在学习或工作中做得更好。

序号	考核项目	考核内容	配分	得分
1	技能训练	静设备辨认齐全、正确	30	
		设备用途描述准确	20	
		实训报告诚恳、体会深刻	15	
2	求知态度	求真求是、主动探索	5	
		执着专注、追求卓越	5	
3	安全意识	着装和个人防护用品穿戴正确	5	
		爱护工器具、机械设备，文明操作	5	
		安全事故，如发生人为的操作安全事故、设备人为损坏、伤人等情况，“安全意识”不得分		
4	团结协作	分工明确、团队合作能力	3	
		沟通交流恰当，文明礼貌、尊重他人	2	
		自主参与程度、主动性	2	
5	现场整理	劳动主动性、积极性	3	
		保持现场环境整齐、清洁、有序	5	

任务二
机泵类别认知

学习目标

知识目标

（1）掌握化工厂常用机泵的种类与特点。

（2）掌握各类机泵的工作原理与用途。

能力目标

（1）能辨认生产装置中的泵和压缩机。

（2）能说出机泵的性能特点与适用场合。

素质目标

（1）通过规范学生的着装、工具使用、文明操作等，培养学生的安全意识。

（2）通过信息收集、小组讨论、练习、考核等教学活动，培养学生追求卓越的工匠精神、主动探索的科学精神和团结协作的职业精神。

（3）通过实训场地的整理、整顿、清扫、清洁，培养学生的劳动精神。

任务描述

泵是把原动机的机械能转换为所抽送液体能量的机器，用来输送并增大液体的压力。而压缩机是用来压缩和输送气体的机器设备。泵和压缩机被称为化工厂的“心脏”。

小王作为一名化工厂生产操作工，要求熟知常见机泵的类别与用途。

一、泵认知

泵的分类方式很多，常见的是按工作原理和结构特征分类。

按工作原理，泵可分为容积式泵和叶片式泵两类。

（1）容积式泵　它是利用泵内工作室的容积作周期性变化而增大液体压力，达到输送液体的目的。容积式泵根据增压元件的运动特点，基本上可分为往复式和转子式（又称回转式）两类，每类容积式泵又可以细分为几种形式，如表 1-2-1 所示。

表 1-2-1　容积式泵的主要形式

<table>
<tr><td colspan="9">往复式</td></tr>
<tr><td colspan="5">活塞式、柱塞式</td><td colspan="4">隔膜式</td></tr>
<tr><td colspan="2">蒸汽双作用式</td><td colspan="3">电动式</td><td colspan="2">单缸</td><td colspan="2">双缸</td></tr>
<tr><td rowspan="2">单缸</td><td rowspan="2">双缸</td><td colspan="2">单作用</td><td>双作用</td><td colspan="4" rowspan="2">液体作用式、机械作用式</td></tr>
<tr><td colspan="3">单缸、双缸、三缸、多缸</td></tr>
<tr><td colspan="9">转子式</td></tr>
<tr><td colspan="5">单转子式</td><td colspan="4">多转子式</td></tr>
<tr><td>滑片式</td><td>活塞式</td><td>挠性元件式</td><td>螺杆式</td><td>蠕动式</td><td>齿轮式</td><td>凸轮式</td><td>旋转活塞式</td><td>螺杆式</td></tr>
</table>

（2）叶片式泵　它是一种依靠泵内做高速旋转的叶轮把能量传给液体，进行液体输送的机械。叶片式泵又可分为图 1-2-1 所示的几种类型。

叶片式泵具有效率高、启动方便、工作稳定、性能可靠、容易调节等优点，用途最为广泛。

按结构特征，泵可分为以下几种。

1. 离心泵

（1）按叶轮数目分类　离心泵按叶轮数目可分为单级泵和多级泵。泵内只有一个叶轮的称为

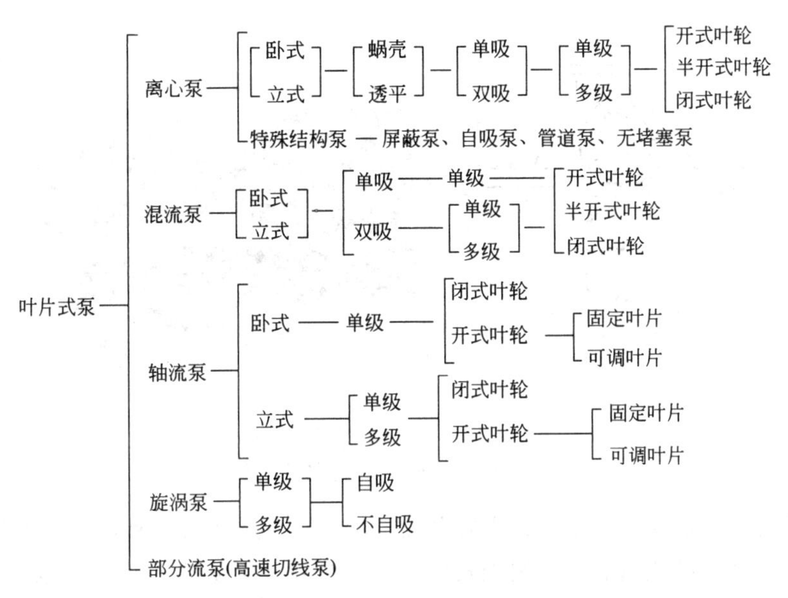

图 1-2-1　叶片式泵的分类

单级泵，单级单吸离心泵如图 1-2-2 所示。单级泵所产生的压力不高，一般不超过 1.5MPa。

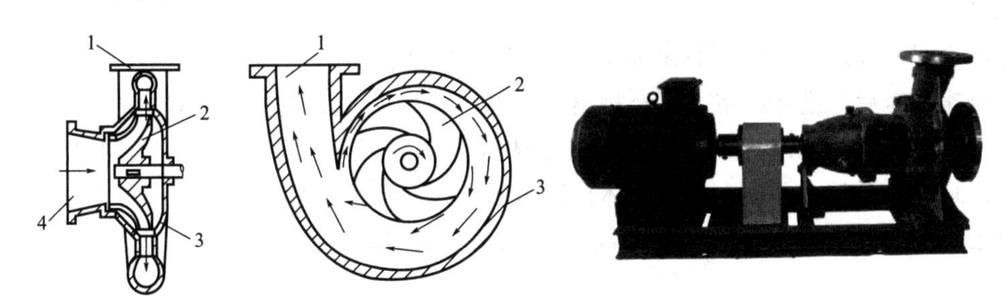

图 1-2-2　单级单吸离心泵

1—排出口；2—叶轮；3—泵壳；4—吸入口

液体经过一个叶轮所提高的扬程不能满足要求时，就用几个串联的叶轮，使液体依次进入几个叶轮来连续提高扬程。这种在同一根泵轴上装有串联的两个以上叶轮的离心泵称为多级泵。如图 1-2-3 所示为四个叶轮串联成的多级泵。

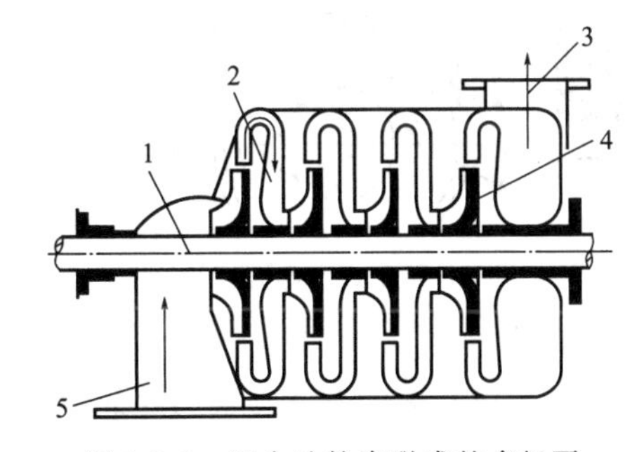

图 1-2-3　四个叶轮串联成的多级泵

1—泵轴；2—导轮；3—排出口；4—叶轮；5—吸入口

（2）按叶轮吸入方式分类　离心泵按叶轮吸入方式可分为单吸泵和双吸泵。在单吸泵中液体从一侧流入叶轮，即泵只有一个吸入口。这种泵的叶轮制造容易，液体在其间流动情况较好，但叶轮两侧所受到的液体压力不同，使叶轮承受轴向力的作用。

在双吸泵中液体从两侧同时流入叶轮，即泵具有两个吸入口，如图 1-2-4 所示。这种叶轮及泵壳的制造比较复杂，两种液体在叶轮的出口汇合时稍有冲击，影响泵的效率，但叶轮的两侧液体压力相等，没有轴向力存在，而且泵的流量几乎比单吸泵增加一倍。

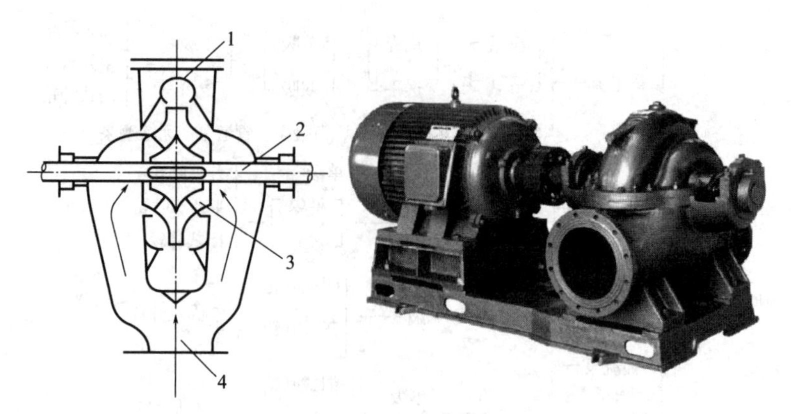

图 1-2-4　双吸泵

1—排出口；2—泵轴；3—叶轮；4—吸入口

(3) 按从叶轮将液体引向泵室的方式分类　离心泵按从叶轮将液体引向泵室的方式可分为蜗壳式离心泵和导叶式离心泵。蜗壳式离心泵的泵壳呈螺旋线形状。液体自叶轮甩出后，进入螺旋形的蜗室，流速降低，压力升高，然后由排出口流出。蜗壳是一种普遍应用的转能装置，它将从叶轮甩出的液体的动能转换成静能头。它的构造简单、体积小，多用在低压或中压的泵上。

导叶式（又称透平式）离心泵如图 1-2-5 所示，液体自叶轮甩出后先经过固定的导叶，在其中降速增压后，进入泵室，再经排出口流出。多级泵大多是这种形式。

(4) 按泵体剖分方式分类　离心泵按泵体剖分方式可分为分段式离心泵和中开式离心泵。分段式离心泵整个泵体由各级壳体分段组成，各分段的接合面与泵轴垂直，各分段之间用螺栓紧固，构成泵体。如图 1-2-6 所示为分段式多级离心泵。

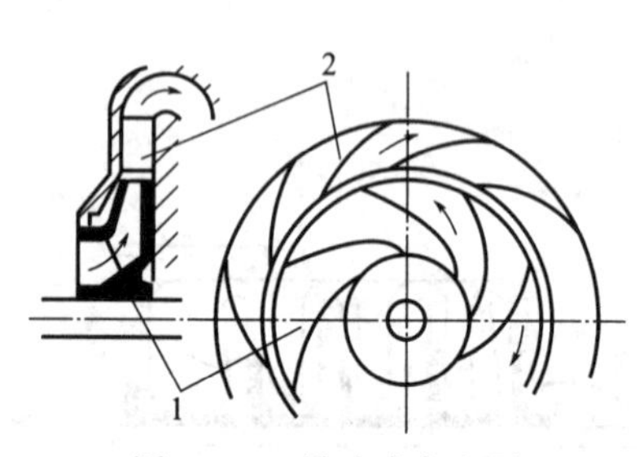

图 1-2-5　导叶式离心泵

1—叶轮；2—导叶

图 1-2-6　分段式多级离心泵

中开式离心泵的泵体在通过泵轴中心线的平面上分开。如果泵轴是水平的，就称为水平中开式离心泵，如图 1-2-7 所示；如果泵轴是垂直的，就称为垂直中开式离心泵。

离心泵具有性能范围广、流量均匀、结构简单、运转可靠和维修方便等优点，因此在工业生产中应用最为广泛。据统计，在化工生产（包括石油化工）装置中，离心泵的使用量占泵总量的 70%～80%。离心泵的流量和扬程范围较宽，一般离心泵的流量为 1.6～30000m^3/h，扬程为 10～2600m。

2. 往复泵

往复泵是容积式泵的一种，它依靠工作腔内元件（活塞、柱塞、隔膜、波纹管等）的往

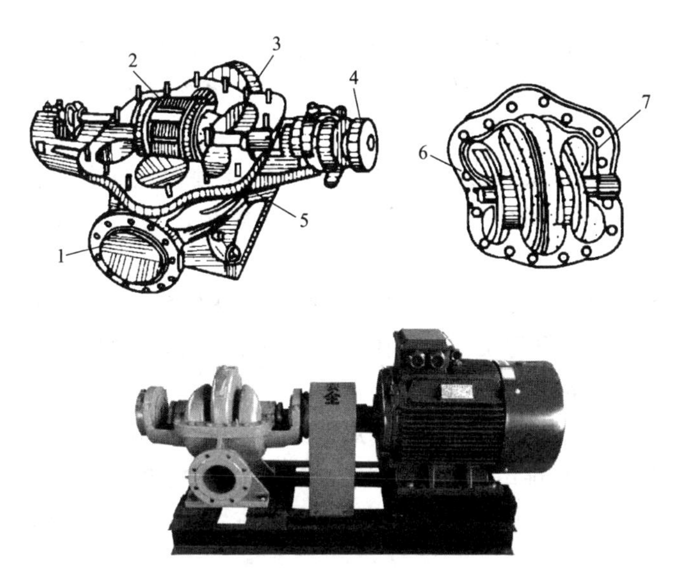

图 1-2-7 水平中开式离心泵

1—吸入口；2—叶轮；3—排出口；4—联轴器；5—泵体；6—泵盖；7—水封槽

复位移来改变工作腔内容积，从而使被输送流体按确定的流量排出，如图 1-2-8 所示。

图 1-2-8 往复泵

（1）按往复运动件的形式分类 按往复运动件的形式，往复泵分为如图 1-2-9 所示的三类。

① 活塞式往复泵。其往复运动件为圆盘（或圆柱）形的活塞，以活塞（胀圈）与液缸内壁贴合构成密闭的工作腔，以活塞在液缸内的位移周期性地改变泵工作腔的容积，完成输送液体，如图 1-2-9(a) 所示。

这类活塞式往复泵适用于中、低压工况，最高排出压力小于等于 7.0MPa，主要用于小型锅炉给水，矿山排水，化工及炼油生产输送化工物料和石油与石油制品，可输送运动黏度小于等于 $850mm^2/s$ 的液体或性质接近清水的其他液体。

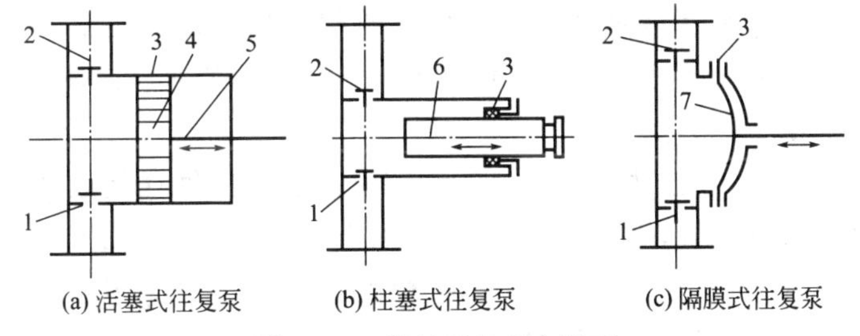

图 1-2-9 往复泵的基本类型

1—吸入阀；2—排出阀；3—密封；4—活塞；5—活塞杆；6—柱塞；7—隔膜

② 柱塞式往复泵。其往复运动件为表面经精加工的圆柱体，柱塞圆柱表面与液缸之间的往复密封构成密闭的工作腔，以柱塞进入泵工作腔内的长度周期地改变工作腔的容积，完成输送液体，如图 1-2-9(b) 所示。

柱塞式往复泵的排出压力很高，可达 1000MPa，甚至更高。主要用于液压动力（水压机高压水泵）油田注水，化工液体物料增压和输送等，在化工生产中主要用作合成氨生产的铜液泵、碱液泵，尿素生产的液氨泵、甲胺泵，生产乳化液的高压乳化器的高压泵（或称高压均质乳化泵）等。

③ 隔膜式往复泵。其往复运动件为膜片（隔膜），以膜片与液缸之间的静密封构成密闭的工作腔，以膜片的变形周期性地改变泵工作腔的容积，完成输送液体，如图 1-2-9(c)所示。

隔膜式往复泵的排出压力可达 400MPa。隔膜式往复泵由于没有泄漏，适用于输送强腐蚀性、易燃易爆、易挥发、贵重及含有固体颗粒的液体和浆状物料，故多用于化工生产，如煤浆输送泵、煤浆循环泵等。

(2) 按作用特点分类　往复泵按作用特点常可分为单作用泵、双作用泵和差动泵。

① 单作用泵。吸入阀和排出阀装在活塞（或柱塞）的一侧，活塞（或柱塞）往复运动一次，只有一个吸入过程和一个排出过程。单作用泵主要采用柱塞式往复泵，活塞式往复泵应用较少。

② 双作用泵。活塞（或柱塞）两侧均装有吸入阀和排出阀，活塞（或柱塞）每往复运动一次，有两个吸入和排出过程。双作用泵主要采用活塞式往复泵，柱塞式往复泵应用较少。

③ 差动泵。吸入阀和排出阀装在活塞的一侧，泵的排出管与活塞的另一侧（没有吸入阀和排出阀）相通。活塞往复运动一次，有一个吸入过程和两个排出过程。通常差动泵的活塞面积为活塞杆面积的两倍，这样可使吸入的液体分为两次均匀地排出。

(3) 按传动端结构分类　往复泵按传动端结构分类可分为曲柄泵、无曲柄泵和偏心轴泵。

① 曲柄泵。是传动端为曲柄连杆机构的泵。

② 无曲柄泵。是传动端为摆盘机构的泵。

③ 偏心轴泵。是传动端主轴为偏心轴（轮）的泵。

(4) 按驱动方式分类　按驱动方式，往复泵可分为机动泵、直动泵和手动泵。

① 机动泵。是用独立的旋转式原动机（包括电动机、内燃机、汽轮机等）驱动的泵，其中由电动机驱动的泵又称为电动泵。

② 直动泵。是液力端活塞（或柱塞）与动力端（气缸）活塞用同一个活塞杆连接，轴线在同一直线上，并经此活塞杆把动力端工作介质的能量直接传递给液力端被输送流体的泵。动力端工作介质可以是蒸汽、压缩气体（通常是空气）或有压液体。其中，以蒸汽为动力端工作介质的直动泵又称为蒸汽泵。

③ 手动泵。是依靠人力通过杠杆来驱动活塞（或柱塞）做往复运动的泵。这种泵一般用在工作间断时间较长的场合，如某种压力设备试车时的加压。

往复泵的流量不均匀（由于吸入过程无液体输出，曲柄连杆机构的往复运动不等速等），同时，往复泵的体积大、质量大（受往复惯性力的限制，往复次数每分钟小于等于 400 次），且结构复杂、易损件多、运行周期较短、维修工作量较大、价格较高，因此，在化工生产中，长期以来都是在其他旋转泵（如离心泵）尚不能满足要求的工况下才应用往复泵，故应用数量远远少于离心泵。

3. 螺杆泵

螺杆泵是依靠螺杆相互啮合空间的容积变化来输送液体的转子容积式泵。根据相互啮合的螺杆数目，螺杆泵通常可分为单螺杆泵、双螺杆泵、三螺杆泵和五螺杆泵等几种。按照螺杆轴向安装位置，螺杆泵还可以分为卧式和立式。

螺杆泵的主要特点是流量连续均匀，工作平稳，脉动小，流量随压力变化很小；运转比齿轮泵平稳，无振动和噪声；泵的转速较高，目前高达 18000r/min。另外，泵的吸入性能较好，允许输送黏度变化范围大的介质。化工生产中常用的是单螺杆泵和双螺杆泵。

(1) 单螺杆泵　单螺杆泵是一种按回转内啮合容积式原理工作的泵，主要由偏心转子和固定的衬套定子构成。偏心转子和衬套定子都具有特殊的几何形状，它们在泵的内部形成多个密封工作腔（简称密封腔），随着偏心转子的旋转，这些密封工作腔在一端不断地形成，在另一端不断地消失。各密封工作腔可连续无脉动地从一端吸入液体，并从另一端压出。典型的单螺杆泵结构如图 1-2-10 所示。

单螺杆泵广泛应用于化工、石油、造纸、纺织、建筑、食品、污水处理等行业。可输送清水或类似清水的液体，含有固体颗粒、浆状（糊状）的液体，含有纤维和其他悬浮物的液体，高黏度液体以及腐蚀性液体等。

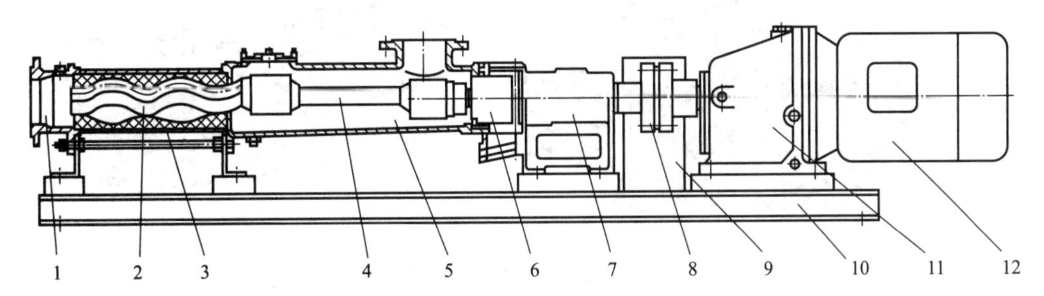

图 1-2-10　单螺杆泵的结构组成

1—排出体；2—偏心转子；3—衬套定子；4—万向联轴器；
5—吸入室；6—轴封；7—轴承架；8—联轴器；9—联轴器罩；10—底座；11—减速机；12—电动机

(2) 双螺杆泵　双螺杆泵是外啮合的螺杆泵，它利用相互啮合、互不接触的两根螺杆来抽送液体，一根为主动杆，另一根为从动杆，其结构和工作原理如图 1-2-11 所示。双螺杆泵作为一种容积式泵，泵内吸入腔应与排出腔严密地隔开。当螺杆转动时，吸入腔容积增大，压力降低，液体在泵内外压差作用下沿吸入管进入吸入腔。随着螺杆转动，密封腔内的液体连续均匀地沿轴向移动到排出腔，由于排出腔一端容积逐渐缩小，将液体排出。

4. 齿轮泵

由两个齿轮相互啮合在一起而构成的泵称为齿轮泵。它是依靠齿轮的轮齿啮合空间的容积

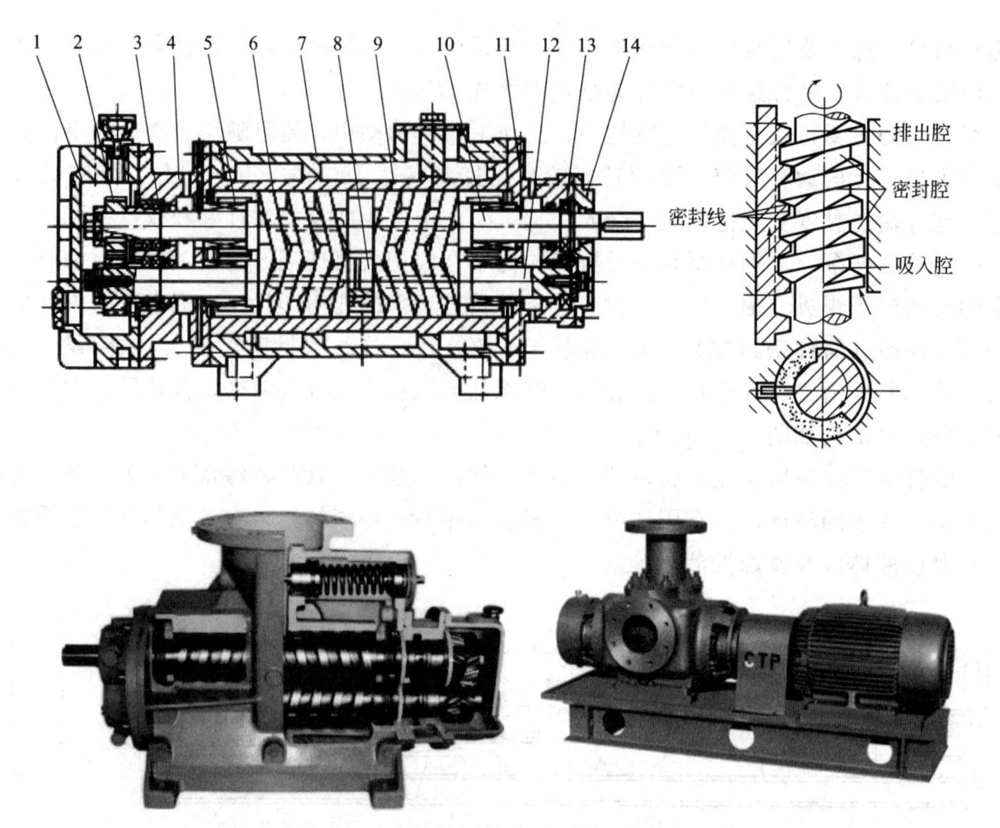

图 1-2-11　双螺杆泵的组成和工作原理

1—齿轮箱盖；2—齿轮；3，13—滚动轴承；4—后支承；5—机械密封；
6—螺杆；7—泵体；8—调节螺栓；9—衬套；10—主动轴；11—前支架；12—从动轴；14—压盖

变化来输送液体的，它属于容积式回转泵。齿轮泵按啮合方式可以分为外啮合齿轮泵和内啮合齿轮泵；按轮齿的齿形可分为正齿轮泵、斜齿轮泵和人字齿轮泵等。外啮合齿轮泵见图 1-2-12。

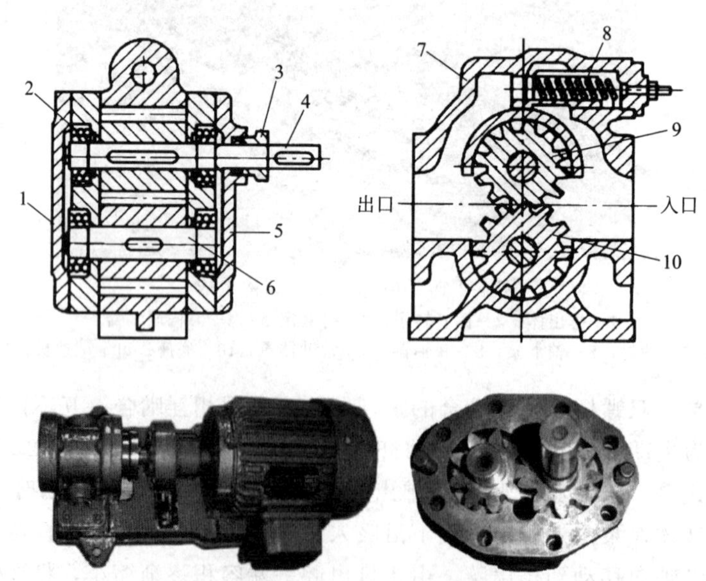

图 1-2-12　外啮合齿轮泵

1—后泵盖；2—轴承；3—密封压盖；4—主动轴；
5—前泵盖；6—从动轴；7—泵体；8—安全阀；9—主动齿轮；10—从动齿轮

外啮合齿轮泵工作时，主动齿轮随电动机一起旋转并带动从动齿轮跟着旋转。当吸入室一侧的啮合齿逐渐分开时，吸入室容积增大，压力降低，便将吸入管中的液体吸入泵内；吸入液体分两路在齿槽内被齿轮推送到排出室，液体进入排出室后，由于两个齿轮的轮齿不断啮合，液体受挤压而从排出室进入排出管中。主动齿轮和从动齿轮不停旋转，泵就能连续不断地吸入和排出液体。

有些泵体上装有安全阀，当排出压力超过规定压力时，输送液体可以自动顶开安全阀，使高压液体返回吸入管。

齿轮泵除具有自吸能力、流量与排出压力无关等特点外，泵壳上设置有吸入阀和排出阀。其具有结构简单、流量均匀、工作可靠等特性，但效率低、噪声和振动大、易磨损，用来输送无腐蚀性、无固体颗粒并且具有润滑能力的各种油类，如润滑油、食用植物油等。一般流量范围为 0.045～30m^3/h，压力范围为 0.7～20MPa，工作转速为 1200～4000r/min。

想一想

1. 判断图示离心泵的级数。

2. 往复泵和离心泵运行时，哪个流量更稳定、运行更平稳？理由是什么？

二、压缩机认知

压缩机按工作原理可以分为 3 大类：容积型压缩机、动力型（速度型或透平型）压缩机和热力型压缩机，见图 1-2-13。

1. 活塞式压缩机

活塞式压缩机是依靠活塞在气缸内做往复运动，并将气体的体积压缩，提高气体的压力，最终实现气体输送的设备（机器）。活塞式压缩机由机体、工作机构（气缸、活塞、气阀等）及运动机构（曲轴、连杆、十字头等）组成。

双作用往复活塞式压缩机的工作原理如图 1-2-14 所示。曲轴做旋转运动时，曲轴上的曲柄带动连杆大头回转，并通过连杆使连杆小头做往复运动，活塞由活塞杆通过十字头与连杆小头连接，从而做往复直线运动。

（1）按气缸的布置分　活塞式压缩机可分为立式压缩机、卧式压缩机和角式压缩机。

① 立式压缩机。其气缸中心线处于垂直位置，如图 1-2-15 所示。

② 卧式压缩机。其气缸中心线处于水平位置，常见的是对称平衡式压缩机，如图 1-2-16 所示。

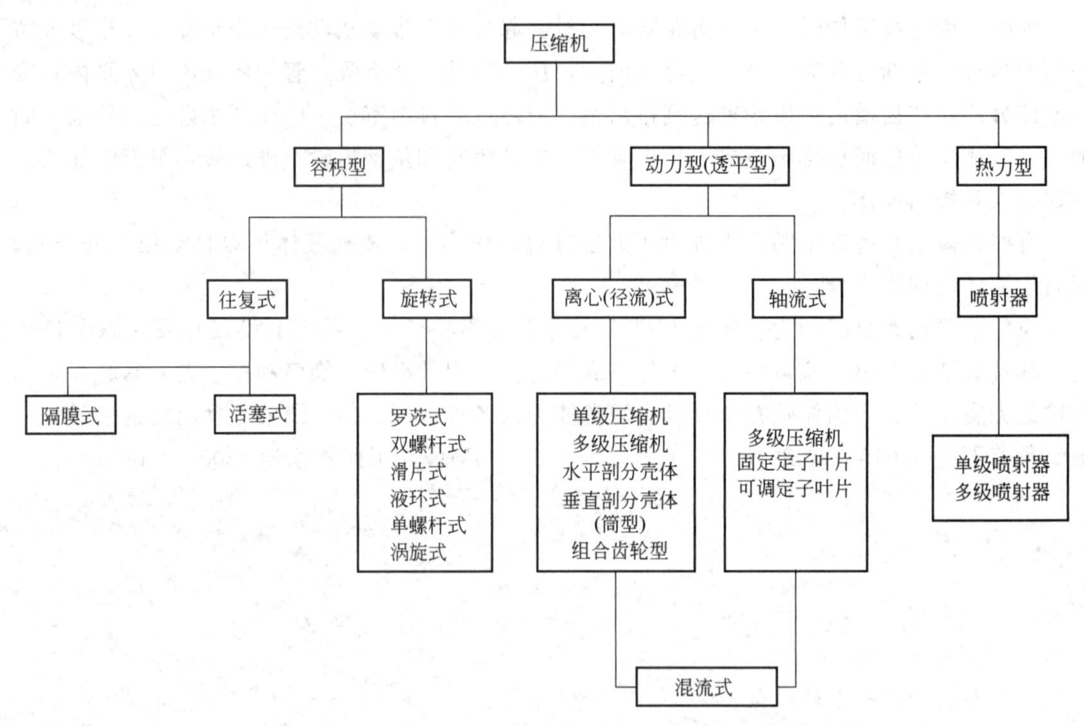

图 1-2-13　压缩机分类示意图

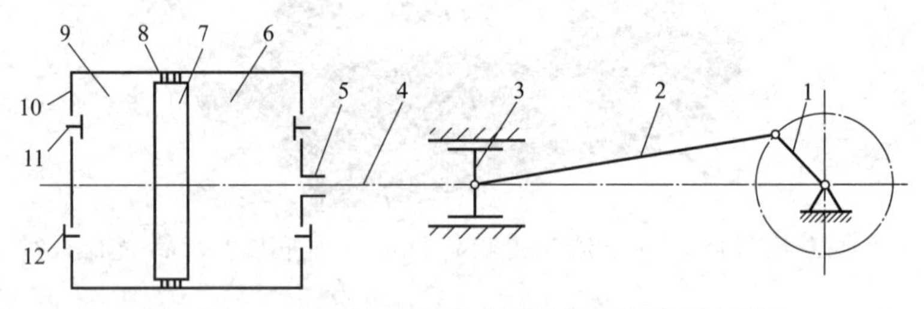

图 1-2-14　双作用往复活塞式压缩机工作原理示意图

1—曲柄；2—连杆；3—十字头；4—活塞杆；5—填料；
6—轴侧工作腔；7—活塞；8—活塞环；9—盖侧工作腔；10—气缸；11—吸气阀；12—排气阀

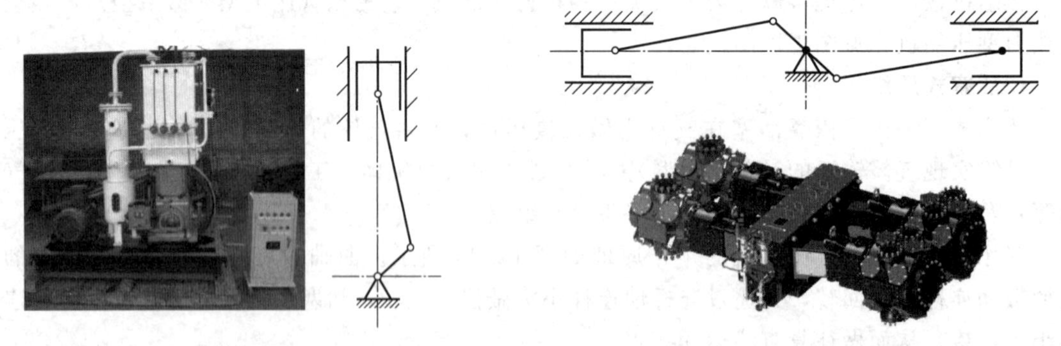

图 1-2-15　立式压缩机　　　图 1-2-16　对称平衡式压缩机外形图

③ 角式压缩机。其气缸中心线之间呈一定的夹角（但不为 0°或 180°），按照气缸中心线在空间的布置形状分为 V 形、W 形、L 形和扇形。

a. V 形压缩机。同一曲拐上两列气缸的中心线呈 V 形布置，其夹角以 60°居多。气缸中心线相对位置与形态如图 1-2-17 所示。

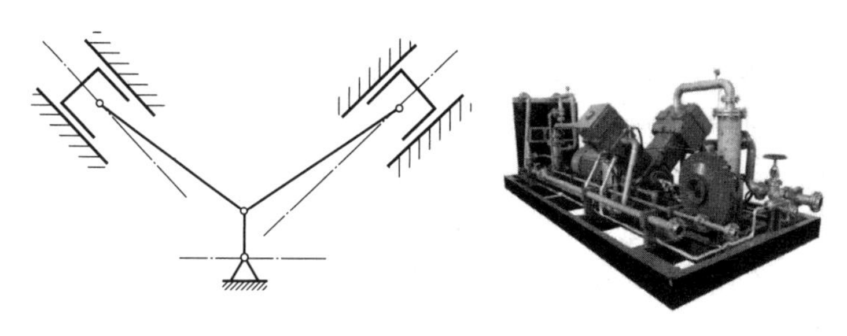

图 1-2-17　V 形压缩机

b. W 形压缩机。同一曲拐上三列气缸的中心线呈 W 形布置，如图 1-2-18 所示。

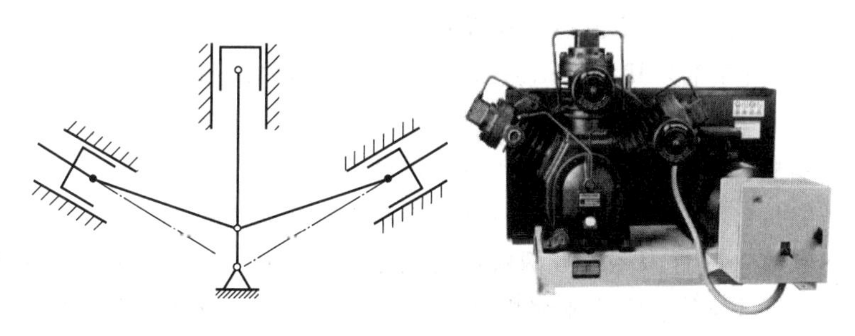

图 1-2-18　W 形压缩机

c. L 形压缩机。相邻两列气缸的中心线夹角为 90°，而且一列为水平位置，另一列为垂直位置，如图 1-2-19 所示。

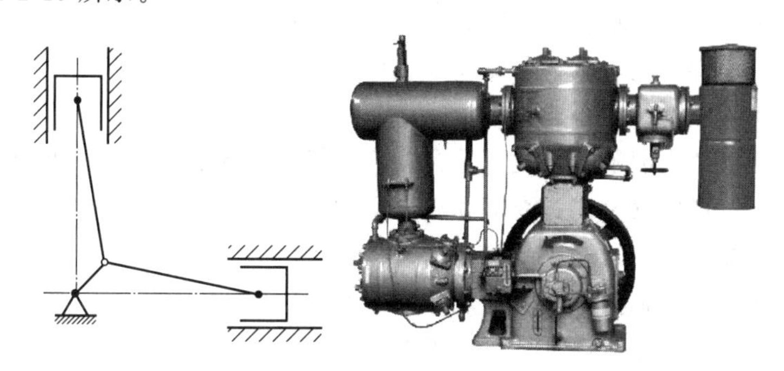

图 1-2-19　L 形压缩机

d. 扇形压缩机。同一曲拐上四列气缸的中心线呈扇形散开布置。相邻两列夹角一般成 45°。气缸中心线相对位置与形态如图 1-2-20 所示。

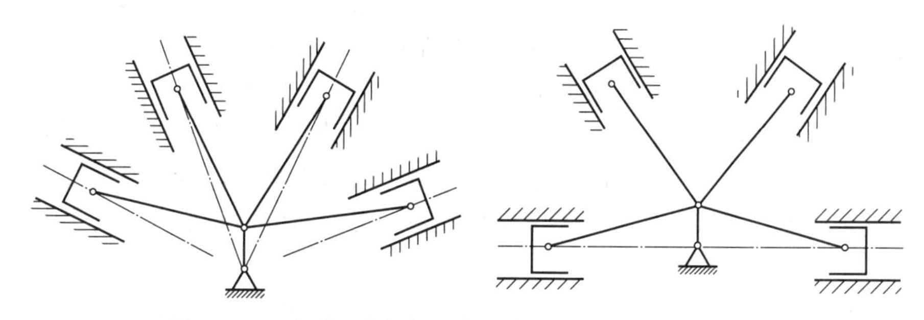

图 1-2-20　扇形压缩机气缸中心线相对位置与形态示意图

（2）按排气压力分　活塞式压缩机可分为低压压缩机、中压压缩机、高压压缩机和超高压压缩机。

① 低压压缩机：排气压力为0.3～1MPa（表压）。

② 中压压缩机：排气压力为1～10MPa（表压）。

③ 高压压缩机：排气压力为10～100MPa（表压）。

④ 超高压压缩机：排气压力大于100MPa（表压）。

（3）按气缸达到终压所需级数分　活塞式压缩机可分为单级压缩机、双级压缩机和多级压缩机。

① 单级压缩机：气体经一级压缩达到终压。

② 双级压缩机：气体经两级压缩达到终压。

③ 多级压缩机：气体经三级及以上压缩达到终压。

（4）按活塞在气缸中的作用分　活塞式压缩机可分为单作用压缩机、双作用压缩机和级差式压缩机。

① 单作用压缩机：气缸内仅一端进行压缩循环。

② 双作用压缩机：气缸内两端都进行同一级次的压缩循环。

③ 级差式压缩机：气缸内一端或两端进行两个或两个以上不同级次的压缩循环。

（5）按列数的不同分　活塞式压缩机可分为单列压缩机、双列压缩机和多列压缩机。

① 单列压缩机：气缸配置在机身一侧的一条中心线上。

② 双列压缩机：气缸配置在机身一侧或两侧的两条中心线上。

③ 多列压缩机：气缸配置在机身一侧或两侧两条以上的中心线上。

（6）按压缩的气体分　活塞式压缩机可分为以下几种。

① 空气压缩机：供工艺用空气，以及仪表控制和动力用空气。

② 氢、氮气压缩机：供氨合成用高压氢、氮气。

③ 石油气压缩机：供裂解、催化、叠合、合成等用的碳氢化合物的原料气。

④ 氧气压缩机：供空气分离、裂解和充瓶用的氧气。

⑤ 二氧化碳压缩机：供尿素、聚酯用的二氧化碳。

⑥ 有毒气体压缩机：输送氯气、一氧化碳等有毒气体。

⑦ 稀有气体压缩机：输送氩气、氦气等。

活塞式压缩机的主要优点是：不论流量大小，都能得到所需要的压力，排气压力范围大，最高压力可达350MPa（工业应用）；单机能力为在500m^3/min以下的任意流量；在一般的压力范围内对材料的要求低，多采用普通的钢铁材料；绝热效率较高，一般大中型机组绝热效率可达0.7～0.85；气量调节时，排气量几乎不受排气压力变动的影响；气体的密度和特性对压缩机的工作性能影响不大，同一台压缩机可以用于不同的气体。

由于以上优点，活塞式压缩机在工业上获得广泛应用，但也存在一些缺点，主要有：结构复杂笨重，易损件多，占地面积大，投资较高，维修工作量大；转速不高，机器体积大且重，单机排气量一般小于500m^3/min；排气不连续，气流有脉动，容易引起管道振动，严重时往往因气流脉动、共振而造成管网或机件损坏；用油润滑的压缩机，气体中带油需要脱除。

由于以上特点，活塞式压缩机主要适用于中、小流量而压力较高的场合，如在CNG

（压缩天然气）站用来压缩天然气；天然气处理厂、储气库注气和长输管线首站也以活塞式压缩机为主；在石油化工厂中，用来输送工艺气体或动力气体，在工艺流程中把介质压力压缩到反应所需的压力；在采矿、冶金、机械、建筑等部门用空气压缩机提供压缩空气作为动力等。

2. 离心式压缩机

离心式压缩机与离心泵在工作原理及结构形式等方面都有许多相似之处，两者主要存在输送介质（气体与液体）性质的差别。如图 1-2-21 所示，在原动机带动下，叶轮随主轴一起高速旋转，气体从叶轮中间的进气部分进入叶轮。在离心力作用下，进入的气体被甩到叶轮后面的扩压器中，而在叶轮中间形成气体稀薄区域。由于叶轮不断旋转，气体被连续不断地甩出，从而保持了连续流动。气体由于离心力作用增大了压力，并以很高的速度离开叶轮，经扩压器速度逐渐降低，气体的一部分动能转变为静压能，从而提高了气体总体压力。由扩压器流出的气体经蜗室送出，或经过弯道和回流器进入下一级继续压缩，这样一级接一级直至末级。末级叶轮的出口可以直接通向蜗壳，气体由蜗壳汇集后经排出管排出。

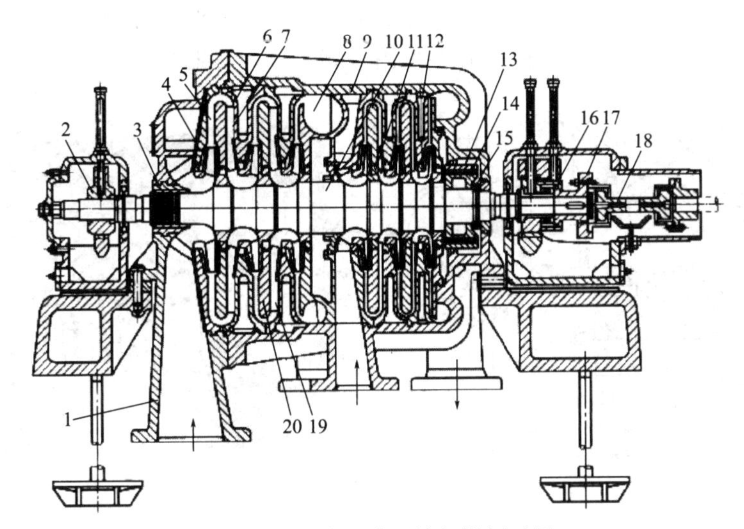

图 1-2-21　离心式压缩机纵剖面图

1—吸气室；2—支承轴承；3，13—轴端密封；4—叶轮；5—扩压器；6—弯道；7—回流器；8—蜗室；9—蜗壳；10—主轴；11—隔板密封；12—叶轮进口密封；14—平衡盘；15—卡环；16—止推轴承；17—推力盘；18—联轴器；19—回流器导流叶片；20—隔板

离心式压缩机种类繁多，根据其性能、结构特点，可从如下几个方面进行分类。

（1）按排气压力分　离心式压缩机可分为以下几种。

① 低压压缩机：排气压力为 0.3～1.0MPa。

② 中压压缩机：排气压力为 1.0～10.0MPa。

③ 高压压缩机：排气压力为 10.0～100MPa。

④ 超高压压缩机：排气压力大于 100MPa。

（2）按功率分　离心式压缩机可分为以下几种。

① 微型压缩机：轴功率小于 10kW。

② 小型压缩机：轴功率为 10～100kW。

③ 中型压缩机：轴功率为100～1000kW。

④ 大型压缩机：轴功率大于1000kW。

（3）按气缸形式分　离心式压缩机可分为以下几种。

① 水平剖分型：气缸在中心线处水平剖分成上、下两部分，通常称为上、下机壳。上、下机壳用连接螺栓连成一个整体，如图1-2-22所示。接合面的密封靠研磨加工、涂密封剂，进气管、排气管均在缸体下半部分，在揭去缸体上半部分后，可方便地检查、维修内件。该种类型适用于中、低压压缩机，出口压力通常低于5MPa。

图1-2-22　水平剖分型压缩机示意图

② 垂直剖分型：即筒形压缩机，上下剖分的隔板和转子装在筒形气缸内，气缸两侧端盖用螺栓紧固，如图1-2-23所示。隔板与转子组装后，用专用工具送入筒形气缸内。检修时，需要打开端盖，将转子与隔板由筒形气缸拉出，以便进一步分解检修。由于气缸为圆筒形，因此抗内压能力强，密封性好，刚性好，对于温度与压力引起的变形也较均匀。但这种压缩机安装困难，检修不便。对于压力较高或易泄漏的气体介质多采用垂直剖分型压缩机。

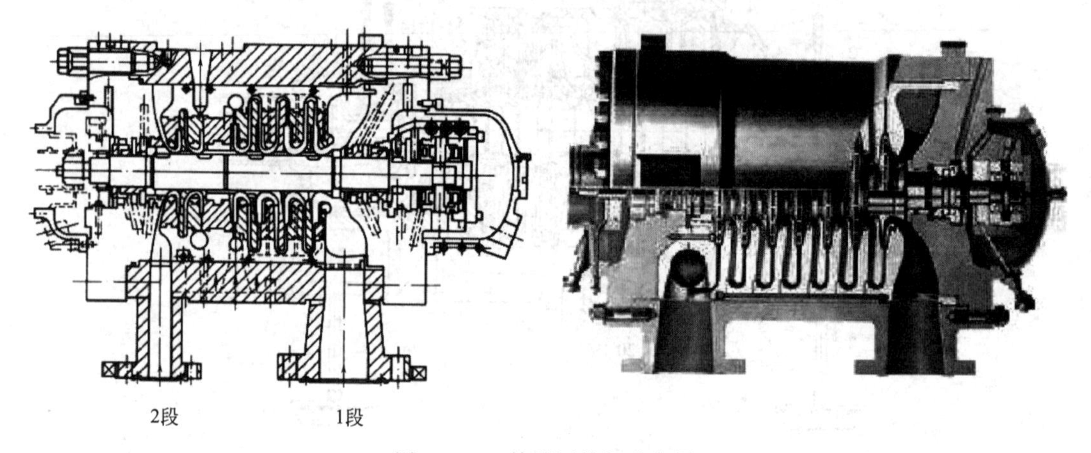

图1-2-23　筒型压缩机示意图

（4）按级间冷却形式分　离心式压缩机可分为机外冷却型和机内冷却型。

① 机外冷却型：每段气体压缩后输出机外进入下方的冷却器。

② 机内冷却型：冷却器的壳体与压缩机的机壳铸为一体，冷却器对称地布置在机壳的两侧，气体每经过一级压缩后都得到冷却。

（5）按压缩介质分　按压缩介质不同，离心式压缩机可分为空气压缩机、天然气压缩机、氮气压缩机、裂解气压缩机、氨冷冻压缩机和乙烯、丙烯压缩机等。

离心式压缩机主要有以下优点：气量大，结构简单紧凑，重量轻，机组尺寸小，占地面积小；运转平稳可靠，运转率高，摩擦件少，因而备件需用量少，维护费用及人员少；气缸内无润滑，在化工流程中，对化工介质可以做到绝对无油的压缩过程；转速高，离心式压缩机为一种回转运动的机器，它适用于工业汽轮机或燃气轮机直接拖动，可以合理充分地利用能源。

离心式压缩机也存在一些缺点：目前还不适用于气量太小及压比过高的场合；稳定工况区较窄，只有在设计工况下才能获得较高效率，离开设计工况点进行操作，效率就会下降；更为突出的是，当流量减小到一定程度时，压缩机就会发生喘振，处理不及时会导致机器损坏。目前离心式压缩机的效率一般比活塞式压缩机低。

3. 螺杆式压缩机

螺杆式压缩机是容积型（回转）压缩机械，是由一对具有凸齿与凹齿槽的阳、阴螺杆转子及机壳等构成，见图 1-1-24。进、排气口设在机壳两端呈对角线布置；压缩机运行时，气体自进气口吸入，两螺杆与机壳形成闭合空间，然后随转子旋转形成 V 形的闭塞压缩腔，经压缩后的气体由排气口排出。

如图 1-2-24 所示，在∞字形气缸中平行放置两个高速回转并按一定传动比相互啮合的螺旋形转子。通常将节圆外具有凸齿的转子称为阳转子（主动转子），在节圆内具有凹齿槽的转子称为阴转子（从动转子），阴、阳转子上的螺旋形体分别称为阴螺杆和阳螺杆。一般阳转子通过增速齿轮组与驱动机连接，并由此输入功率；同时由阳转子（或经同步齿轮组）带动阴转子转动。

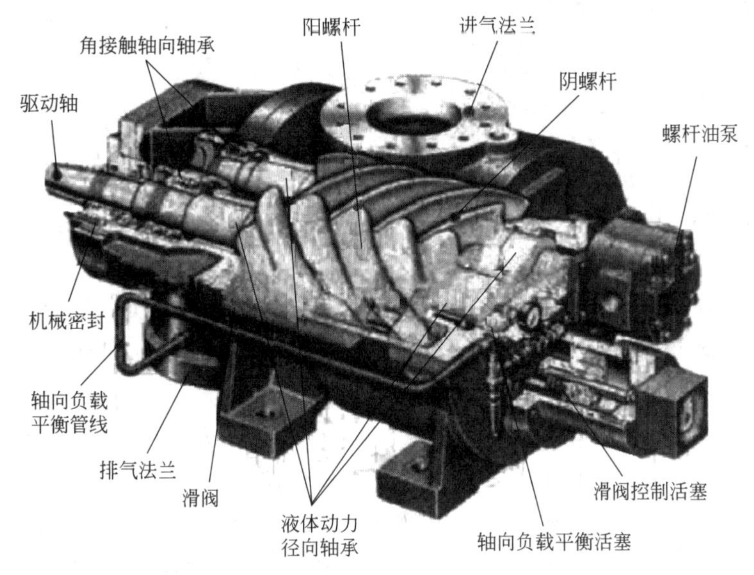

图 1-2-24　螺杆式压缩机结构示意图

① 按运行方式和用途不同，螺杆式压缩机可分为以下类型（图 1-2-25）。

② 按螺杆数量可分为以下类型（图 1-2-26）。

- 螺杆式压缩机
  - 无油
    - 干式
    - 喷液(湿式)式
  - 喷油
    - 中压空气或气体式
    - 高压气体和制冷式

图 1-2-25　螺杆式压缩机按运行方式和用途的分类

- 螺杆式压缩机
  - 单螺杆压缩机
  - 双螺杆压缩机

图 1-2-26　螺杆式压缩机按螺杆数量的分类

螺杆式压缩机具有以下优点：可靠性高，零部件少，没有易损件，因而运转可靠，寿命长；操作维护方便，自动化程度高，操作人员无须经过长时间专业培训，实现无人值守运转；动力平衡性好，没有不平衡惯性力，机器可平稳地高速工作，实现无基础运转；适应性强，具有强制输气的特点，容积流量几乎不受排气压力的影响，在宽泛的工况范围内能保持较高的效率；转子齿面间实际上留有间隙，因而能耐液体冲击，可压送含液体的气体、含粉尘的气体、易聚合气体等。

螺杆式压缩机具有以下缺点：由于螺杆式压缩机的转子齿面是一空间曲面，需利用特制刀具在价格昂贵的专用设备上进行加工，造价较高；由于受到转子刚度和轴承寿命等方面的限制，螺杆式压缩机只适用于低、中压范围，排气压力一般不超过 3MPa，高压场合还是由活塞式压缩机占主导地位；螺杆式压缩机依靠间隙密封气体，一般容积流量大于 0.2m^3/min，不适用于微型场合。

想一想

1. 活塞式压缩机的传动机构由哪些零部件组成？
2. 离心式压缩机的增压元件有哪些？

三、风机认知

风机是广泛应用于国民经济各个行业的一种通用机械，它是对气体压缩和气体输送机械的习惯简称。通常所说的风机是通风机、鼓风机。

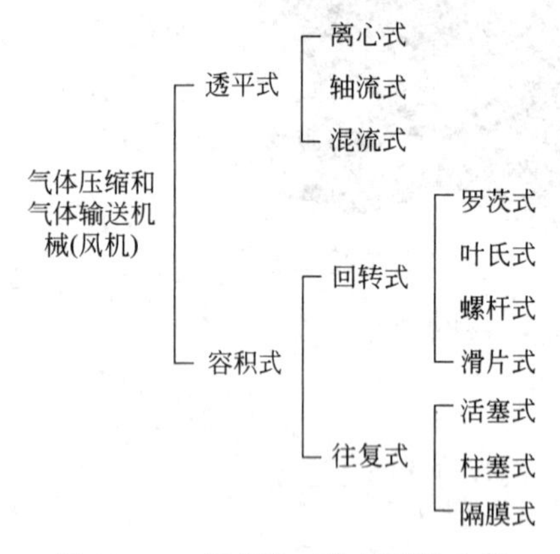

图 1-2-27　风机按工作原理的分类

（1）风机按工作原理分类　见图 1-2-27。

（2）按气体出口压力（或升压）分类　风机可分为通风机和鼓风机。

① 通风机。其在大气压为 0.1MPa、气温为 20℃时，出口全压值低于 0.015MPa。

② 鼓风机。其出口压力为 0.115～0.35MPa。

出口压力大于 0.35MPa 的风机属于压缩机。

1. 离心式通风机

离心式通风机主要靠离心力的作用，将外部气体吸入旋转叶轮的中心处，在离开叶轮叶片时，气体流速提高，使气体在流动中把动能转换为静压能，然后随着流体的增压，使静压能又转换为动能，从而把输送的气体送入管道或容器内。离心式通风机外观结构见图 1-2-28，工作原理如图 1-2-29 所示。

离心式通风机可用于输送空气、煤气及化工气体，有噪声小、振动小、效率高、运行平稳，安装、维护、保养方便，可露天环境下使用等特点。常用于高炉鼓风，电厂及炼油厂脱硫鼓风，高炉、焦炉煤气加压输送，以及污水处理的鼓风曝气，化工气体的回收、加压输送等。

图 1-2-28　离心式通风机

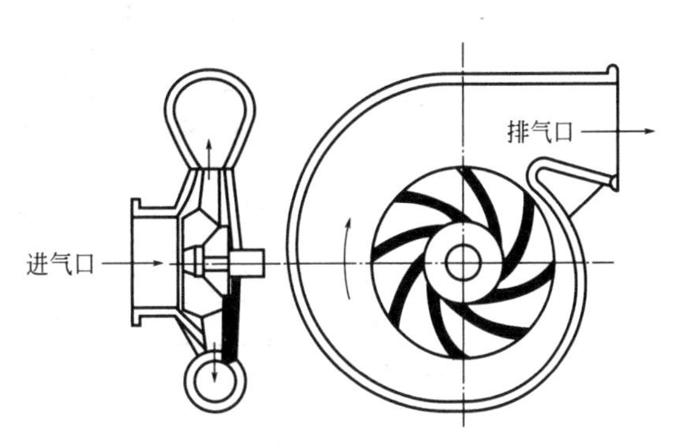

图 1-2-29　离心式通风机工作原理

2. 轴流式通风机

轴流式通风机见图 1-2-30，工作时，电动机驱动叶轮在圆筒形机壳内旋转，气体从集风器进入，通过叶轮获得能量，提高压力和速度，然后沿轴向排出。

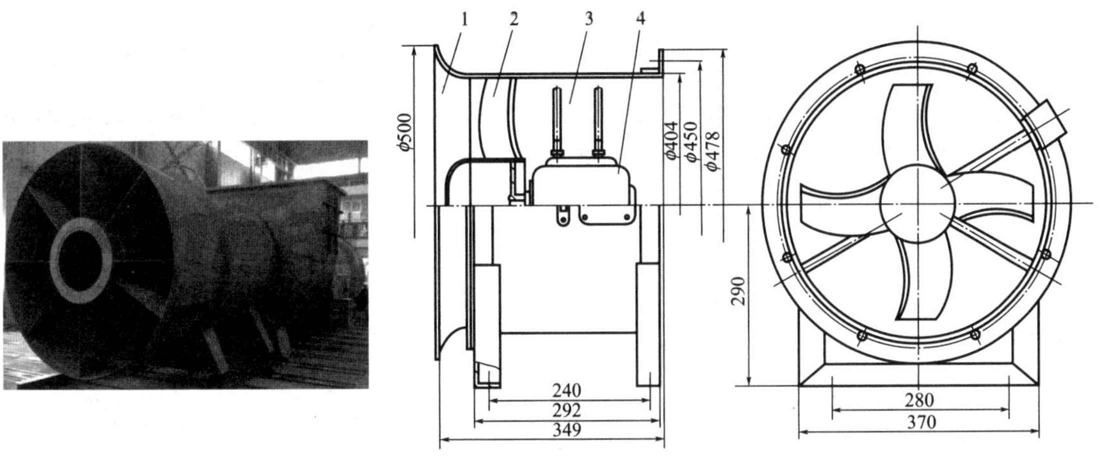

图 1-2-30　轴流式通风机结构图

1—集风器；2—叶轮；3—机壳；4—电动机

轴流式通风机常用于大流量、低压力的情况。例如，它可以向锅炉内输送空气，也可以将锅炉内的烟气抽走；用于向矿井下输送新鲜空气，工厂及各种建筑物通风换气，以及采暖通风；还可以在化工装置凉水塔中冷却循环水。

3. 罗茨鼓风机

罗茨鼓风机是由一对呈 8 字形截面的双叶转子，或一对呈星形截面的三叶转子置于机壳中而构成，如图 1-2-31 所示。

罗茨鼓风机的工作原理是由电动机通过联轴器或者皮带轮带动主传动轴转动，然后通过同步齿轮带动从动轴转动，通过两个叶轮的反方向高速旋转驱动吸入的气体，叶轮在提供预定间隙的机壳中平稳匀速转动。当吸入的空气被驱动到达排气口时，由于受到排气口空气压力的抵抗而被压缩，这种源源不断吸入、排出、压缩的空气连续往返地做功，保证输送气体的吸入、压缩和排出过程，最终由排气口排出压缩气体。

罗茨鼓风机流量通常为 0.5～800m^3/min，最大可达 1400m^3/min 左右，单级工作压力

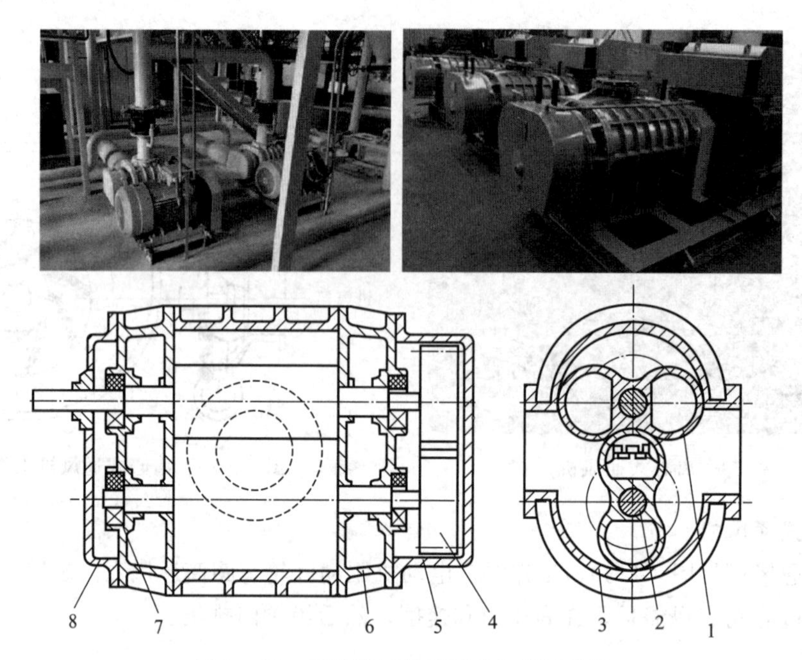

图 1-2-31　罗茨鼓风机及基本原理示意图

1—主动转子；2—从动转子；3—机壳；4—同步齿轮；5—主油箱；6—墙板；7—轴承；8—副油箱

为－53.3～98kPa。双级串联时，鼓风机正压可达 196kPa，真空泵负压可达－80kPa。罗茨鼓风机大多作空气鼓风机使用，其用途遍布建材、电力、冶炼、化工、矿山、港口、轻纺、邮电、食品、造纸、水产养殖和污水处理等许多领域。

想一想

实验室墙壁上的风机是哪种类型？它的作用是什么？

四、汽轮机认知

汽轮机是利用水蒸气的热能来做功的旋转式原动机。汽轮机在工作时先将水蒸气的热能转变为动能，再把动能转变成转轴旋转的机械能。

图 1-2-32 是最简单的单级汽轮机结构示意图，固定在转轴上的叶轮装有许多工作叶片（也叫动叶片）。具有一定压力和温度的水蒸气首先通过固定不动的、环状布置的喷嘴，其在喷嘴通道中压力减小，速度提高，在喷嘴出口处得到速度很高的气流。在喷嘴中完成了由蒸汽的热能转变为动能的能量转换过程。从喷嘴出来的高速气流以一定的方向进入装在叶轮上的工作叶片通道（也称为动叶栅），在动叶栅中蒸汽速度的大小和方向发生变化，对工作叶片产生一个作用力，推动叶轮旋转做功，完成由蒸汽动能到轮轴旋转的机械能的转变。

（1）按工作原理分类　可以分为冲动式汽轮机和反动式汽轮机两种类型。

① 冲动式汽轮机。冲动式汽轮机是利用冲动作用原理设计出来的汽轮机，即蒸汽只在

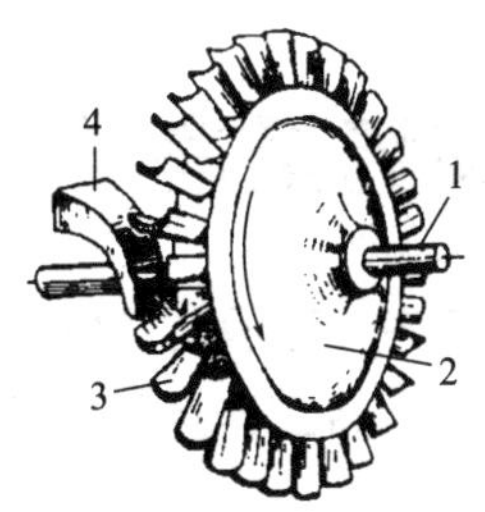

图 1-2-32 单级汽轮机结构示意图
1—转轴；2—叶轮；3—工作叶片；4—喷嘴

喷嘴中膨胀，将蒸汽热能转换成动能，而在动叶片中蒸汽不发生膨胀，没有压力降，只改变了气流流动的方向，将蒸汽的动能转变成叶片旋转的机械能。

② 反动式汽轮机。蒸汽不仅在喷嘴中发生膨胀，在动叶片中也发生膨胀，即蒸汽的热能转变成动能的过程在喷嘴和动叶片同时进行，这种汽轮机叫作反动式汽轮机。

（2）按用途分类 可以分为以下几类。

① 电站汽轮机。通常将仅仅用来带动发电机发电的汽轮机称为电站汽轮机。

② 供热式汽轮机。既带动发电机发电又对外供热的汽轮机称为供热式汽轮机，又称为热电联产汽轮机。

③ 工业汽轮机。用来驱动风机、水泵、压缩机等机械设备的汽轮机称为工业汽轮机。

④ 船用汽轮机。专门用于船舶推进动力装置的汽轮机称为船用汽轮机。

活动 1 机泵辨认练习

1. 组织分工。学生 2～3 人为一组，按照任务要求分工，明确各自职责。

序号	人员	职责
1		
2		
3		

2. 实施机泵辨认。按照任务分工，完成机泵的识别。

序号	机泵名称	适用场合
1		
2		
3		
…	…	…

活动 2　现场洁净

1. 机泵分类摆放整齐，无没用的物件。
2. 清扫操作区域，保持工作场所干净、整洁。
3. 产生的废弃物品，统一回收到垃圾桶，不可随意丢弃。
4. 关闭水、电、气和门窗，最后离开教室的学生锁好门锁。

活动 3　撰写实训报告

回顾机泵辨认过程，每人写一份实训报告，内容包括团队完成情况、个人参与情况、做得好的地方、尚需改进的地方等。

____

____

1. 学生以小组为单位，按照任务要求，进行自查、互评与总结。
2. 教师参照评分标准进行考核评价。
3. 师生总结评价，改进不足，以便将来在学习或工作中做得更好。

序号	考核项目	考核内容	配分	得分
1	技能训练	机泵辨认齐全、正确	25	
		机泵用途描述准确	25	
		实训报告诚恳、体会深刻	15	
2	求知态度	求真求是、主动探索	5	
		执着专注、追求卓越	5	
3	安全意识	着装和个人防护用品穿戴正确	5	
		爱护工器具、机械设备，文明操作	5	
		安全事故，如发生人为的操作安全事故、设备人为损坏、伤人等情况，“安全意识”不得分		
4	团结协作	分工明确、团队合作能力	3	
		沟通交流恰当，文明礼貌、尊重他人	2	
		自主参与程度、主动性	2	
5	现场整理	劳动主动性、积极性	3	
		保持现场环境整齐、清洁、有序	5	

任务三
管子与管件类别认知

学习目标

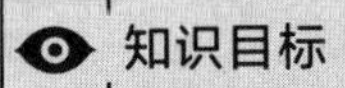

知识目标

（1）掌握化工常见管道元件的种类及特点。

（2）掌握化工常见管道元件的作用。

能力目标

（1）能辨识化工管道中的管道元件。

（2）能说出化工管道元件的作用。

素质目标

（1）通过规范学生的着装、工具使用、文明操作等，培养学生的安全意识。

（2）通过信息收集、小组讨论、练习、考核等教学活动，培养学生追求卓越的工匠精神、主动探索的科学精神和团结协作的职业精神。

（3）通过实训场地的整理、整顿、清扫、清洁，培养学生的劳动精神。

任务描述

管子是压力管道中应用最普遍、用量最大的元件，它的重量占整个压力管道的近2/3，而投资则占近3/5。因此，管子选用如何、是否经济合理，直接影响着石油化工生产装置的生产安全和基建投资费用。

管件是用来改变管道方向、改变管径大小、进行管道分支、局部加强、实现特殊连接等作用的管道元件。石油和化工生产中，管件投资约占整个管道投资的1/5。石油化工生产装置中常用的管件有弯头、三通、异径管（大小头）、管帽、加强管嘴、加强管接头、异径短节、螺纹短节、活接头、丝堵、仪表管嘴、软管快速接头、漏斗、水喷头、管箍等。

阀门主要用来控制管路内流体的启闭、流向、流量、压力、温度，操作人员通过操作各种阀门，实现对生产过程的控制和调节。石油化工生产中，常用的阀门包括闸阀、截止阀、球阀、止回阀、安全阀等。

小王作为一名化工厂操作工，为更好地操作和控制化工装置，要求其熟知管道、管件和阀门的种类及作用。

一、管子认知

1. 管子分类

管子是管道工程的主体材料，其品种、型号、规格繁多。依据用途不同可分为输送用、传热用、结构用和特殊用管子，详见表1-3-1。管子按材质可分为金属管和非金属管，金属管又可分为黑色金属管和有色金属管。管子按材质分类详见表1-3-2。

表1-3-1　管子按用途分类

输送用及传热用	流体输送用、长输管道用、石油裂化用、化肥用、锅炉用、换热器用等
结构用	普通结构用、高强结构用、机械结构用等
特殊用	钻井用、高压气体容器用等

表 1-3-2　管子按材质分类

大分类	中分类	小分类	管子名称举例
金属管	铁管	铸铁管	承压铸铁管（砂型离心铸铁管、连续铸铁管）
	钢管	碳素钢管	Q235 焊接钢管，10、20 钢无缝钢管，优质碳素钢无缝钢管
		低合金钢管	16Mn 无缝钢管、低温钢无缝钢管
		合金钢管	奥氏体不锈钢管、耐热钢无缝钢管
	有色金属管	铜及铜合金管	拉制及挤制黄铜管、紫铜管、铜基合金管（蒙乃尔等）、耐腐蚀耐热镍基合金（Hastelloy）管
		铅管	铅管、铅锑合金管
		铝管	冷拉铝及铝合金管、热挤压铝及铝合金圆管
		钛管	钛管及钛合金管（Ti-2Al-1.5Mn，Ti-6Al-6V-2Sn-0.5Cu-0.5Fe）
非金属管	非衬里管	橡胶管	输气胶管、输水吸水胶管、输油吸油胶管、蒸汽胶管
		塑料管	酚醛塑料管，耐酸酚醛塑料管，硬聚氯乙烯塑料管，高、低密度聚乙烯塑料管，聚丙烯塑料管，聚四氟乙烯塑料管，ABS 塑料管，PVC/FRP 复合塑料管，高压聚乙烯塑料管
		石棉水泥管	
		石墨管	不透性石墨管
		玻璃陶瓷管	化工陶瓷管（耐酸陶瓷管、耐酸耐温陶瓷管、工业陶瓷管）
	衬里管	玻璃钢管	聚酯玻璃钢管、环氧玻璃钢管、酚醛玻璃钢管、呋喃玻璃钢管
			橡胶衬里管、钢塑复合管、涂塑钢管

2. 公称直径、压力和壁厚系列

为了简化管道器材规格，有利于管道组成件的标准化，在管道设计中将各种管道组成件按压力和直径两个参数进行适当分级，将在压力等级标准中规定的分级压力称为公称压力，将在管径系列标准中规定的分级直径称为公称直径。

(1) 公称直径　公称直径表示管子、管件等管道器材元件的名义直径，公称直径既不是内径，也不是外径。

公称直径由字母 DN 和后跟的无量纲整数数字组成。这个数字与端部连接件的孔径或外径（用 mm 表示）等特征尺寸直接相关。字母 DN 后面的数字不代表测量值，也不能用于计算目的。

GB/T 1047—2019 优先选用的 DN 数值如下（表 1-3-3）。

表 1-3-3　优先选用的 DN 数值

DN6	DN80	DN500	DN1000	DN1800	DN2800
DN8	DN100	DN550	DN1050	DN1900	DN2900
DN10	DN125	DN600	DN1100	DN2000	DN3000
DN15	DN150	DN650	DN1150	DN2100	DN3200
DN20	DN200	DN700	DN1200	DN2200	DN3400
DN25	DN250	DN750	DN1300	DN2300	DN3600
DN32	DN300	DN800	DN1400	DN2400	DN3800
DN40	DN350	DN850	DN1500	DN2500	DN4000
DN50	DN400	DN900	DN1600	DN2600	
DN65	DN450	DN950	DN1700	DN2700	

由于米制单位和英制单位不能做到精确地等同，因此使用者必须分别采用两种单位制。

对于尺寸为米制单位的管件，其公称尺寸用DN表示；对于尺寸为英制单位的管件，其公称尺寸用NPS表示。二者之间的关系见表1-3-4。

表1-3-4 DN与NPS对照表

DN	15	20	25	32	40	50	65	80	90	100
NPS	1/2	3/4	1	1¼	1½	2	2½	3	3½	4

注：NPS大于4时，DN=25×(NPS)。

（2）公称压力　公称压力是为设计制造和安装维修方便而规定的一种标准压力。管道组成件的公称压力是指与其机械强度有关的设计给定压力，它一般表示管道组成件在规定温度下的最大许用工作压力。

公称压力由字母PN和后跟的无量纲数字组成。字母PN后跟的数字不代表测量值，不应用于计算目的。管道元件允许压力取决于元件的PN数值、材料和设计及允许工作温度等，允许压力在相应标准的压力—温度等级表中给出。具有同样PN和DN数值的所有管道元件同与其相配的法兰应具有相同的配合尺寸。

GB/T 1048—2019优先选用的PN数值如下（表1-3-5）。

表1-3-5 优先选用的PN数值

PN2.5	PN63
PN6	PN100
PN10	PN160
PN16	PN250
PN25	PN320
PN40	PN400

（3）壁厚系列　管子和管件除了以公称直径分级外，还以管壁厚度（壁厚）分级，目前常用的分级方法主要有以下三种。

① 以管子表号（Sch）表示的壁厚系列。管子表号（Sch）是设计压力与设计温度下材料的许用应力的比值乘以1000，并经圆整后的数值。焊接和无缝锻钢管的管子表号有Sch5、Sch10、Sch20、Sch30、Sch40、Sch60、Sch80、Sch100、Sch120、Sch140和Sch160。焊接和无缝不锈钢管的管子表号有Sch5S、Sch10S、Sch40S、Sch80S。

② 以管子质量表示的壁厚系列。以质量表示的壁厚分为：标准质量管以STD表示，加厚管以XS表示，特厚管以XXS表示。

③ 以钢管壁厚尺寸表示。以钢管的“管外径ϕ×壁厚”表示，如ϕ27×3.2。

3. 钢管的尺寸系列

无缝钢管的尺寸系列有两个：一个是按钢管外径建立的；另一个是按钢管的公称直径（DN）建立的。

（1）钢管的外径系列尺寸　根据钢管生产工艺的特点，钢管产品是按外径和壁厚系列组织的。钢管的材质、尺寸、外径和壁厚在不同的钢管标准中有不同的规定。GB/T 3091—2015规定了低压流体输送用焊接钢管的尺寸、外形、重量与技术要求。GB/T 8163—2018规定了输送流体用无缝钢管的尺寸、外形、重量与技术要求。

（2）钢管的公称直径系列尺寸　钢管的公称直径系列比钢管外径的规格少得多，根据

HG/T 20592—2009《钢制管法兰》(PN 系列) 标准的规定，适用该标准管法兰的钢管外径包括 A、B 两个系列，A 系列为国际通用系列 (俗称英制管)，B 系列为国内沿用系列 (俗称公制管)，它们的公称尺寸和钢管外径见表 1-3-6。我国大都使用 B 系列钢管。

表 1-3-6　管法兰配用钢管的公称尺寸和钢管外径　(mm)

公称尺寸 (DN)		10	15	20	25	32	40	50	65
钢管外径	A	17.2	21.3	26.9	33.7	42.4	48.3	60.3	76.1
	B	14	18	25	32	38	45	57	76
公称尺寸 (DN)		80	100	125	150	200	250	300	350
钢管外径	A	88.9	114.3	139.7	168.3	219.1	273	323.9	355.6
	B	89	108	133	159	219	273	325	377
公称尺寸 (DN)		400	450	500	600	700	800	900	1000
钢管外径	A	406.4	457	508	610	711	813	914	1016
	B	426	480	530	630	720	820	920	1020

公称尺寸 (DN)		1200	1400	1600	1800	2000
钢管外径	A	1219	1422	1626	1829	2032
	B	1220	1420	1620	1820	2020

4. 有缝钢管

钢管分为有缝的焊接钢管和热轧或冷拔的无缝钢管两类。

有缝钢管又称为焊接钢管，可分为低压流体输送钢管和电焊钢管两类。低压流体输送钢管是由扁钢管坯卷成管形并沿缝焊接而成的，因为它常用来输送水和煤气，故俗称为水煤气管。水煤气管可分为镀锌的和不镀锌的、普通的和加厚的、带螺纹的和不带螺纹的等类型。

水煤气管广泛应用在小直径的低压管路上，如给水、煤气、暖气、压缩空气、蒸汽、凝结水、废气、真空及某些物料管路。普通钢管正常工作压力不大于 0.6MPa (表压)，加厚钢管正常工作压力不大于 1MPa (表压)，正常工作温度不宜超过 175℃。

电焊钢管是由软钢板条卷成管形后焊接而成的钢管，分直焊缝和螺旋焊缝两种类型。直焊缝电焊钢管又可分为小直径电焊钢管和大直径电焊钢管两类。小直径电焊钢管外径为 5～152mm，壁厚为 0.5～5.5mm。大直径电焊钢管又称钢板卷管，其外径为 530～2020mm，壁厚为 4～16mm。螺旋焊缝电焊钢管外径为 219～720mm，壁厚为 6～7mm。电焊钢管可用于压力不高或无严格要求的管路上。电焊钢管的正常工作温度不宜超过 200℃。

有缝钢管与无缝钢管相比，价格便宜，材料利用率高，尺寸偏差小，设备投资也较少，尤其是在大直径 (≥DN600) 钢管生产上，无缝钢管的生产已比较困难。

GB/T 3091—2015《低压流体输送用焊接钢管》适用于输送水、污水、煤气、空气、取暖蒸汽等较低压力的流体，其材质一般采用低碳钢。输送低压腐蚀性介质时，用不锈钢焊接钢管，标准是 GB/T 12771—2019《流体输送用不锈钢焊接钢管》。

5. 无缝钢管

由于有缝钢管质量比较差，在目前的石油化工生产装置中，无缝钢管广泛用于压力容器和化工设备中，当工作压力超过 0.6MPa 时，不允许使用有缝钢管。

无缝钢管是由圆钢坯加热后，经穿管机穿孔轧制 (热轧) 而成的管子或者再经过冷拔而成为外径较小的管子，因为它没有接缝，所以称为无缝钢管。

无缝钢管按照制造方法的不同，分为热轧无缝钢管和冷拔无缝钢管两类。热轧无缝钢管的规格：外径为32～630mm，壁厚为2.5～75mm，管长为4～12.5m。冷拔无缝钢管的规格：外径为2～150mm，壁厚为0.25～14mm，管长为1.5～9m。

无缝钢管强度高，可用在重要管路上，如高压蒸汽和过热蒸汽管路、高压水和过热水管路、高压气体和液体管路以及输送燃烧性、爆炸性和有毒害性的物料管路等。各种热交换器的管子大都采用无缝钢管。中、低压管路无缝钢管的最高工作温度：碳钢为250℃，优质碳钢（如10钢）为450℃。高压管路均用优质碳钢（20钢）制成的无缝钢管，最高工作温度为200℃。

输送强腐蚀性或高温的介质时，采用不锈钢、耐酸钢或耐热钢制的无缝钢管。这种无缝钢管也可用热轧而成或再冷拔成尺寸较小的管子。热轧管的规格：外径为6～89mm，壁厚为1～7mm，长度为1.5～7m。耐热钢管最高工作温度为850℃。

无缝钢管有多个标准，常用的有GB/T 8163—2018《输送流体用无缝钢管》、GB 6479—2013《高压化肥设备用无缝钢管》、GB/T 9948—2013《石油裂化用无缝钢管》、GB/T 13296—2013《锅炉、热交换器用不锈钢无缝钢管》和GB/T 14976—2012《流体输送用不锈钢无缝钢管》5个。

6. 铸铁管

铸铁管分为普通铸铁管和硅铁管两类。

（1）普通铸铁管　一般用灰口铁铸造，耐腐蚀性好，但质脆，不抗冲击，常用于埋地给水管道、煤气管道和室内排水管道。

给水铸铁管有低压（p=0.45MPa）、常压（p=0.75MPa）和高压（p=1MPa）三种，直径50～1500mm，壁厚7.5～30mm，管长3m、4m、6m，管端形状分承插式和法兰式两种，其中以承插式最常用。

排水铸铁管只有承插式一种，直径50～200mm，壁厚4～7mm，长度有0.5m、1m、1.5m、2m等多种，但一般为2m。排水铸铁管比给水铸铁管壁薄，承口也浅。

（2）硅铁管　可分为高硅铁管和抗氯硅铁管两种。高硅铁管能抵抗多种强酸的腐蚀。而含钼的抗氯硅铁管可抵抗各种浓度和温度的盐酸的腐蚀，因此是很好的耐腐蚀管材。高硅合金铸件硬度大，只能用金刚砂轮修磨或用硬质合金刀具来加工。高硅合金铸件受到轻微敲击、局部受热或急剧冷却时，易破裂，但是由于耐腐蚀性好，因此广泛应用于化工管路中。

高硅铁管和抗氯硅铁管的内径为32～300mm，壁厚为10～16mm，长度为150～2000mm。其用于输送压力低于0.25MPa的腐蚀性介质。高硅铁管的耐热性能好，可达900℃。高硅铁管的两端有供连接用的凸肩，利用对开式的松套法兰连接。

7. 紫铜管和黄铜管

紫铜管和黄铜管都是拔制或挤制而成的无缝钢管，主要用于制造换热设备、制氧设备中的低温管路以及机械设备中的油管和控制系统的管路。

拔制紫铜管外径为3～360mm，壁厚为0.5～10mm；挤制紫铜管外径为30～280mm，壁厚为5～30mm。两种管子管长均为1～6m，随管子外径与制造方法而异。拔制的盘状紫铜管直径较小，每盘管子长度从十几米至数十米，黄铜管外径为3～195mm。当工作温度高于250℃时，不宜在压力下使用紫铜管和黄铜管。紫铜管和黄铜管可以采用焊接连接、法兰连接和螺纹连接。

8. 铝管

铝管是拔制而成的无缝铝管，主要用来输送浓硝酸、醋酸、甲酸及其他介质，但不能抗碱液。铝管外径为6～120mm，壁厚为1～10mm，管长可达6m。当工作温度高于160℃时，不宜在压力下使用铝管。铝管的连接采用焊接连接和法兰连接。

9. 陶瓷管

陶瓷管的化学耐腐蚀性很好，除氢氟酸外，对其他物料都是耐腐蚀的，对磷酸与碱类，耐腐蚀性较差。陶瓷管可用来输送工作压力为0.2MPa及温度在150℃以下的腐蚀性介质。管子内径为25～300mm，壁厚为10～28mm，管长有300mm、500mm、700mm、1000mm等数种。

陶瓷管可分为两端有凸肩的和承插式两种，前者采用活套法兰连接，后者采用承插焊连接。

10. 玻璃管

玻璃管的化学耐腐蚀性很好，除氢氟酸、含氟磷酸、热的浓磷酸及浓碱液外，对大多数酸类、稀碱液及有机溶剂等均耐腐蚀。用于制造化工管路的玻璃管，有热稳定性与耐腐蚀性能良好的硼玻璃管和不透明的石英玻璃管两种。玻璃管的优点是耐腐蚀性好，清洁，透明，易于清洗，流体阻力小，价格低廉；缺点是耐压低，容易损坏。玻璃管可用于温度为－30～150℃、温度急变不超过80℃的介质，高强度玻璃管的工作压力可达0.8MPa。

硼玻璃管的外径为25～150mm，长度为1～3m；不透明的石英玻璃管的外径为70～250mm，长度为1100～1440mm。玻璃管可以采用承插焊、活套法兰和套筒式的连接方式。

11. 塑料管

（1）聚氯乙烯（PVC）塑料管　聚氯乙烯塑料管具有良好的耐腐蚀性能、机加工性能、力学性能。在石油化工方面，PVC塑料管主要用于输送某些腐蚀性流体，不宜用于输送可燃、剧毒和含有固体颗粒的流体。

根据使用情况，PVC塑料管可分为0.5MPa、0.6MPa、1.0MPa和1.6MPa四个压力等级；PVC塑料管适用温度范围为－15～60℃，低于下限温度使用时容易开裂，高于上限温度使用时易软化。

硬聚氯乙烯塑料是用聚氯乙烯树脂加入稳定剂、润滑剂等材料制成的，它能抵抗任何浓度的各种酸类、碱类和盐类的腐蚀，但不能抵抗强氧化剂（如浓硝酸、发烟硫酸等）以及芳香族碳氢化合物和氯化碳氢化合物的作用。

硬聚氯乙烯塑料管可以输送压力为0.05～0.6MPa和温度为－10～40℃的腐蚀性介质，其最高温度为60℃。由于塑料管传热性差，可不用保温。我国生产的硬聚氯乙烯塑料管的直径为8～200mm，长度在3m以上。硬聚氯乙烯塑料管的连接有焊接和法兰连接两种形式。

（2）酚甲醛塑料管　酚甲醛塑料能抵抗多种酸类（硝酸、铬酸和浓度在50%以下的硫酸）的作用，但不能抵抗苯胺、溴、碘等溶剂的作用。酚甲醛塑料管可分为两种：一种是用酚甲醛树脂加入填料（纯石棉、石棉掺石墨粉、石棉掺砂）作为主要成分所制成的石棉酚醛塑料管；另一种是用浸渍过酚甲醛树脂的棉布卷压而成的夹布酚醛塑料管。夹布酚醛塑料管的直径为25～150mm，管长为1500～2000mm，试验压力为0.5～0.8MPa，适合输送压力低于0.3MPa及温度低于80℃（最高温度为100℃）的介质。石棉酚醛塑料管的直径为32～200mm，管长为1000～2000mm，试验压力为0.3～0.6MPa，主要用来输送酸性介质，最高温度为120℃。酚甲醛塑料管的管端都带有凸肩，可用活套法兰连接。

（3）聚乙烯（PE）塑料管和尼龙塑料管　聚乙烯塑料管和尼龙塑料管应用于煤气管道

系统中埋地管道部分。它们的直径为20～250mm，普通管壁厚为2.3～14.8mm，加厚管壁厚为3～22.7mm。

聚乙烯塑料管分高密度和中密度两种。中密度聚乙烯塑料管比高密度聚乙烯塑料管柔性好。聚乙烯塑料管的连接方式为电熔焊、对焊和热熔承插焊。

尼龙是一种工程塑料，强度高，使用温度范围大。尼龙塑料管的连接方式是采用管件和专用胶黏剂连接。将溶剂涂在管材和管件接触面并溶解表面，然后蒸发，从而产生永久的高强度密闭接口。

聚乙烯塑料管和尼龙塑料管与金属管相比具有抗振性好、连接严密、经济和安装方便等优点。它们的缺点是怕紫外线照射，不能见光，故只能作埋地管道。

（4）玻璃钢管（FRP） 玻璃钢管是以玻璃纤维制品（玻璃布、玻璃带、玻璃毡）为增强材料，以合成树脂为胶黏剂，经过一定的成型工艺制作而成。玻璃钢管集中了玻璃纤维和合成树脂的优点，具有密度小、强度高、耐高温、耐腐蚀、绝缘、隔音、隔热等性能，广泛用于化学工业管道系统中。

玻璃钢管的直径为20～1000mm，常温下最高工作压力为3MPa，最高工作温度为150℃。玻璃钢管的连接方式有法兰连接和承插焊连接两种。

（5）聚丙烯（PP）塑料管 聚烯烃塑料有两种，第一种是均聚物，第二种是多聚物。聚烯烃塑料具有良好的耐含硫化合物的性能，并能经受住各种腐蚀性废水与生活污水的作用。PP塑料管是所有普通塑料管材中最好的，但在刚性方面比PVC塑料管稍差。在较高温度时，它的性能比PE（聚乙烯）塑料管好。其主要用于埋地给排水系统。

（6）橡胶管 橡胶管是用天然或人造生橡胶与填料（硫黄、炭黑和白土等）的混合物，经加热硫化后制成的挠性管子。橡胶管能抵抗多种酸碱液，但不能抵抗硝酸、有机酸和石油产品。橡胶管根据结构的不同，可以分为纯胶的小直径管、橡胶帆布挠性管和橡胶螺旋钢丝挠性管等数种。根据用途不同，可以分为抽吸管、压力管和蒸汽管等数种。抽吸管内径为25～357mm，长度为7～9m，试验压力为0.15～0.3MPa；压力管内径为13～152mm，长度为7～20m，试验压力为0.3～1.5MPa，容许的工作温度在40℃以下；蒸汽管内径为13～76mm，长度为20m，试验压力为3MPa，容许的工作温度在175℃以下。橡胶管只能用作临时性管路及某些管路的挠性连接件，不得作为永久性的管路。

（7）不透性石墨管 石墨可分为天然石墨和人造石墨两种，目前大多以人造石墨（如电极石墨）为主。在人造石墨的制造过程中，由于高温焙烧而逸出挥发物，形成很多细微的孔隙，不但影响它的机械强度和加工性能，而且这样的石墨制成的设备和管子用于有压力的介质时，介质也会渗出来。因此，石墨化工设备及管子需要采用适当的方法来填充孔隙，使其具有不透性。这样的石墨就称为不透性石墨。用不透性石墨制造的管子称为不透性石墨管。

不透性石墨管按生产方法可分为压型不透性石墨管和浸渍类不透性石墨管两种。不透性石墨管化学性质稳定，线膨胀系数小，导热性好，不污染介质，因而能耐酸碱腐蚀，耐温度急变，并能保证产品的纯度，故在盐酸、硝酸、硫酸、制硫工业中得到广泛的应用。

不透性石墨管的直径为20～250mm，壁厚为5～38.5mm，管长为1.5～4m，适合在压力低于0.3MPa及温度低于170℃的场合使用。

12. 衬里管

凡是有衬里的管子，统称为衬里管。一般在碳钢管和铸铁管内衬里。作为衬里的材料很多，属于金属的有铅、铝和不锈钢等，属于非金属的有搪瓷、玻璃、塑料和橡胶等。衬里管可用于输送各种不同的腐蚀性介质。

（1）衬橡胶管　衬橡胶管的基体一般为碳钢、铸铁，铸铁不应有砂眼、缩孔等缺陷。衬层有硬橡胶、半硬橡胶、软橡胶等。将衬层用胶黏剂黏合在钢管的内壁上，再加以硫化即成为衬橡胶管。

（2）衬玻璃管　衬玻璃管不仅具有优良的耐腐蚀性、耐磨性、光洁性，还克服了玻璃的脆性，提高了机械强度和耐温度急变性能，同时制造简单，使用方便，成本较低。

（3）搪瓷管　化工搪瓷管是由含硅量高的瓷釉通过900℃左右的高温煅烧后密着于金属管表面而制成的。由于搪瓷层对金属的保护（瓷釉厚度一般为0.8～1.5mm），搪瓷管具有优良的耐腐蚀性能和力学性能，并能防止某些介质与金属离子起作用而引起污染，所以在石油、化工生产中，尤其是在医药、农药、合成纤维生产中得到广泛的应用。

（4）渗铝钢管　在低碳钢管表面渗铝或热浸镀铝后，便成渗铝钢管，这样可大大提高钢材的耐热抗氧化性能和对某些介质的耐腐蚀性能，减少或防止产品中铁屑的夹杂。

热浸镀铝是将经过表面处理的钢管浸入熔融的液铝中，保温一定时间后取出空冷，再经高温扩散退火而成。目前，可生产6～7m长的各种口径的渗铝钢管。渗铝钢管最小口径约为ϕ18mm，因口径太小，内壁液铝在热浸后难以倒尽。

（5）塑料涂层钢管　将各种耐腐蚀的塑料以涂层的方法衬在钢管的表面，称之为塑料涂层钢管。常用的涂层有聚三氟乙烯、氯化聚氯乙烯等。

想一想

公称直径和公称压力完全相同的管道能焊接在一起吗？

二、管件认知

1. 管件的连接形式

管件的连接形式决定了管件端部的结构形式。管件之间、管件和管子之间常用的连接形式有三种，即对焊连接、承插焊连接和螺纹连接。管件的连接形式相应地也有与之相适应的三种形式，但对承插焊连接有插口和承口之分，对螺纹连接有内螺纹和外螺纹之分。管件之间、管件和管子之间的连接形式除上述三种外，常用的还有法兰连接。法兰连接是借助于专用的管道元件即法兰、螺栓和垫片实现连接的。

（1）对焊连接　对焊连接是公称直径≥DN50的管子及其元件常用的一种连接形式。对于公称直径≤DN40的管子及其元件，因为它的壁厚一般较薄，采用对焊连接时错口影响较大，容易烧穿，焊接质量不易保证，故此时一般不采用对焊连接。

（2）承插焊连接　承插焊连接多用于公称直径≤DN40、壁厚较薄的管子和管件之间的连接。承插焊连接接头必定是一个为插口管件，另一个为承口管件。管件的应用标准和管件类型决定了哪些管件是承口管件，哪些管件是插口管件，如异径短节、螺纹短节等一般为插口管件，弯头、三通、管帽、加强管嘴、活接头、管箍等为承口管件。

（3）螺纹连接　螺纹连接也多用于公称直径≤DN40 的管子及其元件之间的连接。它属于可拆卸连接，常用于不宜焊接或需要拆卸的场合。例如仪表用净化压缩空气管道，因为有镀锌层而不能进行焊接，故应采用螺纹连接。螺纹连接和法兰连接相比，虽然都属于可拆卸连接，但前者的连接结构尺寸较小，后者的连接较可靠。

螺纹连接件有阳螺纹和阴螺纹之分。常用的管件中，螺纹短节为阳螺纹，而弯头、三通、管帽、活接头等多为阴螺纹，使用时应注意它们之间的搭配和组合。螺纹连接与焊接相比，接头强度低，密封性能差，因此在石油化工生产装置的管道上使用时，应采用锥管螺纹，且不推荐在高于 200℃及低于−45℃的温度下使用。螺纹连接不得用在剧毒介质管道上。

目前，国际上常用的锥管螺纹可分为两种：55°锥管螺纹和 60°锥管螺纹，前者多用于欧洲，后者多用于美国。

2. 对焊管件

GB/T 12459—2017 标准规定 DN15～DN1500（NPS1/2～NPS60）钢制对焊管件（以下简称管件）的类型与代号。管件的类型和代号见表 1-3-7。

表 1-3-7　管件的类型和代号

品种	类型	代号	
		无缝管件	焊接管件
45°弯头	长半径	45EL	W45EL
	3D	45E3D	W45E3D
90°弯头	长半径	90EL	W90EL
	长半径异径	90ELR	W90ELR
	短半径	90ES	W90ES
	3D	90E3D	W90E3D
180°弯头	长半径	180EL	W180EL
	短半径	180ES	W180ES
异径管（大小头）	同心	RC	WRC
	偏心	RE	WRE
三通	等径	TS	WTS
	异径	TR	WTR
四通	等径	CRS	WCRS
	异径	CRR	WCRR
管帽	—	C	WC
翻边短节	长型	LJL	WLJL
	短型	LJS	WLJS

注：对于特殊角度弯头，可采用角度数字加相应的产品类型字母代号表示。

（1）弯头　弯头是用于改变管道方向的管件，见图 1-3-1，可分为 45°和 90°两种形式。根据弯头拐弯的曲率半径不同，又可将常用弯头分为短半径弯头和长半径弯头两种。一般情况下，应优先采用长半径弯头，而短半径弯头多用于结构尺寸受限制的场合。

（2）三通　三通是用作管道分支的管件，见图 1-3-2，通常有等径三通（即分支管与主管同直径）和异径三通（即分支管直径比主管直径小）两种。作为管道的分支，有时还用到 Y 形三通。Y 形三通常常代替一般三通用在输送有固体颗粒或冲刷腐蚀较严重的管道上。

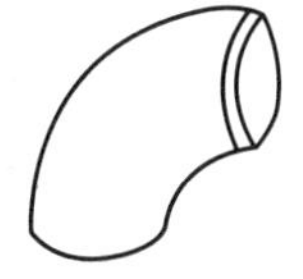

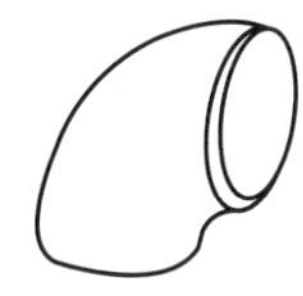

图 1-3-1　弯头

（3）异径管（大小头）　异径管是用作管子变径的管件，见图 1-3-3，通常有同心异径管（即大端和小端的中心轴重合）和偏心异径管（即大端和小端的一个边的外壁在同一直线上）两种。一般情况下，后者用得较多，因为它能实现管道变径前和变径后有一个同样的管底或管顶标高，便于支承。

（4）管帽（封头）　管帽是用于管子终端封闭的管件，见图 1-3-4。常用的管帽（封头）有平封头和标准椭圆封头两种形式。一般情况下，平封头制造较容易，价格也较低，但承压能力不如标准椭圆封头，故它常在公称直径≤DN100、介质压力低于 1.0MPa 的条件下使用。标准椭圆封头为一个带折边的椭圆封头，椭圆的内径长短轴之比为 2∶1，它是应用最广泛的封头。

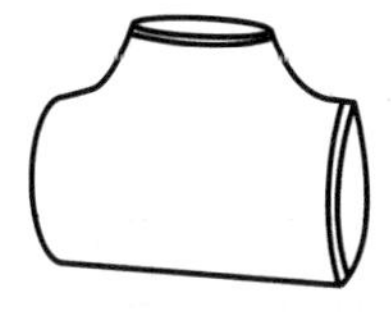

图 1-3-2　三通

图 1-3-3　异径管

图 1-3-4　管帽

3. 承插焊和螺纹管件

GB/T 14383—2021 标准规定了管道系统中公称尺寸小于或等于 DN100，压力等级（Class）为 2000、3000、6000 和 9000 的钢制材料锻制的承插焊和螺纹管件。部分管件的类型和代号见表 1-3-8。

表 1-3-8　管件的类型和代号

类型	品种	代号
承插焊（SW）	承插焊 45°弯头	SW-45E
	承插焊 90°弯头	SW-90E
	承插焊三通	SW-T
	承插焊 45°三通	SW-45T
	承插焊四通	SW-CR
	同心双承口管箍	SW-FCC
	偏心双承口管箍	SW-FCE
	平口单承口管箍	SW-HCP
	坡口单承口管箍	SW-HCB
	加长单承口管箍	SW-CPT
	承插焊管帽	SW-C

续表

类型	品种	代号
螺纹（THD）	螺纹 45°弯头	THD-45E
	螺纹 90°弯头	THD-90E
	内外螺纹 90°弯头	THD-90SE
	螺纹三通	THD-T
	螺纹四通	THD-CR
	同心双螺口管箍	THD-FCC
	偏心双螺口管箍	THD-FCE
	平口单螺口管箍	THD-HCP
	坡口单螺口管箍	THD-HCB
	加长单螺口管箍	THD-CPT
	螺纹管帽	THD-C
	方头管塞	THD-SHP
	六角头管塞	THD-HHP
	圆头管塞	THD-RHP
	六角头内外螺纹接头	THD-HHB
	无头内外螺纹接头	THD-FB
	六角双螺纹接头	THD-HNC
	双头螺纹短节	THD-PNBE
	单头螺纹短节	THD-PNOE

承插焊管件的级别（Class）分为 3000、6000 和 9000，螺纹管件的级别分为 2000、3000 和 6000，与之适配的管子壁厚等级见表 1-3-9。

表 1-3-9　管件级别和与之适配的管子壁厚等级的关系

连接形式	级别代号	适配的管子壁厚等级	连接形式	级别代号	适配的管子壁厚等级
承插焊	3000	Sch80、XS	螺纹	2000	Sch80、XS
	6000	Sch160		3000	Sch160
	9000	XXS		6000	XXS

（1）弯头　承插焊和螺纹弯头同样有 90°和 45°之分，但无长半径和短半径之分，属于承口或者阴螺纹连接管件，作用同对焊弯头，见图 1-3-5。

（2）三通　承插焊和螺纹三通也有等径和异径之分，且属于承口或者阴螺纹连接管件，作用同对焊三通，见图 1-3-6。

图 1-3-5　承插焊和螺纹弯头

图 1-3-6　承插焊和螺纹三通

（3）管帽　作用与对焊管帽相同，但它多以螺纹连接的形式用于排液和放空的终端，作二次保护用，见图 1-3-7。

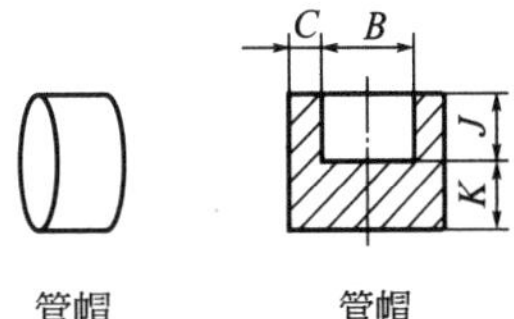

图 1-3-7　承插焊和螺纹管帽

（4）加强管嘴　加强管嘴常用于管道的分支连接。当从大直径管子上分支出一个小直径（≤DN40）管子时，如果此时的分支超出标准三通的变径范围而不能用三通，则应采用加强管嘴进行分支并对分支点进行局部加强。加强管嘴的一端与大管子采用角焊连接，而另一端与小管子采用承插焊或螺纹连接，此时它为承口（或阴螺纹）。根据被连接主管（又称为母管）的直径不同，加强管嘴又分为弧底型和平底型两种形式，前者用于母管公称直径≤DN100 的情况下，后者则用于母管公称直径≥DN125 的情况下，目的是使它的底部外形与母管外形相近，从而获得一个较好的焊缝质量。加强管嘴的结构示意图见图 1-3-8。

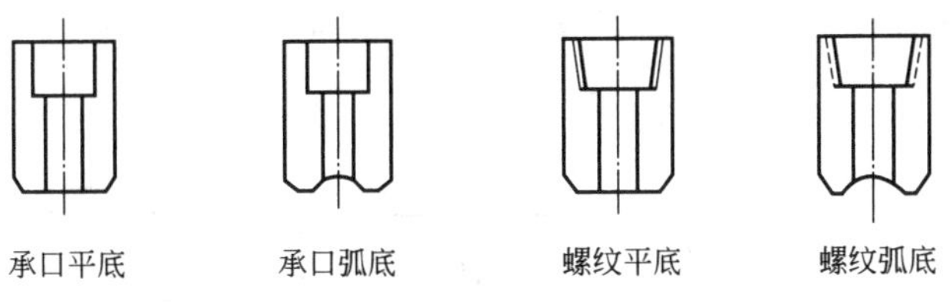

图 1-3-8　加强管嘴的结构示意图

（5）加强管接头　加强管接头也常用于管道的分支连接。当从大直径管子上分支出一个公称直径≥DN50（但最大公称直径一般不宜超过 DN200）的管子时，如果此时的分支也超出标准三通的规格范围而不能用三通，则可采用加强管接头进行分支并对分支处进行局部加强。加强管接头与主管为角焊连接，与支管为对焊连接，见图 1-3-9。

（6）管箍　管箍有单承口管箍和双承口管箍两种，常用的为双承口管箍。双承口管箍又有等径和异径之分，等径双承口管箍用于不宜对焊连接的管子之间的连接。管箍见图 1-3-10。

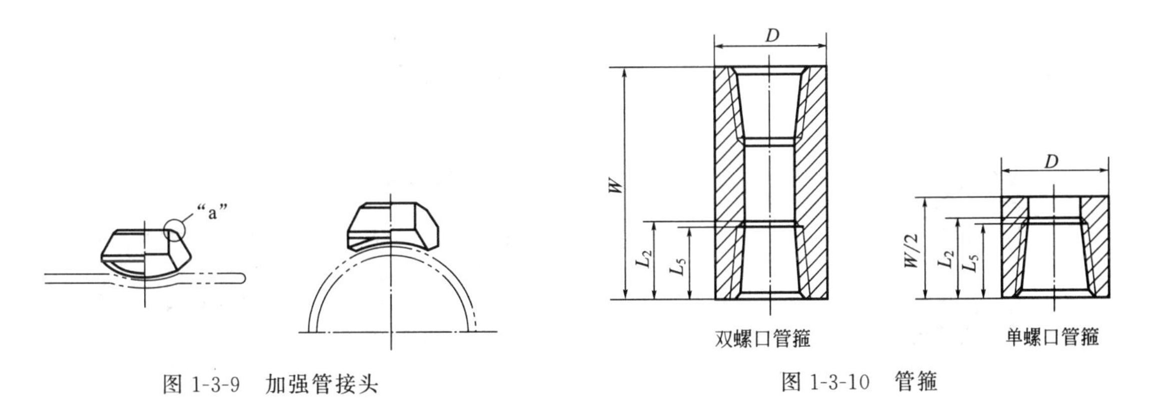

图 1-3-9　加强管接头

图 1-3-10　管箍

（7）活接头　活接头常与螺纹短节一起配套使用实现可拆卸连接。在正常的管道中，仅有螺纹短节和螺纹管件是无法实现可拆卸的，只有配上活接头才能实现。因此，设计中，当管道在某处要求采用螺纹可拆卸时应采用活接头。活接头为阴螺纹，其结构见图 1-3-11。

（8）管塞（丝堵）　管塞用于堵塞管子端部的外螺纹管件，有方头管塞、六角头管塞和圆头管塞等，其结构见图 1-3-12。

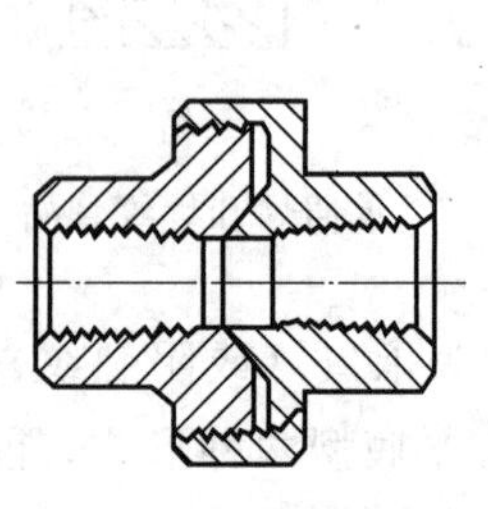

图 1-3-11　活接头结构

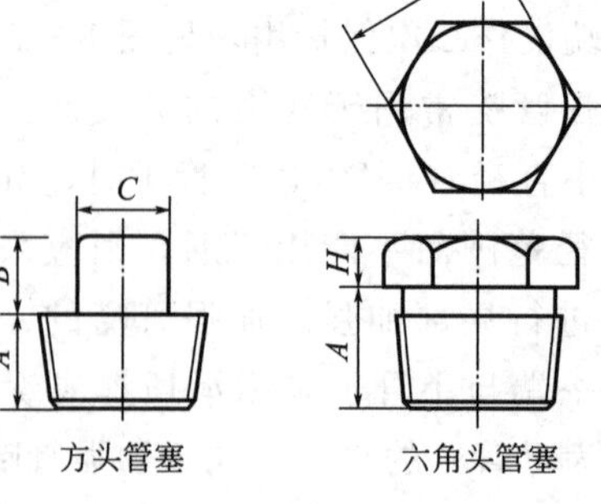

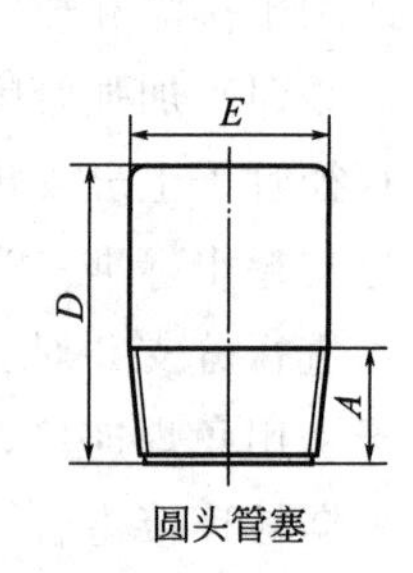

图 1-3-12　管塞结构

（9）仪表管嘴　它常用作管道与管道上仪表的连接。它的一端与管道进行角焊连接，另一端则与仪表采用螺纹连接（阴螺纹）。根据所连仪表不同，它可分为压力表管嘴（锥管内螺纹 Rc）、双金属温度计管嘴（柱螺纹 G）和热电偶管嘴（柱螺纹 G）三种。常用仪表管嘴的结构如图 1-3-13 所示。

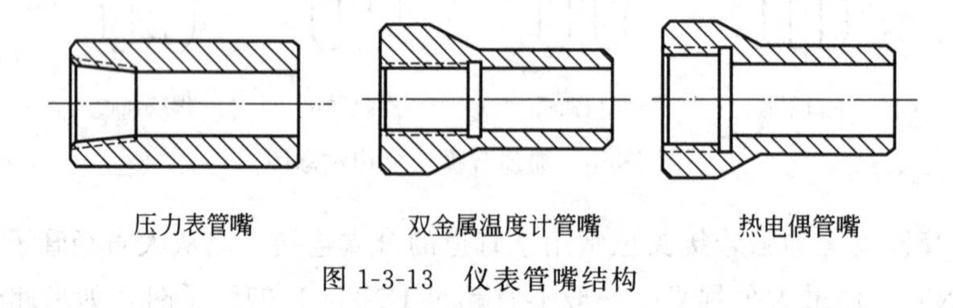

图 1-3-13　仪表管嘴结构

（10）软管快速接头　软管快速接头常用在软管的终端，以实现与软管的快速连接。常用软管快速接头的结构如图 1-3-14 所示。

（11）内外螺纹接头（内外丝）　用于连接直径不同的管子，一端为内螺纹、另一端为外螺纹的管接头见图 1-3-15。

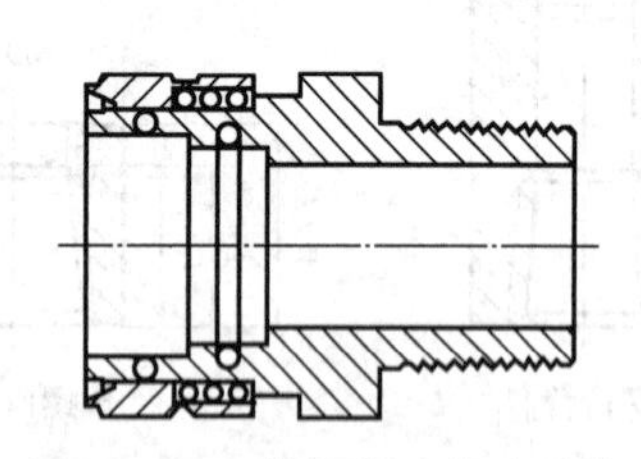

图 1-3-14　软管快速接头结构

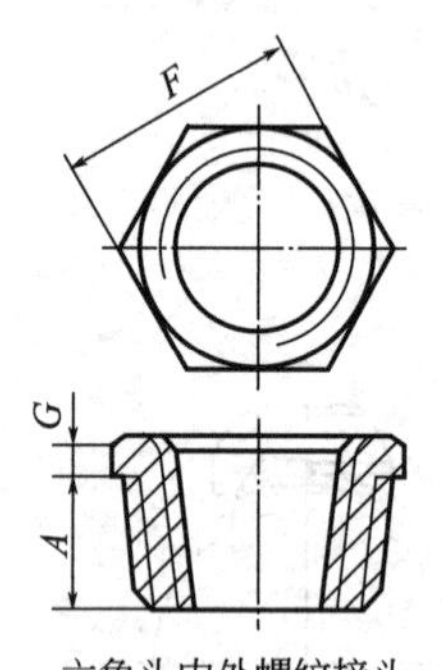

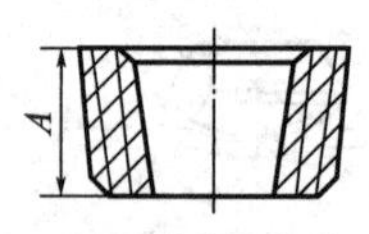

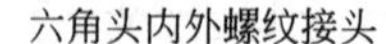

图 1-3-15　内外螺纹接头

4. 管接头

液压管接头一般由接头体、连接套或连接螺母、密封元件 3 部分组成。密封元件起着连接管子、改变方向、接出管子等作用。管接头分为扩口式管接头、卡套式管接头、焊接式管接头和其他管接头四大类，主要用于液体和气体介质管路系统。

（1）扩口式管接头　扩口式管接头适用于管子外径为 4～34mm，最大工作压力为

3.5～16MPa 的液压流体传动和一般用途的管路系统。

扩口式管接头通常有两种结构形式：一种由具有 74°外锥面的管接头体、起压紧作用的螺母（A 型螺母）和带 66°内锥孔的扩口式管接头管套组成；另一种由具有 90°外锥面的管接头体和带 90°内锥孔的螺母（B 型螺母）组成。将已通过冷变形加工形成的喇叭口式的 74°或 90°内锥面的管子置于接头体的外锥面和管套（或 B 型螺母）的内锥孔之间，拧紧螺母使管子的喇叭口受压，挤贴于接头体外锥面和管套（或 B 型螺母）内锥孔所产生的缝隙中，从而起到密封作用。

扩口式管接头在我国已标准化，应用极为普遍。目前比较典型的有 GB/T 5625～GB/T 5635—2008、GB/T 5637～GB/T 5639—2008 及 GB/T 5641～GB/T 5653—2008 等 27 个国家标准。

扩口式管接头结构见图 1-3-16。图示扩口式管接头一端是 M14×1.5 普通螺纹接头体，另一端是外径为 D_0 的管子。其他管接头查阅相关标准。

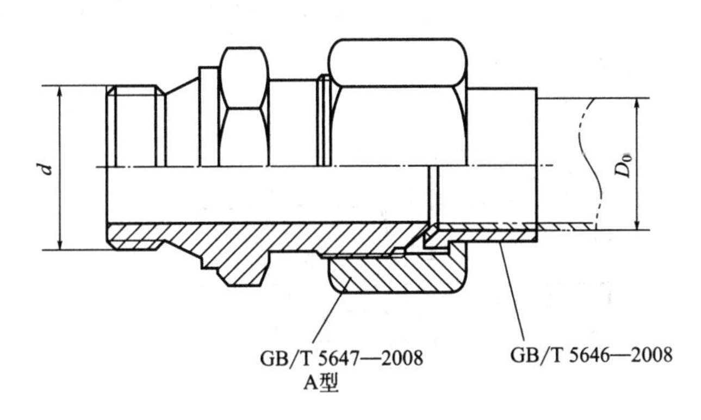

图 1-3-16　扩口式管接头

（2）卡套式管接头　卡套式管接头主要适用于管子外径为 4～42mm，最大工作压力为 10～63MPa 的液压流体传动和一般用途的管路系统。

刚性密封的卡套式管接头主要由三部分组成：带 24°锥口的连接接头体、带有内刃的表面硬化处理过的卡套和起紧固作用的螺母。当拧紧螺母时，卡套在螺母的压力下被推入接头体的锥口内，并随着弹性变形，使卡套密封斜面与接头体锥面互相挤压形成刚性密封，同时卡套的内刃口自动卡入连接钢管的外壁，卡套尾部也径向收缩抱住管子，从而实现钢管与接头的可靠连接。

刚性密封的卡套式管接头是一种中、高压的小型接头，在我国已经标准化，应用极为普遍。目前适用的有 GB/T 3733～3760—2008、GB/T 3763～3765—2008 等 30 多个标准。

带 F 型柱端的卡套式管接头见图 1-3-17。图示卡套式管接头一端是 M16×1.5 普通螺纹接头体，另一端是外径为 D_0 的卡套管。

（3）焊接式管接头　锥密封的焊接式管接头适用于以油、气为介质的管路系统，公称压力≤PN31.5（315bar），工作温度范围为－25～90℃。

锥密封的焊接式管接头是一种 24°焊接接头，在我国重型机械行业普遍使用。该接头一般由三部分，即带六角头支承面的接头体（接头体内锥面为 24°）、锥管（锥管头的外锥面为 24°）及拧紧螺母组成。安装时先将接头的焊接锥管的端口与管子的管口对焊，然后将 O

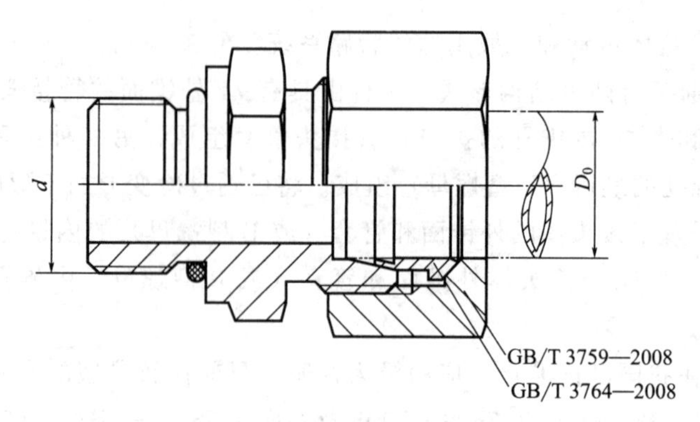

图 1-3-17 带 F 型柱端的卡套式管接头

形密封圈放入锥管头的 O 形圈沟槽内，再将 24°外锥面的锥体与接头体的 24°内锥面对接，用拧紧螺母拧紧以实现密封连接。

锥密封的焊接式管接头见图 1-3-18。图示锥密封的焊接式管接头一端是 55°的 $R3/4$ 管锥螺纹接头体，另一端是外径为 D_0 的管子。

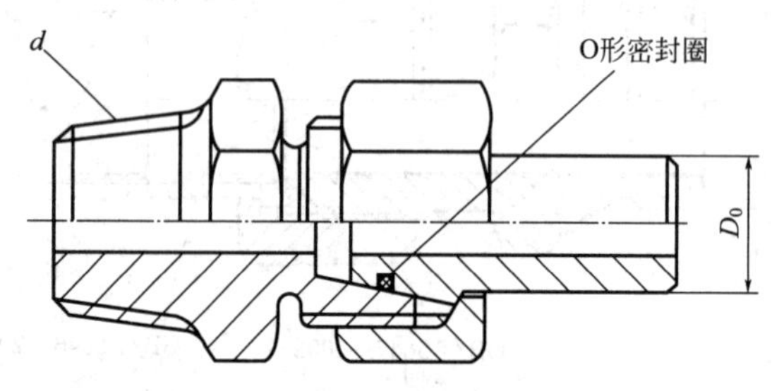

图 1-3-18 锥密封的焊接式管接头

（4）其他管接头　查阅相关标准。

想一想

1. DN50/PN16 的管路转变为 DN25/PN16 的管路需要哪种管件？
2. 管件的连接方式有哪些？

三、阀门认知

1. 闸阀

启闭件（闸板）由阀杆带动，沿阀座（密封面）做直线升降运动的阀门称为闸阀。闸阀是截断阀类的一种，用来接通或截断管路中的介质。目前国内生产的常用闸阀公称压力为 PN1～PN760，公称直径为 DN15～DN1800，工作温度为 $T \leqslant 610℃$。

闸阀主要由阀体、阀盖或支架、阀杆、阀杆螺母、闸板、阀座、填料函、密封填料、填料压盖及传动装置组成。图 1-3-19 所示是典型的法兰式连接明杆楔形弹性单闸板闸阀，图 1-3-20 所示是典型的法兰式连接暗杆楔形弹性单闸板闸阀。

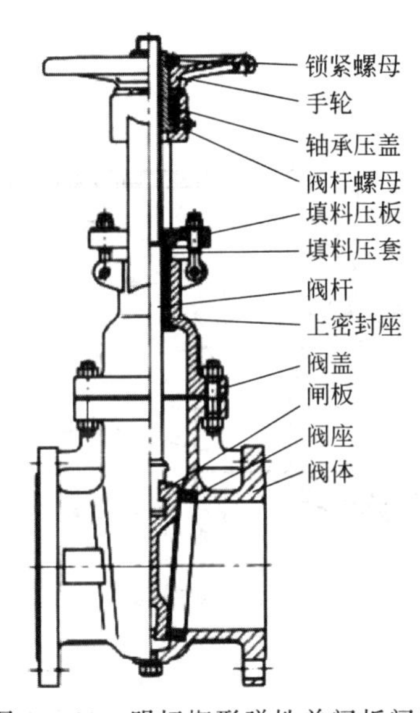

图 1-3-19　明杆楔形弹性单闸板闸阀

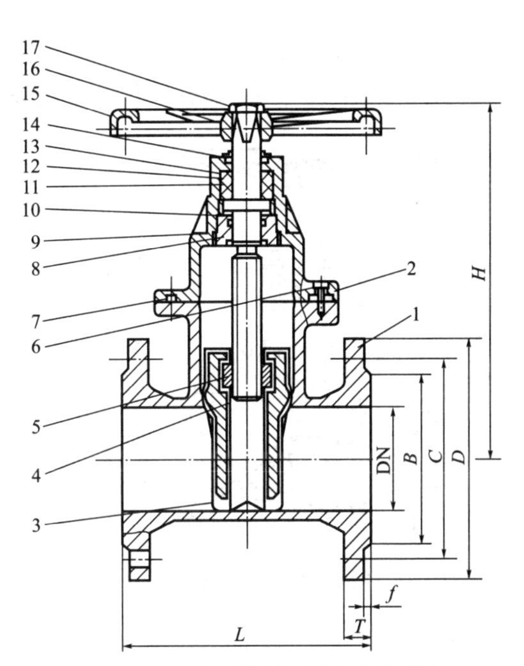

图 1-3-20　暗杆楔形弹性单闸板闸阀

1—阀体；2—阀盖；3—闸板；4—阀杆；
5—阀杆螺母；6，17—螺钉；7，10—垫片；
8，11，12—O 形密封圈；9—导向套（固定环）；
13—密封圈；14—上盖；15—手轮；16—铭牌

明杆式闸阀是阀杆做升降运动，传动螺纹在体腔外部的闸阀。阀杆的升降是通过在阀盖或支架上的阀杆螺母旋转来实现的，阀杆螺母只能转动，而没有上下位移，见图 1-3-19。其对阀杆润滑有利，闸板开度清楚，阀杆螺纹及阀杆螺母不与介质接触，不受介质温度和腐蚀性的影响，因而使用较广泛。

暗杆式闸阀是阀杆做旋转运动，传动螺纹在体腔内部的闸阀。阀杆的旋转是靠旋转阀杆带动闸板上的阀杆螺母来实现的，阀杆只能转动，而没有上下位移，见图 1-3-20。阀门的高度小，启闭行程难以控制，需要增加指示器，阀杆螺纹及阀杆螺母与介质接触，要受介质温度和腐蚀性的影响，因而适用于非腐蚀性介质及外界环境条件较差的场合。

2. 截止阀

阀瓣在阀杆的带动下，沿阀座密封面的轴线做升降运动而达到启闭目的的阀门称为截止阀。截止阀是截断阀的一种，用来截断或接通管路中的介质。小通径的截止阀，多采用外螺纹连接或卡套连接或焊接，较大口径的截止阀采用法兰连接或焊接。

截止阀多采用手轮或齿轮传动，在需要自动操作的场合，也可采用电动、气动、液动等传动。

目前国内生产的截止阀性能参数范围是公称压力为 PN6～PN320，公称直径为 DN3～DN300，工作温度为 $T \leqslant 550$℃。

截止阀主要由阀体、阀盖、阀杆、阀杆螺母、阀瓣、阀座、填料函、密封填料、填料压盖及传动装置等组成。J41H 型直通式截止阀见图 1-3-21。

3. 球阀

球阀是旋塞阀的改进演变，属于同一类型，它的关闭件是球体而不是旋塞。球体绕阀体中心线做90°旋转，可启闭阀门。球阀主要起切断、分配和改变介质流动方向的作用。球阀主要由阀体、球体、阀座、阀杆及传动装置等组成，见图1-3-22。

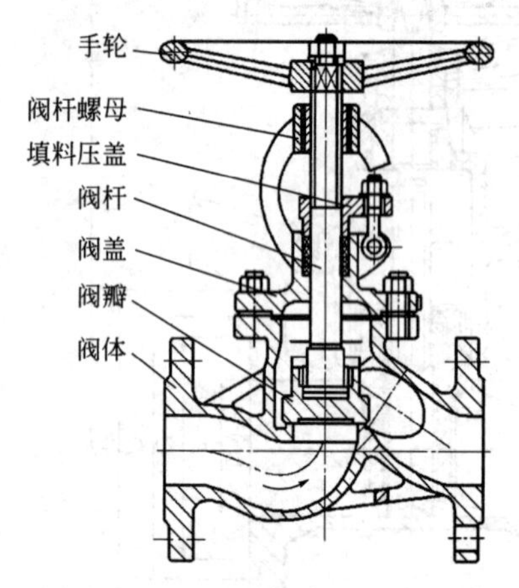

图1-3-21　J41H型直通式截止阀

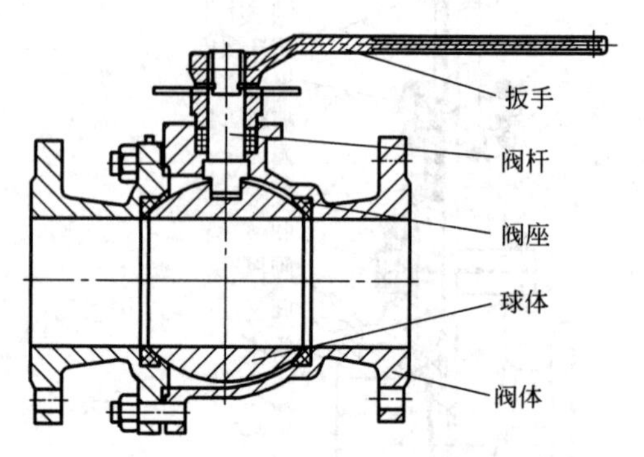

图1-3-22　Q41F型球阀

4. 止回阀

启闭件（阀瓣）借介质作用力，自动阻止介质逆流的阀门称为止回阀。止回阀是介质顺流时开启、逆流时关闭的自动阀门。

管路中，凡是不允许介质逆流的场合均需要安装止回阀。止回阀公称直径为DN10～DN1800，公称压力为PN6～PN420，工作温度为$T \leqslant 550℃$。常见的止回阀有升降式和旋启式两类。

（1）升降式止回阀　如图1-3-23所示，阀瓣沿着阀座中心线做升降运动，其阀体与截止阀阀体完全一样，可以通用。在阀瓣导向套筒下部或阀盖导向套筒上部加工出一个泄压孔。当阀瓣上升时，通过泄压孔排出套筒内的介质，以减小阀瓣开启时的阻力。该阀门的流体阻力较大，只能装在水平管道上。

（2）旋启式止回阀　如图1-3-24所示，阀瓣呈圆盘状，阀瓣绕阀座通道外固定轴做旋转运动。旋启式止回阀由阀体、阀盖、阀瓣和摇杆等组成，阀门通道呈流线型，流体阻力小。高温、高压止回阀密封圈采用成型柔性石墨填料或用不锈钢车成，借介质压力压紧密封圈来达到密封，介质压力越高，密封性能越好。

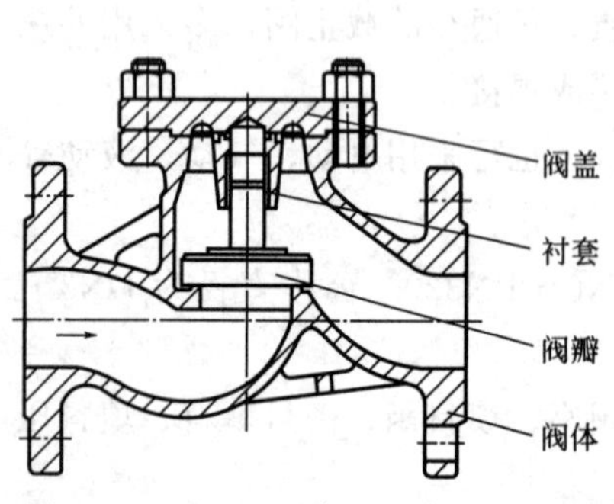

图1-3-23　H41型直通升降式止回阀

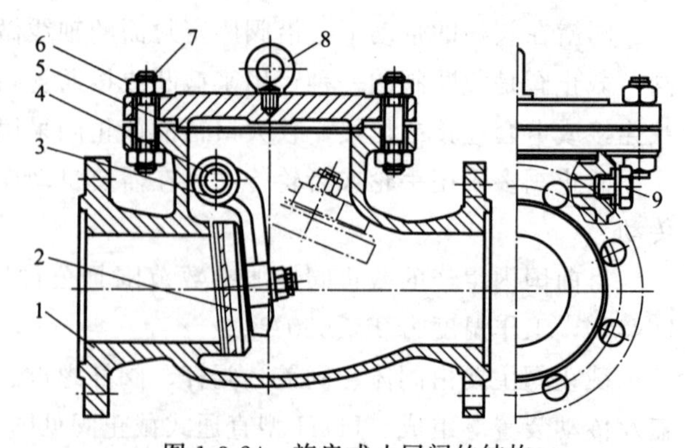

图1-3-24　旋启式止回阀的结构

1—阀体；2—阀瓣；3—摇杆；4—销轴；5—垫片；6—螺母；7—螺柱；8—吊环螺钉；9—螺塞

5. 安全阀

当管道或设备内介质压力超过规定值时，启闭件（阀瓣）自动开启排放介质，低于规定值时，启闭件（阀瓣）自动关闭，对管道或设备起保护作用的阀门称为安全阀。

安全阀的参数范围为：公称直径为 DN10～DN400，公称压力为 PN6～PN420，工作温度≤610℃。

A48 型弹簧直接载荷式安全阀在石油化工中得到了广泛应用，见图 1-3-25。通过作用在阀瓣上的弹簧力来控制阀瓣的启闭。它具有结构紧凑、体积小、重量轻、启闭动作可靠、对振动不敏感等优点；缺点是作用在阀瓣上的载荷随开启高度而变化，对弹簧的性能要求很高，制造困难。

按阀瓣的开启高度，安全阀可分成微启式和全启式两种。A41 型弹簧微启式安全阀见图 1-3-26，主要用于液体介质的场合，阀瓣开启高度仅为阀座喉径的 1/40～1/20，其阀瓣与阀座结构与截止阀相似，在阀座上安置调节圈。全启式安全阀主要用于气体或蒸汽的场合，阀瓣开启高度等于或大于阀座喉径的 1/4，在阀座上安置调节圈，在阀瓣上安置反冲盘。

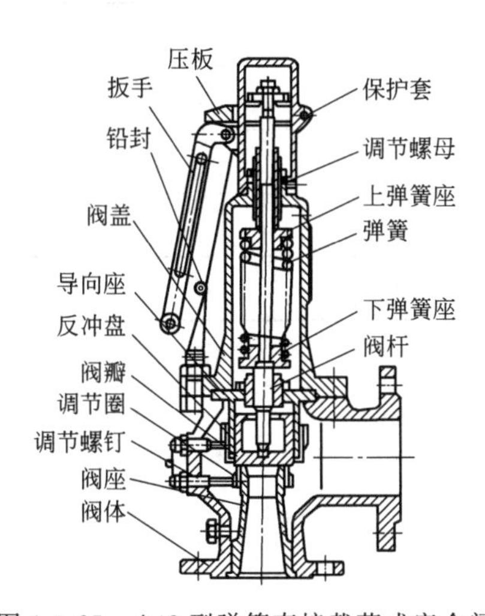

图 1-3-25　A48 型弹簧直接载荷式安全阀

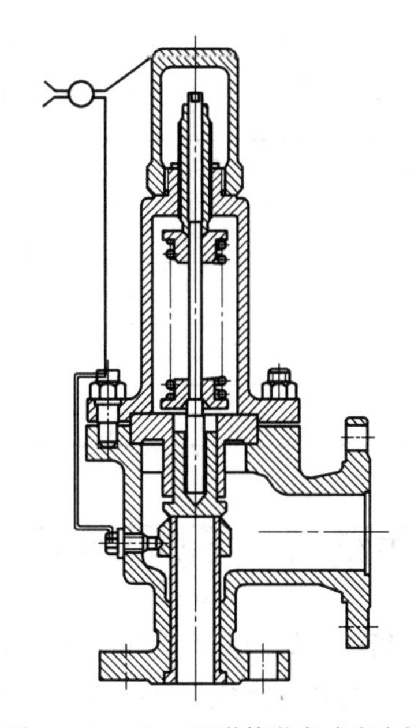

图 1-3-26　A41 型弹簧微启式安全阀

想一想

1. 安装在管路中的闸阀，如何判断是明杆式闸阀还是暗杆式闸阀？
2. 球阀和截止阀哪种启闭更快？

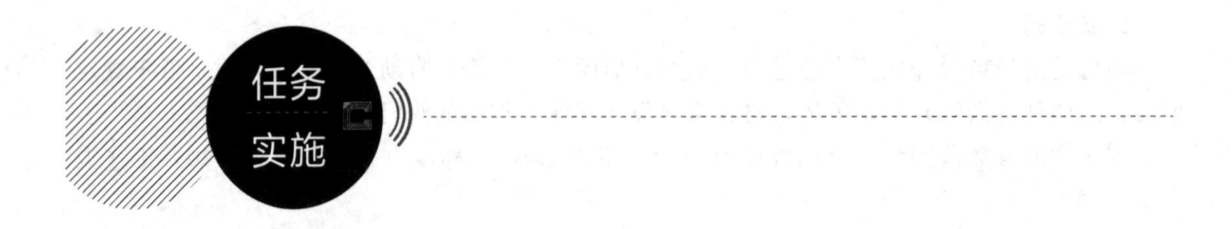

活动 1　管子和管件辨识练习

1. 组织分工。学生 2～3 人为一组，按照任务要求分工，明确各自职责。

序号	人员	职责
1		
2		
3		

2. 实施管件辨认。按照任务分工，完成管子和管件的辨识。

序号	管件名称	作用
1		
2		
3		
…	…	…

活动 2　现场洁净

1. 管件、阀门分类摆放整齐，无没用的物件。
2. 清扫操作区域，保持工作场所干净、整洁。
3. 产生的废弃物品，统一回收到垃圾桶，不可随意丢弃。
4. 关闭水、电、气和门窗，最后离开教室的学生锁好门锁。

活动 3　撰写实训报告

回顾管子和管件辨识过程，每人写一份实训报告，内容包括团队完成情况、个人参与情况、做得好的地方、尚需改进的地方等。

1. 学生以小组为单位，按照任务要求，进行自查、互评与总结。
2. 教师参照评分标准进行考核评价。
3. 师生总结评价，改进不足，以便将来在学习或工作中做得更好。

序号	考核项目	考核内容	配分	得分
1	技能训练	管子和管件辨识齐全、正确	25	
		管子和管件作用描述准确	25	
		实训报告诚恳、体会深刻	15	
2	求知态度	求真求是、主动探索	5	
		执着专注、追求卓越	5	
3	安全意识	着装和个人防护用品穿戴工确	5	
		爱护工器具、机械设备，文明操作	5	
		安全事故，如发生人为的操作安全事故、设备人为损坏、伤人等情况，“安全意识”不得分		
4	团结协作	分工明确、团队合作能力	3	
		沟通交流恰当，文明礼貌、尊重他人	2	
		自主参与程度、主动性	2	
5	现场整理	劳动主动性、积极性	3	
		保持现场环境整齐、清洁、有序	5	

模块二

化工设备结构认知

在石油化工厂中有着各种各样的设备。这些设备作用各不相同，形状结构差异很大，尺寸大小千差万别，内部构件更是多种多样。但化工设备内部、外部结构均须满足强度、刚度、稳定性、耐久性、密封性、节约成本、方便操作和便于运输的要求，设备的结构是化工装置安全、稳定、可靠运行的保证。本模块主要介绍化工设备的内、外部结构。

任务一
化工设备外部结构认知

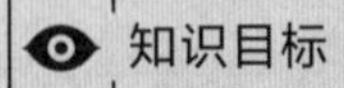

学习目标

知识目标

（1）掌握化工设备外部结构的种类与特点。

（2）掌握化工设备外部结构的作用和应用范围。

能力目标

（1）能辨认化工设备的外部构件。

（2）能说出外部结构的特点和作用。

素质目标

（1）通过规范学生的着装、工具使用、文明操作等，培养学生的安全意识。

（2）通过信息收集、小组讨论、练习、考核等教学活动，培养学生追求卓越的工匠精神、主动探索的科学精神和团结协作的职业精神。

（3）通过实训场地的整理、整顿、清扫、清洁，培养学生的劳动精神。

任务描述

化工设备的外壳称为化工容器，一般由壳体（又称筒体或球壳）、端盖（又称封头）、法兰、支座、人孔等组成，如图2-1-1所示。化工容器是化工设备最基本、最重要的零部件。

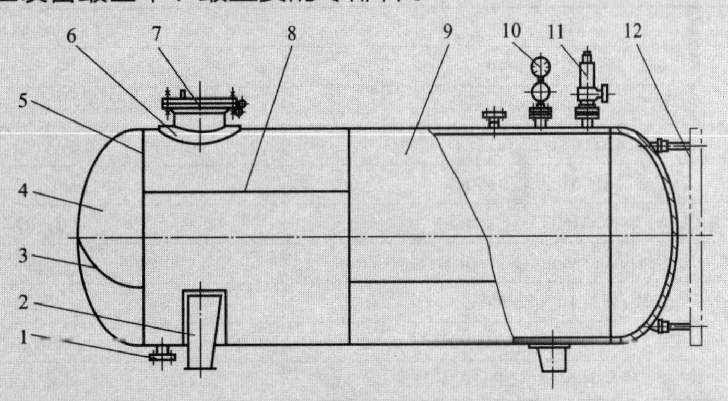

图 2-1-1 压力容器的基本结构

1—法兰；2—支座；3—封头拼接焊缝；4—封头；5—环焊缝；
6—补强圈；7—人孔；8—纵焊缝；9—筒体；10—压力表；11—安全阀；12—液位计

小王作为化工厂一名生产人员，要想熟练使用和操作化工设备，要求熟知化工设备外部结构的名称及作用。

一、筒体认知

筒体是构成化工容器的主要受压元件，按形状的不同可分为圆筒形、圆锥形、球形、椭圆形和矩形。圆柱形筒体（即圆筒）和球形筒体是工程中最常用的筒体结构。

筒体直径较大时一般用钢板卷制，筒体直径较小时也可以用钢管制作。用钢板卷制的筒体以筒体的内径为标准，用钢管制作的筒体以筒体的外径为标准。单轧钢板的厚度为3～400mm，一般厚度小于30mm，其厚度可以是0.5mm的任何倍数；厚度大于30mm的钢板，其厚度可以是1.0mm的任何倍数。单轧钢板的宽度为600～4800mm，长度为2000～20000mm。

压力容器用碳素钢与低合金钢钢板有中、常温用的和低温用的两类。

GB/T 713—2014 规定：适用于锅炉及其附件和中、常温压力容器受压元件使用的，厚度为 3～200mm 的钢板，钢号包括 Q245R、Q345R、Q370R、18MnMoNbR、12Cr2Mo1R、12Cr1MoVR、12Cr2Mo1VR。

GB/T 3513—2018 和 GB 150.2—2011 规定：适用于低温压力容器受压元件使用的钢板，钢号包括 16MnDR、15MnNiDR、09MnNiDR、15MnNiNbDR、08Ni3DR、06Ni9DR。

GB/T 24511—2017 规定：适用于承压设备的不锈钢钢板和钢带，钢号见表 2-1-1。

表 2-1-1　承压设备用不锈钢钢板和钢带钢号

钢号	旧钢号
06Cr19Ni10（S30408）	0Cr18Ni9
07Cr19Ni10（S30409）	0Cr18Ni10Ti
09Cr18Ni11Ti（S32168）	
09Cr17Ni12Mo2（S31608）	0Cr17Ni12Mo2
06Cr17Ni12Mo2Ti（S31668）	0Cr18Ni12Mo2Ti
09Cr19Ni13Mo3（S31708）	0Cr19Ni13Mo3
022Cr19Ni10（S30403）	00Cr19Ni10
022Cr17Ni12Mo2（S31603）	00Cr17Ni14Mo2
022Cr19Ni13Mo3（S31703）	00Cr19Ni13Mo3
015Cr21Ni26Mo5Cu2（S39042）	
022Cr19Ni5Mo3Si2N（S21953）	00Cr18Ni5Mo3Si2
022Cr22Ni5Mo3N（S22253）	
022Cr23Ni5Mo3N（S22053）	
06Cr13（S11306）	0Cr13
06Cr13Al（S11348）	0Cr13Al
019Cr19Mo2NiTi（S11972）	00Cr18Mo2
06Cr25Ni20（S31008）	0Cr25Ni20
022Cr25Ni17Mo4N（S25073）	

钢号最后一个字母“R”代表压力容器专用钢板。

球形筒体又称为球壳，球壳是球罐的主体，它是储存物料和承受物料工作压力和液柱静压力的构件。

一般球壳尺寸较大，都由多块压制成球面的球壳板拼焊而成，球壳板最小宽度应不小于 500mm。球壳的分割形式较多，并各有特色。球罐的常用形式有橘瓣式、足球瓣式、混合式三种（图 2-1-2）。

(a) 橘瓣式球罐

(b) 足球瓣式球罐

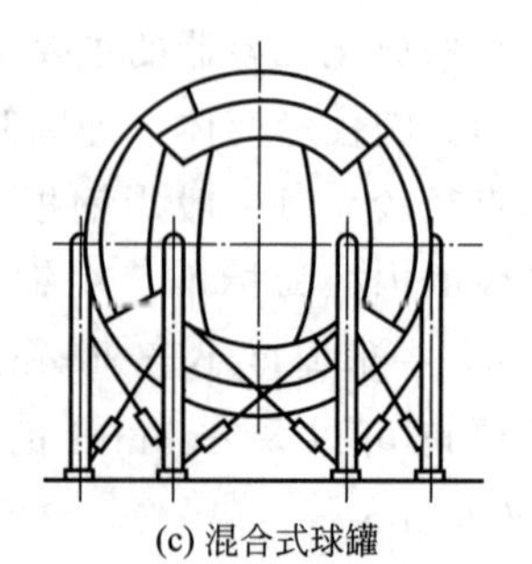

(c) 混合式球罐

图 2-1-2　球罐形式

二、封头认知

封头或端盖是圆筒形容器的重要组成部分，常见的有半球形、椭圆形、碟形、锥形及平板形，这些封头在强度及制造上各有特点，半球形封头受力最佳，但制造最难。封头形式的选择不单取决于强度与制造，在某些情况下还取决于容器的使用要求。在实际生产中，中低压容器大多采用椭圆形封头；常压和高压容器以及压力容器中的人孔和手孔则常用平盖。除了用传统的冲压工艺制造封头外，还采用旋压工艺制造各种形式的封头，化工设备常用的几种封头如图 2-1-3 所示。

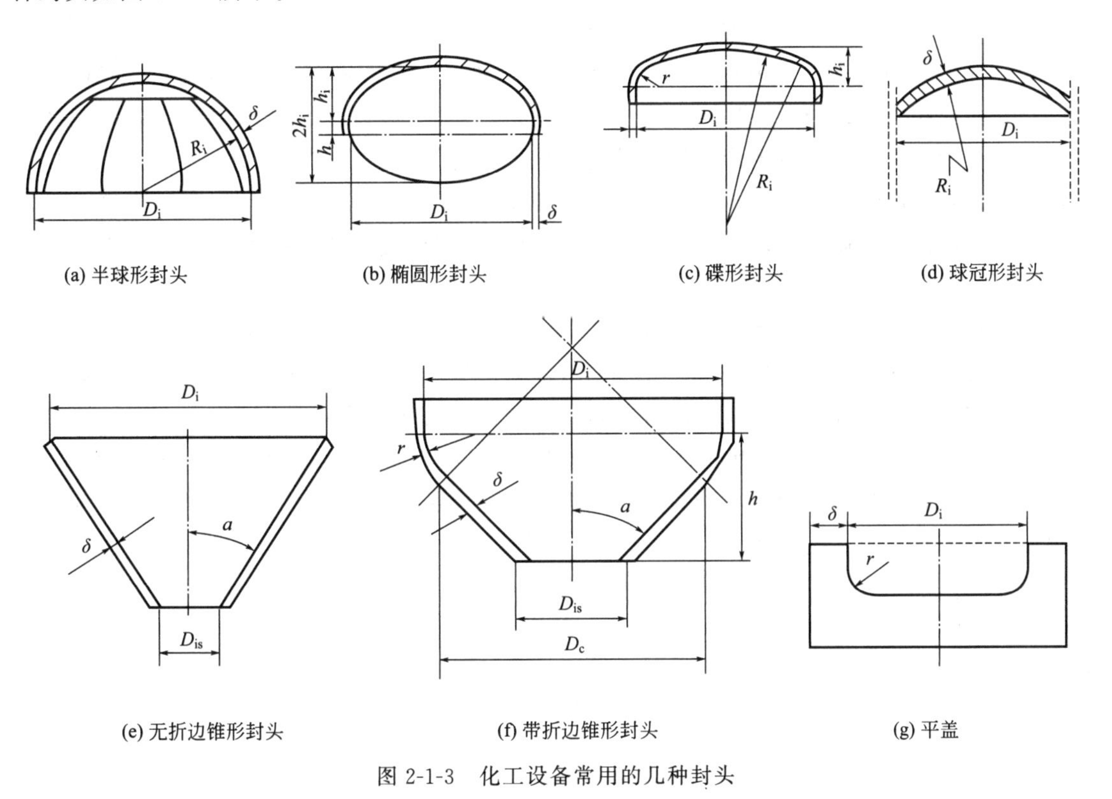

图 2-1-3　化工设备常用的几种封头

（1）半球形封头　半球形封头实际就是一个半球体，如图 2-1-3(a) 所示。在均匀内压作用下，薄壁半球形容器的薄膜应力为相同直径圆筒的一半，故从受力分析来看，半球形封头是最理想的结构形式；但缺点是深度大，直径小时整体冲压困难，大直径采用分瓣冲压时拼焊工作量也较大。半球形封头常用在高压容器上。

（2）椭圆形封头　椭圆形封头是由半个椭球面和短圆筒组成，如图 2-1-3(b) 所示。直边段的作用是避免封头和圆筒的连接焊缝处出现径向曲率半径突变，以改善焊缝的受力状况。由于封头的椭球部分径向曲率变化平滑连续，故应力分布比较均匀，且椭圆形封头深度较半球形封头小得多，易于冲压成型，是目前中、低压容器中应用较多的封头之一。长短轴之比为 2 的椭圆形封头称为标准椭圆形封头，封头的深度（不包括直边部分）为容器内直径的 1/4。

（3）碟形封头　碟形封头是带折边的球面封头，由半径为 R_i 的球面体、半径为 r 的过渡环壳和短圆筒三部分组成，如图 2-1-3(c) 所示。从几何形状看，碟形封头是一不连续曲面，在经线曲率半径突变的两个曲面连接处，由于曲率变化较大而存在较大边缘弯曲应力。该边缘弯曲应力与薄膜应力叠加，使该部位的应力远远高于其他部位，故受力状况不佳。但过渡环壳的存在降低了封头的深度，方便了成型加工，且压制碟形封头的钢模加工简单，使碟形封头的应用范围较为广泛。碟形封头受力情况不如椭圆形封头，但比椭圆形封头更容易加工成型。

（4）球冠形封头　当碟形封头 $r=0$ 时，即成为球冠形封头，它是部分球面与圆筒直接连接，如图 2-1-3(d) 所示，因而结构简单、制造方便，常用作容器中两独立受压室的中间封头，也可用作端盖。因为球面与圆筒连接处没有转角过渡，所以在连接处附近的封头和圆筒上都存在相当大的不连续应力，其应力分布不甚合理。

（5）锥形封头　锥形封头有两种结构形式。一种是无折边锥形封头，如图 2-1-3(e) 所示，它一般应用于半顶角 $a\leqslant30°$ 且内压不大的场合，由于锥体与圆筒体边线连接，壳体形状突然不连续，在连接处附近产生较大的边缘应力，为了提高连接处的稳定性，常采用加强圈增强连接处的刚性。另一种为带折边锥形封头，如图 2-1-3(f) 所示，与筒体连接的是半径为 r 的过渡圆弧和高度为 h 的圆筒体部分，这样可以降低连接处的边缘应力，一般用于半顶角 $a>30°$ 的场合。

锥形封头的受力情况比半球形、椭圆形和碟形封头差，采用其结构形式有利于在容器内的工作介质含颗粒或粉末状物料或者黏稠的液体时汇集和分离出这些物料。锥形封头有利于流体的均匀分布，此外，角度较小的锥形封头还常用来改变流体的流速。

（6）平盖　平盖的几何形状包括圆形、椭圆形、长圆形、矩形及方形几种，如图 2-1-3(g) 所示。平盖与其他封头比较，结构简单，制造方便，但受力状况最差，在相同受力情况下平盖要比其他形式的封头厚得多。

想一想

1. 半球形封头和椭圆形封头哪种更容易制造？
2. 标准椭圆形封头设置直边段的作用是什么？

三、法兰认知

压力容器的可拆密封装置形式很多，如中低压容器中的螺纹连接、承插焊连接和法兰连接等，其中以结构简单、装配比较方便的法兰连接用得最普遍。

法兰连接主要由法兰、螺栓和垫片组成，如图 2-1-4 所示。螺栓的作用有两个：一是提供预紧力实现初始密封，并承担内压产生的轴向力；二是使法兰连接变为可拆连接。垫片装在两个法兰中间，作用是防止容器发生泄漏。法兰上有螺栓孔，以容纳螺栓。

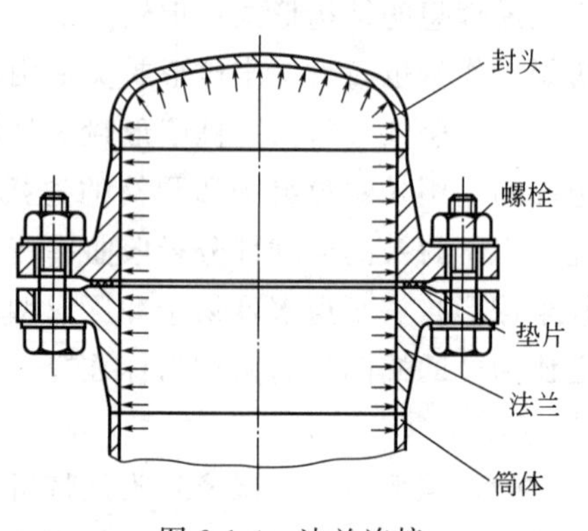

图 2-1-4　法兰连接

法兰连接分管道法兰（简称管法兰）连接与容器法兰连接（设备法兰）两种。

（一）管道法兰

管法兰连接包括管法兰、密封垫片和紧固件。

1. 管法兰的类型

HG/T 20592—2009 标准共规定了 8 种不同形式的法兰。表 2-1-2 和图 2-1-5 给出各种法兰的类型及类型代号。

表 2-1-2　管法兰类型及类型代号

法兰类型	法兰类型代号	法兰类型	法兰类型代号
板式平焊法兰	PL	螺纹法兰	Th
带颈平焊法兰	SO	对焊环松套法兰	PJ/SE
带颈对焊法兰	WN	平焊环松套法兰	PJ/RJ
整体法兰	IF	法兰盖	BL
承插焊法兰	SW	衬里法兰盖	BL（S）

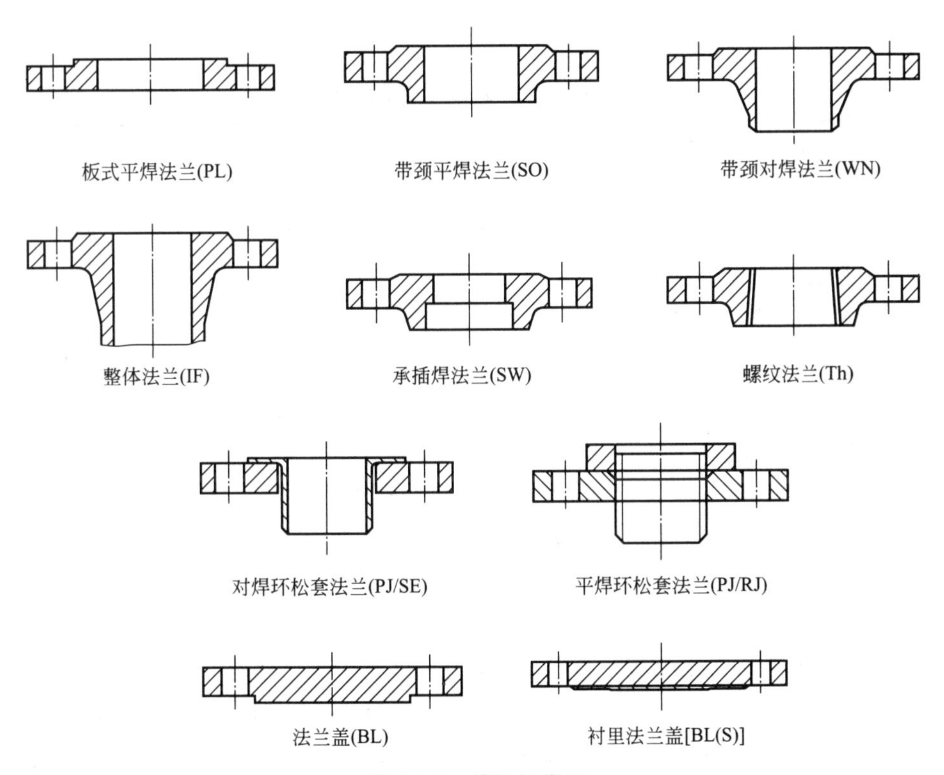

图 2-1-5　管法兰类型

2. 管法兰的密封面形式

管法兰共有五对、七种密封面，它们分别是突面密封面（RF）、榫槽面密封面（TG）、凹凸面密封面（MFM）、全平面密封面（FF）和环连接面（RJ）（表 2-1-3 和图 2-1-6）。

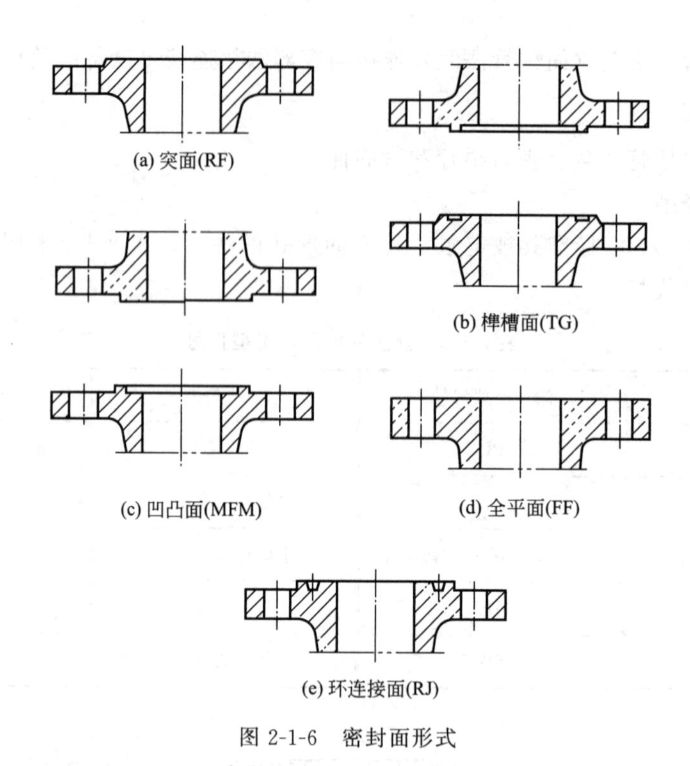

图 2-1-6　密封面形式

表 2-1-3　密封面形式及代号

密封面形式	突面	凹面	凸面	榫面	槽面	全平面	环连接面
代号	RF	FM	M	T	G	FF	RJ

3. 管法兰用密封垫片

(1) 非金属平垫片的材料　非金属平垫片共有 6 类材料，分别如下所述。

① 橡胶。有天然橡胶、氯丁橡胶、丁苯橡胶、丁腈橡胶、三元乙丙橡胶和氟橡胶等。它们的拉伸强度≥10MPa，断裂伸长率≥250%，用于压力不大的场合。

② 石棉橡胶。有石棉橡胶板和耐油石棉橡胶板。这种材料比橡胶有较高的耐热性，并保持了适宜的弹性和良好的耐腐蚀性，制造方便，价格便宜，但石棉危害人体健康。

③ 非石棉纤维橡胶。有合成纤维橡胶压制板，这种板材是用有机或无机的非石棉纤维与不同种类的橡胶和填料混合压制而成。它们价格相对较低，密封有效。

④ 聚四氟乙烯。有聚四氟乙烯板、膨胀聚四氟乙烯板或带、填充改性聚四氟乙烯板。聚四氟乙烯是含氟塑料中最重要的一种产品，它有极好的耐腐蚀性能，作为密封材料可使用在绝大部分强腐蚀介质中。此外，其还具有极好的化学稳定性、良好的耐热性（－200～＋260℃）、电绝缘性、表面不黏性、自润滑性和耐大气老化性等。但对普通的聚四氟乙烯而言，存在硬度较低、冷流性强、刚性尺寸稳定性差的缺点。为此，填充改性或膨胀聚四氟乙烯采用特定的工艺过程和添加不同的填充剂来改善性能，特别是降低冷流性，并能满足不同介质中的耐腐蚀要求，制成的平垫片既发挥了聚四氟乙烯耐腐蚀的优良特性，又具有垫片密封材料所要求的良好综合力学性能。

⑤ 柔性石墨。有增强柔性石墨板，是由不锈钢冲齿或冲孔芯板与膨胀石墨粒子复合而

成，不锈钢冲齿或冲孔芯板起增强作用。它是一种综合性能优良的密封材料，克服了垫片被挤出和被粘连在法兰上的弊病。这种垫片具有压缩性、回弹性好，应力松弛小，密封面不平度的补偿能力强，使用寿命长等优点。

⑥ 高温云母。有高温云母复合板，这种板是由 316 双向冲齿不锈钢板和云母层复合而成，其中冲齿不锈钢板起增强作用，云母经过化学处理和热处理，和层片状石墨有相似的物理结构，因此，与石墨材料一样具有优良的密封性能和低孔隙率。但与石墨不同的是，云母在极端高温下（900℃）完全不会氧化，仍保持良好的密封性能，具有广泛的抗化学性及耐高温性。表 2-1-4 是非金属平垫片的使用条件。

表 2-1-4　非金属平垫片的使用条件

<table>
<tr><th rowspan="2">类别</th><th rowspan="2" colspan="2">名称</th><th rowspan="2">标准</th><th rowspan="2">代号</th><th colspan="2">适用范围</th><th rowspan="2">最大(p×T)/(MPa×℃)</th></tr>
<tr><th>公称压力(PN)</th><th>工作温度/℃</th></tr>
<tr><td rowspan="6">橡胶</td><td colspan="2">天然橡胶</td><td rowspan="6"></td><td>NR</td><td>≤16</td><td>−50～+80</td><td>60</td></tr>
<tr><td colspan="2">氯丁橡胶</td><td>CR</td><td>≤16</td><td>−20～+100</td><td>60</td></tr>
<tr><td colspan="2">丁腈橡胶</td><td>NBR</td><td>≤16</td><td>−20～+110</td><td>60</td></tr>
<tr><td colspan="2">丁苯橡胶</td><td>SBR</td><td>≤16</td><td>−20～+90</td><td>60</td></tr>
<tr><td colspan="2">三元乙丙橡胶</td><td>EPDM</td><td>≤16</td><td>−30～+140</td><td>90</td></tr>
<tr><td colspan="2">氟橡胶</td><td>FKM</td><td>≤16</td><td>−20～+200</td><td>90</td></tr>
<tr><td rowspan="3">石棉橡胶</td><td rowspan="2" colspan="2">石棉橡胶板</td><td rowspan="2">GB/T 3985</td><td>XB350</td><td rowspan="3">≤25</td><td rowspan="3">−40～+400</td><td rowspan="3">650</td></tr>
<tr><td>XB450</td></tr>
<tr><td colspan="2">耐油石棉橡胶板</td><td>GB/T 539</td><td>NY400</td></tr>
<tr><td rowspan="2">非石棉纤维橡胶</td><td rowspan="2">合成纤维橡胶压制板</td><td>无机纤维</td><td rowspan="2"></td><td rowspan="2">NAS</td><td rowspan="2">≤40</td><td>−40～+290</td><td rowspan="2">960</td></tr>
<tr><td>有机纤维</td><td>−40～+200</td></tr>
<tr><td rowspan="3">聚四氟乙烯</td><td colspan="2">聚四氟乙烯板</td><td>QB/T 5257</td><td>PTFE</td><td>≤16</td><td>−50～+100</td><td rowspan="3"></td></tr>
<tr><td colspan="2">膨胀聚四氟乙烯板或带</td><td rowspan="2"></td><td>ePTFE</td><td rowspan="2">≤40</td><td rowspan="2">−200～+200</td></tr>
<tr><td colspan="2">填充改性聚四氟乙烯板</td><td>RPTFE</td></tr>
<tr><td>柔性石墨</td><td colspan="2">增强柔性石墨板</td><td>JB/T 6628
JB/T 7758.2</td><td>RSB</td><td>10～63</td><td>−240～+650
(用于氧化性介质时:−240～+450)</td><td>1200</td></tr>
<tr><td>高温云母</td><td colspan="2">高温云母复合板</td><td></td><td></td><td>10～63</td><td>−196～+900</td><td></td></tr>
</table>

（2）聚四氟乙烯包覆垫片　垫片由两部分组成：一是厚度约为 2mm 的用石棉橡胶板制成的具有矩形截面的环状嵌入层（图 2-1-7 中内径 D_2、外径 D_4）；二是用聚四氟乙烯做的包覆层（内径 D_1、外径 D_3）。

（3）金属包覆垫片　这种垫片是由石棉橡胶板等作内芯，外包厚度为 0.3～0.5mm 的薄金属板，有Ⅰ型与Ⅱ型两种（图 2-1-8）。包覆金属材料与填充材料的最高工作温度和材料代号分别列于表 2-1-5。

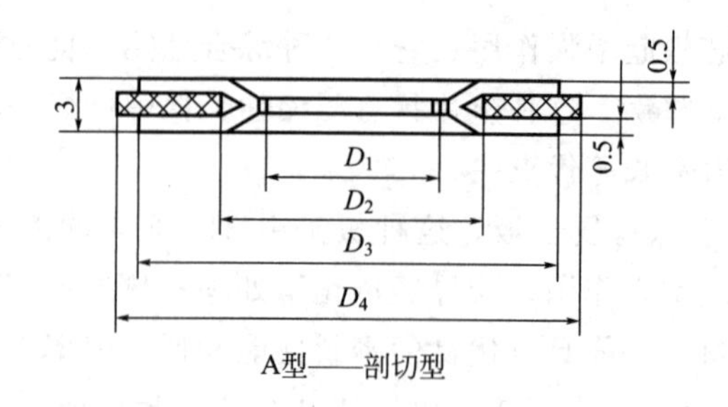

A型——剖切型

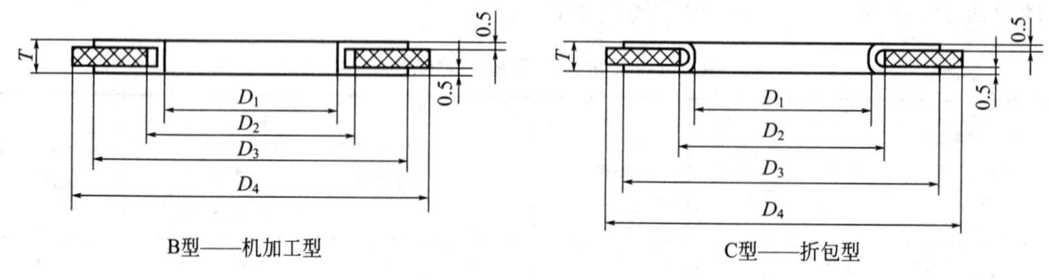

B型——机加工型　　C型——折包型

图 2-1-7　聚四氟乙烯包覆垫片（HG/T 20592～20635—2009）

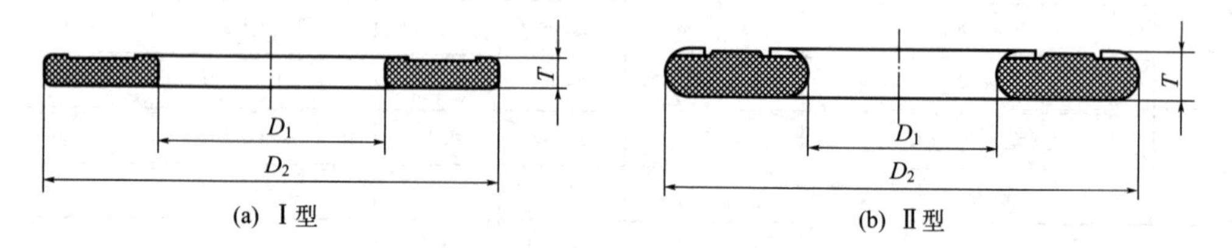

(a) Ⅰ型　　(b) Ⅱ型

垫片尺寸公差：D_1、D_2，当≤DN600时为(+1.5，0)；
当>DN600时为(+3.0，0)；厚度T为(+0.75，0)

图 2-1-8　垫片的形式

表 2-1-5　金属包覆垫片材料

包覆金属材料					填充材料		
牌号	标准	代号	最大硬度（HB）	最高工作温度/℃	名称	代号	最高工作温度/℃
纯铝板 L_3	GB/T 3880.1～3880.3	L_3	40	200	柔性石墨板	FG	650
纯铜板 T_3	GB/T 2040	T_3	60	300	石棉橡胶板	AS	300
镀锌钢板	GB/T 2518	St(Zn)	90	400	有机纤维橡胶板	NAS	200
08F	GB/T 711	St	90		无机纤维橡胶板		290
0C13	GB/T 3280	410S	183	500			
0C18Ni9		304	187	600			
0Cr18Ni10Ti		321					
00Cr17Ni14Mo2		316L					
00Cr19Ni13Mo3		317L					

包覆金属材料一般采用整张金属板制作。填充材料的厚度在整个截面上应该均匀一致且相等，同时要完全包裹在金属包壳内，金属包边的宽度应对称相等。

（4）缠绕式垫片　管法兰上用的缠绕式垫片分 A、B、C、D 四种形式（表 2-1-6），其中 A 型缠绕式垫片不带内环，缠绕部分的外边也没有对中环（过去把内外环都称为加强环），这是因为 A 型缠绕式垫片是用于榫槽面密封面的。B 型缠绕式垫片只带内环，用于凹凸面密封面，把这两种形式的垫片放在槽面或凹面内时，其厚度不能大于槽面或凹面的深度。C 型和 D 型缠绕式垫片用于突面密封面，缠绕部分的厚度可以厚些（4.5mm），但是内环和对中环的厚度只能取 3mm，而且安装预紧法兰时，不能使环与管法兰密封面相碰。C 型缠绕式垫片由于没有内环，缠绕部分中填充带材料是不能使用聚四氟乙烯的。总之当压力较高时，如果是突面密封面，最好还是采用 D 型缠绕式垫片。

表 2-1-6　垫片的形式和代号

类型	代号	断面形状	适用管法兰密封面形式
基本型	A		榫槽面
带内环型	B		凹凸面
带对中环型	C		突面①
带内环和对中环型	D		突面①

① 也适用全平面密封面。

缠绕部分中使用的金属带厚度为（0.2±0.02)mm。金属带和填充带材料使用的温度为−200～450℃，氧化性介质中最高温度可达 450℃。

缠绕部分的填料应平整，且适当高出金属带，其值约为（0.15±0.1)mm。

缠绕部分的最外边应该有 3～5 圈不加填料带的金属带，内圈则应有 2～3 圈不加填料带的金属带。缠绕部分的内、外径处的点焊数目应不少于 4 点，且不能有过烧或未焊透等焊接缺陷。

B 型与 C 型的内环材料采用不锈钢，C 型与 D 型的对中环材料可以采用碳钢。

（5）具有覆盖层的齿形组合垫　这种垫片是由厚度为 3～5mm 的金属齿形环和上下两面覆盖的柔性石墨或聚四氟乙烯薄板（0.5mm）组合而成（图 2-1-9）。金属齿形环较厚，垫片刚性大，使用压力较高，可用于突面（B、C 型）、榫槽面和凹凸面（A 型）三种密封面上。它们的材料使用温度范围为−200～650℃，氧化性介质中最高温度可达 450℃。

（6）金属环形垫　金属环形垫的断面形状有椭圆形和八角形两种（图 2-1-10），只在环连接面上使用。金属环形垫的材料、硬度和最高使用温度见表 2-1-7。

表 2-1-7　金属环形垫的材料、硬度和最高使用温度

金属环形垫材料		最高硬度		代号	最高使用温度/℃
钢号	标准	HBS	HRB		
纯铁	GB/T 6983	90	56	D	540
10	GB/T 699	120	68	S	540
1Cr5Mo	JB/T 4726	130	72	F5	650
0Cr13	JB/T 4728 GB/T 1220	170	86	410S	650
0Cr18Ni9		160	83	304	700
00Cr19Ni10		150	80	304L	450

续表

金属环形垫材料		最高硬度		代号	最高使用温度/℃
钢号	标准	HBS	HRB		
0Cr17Ni12Mo2	JB/T 4728 GB/T 1220	160	83	316	700
00Cr17Ni14Mo2		150	80	316L	450
0Cr18Ni10Ti		160	83	321	700
0Cr18Ni11Nb		160	83	347	700

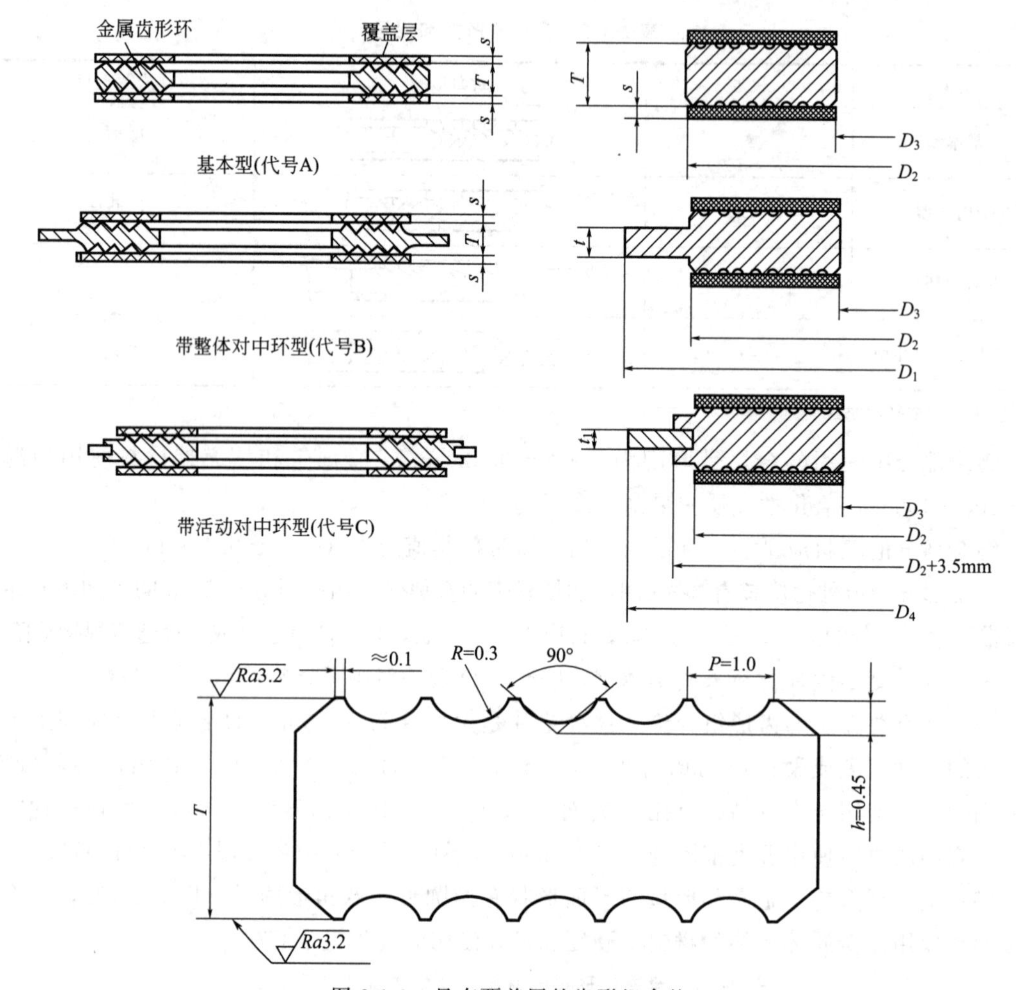

图 2-1-9　具有覆盖层的齿形组合垫

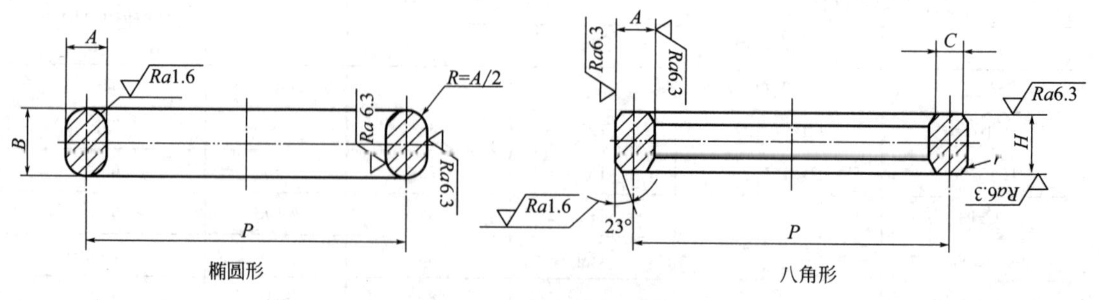

图 2-1-10　金属环形垫的形式

4. 钢制管法兰用紧固件

钢制管法兰用紧固件的形式包括六角头螺栓、等长双头螺柱、全螺纹螺柱、1 型六角螺母（螺母厚度约为 0.8d）、2 型六角螺母（螺母厚度约为 1.0d）、管法兰专用螺母，见图 2-1-11。

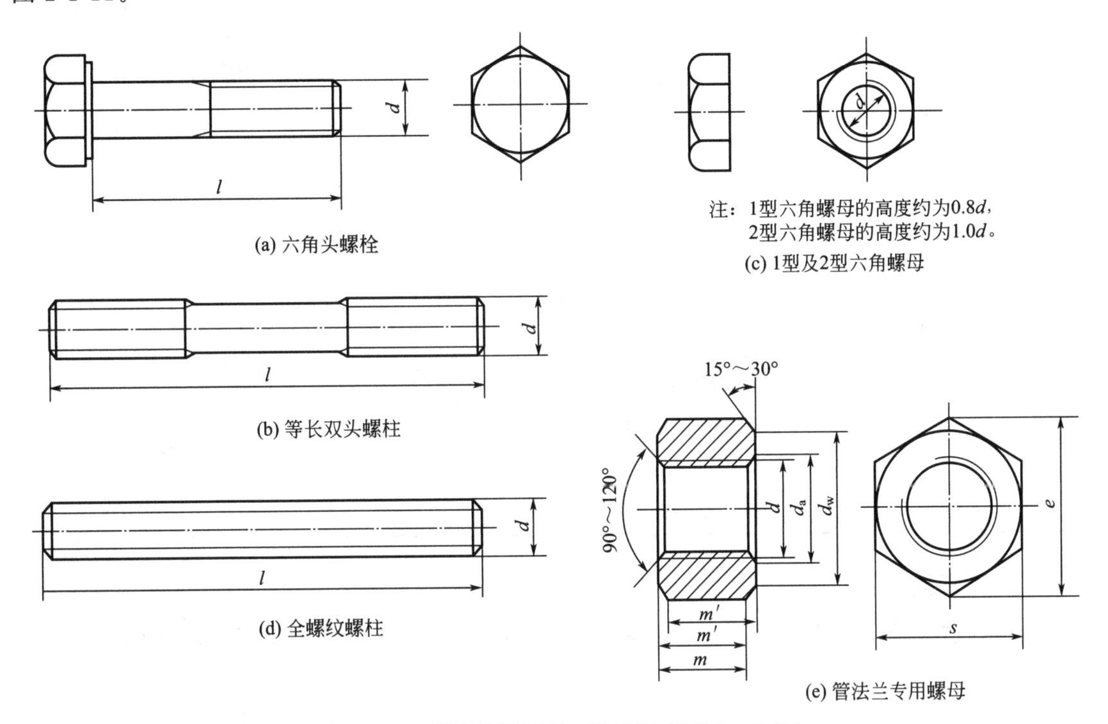

图 2-1-11　管法兰紧固件（HG/T 20613—2009）

(a)～(c) 属于商品级紧固件；(d)、(e) 属于专用级紧固件

在钢制管法兰用紧固件中，按螺栓的性能等级分为商品级和专用级。

商品级有六角头螺栓、等长双头螺栓和配用的 1 型六角螺母和 2 型六角螺母。它们的规格与性能等级见表 2-1-8。

表 2-1-8　钢制管法兰用商品级紧固件规格与性能等级

标准	规格	性能等级
《六角头螺栓》(GB/T 5782) 《2 型六角螺母》(GB/T 6175)	M10、M12、M16、M20、M24、M27、M30、M33	5.6 8.8 A2-50 A2-70 A4-50 A4-70
《六角头螺栓 细牙》(GB/T 5785) 《2 型六角螺母 细牙》(GB/T 6176)	M36×3、M29×3、M45×3、M48×3、M52×4、M56×4	
《等长双头螺柱 B 级》(GB/T 901)	M10、M12、M16、M20、M24、M27、M30、M33、M36×3、M29×3、M45×3、M48×3、M52×4、M56×4	

专用级有全螺纹螺柱、管法兰专用螺母，它们的规格与等长双头螺柱相同。全螺纹螺柱材料有 35CrMo；42CrMo；25Cr2MoV；0Cr18Ni9；0Cr17Ni12Mo2；A193，B8 CI. 2；A193，B8M CI. 2；A320，L7；A453，660。

与全螺纹螺柱配合使用的螺母，采用加厚螺母（2 型六角螺母），材料为 30CrMo；35CrMo；0Cr18Ni9；0Cr17Ni12Mo2；A194，8/8M；A194，7。

六角头螺栓、螺柱与螺母的配用见表 2-1-9。

表 2-1-9 六角头螺栓、螺柱与螺母的配用

六角头螺栓、螺柱		螺母	
类型(标准编号)	性能等级或材料牌号	类型(标准编号)	性能等级或材料牌号
《六角头螺栓》(GB/T 5782) GB/T 5785 《等长双头螺柱 B 级》(GB/T 901)	5.6,8.8	1 型六角螺母 GB/T 6170 GB/T 6171	6.8
	A2-50,A4-50		A2-50,A4-50
	A2-70,A4-70		A2-70,A4-70
《钢制管法兰用紧固件(PN 系列)》 (HG/T 20613)	42CrMo	2 型六角螺母 GB/T 6175 GB/T 6176	35CrMo
	35CrMo		30CrMo
	25Cr2MoV		
	0Cr18Ni9		0Cr18Ni9
	0Cr17Ni12Mo2		0Cr17Ni12Mo2
	A193,B8 CI. 2		A194,8 A194,8M
	A193,B8M CI. 2		
	A453,660		
	A320,L7		A194,7

(二)容器法兰

压力容器法兰有三种形式：甲型平焊法兰、乙型平焊法兰、长颈对焊法兰，见图 2-1-12。

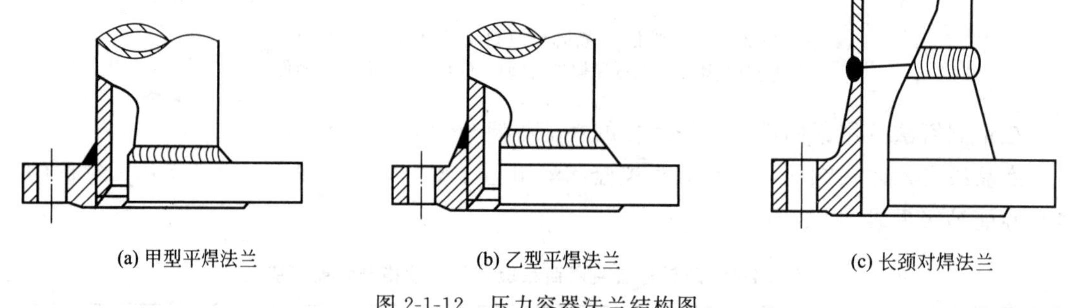

图 2-1-12 压力容器法兰结构图

甲型平焊法兰就是一个截面基本为矩形的圆环，这个圆环通常称为法兰盘，它直接与容器的筒体或封头焊接。法兰盘自身的刚度较小，故适用于压力等级较低和筒体直径较小的场合。

乙型平焊法兰与甲型平焊法兰相比增加了一个厚度大于筒体壁厚的短节。短节既可增大整个法兰的刚度，又可使容器器壁避免承受附加弯矩。因此这种法兰适用于较大直径和较高压力的场合。

长颈对焊法兰是用根部增厚的颈取代了乙型平焊法兰中的短节，从而更有效地增大了法兰的整体刚度。由于去掉了乙型平焊法兰中法兰盘与短节的焊缝，因此也消除了可能发生的焊接变形及可能存在的焊接残余应力。

1. 容器法兰密封面形式

密封面又称压紧面，直接与垫片接触。密封面的形状和粗糙度应与垫片相匹配，一般来说，使用金属垫片时密封面的质量要求比使用非金属垫片时高。密封面表面不允许有刀痕和划痕，同时为了均匀地压紧垫片，应保证密封面的平面度和密封面与法兰中心轴线的垂直度。容器法兰的密封面共有三种形式，如下所述。

（1）平面型密封面　密封表面是一个突出的光滑平面，见图 2-1-13(a)，这种密封面结构简单，加工方便，便于进行衬里防腐。但螺栓上紧后，垫圈材料容易往两侧伸展，不易压紧，用于所需压紧力不高且介质无毒的场合。

（2）凹凸面型密封面　它是由一个凸面和一个凹面所组成，见图 2-1-13(b)，在凹面上放置垫片，压紧时，易于对中，由于凹面的外侧有挡台，还能有效地防止垫片被挤出密封面。

（3）榫槽面型密封面　密封面是由一个榫和一个槽所组成，见图 2-1-13(c)，垫片放在槽内。这种密封面规定不用非金属软垫片，可采用缠绕式或金属包垫片，垫片宽度为 16～25mm，容易获得良好的密封效果。由于垫片较窄，并受槽面的阻挡，因此不会被挤出密封面，且少受介质的冲刷和腐蚀，所需螺栓力相应较小，但结构复杂，更换垫片较难，只适用于易燃、易爆和高度或极度毒性危害介质等重要场合。密封面的凸出部分容易损坏，运输与装拆时都应注意。

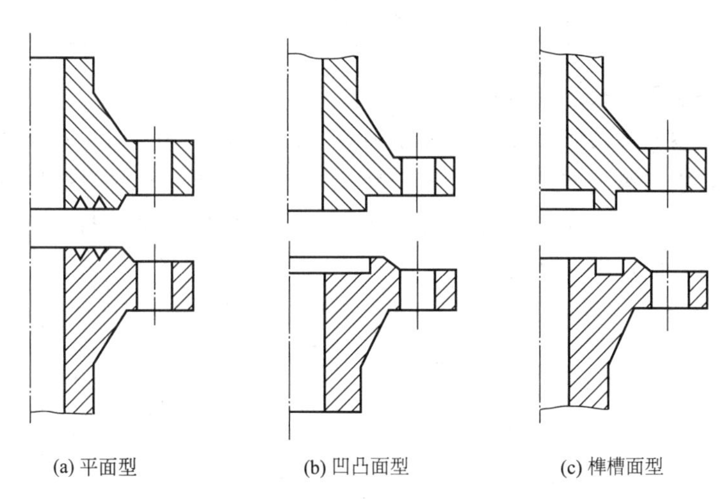

图 2-1-13　中低压压力容器法兰密封面的形状

2. 压力容器法兰用密封垫片

压力容器法兰上使用的密封垫片共有三种，分别如下所述。

（1）非金属软垫片　非金属软垫片指的是耐油石棉橡胶板和石棉橡胶板，前者使用温度≤200℃，后者使用温度≤350℃，用于平面型密封面与凹凸面型密封面。垫片厚度一般取 3mm。

（2）缠绕式垫片　这种垫片是用 08F、0Cr13 或 0Cr18Ni9 等金属带与石棉或聚四氟乙烯等填充带相间缠卷而成。为防止松散，把金属带的始端及末端焊牢。为了增大垫片的弹性和回弹性，金属带与填充带均轧制成波形（图 2-1-14），有四种结构形式：A 型又称基本型，不带加强环，用于榫槽面型密封面；B 型带内加强环，用于凹凸面型密封面；C 型带外加强环，用于平面型密封面；D 型内外均有加强环，用于平面型密封面。

缠绕式垫片属外购标准件，用于乙型平焊法兰与长颈对焊法兰。

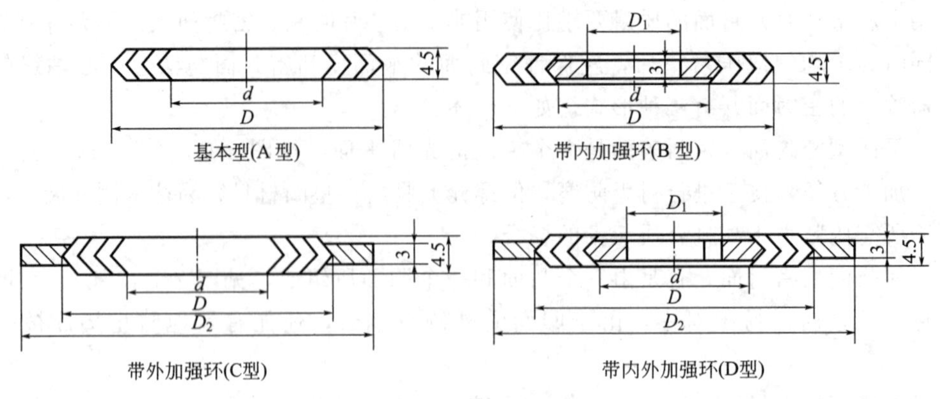

图 2-1-14　缠绕式垫片

（3）金属包垫片　这种垫片是由石棉橡胶板作内芯，外包厚度为 0.2～0.5mm 的薄金属板构成（图 2-1-15），金属板的材料可以是铝、铜及其合金，也可以采用不锈钢或优质碳钢。金属包垫片只用在乙型平焊和长颈对焊两类法兰上。

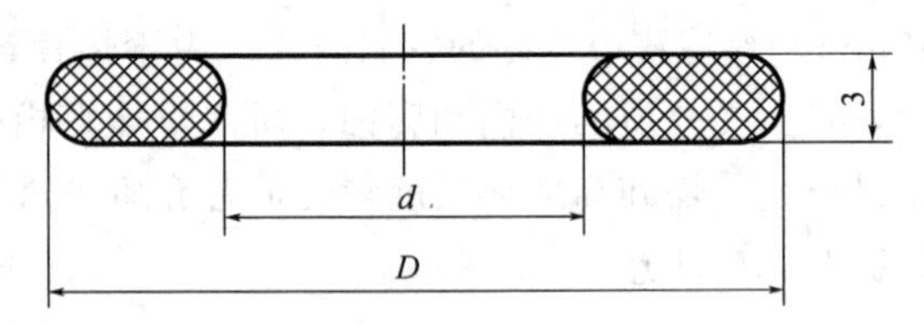

图 2-1-15　金属包垫片

3. 压力容器法兰用等长双头螺柱

压力容器法兰用的等长双头螺柱有 A 型和 B 型两种（图 2-1-16）。A 型等长双头螺柱只在两端车有螺纹，中间螺杆部分的直径等于螺纹外径。A 型等长双头螺柱危险截面上的附加热应力值要比 B 型等长双头螺柱上的大 31%～48%，所以当法兰与等长双头螺柱在工作状态下温差较大时，应选用 B 型等长双头螺柱。

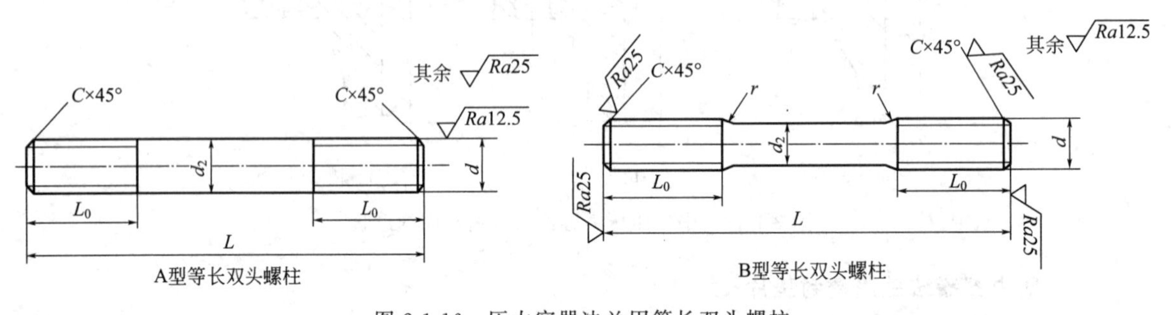

图 2-1-16　压力容器法兰用等长双头螺柱

想一想

1. 长颈对焊法兰、板式平焊法兰与管道是如何焊接的？
2. 管法兰和容器法兰可以通用吗？

四、支座认知

支座是用来支承容器及设备重量，并使其固定在某一位置的压力容器附件。压力容器支座的结构形式很多，根据容器自身的安装形式，支座可以分为卧式容器支座、立式容器支座和球形储罐支座。

1. 卧式容器支座

卧式容器支座有三种：鞍座、圈座和支腿，如图 2-1-17 所示。

常见的卧式容器如大型卧式储槽、换热器等多采用鞍座，这是应用最广泛的一种卧式容器支座。但对大直径薄壁容器和真空操作的容器，或支承数多于两个的容器，采用圈座比采用鞍座受力情况更好些。支腿一般只适用于小直径的容器。

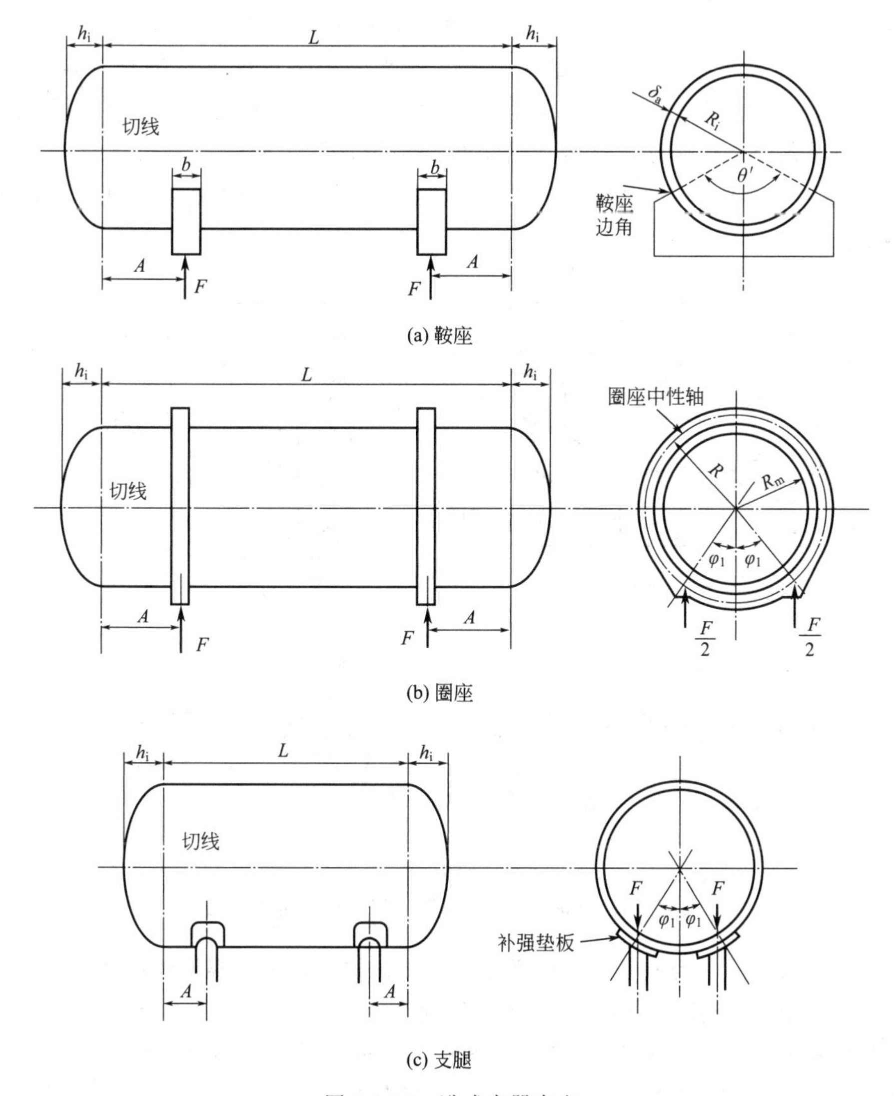

(a) 鞍座

(b) 圈座

(c) 支腿

图 2-1-17　卧式容器支座

大型卧式容器采用多支座时，如果各支座的水平高度有差异，或地基有不均匀的沉陷，或筒体不直、不圆等，则各支座的反力就要重新分配，这就可能使筒体的局部应力大为增加，因而体现不出多支座的优点，故卧式容器最好采用双支座。

设备受热会伸长，如果不允许设备有自由伸长的可能性，则会在器壁中产生热应力。如果设备在操作与安装时温度相差很大，可能由于热应力而导致设备损坏。因此对于在操作时需要加热的设备，总是将一个支座做成固定式的，另一个做成活动式的，使设备与支座间可以有相对的位移。

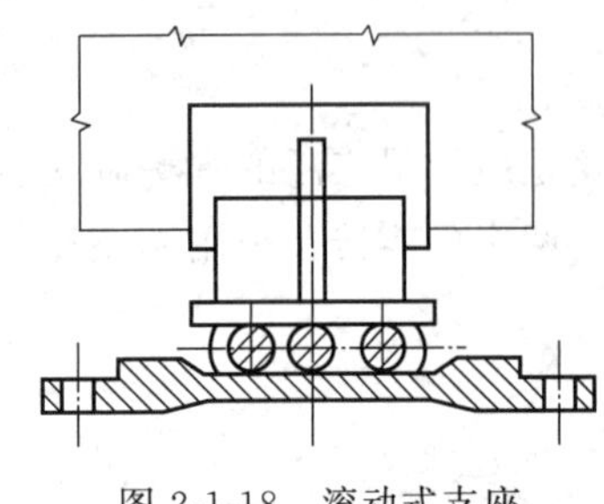

图 2-1-18　滚动式支座

活动式支座有滑动式和滚动式两种。滑动式支座与器身固定，支座能在基础面上自由滑动。这种支座结构简单，较易制造，但支座与基础面之间的摩擦力很大，有时螺栓因年久而锈住，支座也就无法活动。图 2-1-18 所示为滚动式支座，支座本身固定在设备上，支座与基础面间装有滚子。这种支座移动时摩擦力很小，但造价较高。

卧式鞍座主要承受重力，现已标准化。鞍座的结构如图 2-1-19 所示，它由横向直立筋板、轴向直立筋板和底板焊接而成。在与设备筒体连接处，有带加强垫板和不带加强垫板两种结构，图 2-1-19 所示为带加强垫板结构。加强垫板的材料应与设备壳体材料相同，鞍座的材料（加强垫板除外）为 Q235-A・F。

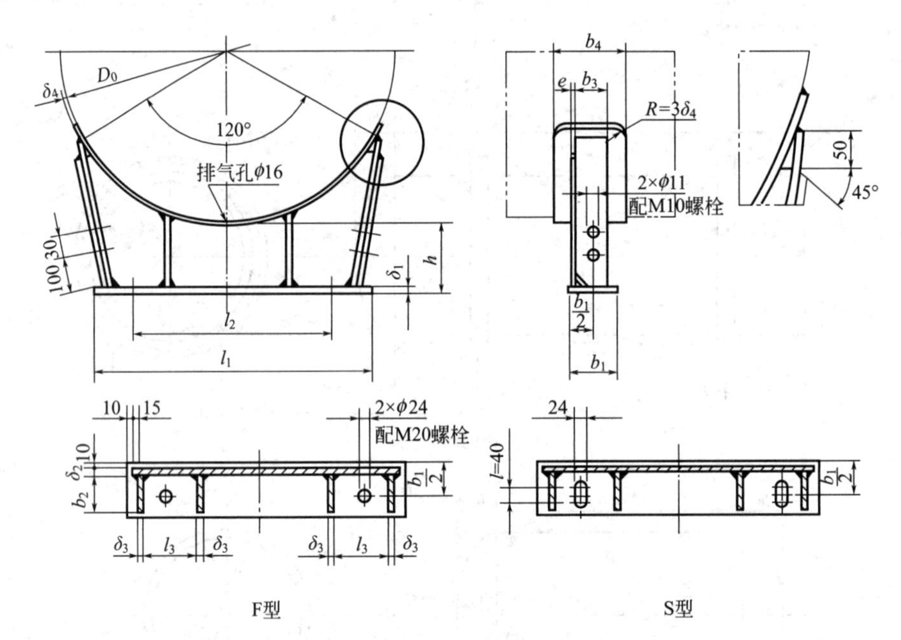

图 2-1-19　DN1000～DN2000 轻型带垫板包角 120°的鞍座

鞍座的底板尺寸应保证基础的水泥面不被压坏。根据底板上螺栓孔形状的不同，每种形式的鞍座又分为 F 型（固定支座）和 S 型（活动支座），F 型和 S 型底板的各部分尺寸除地脚螺栓孔外均相同。在一台容器上，F 型、S 型总是配对使用。活动式支座的螺栓孔采用长圆形，地脚螺栓采用两个螺母，第一个螺母拧紧后倒退一圈，然后用第二个螺母锁紧，使鞍座能在基础面上自由滑动。

2. 立式容器支座

立式容器支座主要有耳式支座、支承式支座、腿式支座和裙式支座四种。中小型立式容器常采用前三种支座，高大的塔设备则广泛采用裙式支座。

（1）耳式支座　耳式支座又称悬挂式支座，它由筋板和支脚板等组成，广泛用在反应釜及立式换热器等立式设备上。它的优点是简单、轻便，但与支座连接处器壁会产生较大的局部应力。因此，当设备较大或器壁较薄时，应在支座与器壁间加一垫板。对于不锈钢制设备，用碳钢制作支座时，为防止器壁与支座在焊接过程中不锈钢中合金元素流失，也需在支座与器壁间加一个不锈钢垫板。如图 2-1-20 所示是带有垫板的耳式支座。

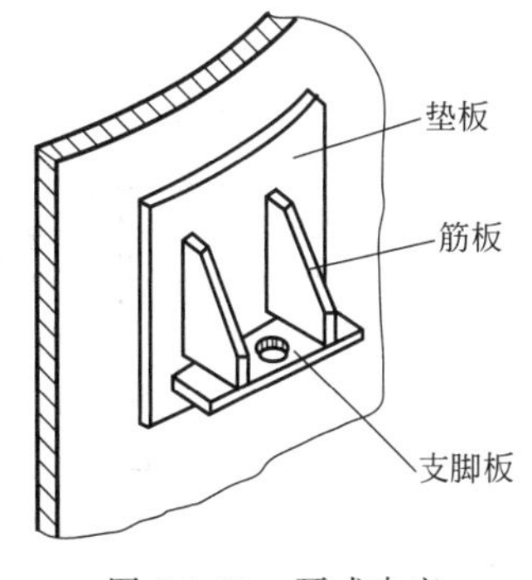

图 2-1-20　耳式支座

（2）支承式支座　支承式支座（图 2-1-21）可以用数块钢板焊成（A 型），也可用钢管制作（B 型），均带垫板。

（3）腿式支座　腿式支座简称支腿，多用于高度较小的中小型立式容器中，它与支承式支座的最大区别在于：腿式支座是支承在容器的圆柱体部分，而支承式支座是支承在容器的底封头上，如图 2-1-22 所示。腿式支座具有结构简单、轻巧、安装方便等优点，并在容器下面有较大的操作维修空间。但当容器上的管线直接与产生脉动载荷的机器设备刚性连接时，不宜选用腿式支座。

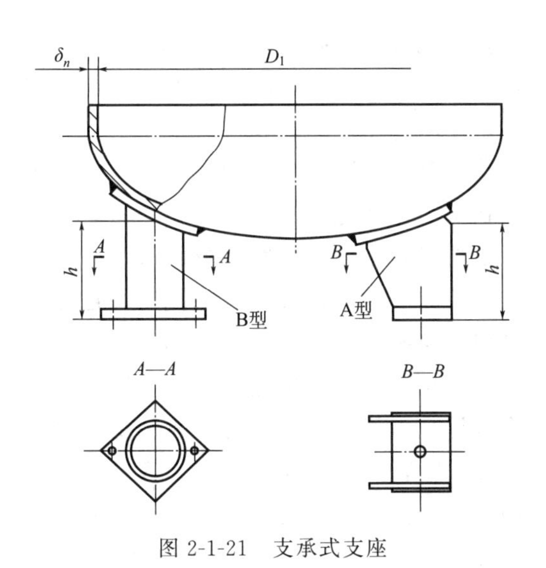

图 2-1-21　支承式支座

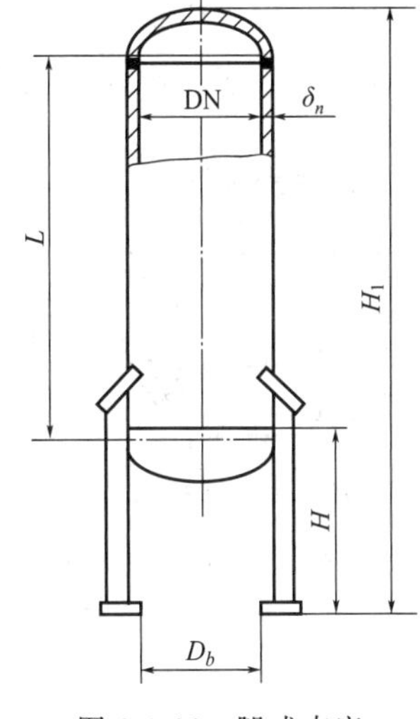

图 2-1-22　腿式支座

（4）裙式支座　对于比较高大的立式容器，特别是塔器，应采用裙式支座。裙式支座有两种形式：圆筒形裙式支座和圆锥形裙式支座。裙式支座的结构如图 2-1-23 所示。不管是圆筒形还是圆锥形裙式支座，均由裙座筒体、基础环、地脚螺栓座、人孔、排液孔、引出管通道、保温支承圈等组成。

圆筒形裙式支座制造方便，经济上合理，故应用广泛。但对于塔径小且很高的塔，为防止风载荷或地震载荷引起的弯矩造成塔翻倒，则需要配置较多的地脚螺栓及具有足够大承载面积的基础环。此时，圆筒形裙式支座的结构尺寸往往无法满足这么多地脚螺栓的合理布置，因而只能采用圆锥形裙式支座。

裙式支座不直接与塔内介质接触，也不承受塔内介质的压力，因此不受压力容器用材的限制，可选用较经济的普通碳素结构钢。常用的裙式支座材料为 Q235-A・F、Q235-A 和 16Mn。

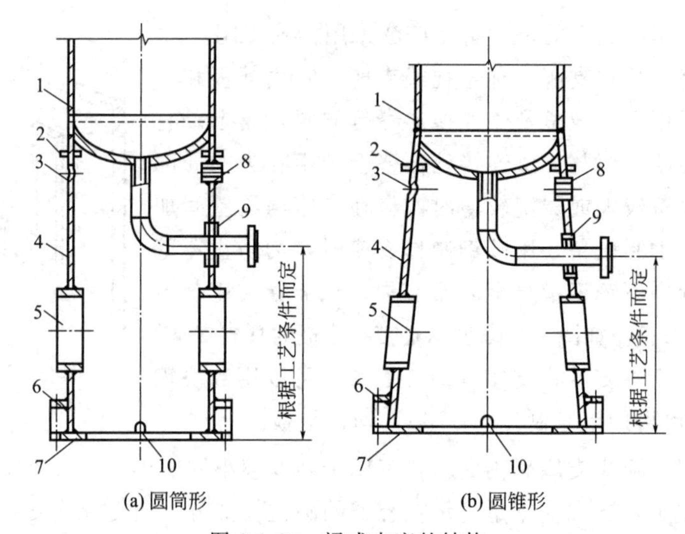

(a) 圆筒形　(b) 圆锥形

图 2-1-23　裙式支座的结构

1—塔体；2—保温支承圈；3—无保温时排气孔；4—裙式支座筒体；5—人孔；6—地脚螺栓座；7—基础环；8—有保温时排气孔；9—引出管通道；10—排液孔

3. 球形储罐支座

球形储罐支座是球形储罐中用以支承本体重量和物料重量的重要结构部件。球形储罐支座分为柱式支座和裙式支座两大类，见图 2-1-24。柱式支座中又以赤道正切柱式支座用得最多，在国内外普遍采用。

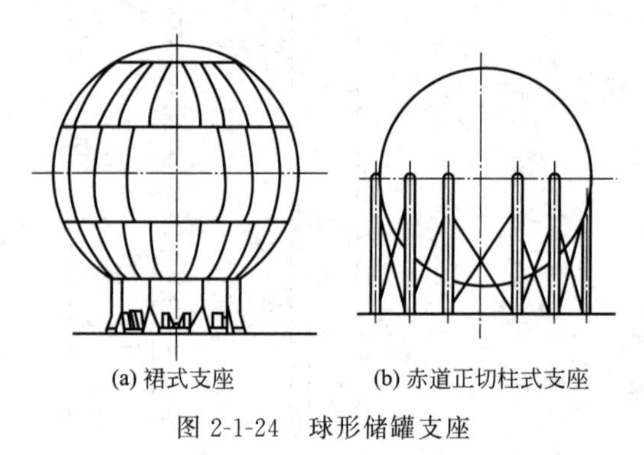
(a) 裙式支座　(b) 赤道正切柱式支座

图 2-1-24　球形储罐支座

赤道正切柱式支座的结构特点是多根圆柱状支柱在球壳赤道带等距离布置，支柱中心线与球壳相切或相割而焊接起来。为了使支柱在支承球形储罐重量的同时，还能承受风载荷和地震载荷，保证球形储罐的稳定性，必须在支柱之间设置连接拉杆。这种支座的优点是受力均匀，弹性好，能承受热膨胀的变形，安装方便，施工简单，容易调整，现场操作和检修也方便。它的缺点主要是球形储罐重心高，相对而言稳定性较差。

想一想

1. 卧式容器最好采用双支座的原因是什么？
2. 裙式支座可以用在哪类设备上？

五、开孔与补强认知

为了实现正常的操作和安装维修，需要在设备的筒体和封头上开设各种孔，如物料进出口接管孔，安装安全阀、压力表、液位计的开孔，为了容器内部零件的安装和检修方便所开的人孔、手孔等。

1. 补强结构

开孔会造成容器的整体强度削弱，设备结构的连续性被破坏，孔边局部区域内出现应力集中。应力集中会影响压力容器的安全，因此，需要尽量减少应力集中，采取适当的补强措施。

压力容器接管补强结构通常采用局部补强结构，主要有补强圈补强、厚壁接管补强和整锻件补强三种形式，如图 2-1-25 所示。

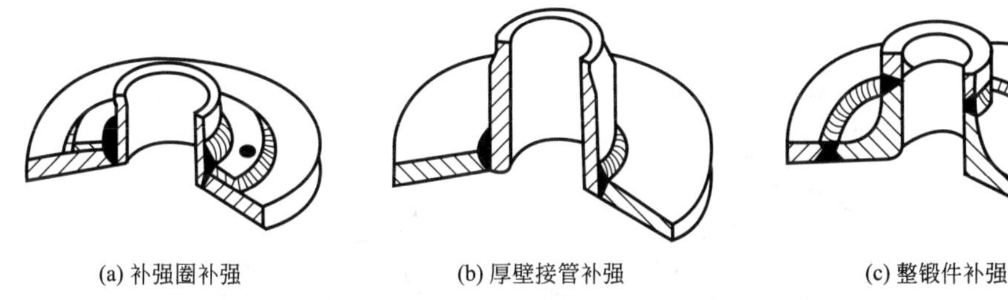

(a) 补强圈补强　(b) 厚壁接管补强　(c) 整锻件补强

图 2-1-25　补强结构的基本类型

（1）补强圈补强　这是中低压容器应用最多的补强结构，补强圈贴焊在壳体与接管连接处，如图 2-1-25(a) 所示。它结构简单，制造方便，使用经验丰富，但补强圈与壳体金属之间不能完全贴合，传热效果差，在中温以上使用时，二者存在较大的热膨胀差，因而使补强局部区域产生较大的热应力；另外，补强圈与壳体采用搭接连接，难以与壳体形成整体，所以抗疲劳性能差。这种补强结构一般使用在静载、常温、中低压、材料的标准抗拉强度低于540MPa、补强圈厚度小于或等于 $1.5\delta_n$、壳体名义厚度 δ_n 不大于 38mm 的场合。

（2）厚壁接管补强　即在开孔处焊上一段厚壁接管，如图 2-1-25(b) 所示。由于接管的加厚部分正处于最大应力区域内，故比补强圈更能有效地减小应力集中系数。厚壁接管补强结构简单，焊缝少，焊接质量容易检验，因此补强效果较好。

（3）整锻件补强　该补强结构是将接管和部分壳体连同补强部分做成整体锻件，再与壳体和接管焊接，如图 2-1-25(c) 所示。其优点是补强金属集中于开孔应力最大部位，能最有效地减小应力集中系数；可采用对接焊缝，并使焊缝及其热影响区远离最大应力点，抗疲劳性能好，疲劳寿命只降低 10%～15%。缺点是锻件供应困难，制造成本较高，所以只在重要压力容器中应用，如核容器、材料屈服强度在 500MPa 以上的开孔容器及受低温、高温、疲劳载荷的大直径开孔容器等。

2. 人孔和手孔

为了使设备内部构件的安装和检修方便，需要在设备上设置检查孔，通常是指人孔或手孔。当容器的内径为 450～900mm 时，一般不考虑设置人孔，可开设 1～2 个手孔；内径大于 900mm 时至少应设置一个人孔；设备内径大于 2500mm 时，顶盖与筒体上至少应各开设一个人孔。常见的常压快开人孔如图 2-1-26 所示，常见受压人孔如图 2-1-27 所示。

3. 视镜

视镜是用来观察设备内部情况的。视镜作为标准组合部件，由视镜玻璃、视镜座、密封垫、压紧环、螺母和双头螺柱等组成，其基本形式如图 2-1-28 所示。

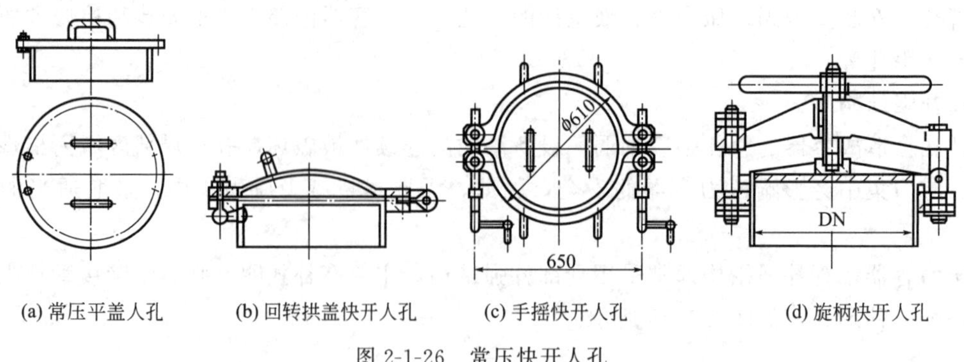

图 2-1-26　常压快开人孔

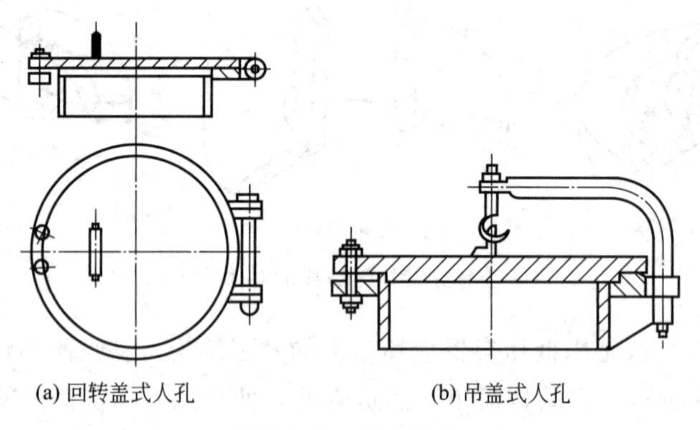

图 2-1-27　受压人孔

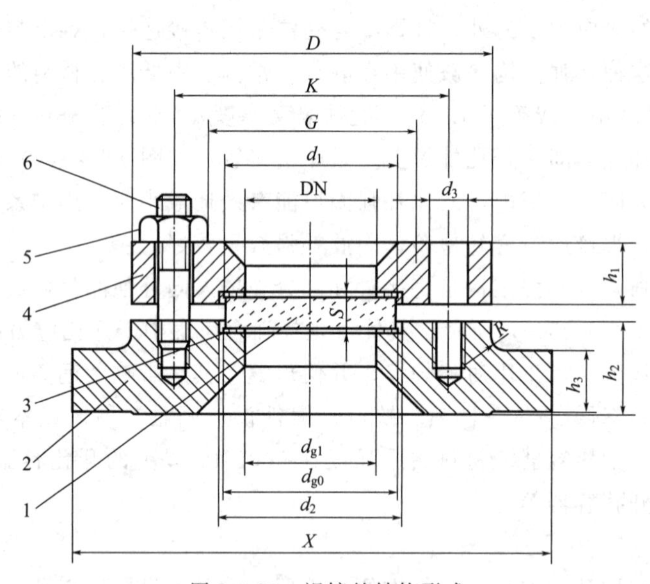

图 2-1-28　视镜的结构形式

1—视镜玻璃；2—视镜座；3—密封垫；4—压紧环；5—螺母；6—双头螺柱

视镜与容器的连接形式有两种：一种是视镜座外缘直接与容器的壳体或封头相焊（图 2-1-29）；另一种是视镜座由配对管法兰（或法兰凸缘）夹持固定（图 2-1-30）。

4. 接管

化工设备上使用的接管大致可分为两类：一类接管与供物料进出的工艺管道相连接，这类接管一般是带法兰的接管，直径较粗；另一类接管是为了控制工艺操作过程，在设备上装

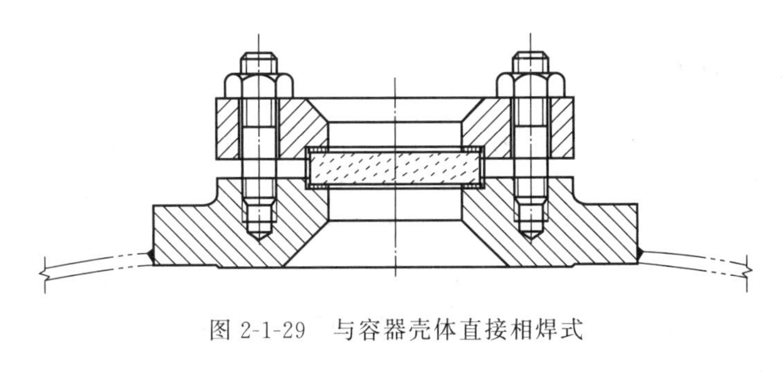

图 2-1-29　与容器壳体直接相焊式

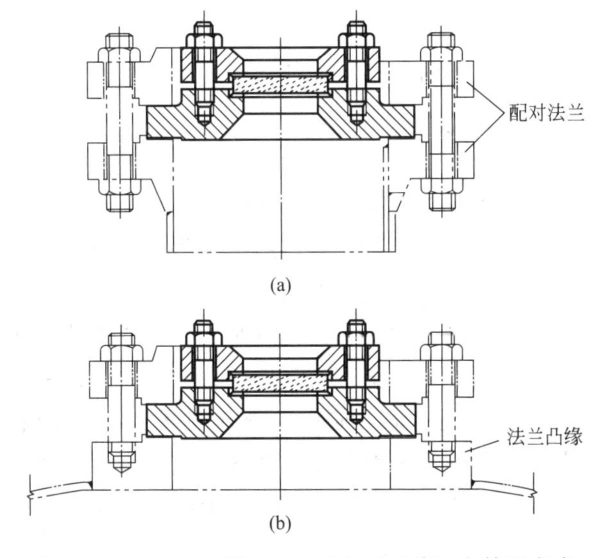

图 2-1-30　由配对管法兰（或法兰凸缘）夹持固定式

设，以便和压力表、温度计、液位计等连接，此类接管直径较小，可用带法兰的短接管，也可用带内、外螺纹的短接管直接焊在设备上，见图 2-1-31。

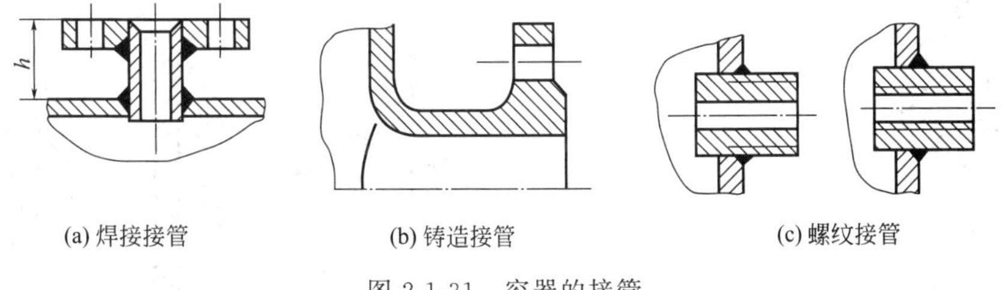

图 2-1-31　容器的接管

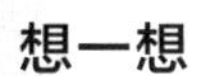

想一想

压力容器哪些结构需要采取补强措施？

六、安全附件认知

压力容器的安全附件是指为了保障压力容器的安全运行，装设在压力容器上或装设在有代表性的压力容器系统上的能显示、报警、自动调节或消除压力容器运行过程中可能出现的不安全因素的所有附属装置，也可称之为压力容器的安全装置。

压力容器的安全附件包括安全阀、爆破片、压力表、液位计、温度计、止回阀、限流阀、紧急放空阀、喷淋冷却装置、紧急切断装置、防雷击装置等，根据容器的结构、大小和用途分别装设相应的安全附件。

1. 安全阀

安全阀是最常用的一种安全泄放装置，即保证压力容器安全运行、防止容器超压的一种保险装置。

安全阀的结构比较简单，它基本上由阀座、阀瓣（阀芯）和加载机构组成，见图 2-1-32 和图 2-1-33。阀座和阀体有的是一个整体，有的是组装在一起的，与容器连通。阀芯常连带阀杆紧扣在阀座上。阀芯上面是加载机构，载荷的大小是可以调节的。当容器内的压力在规定的工作压力范围以内时，内压作用于阀芯上的力小于加载机构施加在它背面上的力，两者之差构成阀芯与阀座之间的密封力，即阀芯紧压着阀座，容器内的气体无法排出。当容器内的压力超过规定的工作压力范围达到安全阀的开启压力时，内压作用于阀芯上的力大于加载机构施加在它背面上的力，于是阀芯离开阀座，安全阀开启，容器内的气体即通过阀座排出，如果安全阀的排量大于容器的安全泄放量，器内压力即逐渐下降，而且经过短时间的排气后，压力会很快降至正常工作压力。此时内压作用于阀芯正面上的力又小于加载机构施加

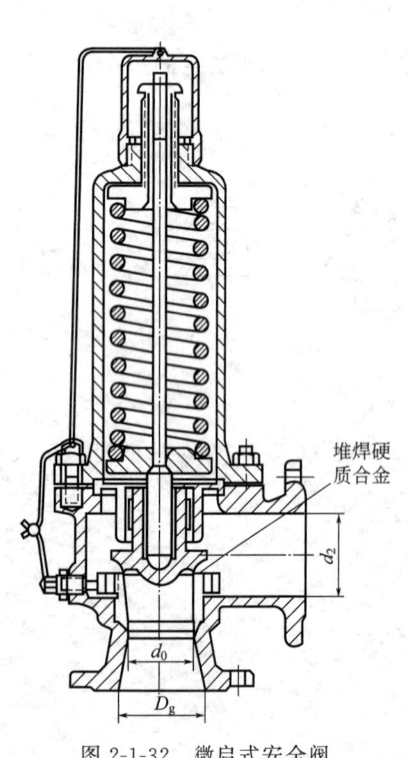

图 2-1-32　微启式安全阀

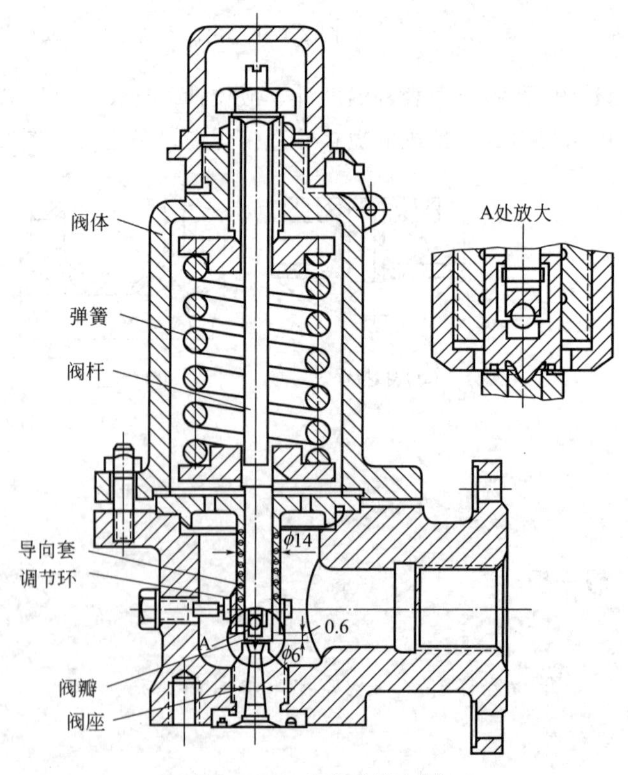

图 2-1-33　全启式安全阀

在它背面的力，阀芯又紧压着阀座，气体停止排出，容器保持正常的工作压力继续运行。安全阀就是通过作用在阀芯上的两个力来关闭或开启防止压力容器超压的。

2. 爆破片

爆破片又称爆破膜，是一种断裂型安全泄压装置，它是利用膜片的断裂来泄放压力的，所以泄压后容器将被迫停止运行。

爆破片结构比较简单，主要由一块很薄的膜片和一副夹盘组成，夹盘用沉头螺钉将膜片夹紧，然后装在容器的接管法兰上，如图 2-1-34(a) 所示；也可不设专门的夹盘，直接利用接管法兰夹紧膜片，如图 2-1-34(b) 所示，这种结构安装比较困难，膜片容易装偏，引起滑脱。直径较小的爆破片也可用螺纹套管通过压紧垫圈将膜片压紧，压紧垫圈带有圆角的一面要紧贴膜片，如图 2-1-34(c) 所示。

当容器内的压力超过正常工作压力并达到爆破片的标定爆破压力时，爆破片即自行爆破，容器内的气体通过爆破口向外排出，从而避免容器本体发生重大恶性事故。

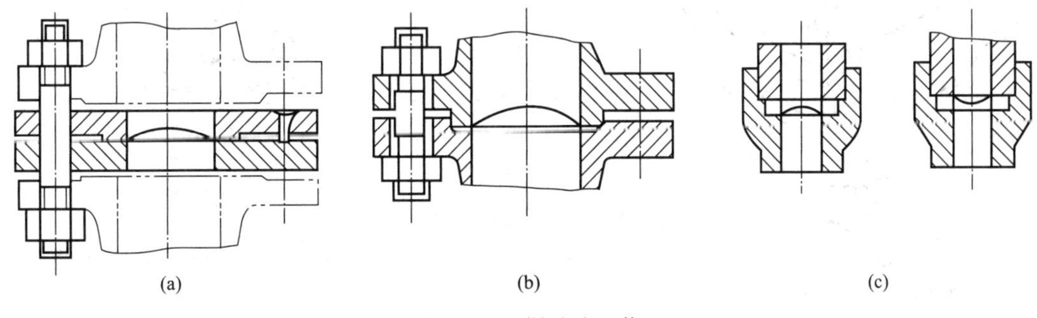

图 2-1-34 爆破片组装

爆破片一般用于以下场合：

① 容器内的介质易于结晶或聚合，或带有较多的黏性物质，容易堵塞安全阀，或使安全阀的阀芯和阀座粘在一起。

② 容器的内压由于化学反应或其他原因会迅速上升，安全阀难以及时排出所产生的大量气体，且无法及时降压。

③ 容器内的介质为剧毒或极为昂贵的气体，使用安全阀难以达到防漏要求的。

④ 要求有较大排放面积的容器，或超高压容器，或泄放可能性极小的场合。

3. 压力表

压力表是压力容器上不可缺少的、重要的安全附件。

压力表是用来测量容器内介质压力的一种计量仪表，它可以显示压力容器内的压力，使操作人员能够正确操作，将容器内压力控制在规定的范围内，保证生产工艺和安全生产的需要，防止设备超压发生事故。

压力表的种类较多，有液柱式、弹性元件式、活塞式和电量式四大类。但压力容器上使用的压力表一般为单弹簧压力表和波纹膜式压力表，见图 2-1-35 和图 2-1-36。

压力表的规格型号齐全，结构形式完善。从直径看，有 40mm、50mm、60mm、75mm、100mm、150mm、200mm、250mm 等。

压力表按测量精度可分为精密压力表、一般压力表。精密压力表的测量精度等级分别为 0.1 级、0.16 级、0.25 级、0.4 级、0.5 级，一般压力表的测量精度等级分别为 1.0 级、

1.6 级、2.5 级、4.0 级。

压力表按测量范围分为真空表、压力真空表、微压表、低压表、中压表及高压表。压力表按显示方式分为指针压力表、数字压力表。

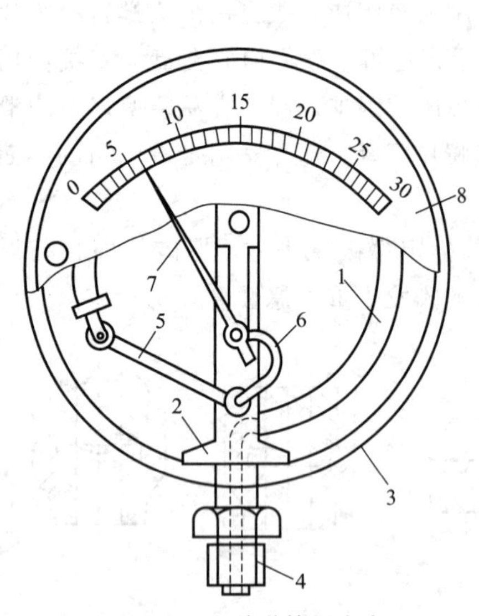

图 2-1-35　单弹簧压力表
1—弹簧软管；2—支座；3—表壳；4—接头；5—拉杆；6—弯曲杠杆；7—指针；8—刻度盘

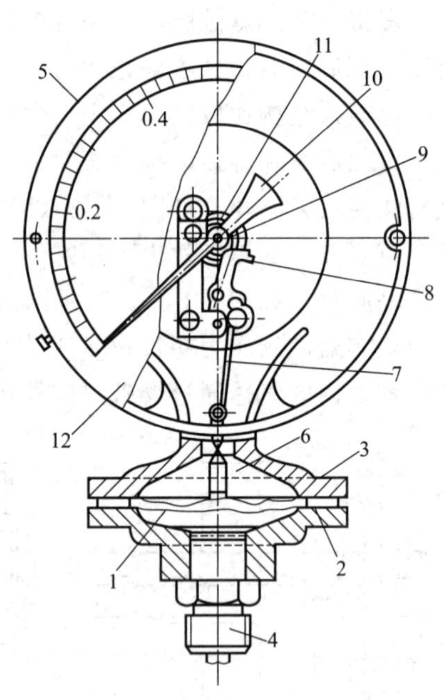

图 2-1-36　波纹膜式压力表
1—平面薄膜；2—下法兰；3—上法兰；4—接头；5—表壳；6—柱销；7—拉杆；8—扇形齿轮；9—小齿轮；10—指针；11—游丝；12—刻度盘

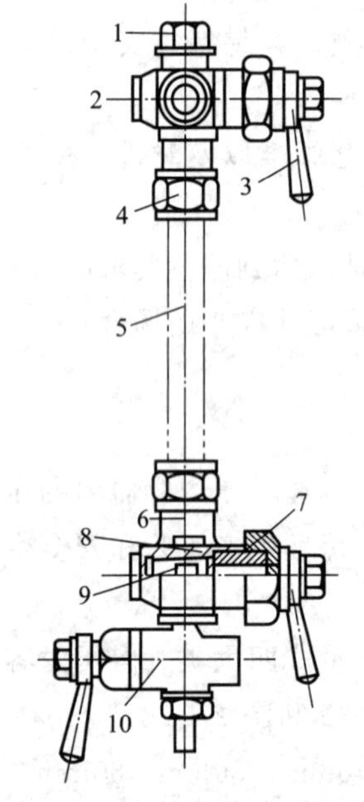

图 2-1-37　玻璃管式液位计
1—玻璃管盖；2—上阀体；3—手柄；4—玻璃管母；5—玻璃管；6—下阀体；7—封口螺母；8—填料；9—塞子；10—放水阀

4. 液位计

液位计是指用以指示和观察容器内介质液位变化的装置，又称为液面计，按工作原理分为直接用透光元件指示液面变化的液位计（如玻璃管式液位计或玻璃板式液位计）和借助机械、磁性、压差等间接反映液面变化的液位计（如磁翻板液位计、磁性浮标液位计和自动液位计等）。压力容器使用的液位计属于安全附件，应定期检查。

（1）玻璃管式液位计　玻璃管式液位计由上阀体、下阀体、玻璃管和放水阀等构件组成，如图 2-1-37 所示。其结构简单，安装维修方便，通常用在工作压力为 0.6MPa 和介质非易燃易爆或无毒的容器中。

这种用于压力容器的液位计有公称直径为 DN15 和 DN25 两种。液位计玻璃管的中心线与上、下阀体的垂直中心线应互相重合，否则安装和使用过程中玻璃管容易损坏。液位计应有防护罩，防止玻璃管损坏时介质外溢造成事故。防护罩最好用较厚的耐高温钢化玻璃板制成，可将玻璃管罩住，但不影响观察液位。

（2）玻璃板式液位计　这种液位计见图 2-1-38，主要由上阀体、下阀体、框盒、平板玻璃等构件组成，具有读数直观、结构简单、价格便宜的优点。由于要求其耐压，故不能做得太长。大型储罐安装液位计时，需要把几段玻璃板连接起来使用，安装检修不太方便。但由于玻璃板式液位计比玻璃管式液位计耐高压、安全可靠性好，因此凡介质易燃、剧毒、有毒、压力和温度较高的容器，采用玻璃板式液位计比较安全。

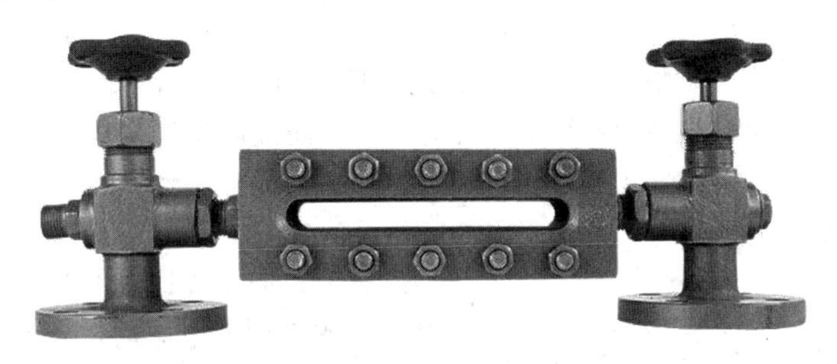

图 2-1-38　玻璃板式液位计

（3）磁翻板液位计　磁翻板液位计（也可称为磁性浮子液位计）可用于各种塔、罐、槽、球形容器和锅炉等设备的介质液位检测。该系列的液位计可以做到高密封、防泄漏，适用于高温、高压、耐腐蚀的场合。

磁翻板液位计根据浮力原理和磁性耦合作用研制而成。当被测容器中的液位升降时，液位计本体管中的磁性浮子也随之升降，浮子内的永久磁钢通过磁性耦合传递到磁翻柱指示器，驱动红、白翻柱翻转 180°，当液位上升时翻柱由白色转变为红色，当液位下降时翻柱由红色转变为白色，指示器的红白交界处为容器内部液位的实际高度，从而实现液位的清晰指示，见图 2-1-39。

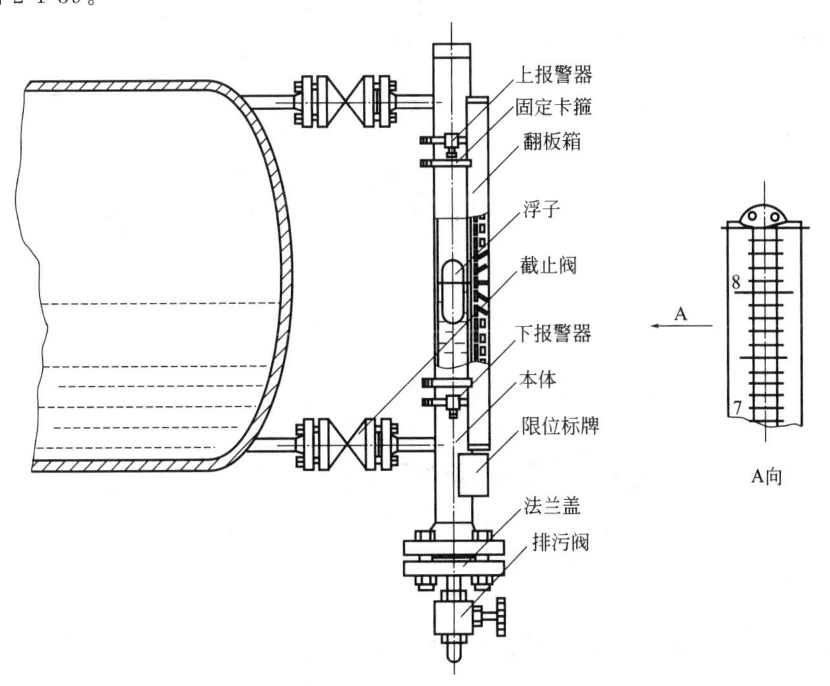

图 2-1-39　磁翻板液位计

5. 温度计

温度计是用来测定压力容器内温度高低的仪表。为控制压力容器壁温或因为生产工艺需要控制容器的温度时，必须装设测温仪表，即温度计。常用的温度计包括以下几种。

（1）膨胀式温度计　以物质加热后膨胀的原理为基础，利用测温敏感元件在受热后尺寸或体积发生变化来直接显示温度的变化，如水银温度计，如图 2-1-40(a) 所示。膨胀式温度计有液体膨胀式（玻璃温度计）和固体膨胀式（双金属温度计）两种。膨胀式温度计测量范围为－200～700℃，常用于测量轴承、定子等处的温度，作现场指示用。

（2）压力式温度计　以物质受热后膨胀这一原理为基础，利用介质（一般为气体或液体）受热后体积膨胀而引起封闭系统中压力的变化来间接测量温度，如图 2-1-40(b) 所示。压力式温度计有气体式、蒸汽式和液体式三种。压力式温度计测量范围为 0～300℃，常用于测量易燃、有振动处的温度，传送距离不远。

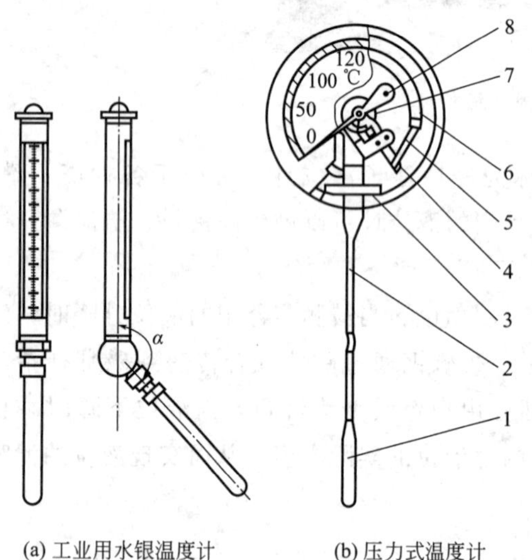

(a) 工业用水银温度计　　(b) 压力式温度计

图 2-1-40　温度计

1—温包；2—毛细管；3—支座；4—扇形齿轮；5—连杆；6—弹簧管；7—小齿轮；8—指针

（3）电阻温度计　根据热电效应原理可知，导体和半导体的电阻与温度之间存在着一定的函数关系，利用这一函数关系，可以将温度变化转换为相应的电阻变化。测量范围为－200～500℃，常用于液体、气体、蒸汽的中、低温测量，能远距离传送。

（4）热电偶温度计　利用两种不同金属导体受热产生热电势的原理制成。其测量范围为 0～1600℃，常用于液体、气体、蒸汽的中、高温测量，能远距离传送。

（5）辐射式温度计　利用物质的热辐射特性来测量温度。由于是测量热辐射，因而测温元件不需要与被测介质接触，这种测量称为非接触式测量，测量仪表称为辐射式温度计。这种温度计是利用光的辐射特性，所以可以实现快速测量。测量范围为 600～2000℃，常用于火焰、钢水等不能直接测量温度的场合。

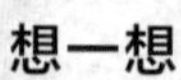

想一想

为盛装有易燃、易爆介质的中压压力容器配备安全附件，并给出理由。

七、原动机认知

驱动泵和压缩机可以选用电动机、蒸汽轮机、燃气轮机、烟气轮机、柴油机和燃气（天然气）发动机等原动机设备。例如，化工生产装置广泛采用工业汽轮机驱动大容量、高转速的离心压缩机组及其他设备，采用小型工业汽轮机驱动泵和风机；天然气输送管道采用燃气轮机、燃气发动机或电动机驱动压缩机。电动机、工业蒸汽轮机和燃气轮机是石油化工、油气储运用泵和压缩机的主要原动机设备。

（1）三相异步电动机　三相异步电动机具有结构简单、运行可靠、维修方便、价格便宜、体积紧凑、易于更换和启动操作简单等一系列优点。按转子结构分为笼式和绕线式异步电动机两大类；按机壳的防护形式分类，笼式又可分为防护式、封闭式、开启式等，其外形如图 2-1-41 所示；按冷却方式可分为自冷式、自扇冷式、管道通风式与液体冷却式。三相异步电动机分类方法虽不同，但各类的基本结构却是相同的。

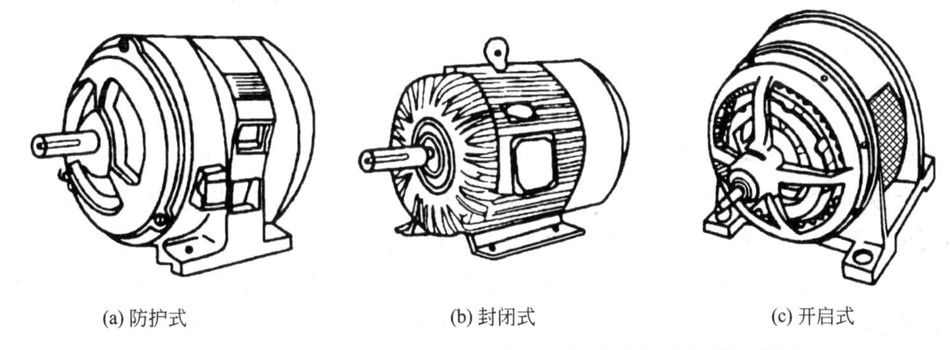

图 2-1-41　防护式、封闭式、开启式三相异步电动机的外形图

（2）燃气轮机　燃气轮机是以连续流动的气体（空气与燃气）为工质并将燃气工质的热能转换为机械能的内燃-旋转式热力原动机。燃气轮机输出的机械能用来驱动泵、压缩机、风机、发电机、螺旋桨或车轮等机械设备。天然气输送管道采用燃气轮机驱动压缩机组，如图 2-1-42 所示。

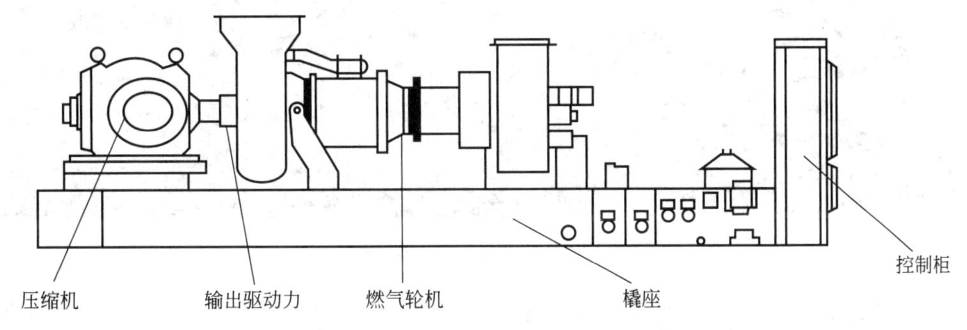

图 2-1-42　燃气轮机驱动压缩机组示意图

燃气轮机与汽轮机和内燃机相比，具有结构紧凑、重量轻、体积小、燃料适应性强、公害少、启动快速、自动化程度高、运行可靠、费用低、维修方便等优点。

八、联轴器认知

联轴器又叫对轮、靠背轮、联轴节等，它是主动机和从动机之间的连接件，主要任务是传递转矩。常用的联轴器可分为刚性联轴器和弹性联轴器两大类，如图 2-1-43 所示。刚性联轴器由两个半联轴器与轴通过键进行周向固定，通过锁紧螺母达到轴向固定，其轴线对中性好，允许在任何方向转动，结构简单、制造方便，但无减振性，一般用于振动小和刚度大的轴。在弹性联轴器凹凸两半联轴器之间有能产生弹性变形和阻尼作用的弹性元件，可以补偿两轴间的相对偏移，具有缓冲与吸振能力。

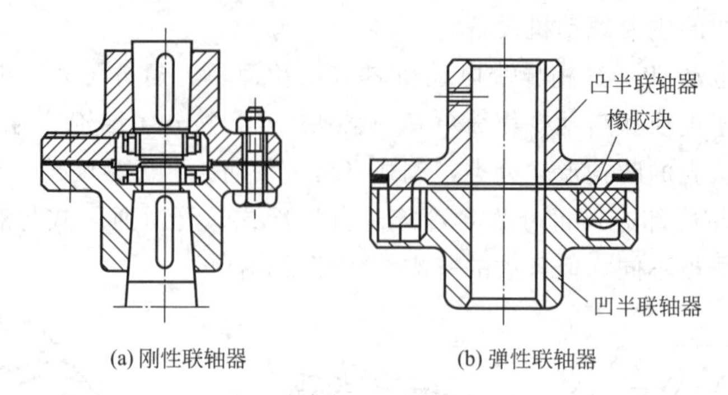

图 2-1-43　联轴器

以下简要介绍几种联轴器。

(1) 凸缘联轴器　凸缘联轴器由两个带凸缘的半联轴器和一组螺栓组成，见图 2-1-44。其分为两种类型：第一种是通过铰制孔螺栓与孔的紧配合来对中，靠螺杆承受挤压与剪切传递力矩；第二种是通过分别具有凸槽和凹槽的两个半联轴器的相互嵌合来对中，半联轴器采用普通螺栓连接，靠预紧普通螺栓在凸缘边接触表面产生的摩擦力传递力矩。

凸缘联轴器具有结构简单、传递力矩大、传力可靠、对中性好、拆装简便、应用广泛等优点，但不具有位移补偿功能。

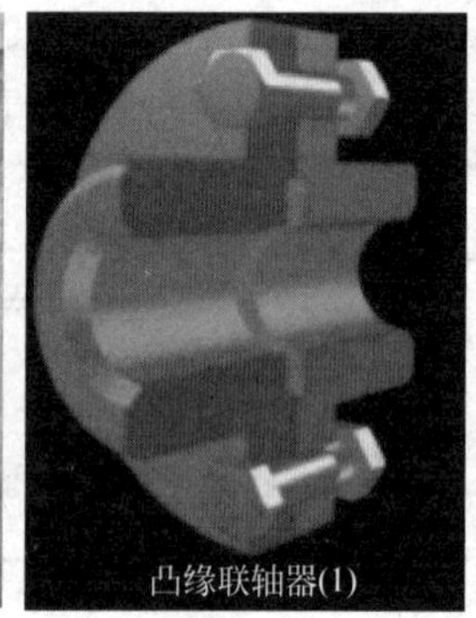

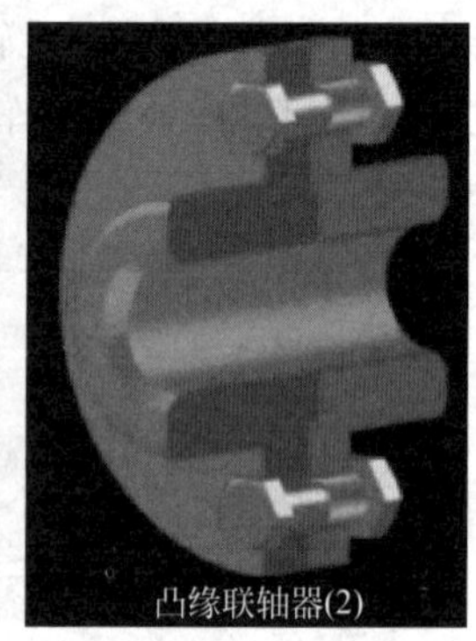

图 2-1-44　凸缘联轴器

(2) 滑块联轴器　滑块联轴器由两个半联轴器和浮动盘连接在一起，浮动盘的凸榫可在半联轴器的凹槽中滑动，从而补偿两轴径向位移，见图 2-1-45。滑块联轴器摩擦较大，要加以润滑，适用于轴线间相对位移较大、无剧烈冲击且转速较低的场合。

图 2-1-45　滑块联轴器

（3）弹性套柱销联轴器　弹性套柱销联轴器在结构上与凸缘联轴器相似，只是用套有橡胶弹性套的柱销代替了连接螺栓。它利用弹性套的弹性变形来补偿两轴的相对位移，见图 2-1-46。

弹性套柱销联轴器制造容易，装拆方便，成本较低，但弹性套易磨损，寿命较短。其适用于载荷平稳、正反转或启动频繁、转速高的中小功率的两轴连接。

（4）梅花形弹性联轴器　梅花形弹性联轴器是把梅花形元件置于两半联轴器凸爪间，实现弹性连接，见图 2-1-47。它体积小、结构简单、制造容易、工作可靠、不需维护，主要适用于减振、缓冲和补偿要求不高的中小功率场合。

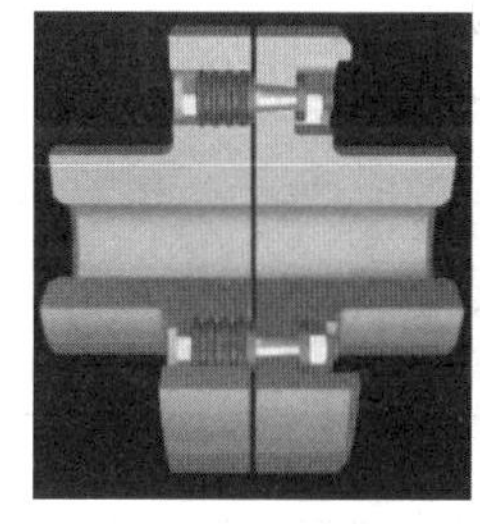

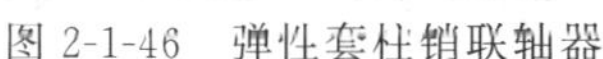

图 2-1-46　弹性套柱销联轴器

图 2-1-47　梅花形弹性联轴器

（5）弹性柱销联轴器　弹性柱销联轴器用弹性柱销将两个半联轴器连接起来，为防柱销脱落，两侧装有挡板，见图 2-1-48。它结构简单，制造安装方便，承载大，吸振好，寿命长，适用于轴向窜动较大、正反转或启动频繁、转速较高的场合。由于尼龙柱销对温度较敏感，工作温度限制在－20～70℃的范围内。

（6）膜片式联轴器　膜片式联轴器的弹性元件是由一组薄金属膜片叠合而成，两半联轴器通过螺栓连接在一起，见图 2-1-49。

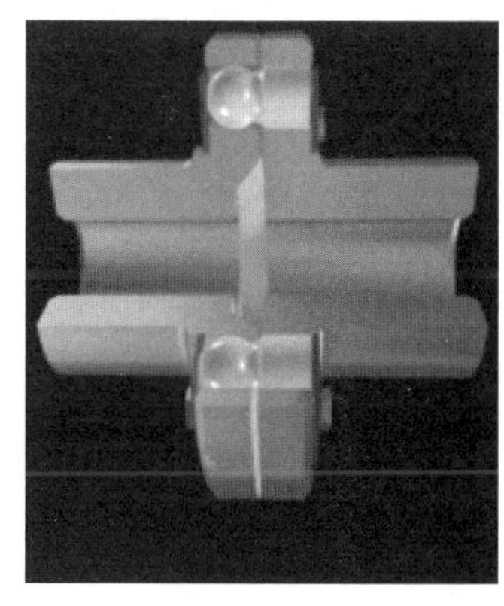

图 2-1-48　弹性柱销联轴器

图 2-1-49　膜片式联轴器

膜片式联轴器结构简单，可靠性高，寿命长；使用范围广，尤其适用于高速、大功率、高温及有腐蚀作用的恶劣环境；对轴向和角向补偿能力大，抗不对中性好，并具有吸振和隔振功能；无噪声，零间隙，定速率，不需润滑；作用在连接设备上的附加载荷小；安装、使用、维护简便，但成本高。

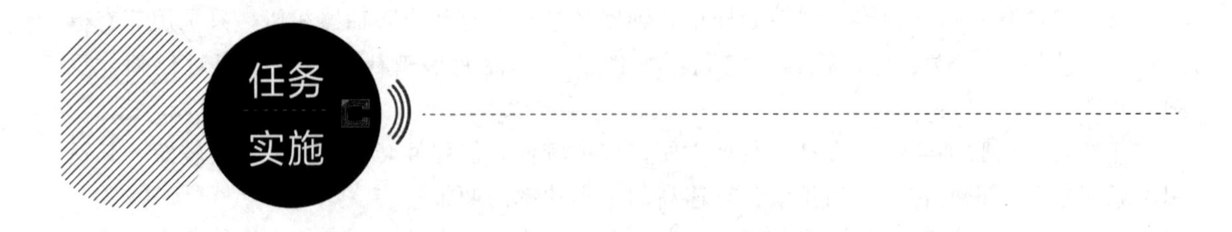

活动 1　外部结构辨认练习

1. 组织分工。学生 2～3 人为一组，按照任务要求分工，明确各自职责。

序号	人员	职责
1		
2		
3		

2. 设备外部结构辨认。按照任务分工，完成化工设备外部结构的辨认。

序号	外部构件名称	作用/特点
1		
2		
3		
…	…	…

活动 2　现场洁净

1. 设备、容器分类摆放整齐，无没用的物件。
2. 清扫操作区域，保持工作场所干净、整洁。
3. 产生的废弃物品，统一回收到垃圾桶，不可随意丢弃。
4. 关闭水、电、气和门窗，最后离开教室的学生锁好门锁。

活动 3　撰写实训报告

回顾化工设备外部结构辨认过程，每人写一份实训报告，内容包括团队完成情况、个人参与情况、做得好的地方、尚需改进的地方等。

1. 学生以小组为单位，按照任务要求，进行自查、互评与总结。
2. 教师参照评分标准进行考核评价。
3. 师生总结评价，改进不足，以便将来在学习或工作中做得更好。

序号	考核项目	考核内容	配分	得分
1	技能训练	设备外部结构辨认齐全、正确	25	
		设备外部结构特点与作用描述准确	25	
		实训报告诚恳、体会深刻	15	
2	求知态度	求真求是、主动探索	5	
		执着专注、追求卓越	5	
3	安全意识	着装和个人防护用品穿戴正确	5	
		爱护工器具、机械设备，文明操作	5	
		安全事故，如发生人为的操作安全事故、设备人为损坏、伤人等情况，“安全意识”不得分		
4	团结协作	分工明确、团队合作能力	3	
		沟通交流恰当，文明礼貌、尊重他人	2	
		自主参与程度、主动性	2	
5	现场整理	劳动主动性、积极性	3	
		保持现场环境整齐、清洁、有序	5	

任务二
化工设备内部结构认知

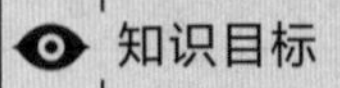

学习目标

知识目标

（1）掌握化工设备内部结构的种类与特点。

（2）掌握化工设备内部结构的作用和应用范围。

能力目标

（1）能辨认化工设备的内部构件。

（2）能说出内部结构的特点和作用。

素质目标

（1）通过规范学生的着装、工具使用、文明操作等，培养学生的安全意识。

（2）通过信息收集、小组讨论、练习、考核等教学活动，培养学生追求卓越的工匠精神、主动探索的科学精神和团结协作的职业精神。

（3）通过实训场地的整理、整顿、清扫、清洁，培养学生的劳动精神。

任务描述

化工设备种类众多，尺寸大小不一，形状结构不同，内部构件的形式更是多种多样。内部结构主要是过流部件，直接接触工艺流体，其结构特点直接决定着化工设备的使用性能。小王作为一名化工厂操作员，要求熟知化工设备内部结构的名称及作用。

一、换热设备内部结构认知

1. 换热管

换热管一般分为普通换热管和高效换热管。

（1）普通换热管　用于传热的换热管通常采用较高级冷拔换热管和普通级冷拔换热管，前者适用于无相变的传热和易振动场合，后者适用于重沸、冷凝传热和无振动的一般场合。

换热管的形式多种多样，光滑管是最传统的形式，因具有制造容易、单位长度成本低等优点，在当前应用中最为普遍。管子应能承受一定的温差与应力，当管程和壳程流体具有腐蚀性时，管子还应具备抗腐蚀能力。

换热管的长度推荐采用以下系列：1.0m，1.5m，2.0m，2.5m，3.0m，4.5m，6.0m，7.5m，9.0m，12.0m。对于一定的换热面积，较长的换热管是比较经济的，所以工程上的换热器大致是细长形的结构。但换热管过长，将不利于换热器的安装与维护。

管子的大小由管子外径和管子壁厚决定，规格采用 $\phi25\times2$ 的形式表示，其中 25 表示外径为 25mm，2 表示壁厚为 2mm。管径较小，能承受较大的压力和获得较大的传热系数，布管也较紧凑，缺点是管程压降大，不易清洗。工程上常采用 $\phi19\times2$、$\phi25\times2$、$\phi25\times2.5$ 等规格的管子。

管子的材料来源很广，有碳钢、不锈钢、铝、铜、黄铜及其合金、铜镍合金、镍、钛、石墨、玻璃及其他特殊材料。换热管除采用单一材料制造外，为满足生产要求，也常采用复合管。

（2）高效换热管　为了同时扩大管内、外的有效传热面积或强化传热，最大限度地提高管程的传热系数，将换热管的内外表面轧制成各种不同的表面形状，或在管内插入扰流元件，使管内、外流体同时产生湍流，提高换热管的性能，现已开发出多种高效换热管，根据换热管形状和强化传热机理，可划分为表面粗糙管、翅片管、自支撑管、内插件管等类型。

图 2-2-1 所示为部分不同形状表面的换热管。多数高效换热管在管内和管外同时具有强化传热作用。

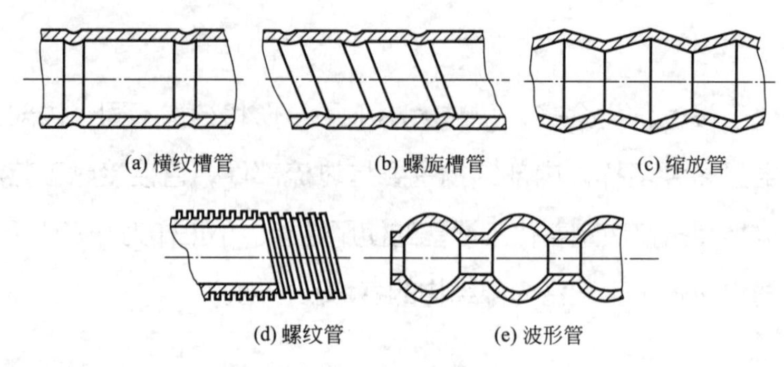

图 2-2-1　不同形状表面的换热管

2. 管束与分程

管束（图 2-2-2）是一组合件，由管子、折流元件、管板、拉杆、定距管等组装而成。管束将数以百计的管子固定为一个整体，折流元件可以是折流板、折流杆（或折流栅）或其他方式，固定在管板上的拉杆和定距管保持折流元件之间的距离。

图 2-2-2　管束

为方便管束从换热器中拉出进行维护，管束的重量不能太大，同时应允许污垢的累积和沉淀物的形成。管束不能填满整个壳体，在管束与壳体之间的间隙中会有旁路流体流过，为改善间隙处的流动状态，应考虑设置密封条或流体再分布装置。

在管壳式换热器中，流体流经换热管内的通道及与其相贯通的部分称为管程。在管内流动的流体从换热管的一端流到另一端，称为一个管程。管壳式换热器中最简单的是单管程的换热器。如需加大传热面积，可适量增加换热管长度或换热管数量；但增加换热管长度往往受到加工、安装、操作与维护等方面的限制，故经常采用增加换热管数量的方法。增加换热管数量可以增大传热面积，但介质在管束中的流速随着换热管数量的增加而降低，结果反而使流体的传热系数降低，故不能单纯依靠增加换热管数量的方式来达到提高传热系数的目的。为解决这个问题，使流体在管束中保持较高流速，可以将管束分程，在换热器一端或两端的管箱中分别配置一定数量的隔板，并使每一程中换热管数量大致相等，使流体依次流过各程换热管，以提高流体流速，提高传热系数。管束分程可采用多种不同的组合方式，当管程流体进、出口温度变化很大时，应尽量避免流体温差较大的两部分管束相邻，否则管束与管板中将产生很大的温差应力，容易引起换热管变形或拉脱等故障。根据经验，管程温差以不超过 20℃为宜，管程数小于 4 时，采用平行的隔板更为有利。

从加工、安装、操作与维护角度考虑，采用偶数管程更加方便，因此应用最多，管程数从 2、4、6 直至 12。但管程数不宜过多，否则隔板本身将占去相当大的布管面积，而且在壳程中会形成很大的旁路，影响传热。表 2-2-1 中列出了 1～6 管程的几种管束分程布置形式。

表 2-2-1　管束分程布置形式

管程数	1	2	4			6	
流动顺序		1 2	1 2 3 4	1 2 4 3	1 2 3 4	1 2 3 5 4 6	2 1 3 4 6 5
管箱隔板							
介质返回侧隔板							

对于 4 管程的分法，有平行、十字形和工字形三种，一般为了接管方便，选用平行分法，同时平行分法亦可使管箱内残液放尽。工字形分法的优点是比平行分法密封线短，而且可以排列更多的换热管。

3. 折流板

设置折流板可提高壳程流体的流速，增加湍动程度，并使壳程流体垂直冲刷管束，进而改善传热，增大管程流体的传热系数。

弓形折流板是最常用的折流板形式，它是在整圆形板上切除一段圆缺区域。板的作用是折流，即改变流体流向，使流体由圆缺处流过。壳程内多块折流板的设置使流体逐次翻越折流板，呈“之”字形流动。弓形折流板有单弓形、双弓形和三弓形三种，见图 2-2-3(a)～(c)。在大直径的换热器中，如折流板的间距较大，流体绕到折流板背后接近壳体处，会有一部分停滞，形成对传热不利的“死区”。为消除此影响，通常采用多弓形折流板。

除弓形外，常用的折流板形式还有圆盘-圆环形，见图 2-2-3(d)。

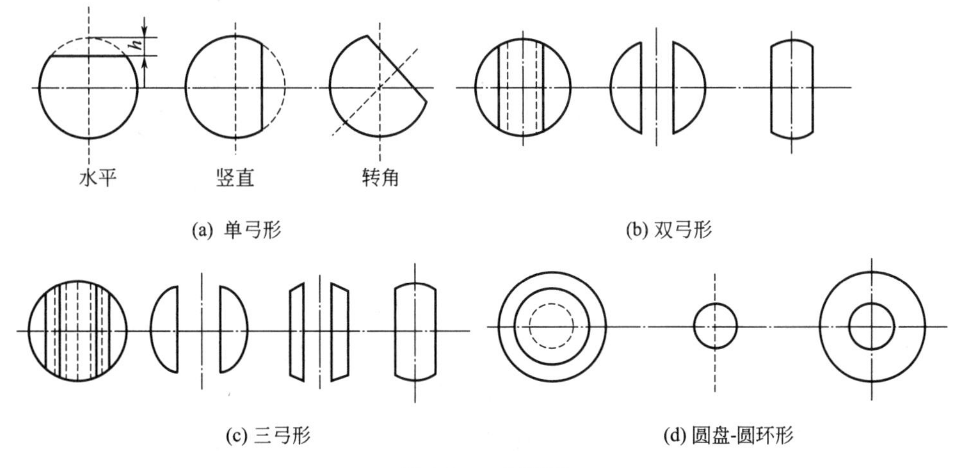

(a) 单弓形　(b) 双弓形

(c) 三弓形　(d) 圆盘-圆环形

图 2-2-3　折流板

弓形折流板在卧式换热器中的排列分为圆缺上下方向［图 2-2-4(a)、(b)］和圆缺左右方向［图 2-2-4(c)］，前者排列形式可使流体剧烈扰动，增大传热系数，在工程上最为常用。

折流板下部开有小缺口，方便检修时能完全排除卧式换热器壳体内的剩余流体，立式换热器不必开设。折流板一般按等间距布置，管束两端的折流板应尽量靠近进、出口接管。

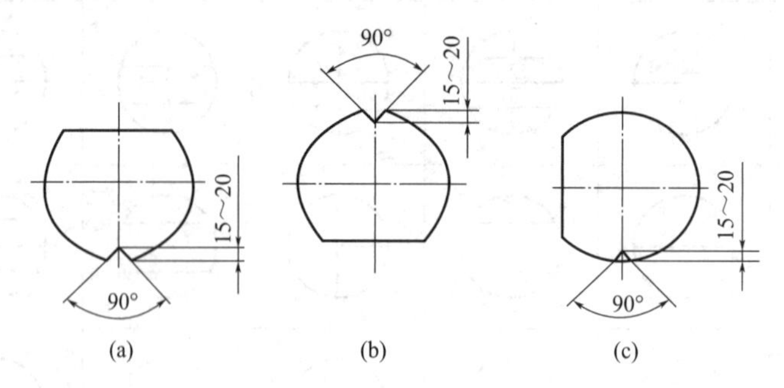

图 2-2-4　折流板缺口布置

4. 管板

管板是管壳式换热器最重要的零部件之一（图 2-2-5）。大多数管板是圆形的平板，钻孔后排布换热管，承受管程、壳程压力和温度的作用，将管程和壳程的流体分隔。管板的成本直接决定整台换热器的成本，管板的安全可靠也是换热器正常运行的重要保障。

图 2-2-5　管板结构

管板是壳程与管程的屏障。当换热介质无腐蚀性或腐蚀性轻微时，一般采用低碳钢、低合金钢制造或锻造管板。当换热介质有腐蚀性时，管板应采用耐腐蚀材料制造，如不锈钢。但当管板厚度较大时，整体不锈钢管板价格昂贵，工程上往往采用复合钢板。

最好的管束排列形式是在壳体内装入尽可能多的管子，同时考虑清洗和整体结构的要求。换热管在管板上常用的排列方式如图 2-2-6 所示，即正三角形排列（排列角为 30°）、转角正三角形排列（排列角为 60°）、正方形排列（排列角为 90°）、转角正方形排列（排列角为 45°）。

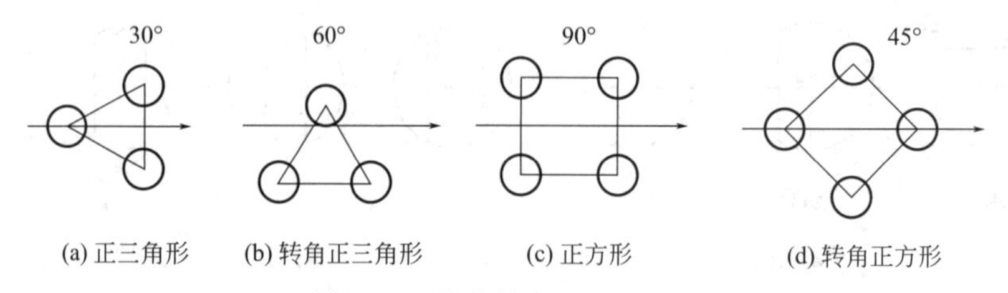

图 2-2-6　换热管常见排列方式

流向箭头垂直于折流板切边

正三角形的一边与流向垂直是最常用的形式。因为换热管间距都相等，所以在相同管板面积上可排列最多的管数，与正方形排列相比，传热系数较大，可节省大约 15%的管板面积，而且便于管板的划线与钻孔；但换热管间不易清洗，适用于不结污垢或可用化学方法清洗污垢以及允许压降较高的工况。当壳程需要机械清洗时，不得采用三角形排列方式。

转角正三角形的一边与流向平行，其特点介于正三角形和正方形两种排列方式之间，因底部换热管外表面形成的逐渐加厚的冷凝液膜会使传热削弱，不宜用于卧式冷凝器。正方形排列方式最不紧凑，但便于机械清洗，常用于壳程介质易结污垢的浮头式换热器。

5. 管箱

壳体直径较大的管壳式换热器大多采用管箱结构。管箱位于换热器的两端，作用是把从管道输送来的流体均匀地分布到各换热管和把管内流体汇集在一起送出换热器。在多管程的管壳中，管箱还起到改变流体流向的作用。

管箱的结构形式主要由换热器是否需要清洗或管束是否需要分程等因素来决定，大致有以下三种基本类型。

(1) 封头型管箱　封头型管箱［图 2-2-7(a)］与螺栓固定在壳体上，没有可拆端盖，适用于较清洁的介质情况。在检查及清洗换热管时，通常要拆除管路连接系统，很不方便，但成本较低。

(2) 筒型管箱　筒型管箱［图 2-2-7(b)、(c)］上装有箱盖，可与壳体焊接或用螺栓固定，将箱盖拆除后，不需拆除连接管，就可检查及清洗换热管，但其用材较多。

(3) 耐高压管箱　耐高压管箱［图 2-2-7(d)］是专门用来承受高压的，管箱与管板通常锻压而成。从结构上看，可以完全避免在管箱密封处的泄漏，但管箱不能单独拆下，检修和清理不方便，故在实际中很少采用。

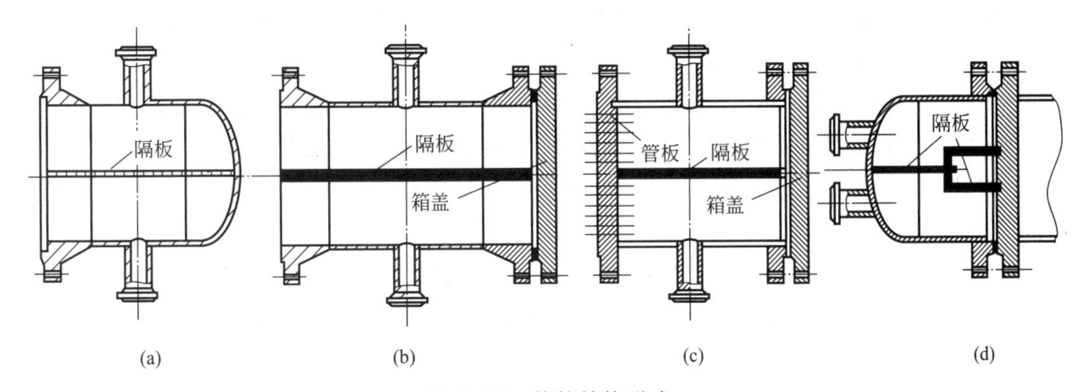

图 2-2-7　管箱结构形式

多程管箱内装设隔板，隔板的安置形式由流程的要求决定，管程隔板常采用的结构形式如图 2-2-7 所示。隔板材料应与管箱材料相同，隔板的厚度与管箱的直径相关。隔板的高度一般贯穿整个管箱的高度，当管程进出口管的直径较大时，常采用图 2-2-7(d) 所示的结构。

6. 管板的连接

换热器中，管板是管程、壳程的屏障，与管板直接相连的有壳体、管箱和管子。

(1) 管板与壳体的连接　管板与壳体的连接形式分为不可拆式和可拆式。不可拆式连接是直接将壳体与管板焊在一起，如固定管板式换热器中管板与壳体的连接。与壳体焊接的管板分为兼作法兰的和不兼作法兰的管板两种，见图 2-2-8。

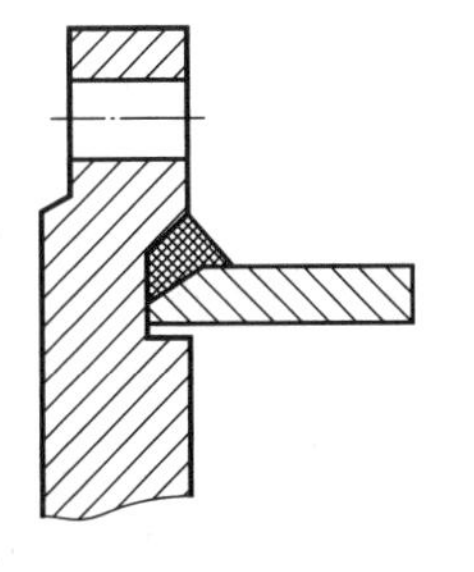
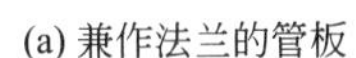
(a) 兼作法兰的管板

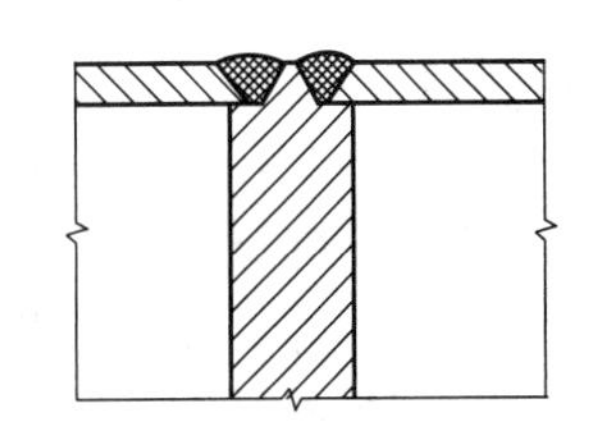
(b) 不兼作法兰的管板

图 2-2-8　管板与壳体的焊接连接

可拆式的连接，管板本身通常不直接

与壳体接触，而是通过法兰与壳体间接相连，或是由连接在壳体与管箱上的两法兰夹持固定，如U形管式、浮头式及填料函式换热器管板与壳体的连接，见图2-2-9。

（2）管板与管箱的连接　管板与管箱一般是通过法兰连接成一体，固定管板式换热器的管板兼作法兰，与管箱法兰的连接形式见图2-2-10。换热器内管束经常需要抽出时，需采用可拆式连接，管板被夹持于同壳体、管箱相连的法兰对之间，如图2-2-9所示。

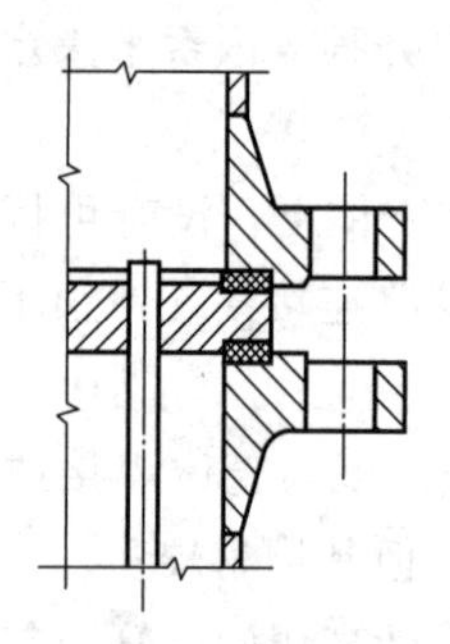

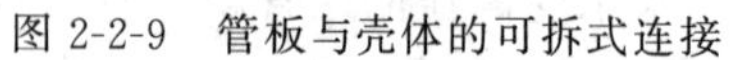

图2-2-9　管板与壳体的可拆式连接

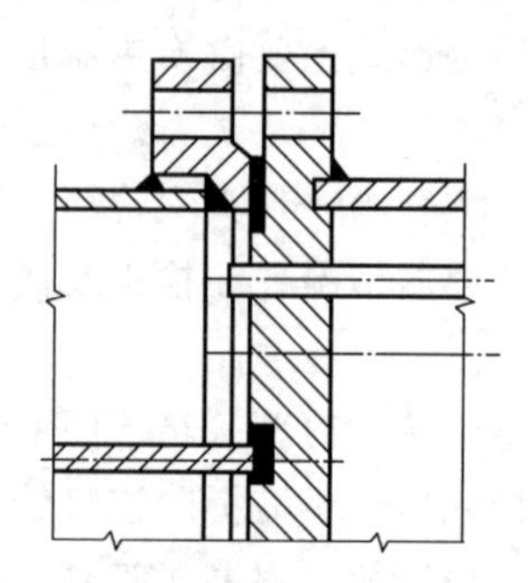

图2-2-10　固定管板式换热器的管板与管箱的连接

（3）管板与管子的连接　管板与管子的连接主要有胀接、焊接、胀焊或几者并用等几种形式。强度胀指保证换热管与管板连接的密封性能及抗拉脱强度的胀接；贴胀指消除换热管与管孔之间缝隙的轻度胀接；强度焊指保证换热管与管板连接的密封性能及抗拉脱强度的焊接。

① 强度胀。强度胀是靠管端的塑性变形承受拉脱力，胀管后的残余应力会在温度升高时逐渐减小，使管子与管板的连接处密封性能及强度降低，因此强度胀适用于设计压力小于或等于4MPa、设计温度小于或等于300℃的场合。如操作中有剧烈振动、较大温差或有明显的应力腐蚀情况，不宜采用强度胀。

胀管时，要求管子的硬度低于管板的硬度。管孔与管子的间隙以及管孔的光滑程度对胀管质量都有一定的影响。管孔表面粗糙，可产生较大的摩擦力，不易拉脱，但易产生泄漏，管孔表面严禁有纵向贯通的沟槽。管孔表面光滑，不易泄漏，但易拉脱。一般要求表面粗糙度小于或等于12.5μm。强度胀的一般形式见图2-2-11。

② 强度焊。强度焊是目前应用最为广泛的管板与管子的连接方式。强度焊制造加工简单，抗拉脱能力强，当焊接部分失效时，可二次补焊。更换换热管也比较方便。强度焊的使用不受压力和温度的限制，但振动较大或有间隙腐蚀的场合不宜采用。强度焊的一般形式见图2-2-12。

③ 胀焊结合。管板与管子连接处的密封性能要求较高，存在间隙腐蚀或承受剧烈振动等场合，单一的胀接或焊接已不能满足要求，将两者结合，既能提供足够的强度，又有良好的密封性能。胀焊结合按胀焊顺序分为两种：先胀后焊和先焊后胀。胀焊结合的一般形式见图2-2-13。

一般的胀接方法不可避免地会在接头缝隙中存有油污，先胀后焊，这些油污及间隙中空气的存在会降低焊缝质量。如先焊后胀，胀管时会对焊缝造成破坏。

先胀后焊一般采用强度胀加密封焊的形式，强度胀保证管板与管子的密封性能，提供足够的抗拉强度，密封焊进一步保证管板与管子的密封性能。

先焊后胀一般采用强度焊加贴胀的形式，强度焊保证管板与管子的密封性能，提供足够的抗拉强度，贴胀消除管子和管孔之间的间隙，保证密封性能。

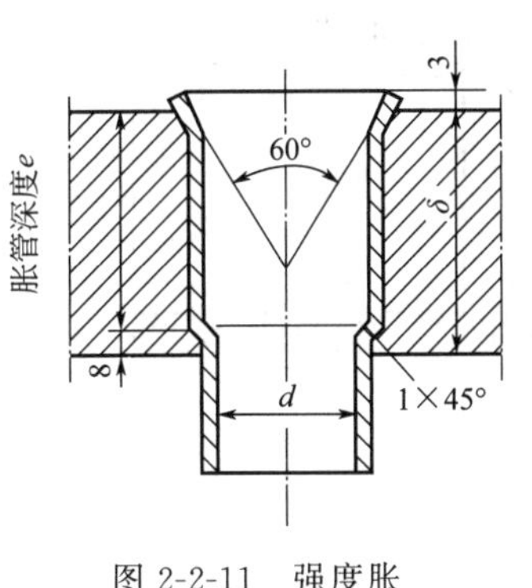

图 2-2-11　强度胀

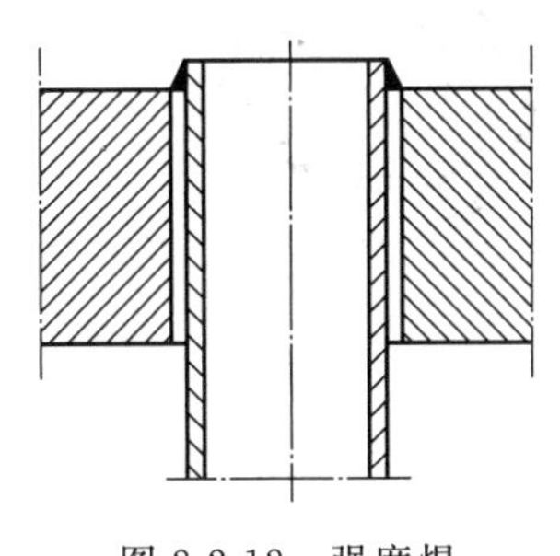

图 2-2-12　强度焊

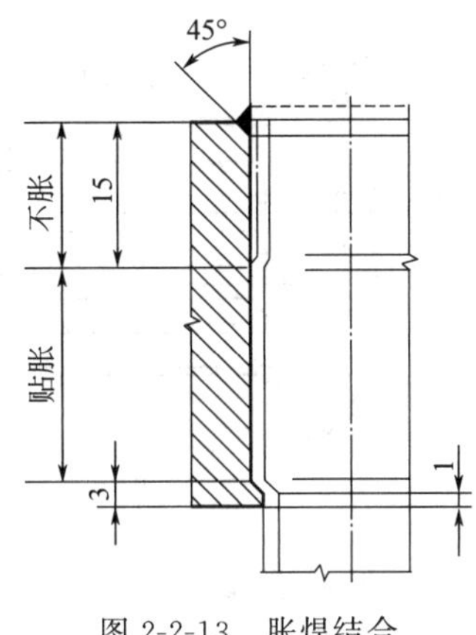

图 2-2-13　胀焊结合

7. 膨胀节

固定管板式换热器换热过程中，管束与壳体之间有一定的温差，而管板、管束与壳体之间是刚性地连在一起的，当温差达到某一数值时，由于过大的温差应力会引起壳体的破坏或造成管束弯曲，故可以选用浮头式、U 形管式及填料函式换热器。但上述换热器的造价较高，若壳体不需清洗，亦可采用固定管板式换热器，但需要设置温差补偿装置，如膨胀节。

膨胀节是安装在固定管板式换热器壳体上的挠性构件，由于它的轴向挠度大，不大的轴向力就能产生较大的变形。依靠这种易变形的挠性构件，对管束与壳体之间的变形差进行补偿，以此来减小因温差而引起的管束与壳体之间的温差应力，同时也有利于管束与管板连接处不被拉脱。膨胀节还可应用于各种工业设备、机械和管道上，作为补偿位移和吸收振动的构件。

膨胀节最主要的部分是波纹管（亦称波壳）。波纹管横截面的形状有多种形式，通常有平板膨胀节、Ω 形膨胀节、波形膨胀节等，如图 2-2-14 所示。而在生产实践中，应用最多的是波形膨胀节，其次是 Ω 形膨胀节。前者一般用于需要补偿量较大的场合，后者多用于压力较高的场合。

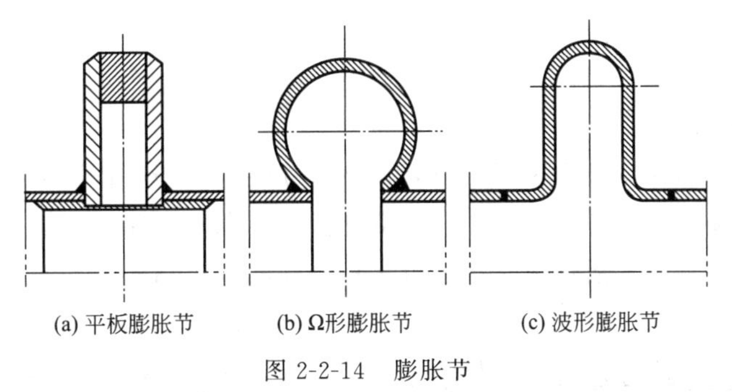

图 2-2-14　膨胀节

8. 导流筒

由于壳程的进出口接管受法兰和开孔补强等尺寸的限制不能靠近管板，因此容易在接管与管板之间造成死区，使换热管的有效换热长度不能充分发挥作用。

设置导流筒不仅可以防止进口处高速流体对管束的直接冲击，而且可以使壳程流体达到较均匀分布，从而使壳程进口段管束的传热面积得到充分利用，同时还起到减小传热死区及防止进口段可能会出现的流体振动的作用。导流筒根据安装位置与壳体的相对位置关系可以分为内导流筒与外导流筒两种结构，分别如图 2-2-15 和图 2-2-16 所示。

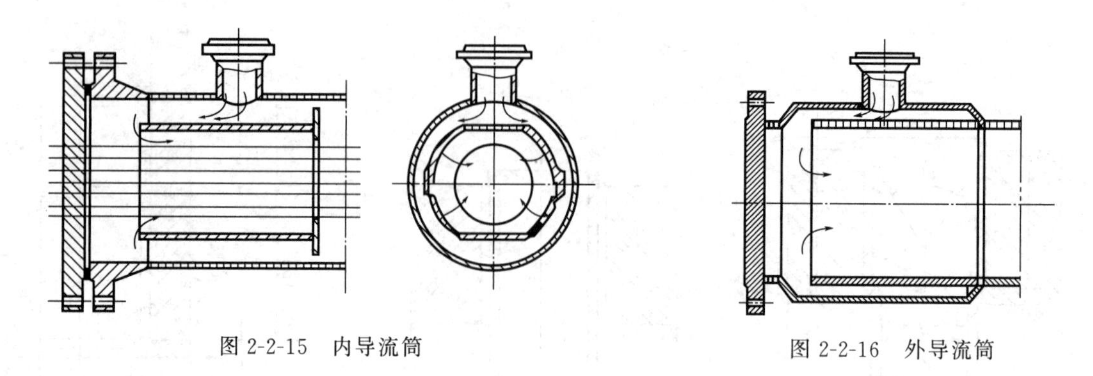

图 2-2-15　内导流筒　　　图 2-2-16　外导流筒

9. 防冲板

当管程采用轴向入口接管或换热管内流体流速超过 3m/s 时，以及有腐蚀或磨蚀的气体、蒸汽和气液混合物时，为减少流体的不均匀分布和流体对换热管端的直接冲蚀，应在壳程进口管处设置防冲板。

图 2-2-17 所示为防冲板的结构形式。其中图 2-2-17(a)、(b) 所示是把防冲板两侧焊接在定距管或拉杆上，为牢固起见，也可焊接在靠近管板的第一个折流板或折流栅上。图 2-2-17 (c) 所示是把防冲板焊接在换热器壳体上。

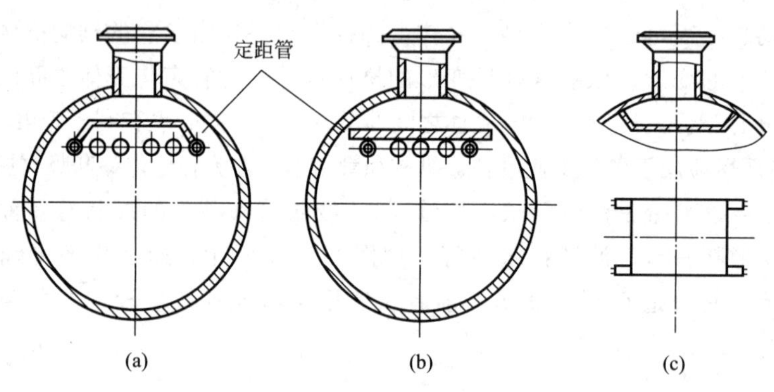

图 2-2-17　防冲板结构形式

10. 拉杆与定距管

拉杆的连接结构形式一般有两种，如图 2-2-18 所示，换热管外径大于或等于 19mm 的管束，采用螺纹连接结构 [图 2-2-18(a)]，换热管外径小于或等于 14mm 的管束，采用点焊结构 [图 2-2-18(b)]，当管板较薄时，也可采用其他的连接结构。

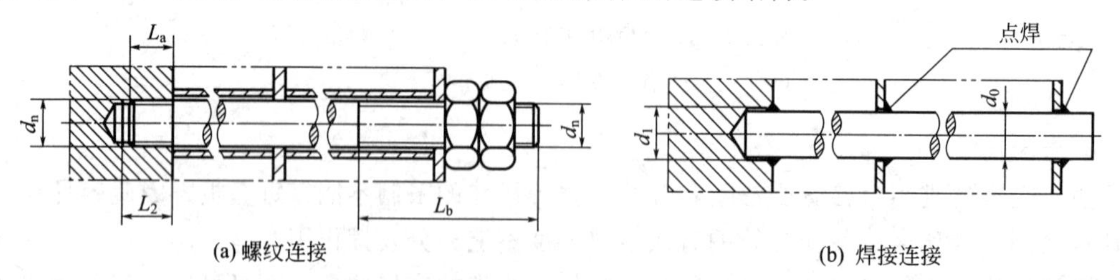

图 2-2-18　拉杆的连接结构

定距管的尺寸一般与所在换热器的换热管规格相同。对管程是不锈钢、壳程是碳钢或低合金钢的换热器，可选用与不锈钢换热管外径相同的碳钢管作定距管。拉杆应尽量均匀布置在管束的外边缘，对于大直径的换热器，在布管区内或靠近折流板缺口处应布置适当数量的拉杆。任何折流板不应少于 3 个拉杆支承点。

想一想

1. 操作中有较大温差的工况，管板与管子的连接宜选用哪种方式？
2. 浮头式换热器的管束由哪些零部件组成？

二、搅拌反应釜内部结构认知

搅拌反应釜主要由传动装置、搅拌轴、轴封装置、搅拌器、传热装置组成。

1. 传动装置

搅拌反应釜的传动装置通常设置在反应釜的顶盖或上封头上，一般采用立式布置。传动装置由电动机、减速机、带短节联轴器、单支点机架、安装底盖、凸缘法兰等组成，如图 2-2-19 所示。电动机经减速机将转速调整到工艺要求所需的搅拌转速，再通过带短节联轴器带动搅拌轴旋转，从而带动搅拌器转动。

2. 搅拌轴

搅拌轴主要用来传递运动和动力，它的结构见图 2-2-20。搅拌轴材料常用 45 钢，对强度要求不高或不太重要的场合，也可选用 Q235 钢。当介质具有腐蚀性，可采用不锈耐酸钢或采取防腐措施，如碳钢轴外包覆耐腐蚀材料。搅拌轴可以是实心轴，也可以是空心轴，可以设计成一段也可以设计成多段，应满足刚度、强度要求。

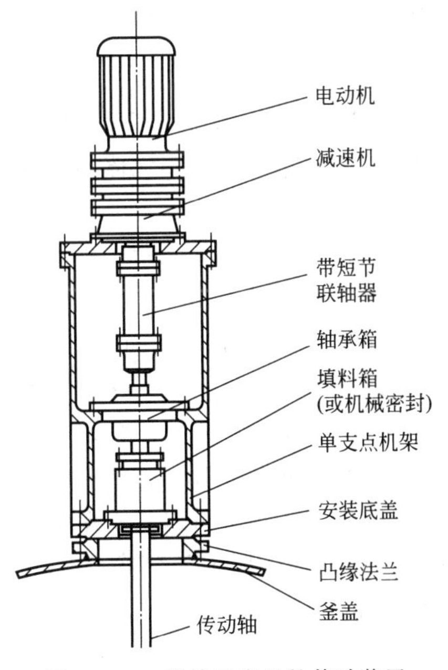

图 2-2-19　搅拌反应釜的传动装置

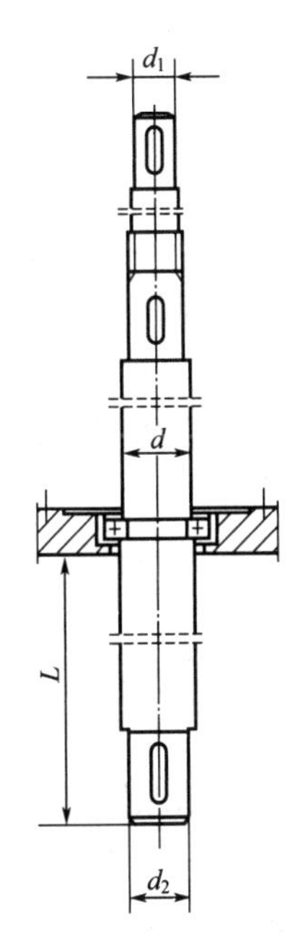

图 2-2-20　搅拌轴结构

3. 轴封装置

轴封是指搅拌轴与顶盖之间的密封，是搅拌反应釜的重要组成部分。由于搅拌轴是转动的，而顶盖是固定静止的，所以轴封是动密封。其作用是保证搅拌反应釜内处于一定的正压或真空状态，防止反应物料溢出或杂质渗入。搅拌反应釜常用的动密封有填料密封和机械密封。

填料密封又叫压盖填料密封，俗称盘根。它是一种填塞环缝的压紧式密封，是世界上使用最早的一种密封装置，见图 2-2-21。

软填料装在填料函内，压盖通过压盖螺栓轴向预紧力的作用使软填料产生轴向压缩变形，同时引起填料产生径向膨胀的趋势，而填料的膨胀又受到填料函内壁与轴表面的阻碍作用，使其与两表面之间产生紧贴，间隙被填塞而达到密封，即软填料是在变形时依靠合适的径向力紧贴轴和填料函内壁表面，以保证可靠的密封。

为了使沿轴向径向力分布均匀，采用封液环将填料函分成两段。为了使软填料有足够的润滑和冷却，往封液环入口注入润滑性液体（封液）。为了防止填料被挤出，采用具有一定间隙的底衬套。

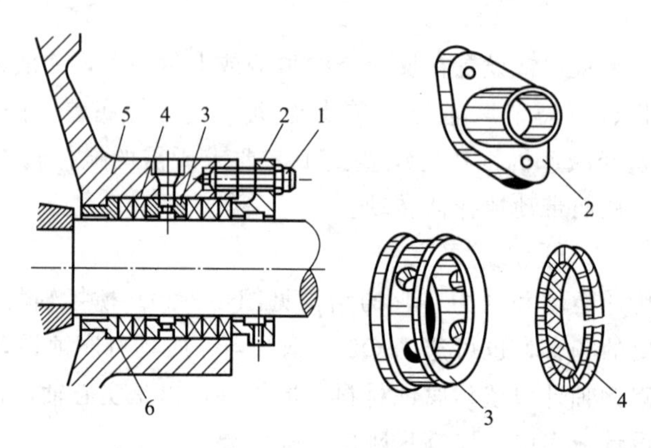

图 2-2-21 填料密封

1—压盖螺栓；2—压盖；3—封液环；4—软填料；5—填料函；6—底衬套

在软填料密封中，流体泄漏的途径有三条，如图 2-2-22 所示。

① 流体穿透纤维材料编织的软填料本身的缝隙而出现渗漏，如图 2-2-22 中 A 所示。一般情况下，只要填料被压实，这种渗漏通道便可堵塞。高压下，可采用流体不能穿透的软金属或塑料垫片和不同编织填料混装的办法防止渗漏。

② 流体通过软填料与填料函内壁之间的缝隙而出现泄漏，如图 2-2-22 中 B 所示。由于填料与填料函内表面间无相对运动，压紧填料便可堵住泄漏通道。

③ 流体通过软填料与运动的轴（转动或往复）之间的缝隙而泄漏，如图 2-2-22 中 C 所示。此间隙为主要泄漏通道。填料装入填料函后，当拧紧压盖螺栓时，柔性软填料受压盖的轴向压紧力作用产生弹塑性变形而沿径向扩展，对轴产生压紧力，并与轴紧密接触。但由于加工等原因，轴表面粗糙，其与填料只能是部分贴合，而部分未接触，这就形成了无数个不规则的微小迷宫。当有一定压力的流体介质通过轴表面时，将多次引起节流降压作用，这就是所谓的“迷宫效应”，正是凭借这种效应，流体沿轴向流动受阻而达到密封。填料与轴表面的贴合、摩擦，也类似滑动轴承，故应有足够的液体进行润滑，以保证密封有一定的寿命，即所谓的“轴承效应”。

良好的软填料密封即是“轴承效应”和“迷宫效应”的综合。适当的压紧力使轴与填料之间保持必要的液体润滑膜，可减少摩擦磨损，提高使用寿命。压紧力过小，泄漏严重；而压紧力过大，则难以形成液体润滑膜，密封面呈干摩擦状态，磨损严重，密封寿命将大大缩短。因此，合理的压紧力是保证软填料密封具有良好密封性的关键。

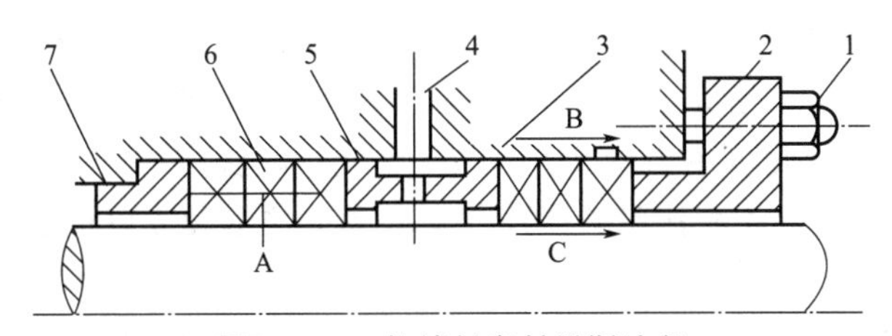

图 2-2-22　软填料密封泄漏途径

1—压盖螺栓；2—压盖；3—填料函；4—封液入口；5—封液环；6—软填料；7—底衬套

A—软填料渗漏；B—靠填料函内壁侧泄漏；C—靠轴侧泄漏

一般在操作压力不大于 0.6MPa、介质无毒、非易燃易爆场合可选石棉或浸渍的石棉制作的填料；压力较高或介质有毒、易燃易爆场合可选用新型的膨胀聚四氟乙烯、柔性石墨、碳纤维等制成的填料；高温高压条件下可选用铅、紫铜、铝、蒙乃尔合金、不锈钢等金属材料制作的填料。

填料箱种类很多，按箱体材质分为铸铁式、碳钢式、不锈钢式三种；按结构分为带衬套与冷却水夹套和不带衬套与冷却水夹套的结构形式。当搅拌反应釜内操作温度大于或等于100℃，或转轴线速度大于或等于 1m/s 时，应选带冷却水夹套的填料箱，目的是降低填料温度，以保持良好的弹性，延长填料使用寿命。

4. 搅拌器

搅拌器是搅拌反应釜的关键部件，通过搅拌可使物料充分混合、加快反应速率、强化传质传热效果、促进化学反应的实现。由于操作条件各不相同，介质情况千差万别，因此搅拌器的结构形式多种多样。常用搅拌器的结构形式如图 2-2-23 所示。

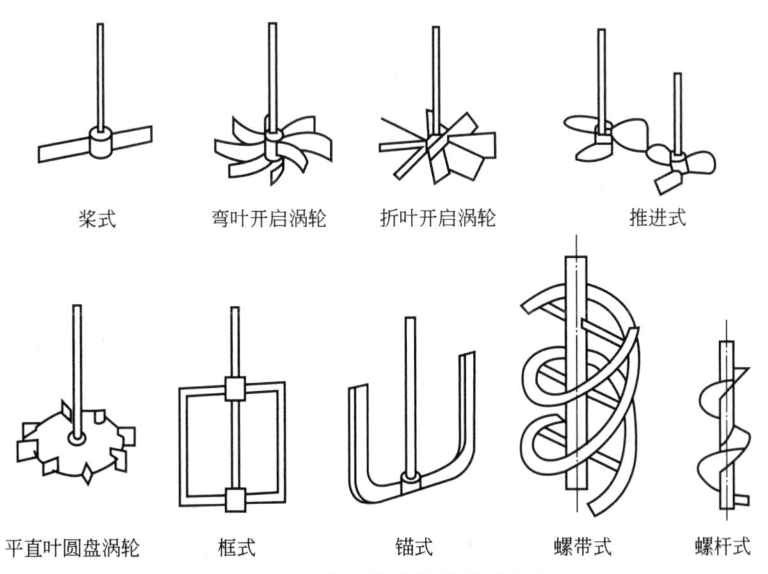

图 2-2-23　典型搅拌器的结构形式

① 桨式搅拌器结构比较简单，桨叶一般以扁钢制造，材料可分别选用碳钢、合金钢、有色金属，或碳钢外包橡胶、环氧树脂、酚醛树脂玻璃布等。形式有平直叶桨式、折叶桨

式、弧叶桨式、螺旋叶桨式等。

② 推进式搅拌器的结构与船舶用推进器类似，一般采用整体铸造方法制造，常用材料为铸铁或不锈钢，也可采用焊接成型，叶片数一般为三片，搅拌时形成轴向流动。

③ 涡轮式搅拌器应用较广，其结构形式可分为开启涡轮式和圆盘涡轮式两大类，叶片形状有平直形、折叶形和弯叶形等。为改善介质流动状态，有时把桨叶做成箭叶形或抛物线形。

④ 锚式搅拌器的搅拌叶可用扁钢或角钢弯制。小直径搅拌器的搅拌叶与轴套间可全部焊接或整体铸造，而较大直径搅拌器的搅拌叶与轴的连接常做成可拆式，用螺栓连接，以便于检修和安装。

⑤ 螺带式搅拌器的搅拌桨叶是有一定宽度和一定螺距的螺带，常用的有单头和双头两种，单头即一根螺带，双头为两根螺带，通过横向拉杆与搅拌轴连接。搅动时液体呈复杂的螺旋运动，混合和传质效果较好。

5. 传热装置

传热装置是加热或冷却物料，维持反应温度条件的装置。其结构形式有夹套式、蛇管式、列管式、外部循环式、回流冷凝式、直接加热式等，如图 2-2-24 所示。

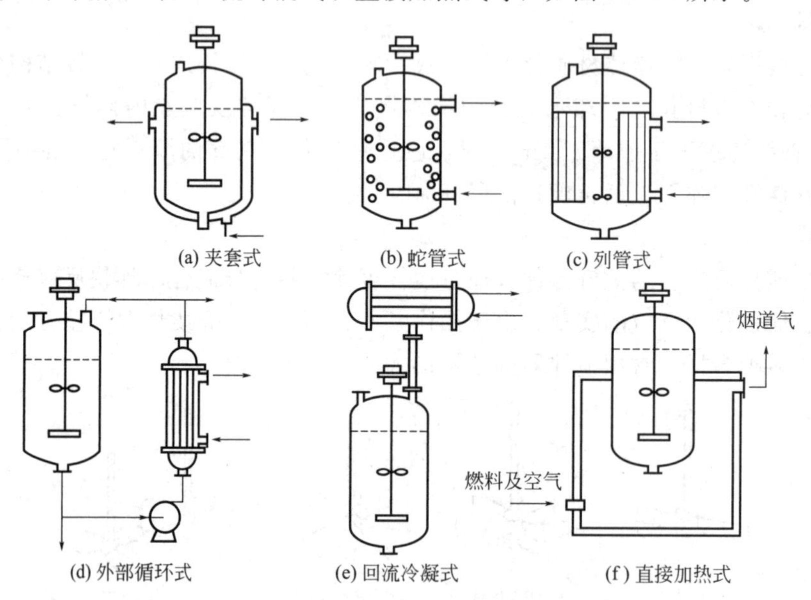

图 2-2-24　搅拌反应釜传热装置

搅拌反应釜常用的传热装置有夹套传热和蛇管传热两种结构，如图 2-2-25 所示。一般夹套传热结构应用更普遍，当搅拌反应釜采用衬里结构或夹套传热结构不能满足要求时常采用蛇管传热结构。

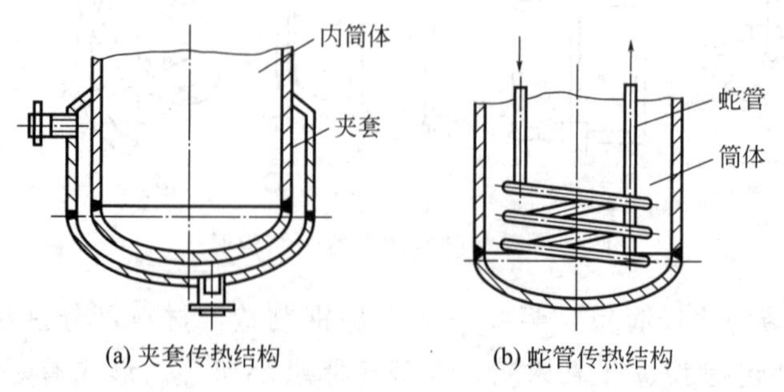

图 2-2-25　传热装置

想一想

1. 软填料密封是如何起到密封作用的？

2. 搅拌反应釜设置搅拌器的目的是什么？

三、塔设备内部结构认知

板式塔的内部构件包括塔板、塔盘、溢流装置、除沫装置等。填料塔的内部构件包括塔填料（散装填料与规整填料）、填料支承与压紧装置、液体分布装置与再分布装置、气体分布装置等。

1. 塔板

塔板有泡罩型、浮阀型、筛板型、喷射型及其他各种特殊类型。

（1）泡罩塔板　泡罩塔板是工业上应用最早的塔板之一，如图 2-2-26 所示。泡罩塔板设有升气短管，在升气短管上覆以边缘开有齿缝的泡罩，塔板上的液层靠具有一定高度的溢流装置来保持，由于升气短管高出塔板，塔板上液体不会漏下，蒸气经升气短管自泡罩齿缝鼓泡吹入液层，两相接触密切，加之塔板上液层较深，两相接触时间较长，因此泡罩塔板的分离效率较高。

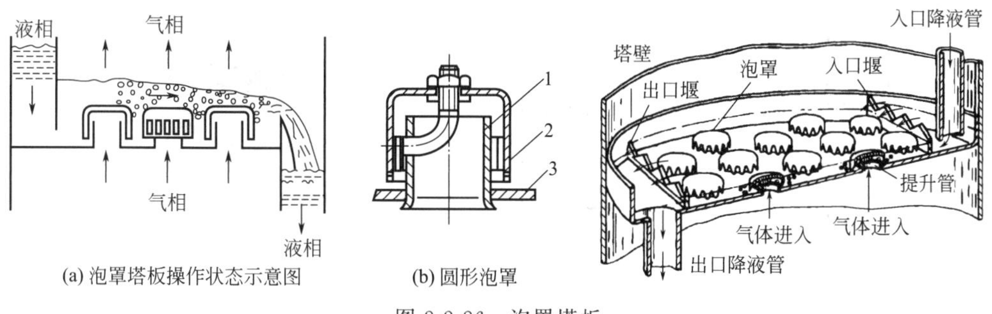

(a) 泡罩塔板操作状态示意图　(b) 圆形泡罩

图 2-2-26　泡罩塔板

1—升气短管；2—泡罩；3—塔板

（2）浮阀塔板　浮阀塔因具有生产能力强、结构简单、造价低、塔板效率高、操作弹性大等优点而得到广泛应用，成为炼油和化工生产中重要的传质设备。浮阀塔板的情况与泡罩塔板大体类同，只是用浮阀代替了升气短管和泡罩，操作时气流自下而上吹起浮阀，从浮阀周边水平地吹入塔板上液层，进行两相接触。液体则由上一层塔板的降液管注入入口堰，再横流过塔盘与气相接触传质后，经溢流堰入降液管，流入下面一层塔板，盘式浮阀塔板上气、液接触状况如图 2-2-27 所示。

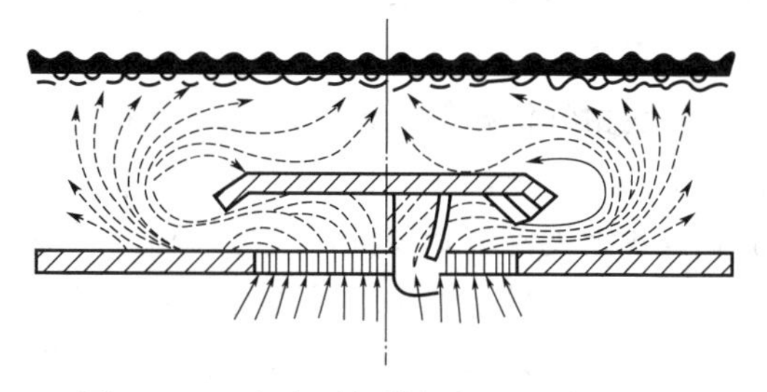

图 2-2-27　盘式浮阀塔板气、液接触状况

浮阀是保证气、液接触的元件，其形式

较多，有盘形、条形等，见图 2-2-28。国内较多采用盘形浮阀，形式主要有 4 种：F-1 型、V-4 型、A 型和十字架型。

F-1型盘形浮阀　　条形浮阀

图 2-2-28　浮阀

(3) 筛板塔板　筛板塔板结构如图 2-2-29 所示。塔板上钻有均匀分布的小孔，形似筛孔，所以称之为筛板。筛板的气液流动是呈逆向的，气体从下而上，液体从上而下。常规带有降液管的筛板上的气液流动是呈错流型的，即液体水平流过筛板板面，气体从下而上穿过塔板。液体通过降液管从上层筛板流入下层筛板。气体穿过塔板上的筛孔鼓入液层，形成泡沫层，进行气液传质，然后离开泡沫层，上升到上层筛板。

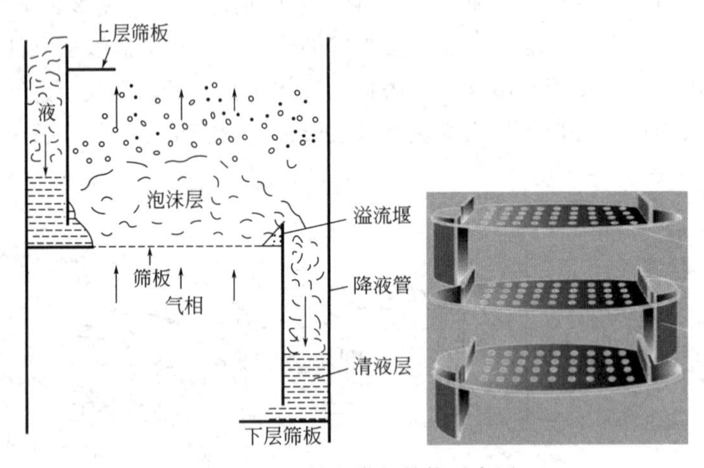

图 2-2-29　筛板塔板结构示意图

(4) 舌形塔板　舌形塔板是喷射型塔板的一种，其结构如图 2-2-30 所示。其主要特点是塔板上冲有一系列舌孔，舌片与塔板呈一定倾角。气流通过舌孔时，利用气体喷射作用，将液相分散成液滴和流束而进行传质，并推动液相通过塔板。舌片与塔板的倾角一般有 18°、20°和 25°三种，通常是 20°，舌孔常用 25mm×25mm 和 50mm×50mm 两种尺寸。舌孔按三角形排列，一般不设溢流堰，只保留降液管。

2. 塔盘

塔盘由气液接触元件、塔板、受液盘、溢流堰、降液管、塔盘支承件和紧固件组成。塔盘是板式塔完成传质、传热过程的主要部件。板式塔塔盘可分为穿流式与溢流式两大类。穿流式塔盘上无降液管装置，气液两相同时通过孔道逆流，处理量大，压降小，但塔板效率较低，操作弹性较差。溢流式塔盘上装有供液相流体进入下层塔板的降液管，液层高度可通过溢流堰高度来调节，有利于传质和传热。溢流式塔盘根据塔径大小及塔盘结构特点，可分为整块式和分块式两种。

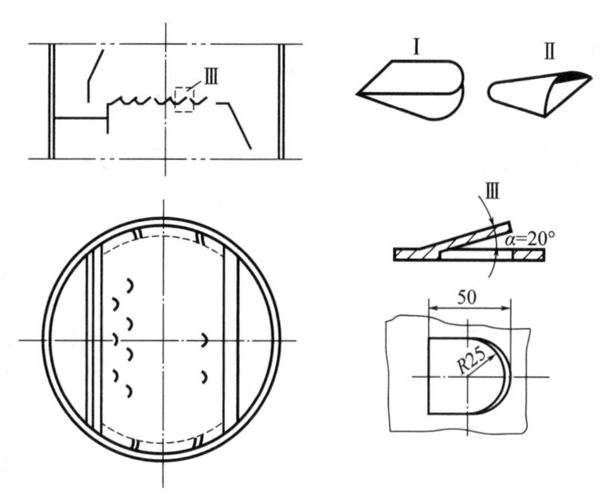

图 2-2-30 舌形塔板结构示意图

Ⅰ—三面切口舌片；Ⅱ—拱形舌片；Ⅲ—固定舌片的几何形状

(1) 整块式塔盘 整块式塔盘用于内径范围为 700～800mm 的板式塔。塔体由若干个塔节组成，每个塔节内安装若干块塔盘，每个塔节之间通过法兰连接。根据塔盘的组装方式不同，整块式塔盘又可分为定距管式和重叠式两种。

① 定距管式塔盘结构如图 2-2-31 所示。塔盘通过拉杆和定距管固定在塔节内的支座上，定距管起着支承塔盘的作用，并保持塔板间距。塔盘与塔壁间的缝隙以软填料密封并用压圈压紧。为避免安装困难，每个塔节的塔板数一般不超过 6 块。

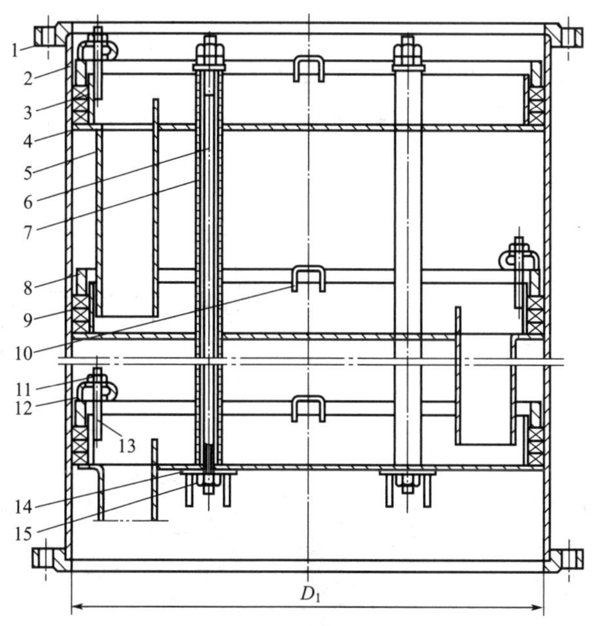

图 2-2-31 定距管式塔盘

1—法兰；2—塔体；3—塔盘圈；4—塔板；5—降液管；6—拉杆；7—定距管；

8—压圈；9—软填料；10—吊环；11，15—螺母；12—压板；13—螺柱；14—支座（焊在塔体内壁上）

② 重叠式塔盘结构如图 2-2-32 所示。在每一塔节的下部焊有一组支座，底层塔盘安置在塔内壁的支座上，然后依次装入上一层塔盘，塔盘间距由焊在塔盘下的支柱保证，并用调节螺钉来调整塔盘的水平度。塔盘与塔壁之间的缝隙以软填料密封后通过压板及压圈压紧。

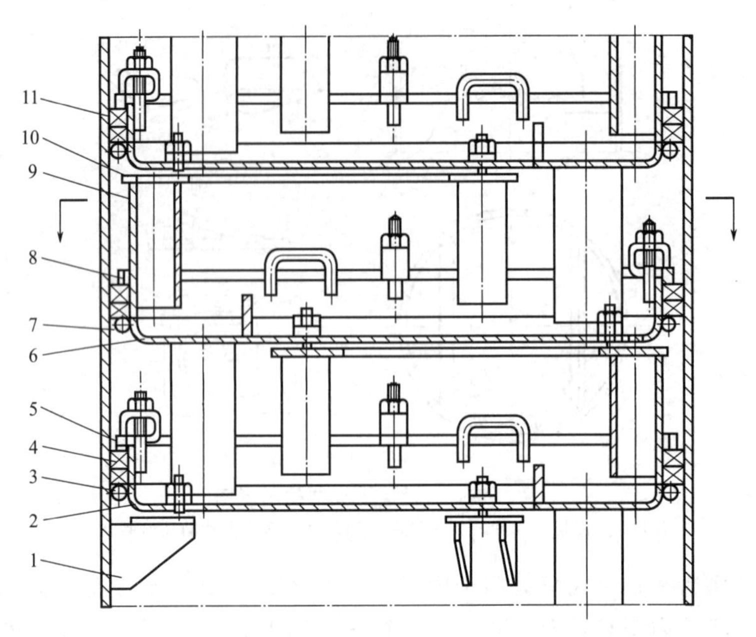

图 2-2-32 重叠式塔盘

1—支座；2—调节螺钉；3—圆钢圈；4—密封；5—塔盘圈；
6—溢流堰；7—塔板；8—压圈；9—支柱；10—支撑板；11—压板

（2）分块式塔盘 当塔体直径范围为800～900mm时，为了便于塔盘的安装、检修、清洗，将塔板分成数块，通过人孔送入塔内，装到焊在塔体内壁的支持圈或支持板上，这种结构称为分块式塔盘。此时，塔体不需要分成塔节，而是焊制成开设有人孔的整体圆筒。根据塔径大小，分块式塔盘可分为单溢流塔盘和双溢流塔盘两种。当塔径为800～2400mm时，一般采用单溢流塔盘；当塔径大于2400mm时，采用双溢流塔盘。单溢流塔盘见图2-2-33。

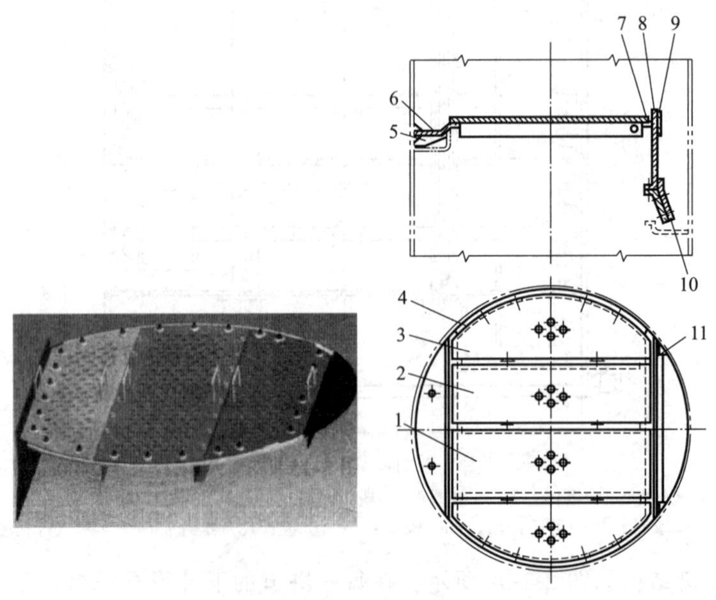

图 2-2-33 单溢流塔盘

1—通道板；2—矩形板；3—弓形板；4—支持圈；5—筋板；6—受液盘；
7—支持板；8—固定降液板；9—可调堰板；10—可拆降液板；11—连接板分块塔盘结构

3. 溢流装置

为提高传热和传质的效果，降低液面落差，减少倾向性漏液的可能性，液体在塔板上常采用不同的溢流方式，主要有U形流、单溢流、双溢流、阶梯双溢流等几种形式，如图2-2-34所示。

在相同塔径的前提下，以U形流塔板上的液体流程最长，气、液两相接触最充分，液面落差也最大，主要适用于小塔径、低液流量的过程；双溢流塔板（包括阶梯双溢流）上的液体流程最短，气、液两相接触时间最短，尤以阶梯双溢流塔板的液面落差最小，主要适用于大塔径、大液流量的过程；对塔径及液流量适中的场合，一般采用单溢流塔板。

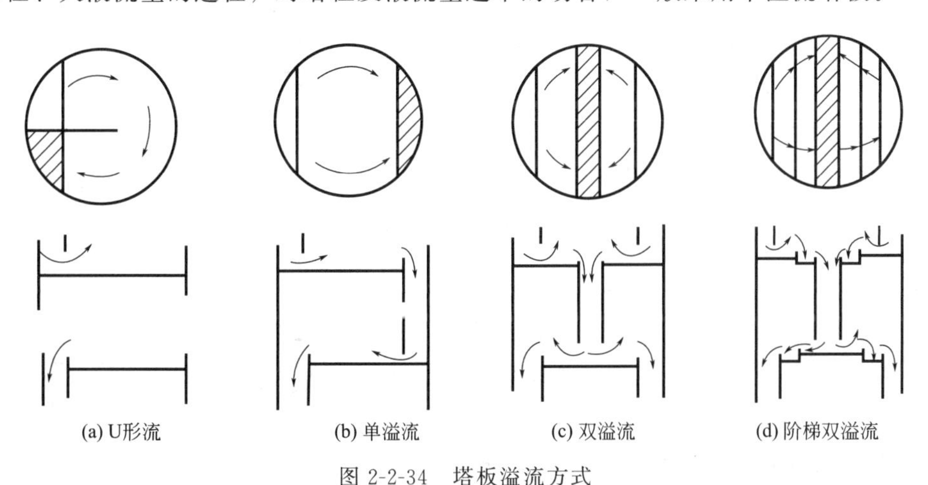

(a) U形流　(b) 单溢流　(c) 双溢流　(d) 阶梯双溢流

图2-2-34　塔板溢流方式

板式塔内溢流装置包括降液管、受液盘及溢流堰等部件。

（1）降液管　夹带气泡的液流进入降液管后具有足够的分离空间，能将气泡分离出来。降液管有圆形与弓形两大类，常用的是弓形降液管，弓形降液管由平板和弓形板焊制而成，并焊接固定在塔盘上。圆形降液管及溢流堰见图2-2-35，弓形降液管及溢流堰见图2-2-36。当液体负荷较小或塔径较小时，可采用圆形降液管，圆形降液管分为降液管与溢流堰分开和降液管与溢流堰合二为一的两种结构。

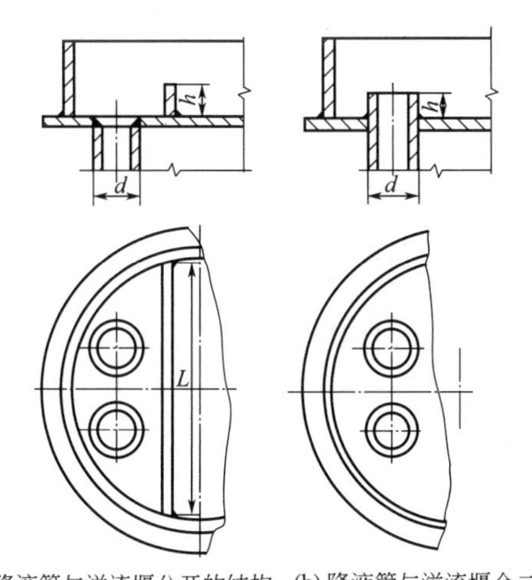

(a) 降液管与溢流堰分开的结构　(b) 降液管与溢流堰合二为一的结构

图2-2-35　圆形降液管及溢流堰

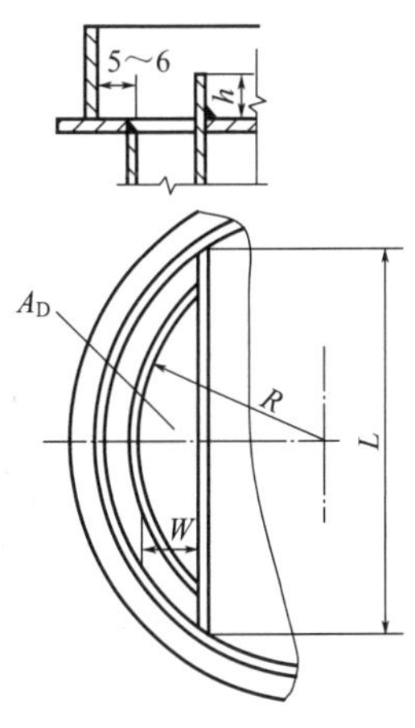

图2-2-36　弓形降液管及溢流堰

（2）受液盘　为了保证降液管出口处的液封，在塔盘上一般设置有受液盘（液封盘）。用于弓形降液管的液封盘如图 2-2-37(a) 所示。用于圆形降液管的液封盘如图 2-2-37(b) 所示。液封盘上开设有泪孔，以供停工时排液。

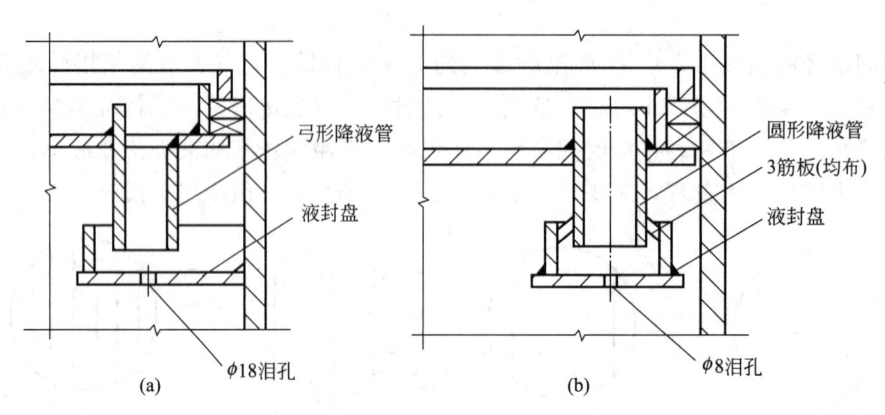

图 2-2-37　液封盘结构

（3）溢流堰　根据溢流堰在塔盘上的位置可分为入口堰和出口堰。当塔盘采用平直形受液盘时，为保证降液管的液封，使液体均匀流入下层塔盘，并减少液流沿水平方向的冲击，应在液体入口处设置入口堰。如图 2-2-38 所示，h'_w为入口堰高度，又称封液高度，h_0 为降液管底端至受液盘的距离，h_w 为出口堰高度，出口堰的作用是保持塔盘上液层的高度。

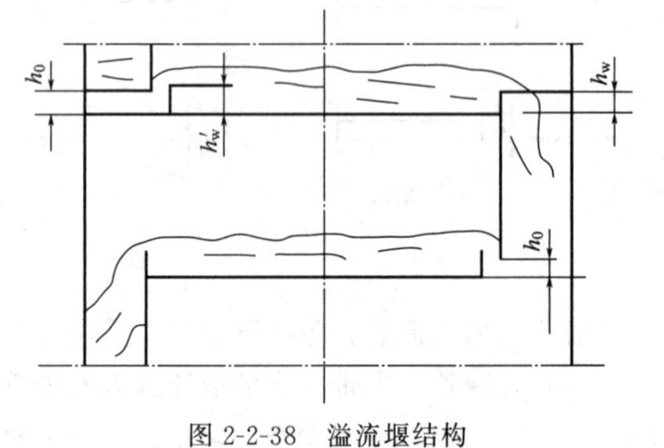

图 2-2-38　溢流堰结构

h_0—降液管底端至受液盘的距离；h_w—出口堰高度；h'_w—入口堰高度

4. 除沫装置

除沫装置的作用是分离出塔气体中含有的雾沫和液滴，以保证传质效率，减少物料损失，确保气体纯度，改善后续设备的操作条件。目前使用的除沫器有折板式、丝网式和旋流式，其中以丝网除沫器应用最为广泛，其结构如图 2-2-39 所示。将许多层丝网用栅板夹住，

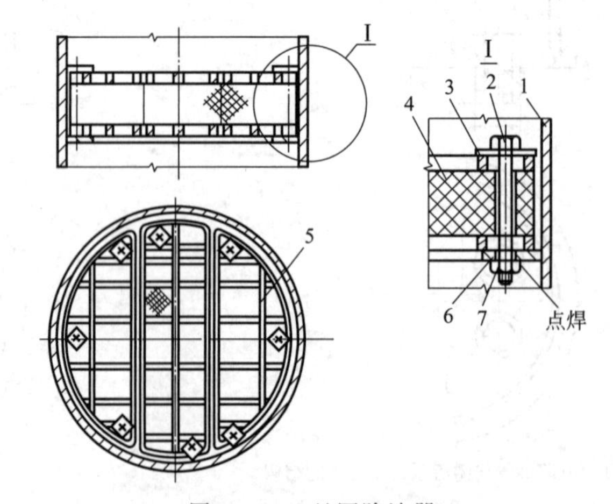

图 2-2-39　丝网除沫器

1—塔体；2—紧固螺栓；3—垫片；4—丝网；5—栅板（上、下各一件做成分块）；6—支持圈；7—螺母

并用紧固螺栓固定在支持圈上，对大直径的塔，丝网也可做成分块式。丝网用圆丝或扁丝编织而成，材料多用不锈钢、磷青铜、镀锌铁丝、聚四氟乙烯、尼龙等。

丝网除沫器具有比表面积大、重量轻、空隙大以及使用方便、除沫效率高、压降小等优点。它适用于清洁的气体，不宜用在液滴中含有固体物质或易析出固体物质的场合，如碱液、碳酸氢铵溶液等，以免液体蒸发后留下固体堵塞丝网。当雾沫中含有少量悬浮物时，应经常对其进行冲洗。丝网除沫器在安装时，上下方都应留有适当的分离空间。

5. 散装填料

散装填料又称颗粒填料，通常以乱堆形式装填在塔内，故也被称为乱堆填料。

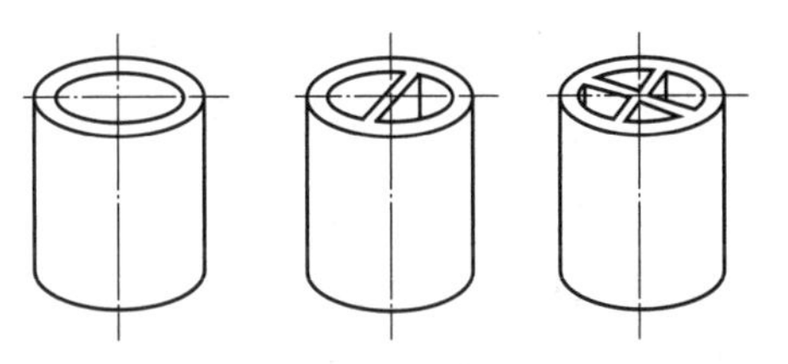

图 2-2-40　拉西环及衍生型

（1）拉西环　拉西环在装填时易产生架桥、空穴等现象，圆环内部空间流体不易进入，气体通过填料层的阻力大，通量小，易引起液体偏流，产生沟流和壁流现象，气、液两相的均布性能较差，传质效率较低，目前已被淘汰。拉西环及衍生型见图 2-2-40。

（2）鲍尔环　鲍尔环是在拉西环的基础上改进而得的。在拉西环的环壁上切出两排条形窗孔，被切开的环壁仍与壁面相连并向内弯曲形成舌叶。鲍尔环的比表面积和空隙率与拉西环基本相当，但由于环壁开孔，大大提高了环内空间及环内表面的利用率，气液流动阻力降低，分布比较均匀。同种材质、规格的两种填料相比，鲍尔环的气体通量较拉西环增大 50％以上，传质效率增加 30％左右。鲍尔环以优良的性能得到了广泛的应用，见图 2-2-41。

（3）阶梯环　阶梯环是鲍尔环的改进产品，形似一端带翻边的鲍尔环，但高度减少了一半。由于高径比的减小，填料的堆积空隙更加均匀。增加的翻边，不仅提高了填料的机械强度，而且使填料之间由线接触为主变成以点接触为主，这样既增大了填料间的空隙，同时也成为液体沿填料表面流动的汇集分散点，可促进液膜的表面更新，有利于传质效率的提高，综合性能优于鲍尔环，见图 2-2-42。

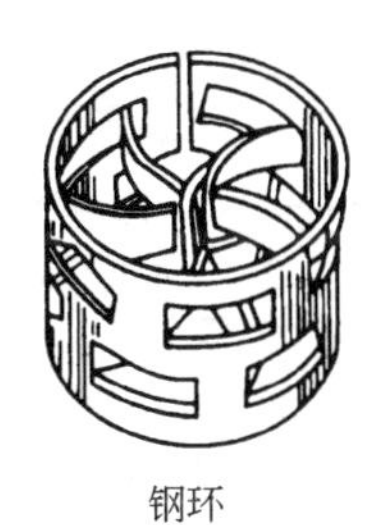

钢环

瓷环

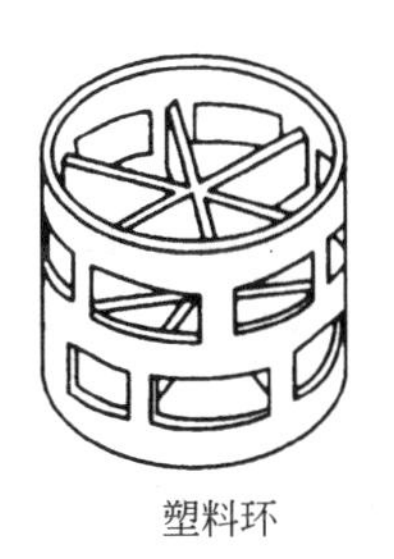

塑料环

图 2-2-41　鲍尔环

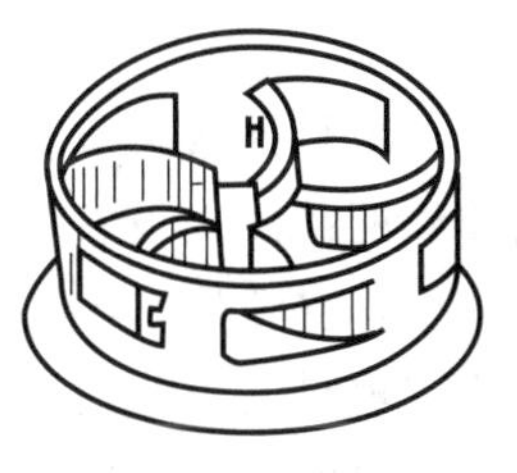

图 2-2-42　阶梯环

（4）鞍形填料　鞍形填料形状如同马鞍，一般采用瓷质材料制成，按填料边缘的形状有弧鞍和矩鞍两种。矩鞍填料堆积时较弧鞍填料不易套叠，液体分布较均匀，性能优于拉西环，但价格与拉西环近似，是拉西环的主要替代品，见图 2-2-43。

（5）环矩鞍填料　将环形填料和鞍形填料两者的优点集中于一体设计出的新型填料称为环矩鞍填料。环矩鞍填料既有类似阶梯环填料的结构，又有类似矩鞍形填料的侧面。敞开的侧壁有利于气体和液体通过，填料内部通道较鞍形填料多，使气液分布更加均匀。因其结构特点，即使采用极薄的金属板轧制，仍能保持良好的机械强度，故该填料是目前性能最好的散装填料，见图 2-2-44。

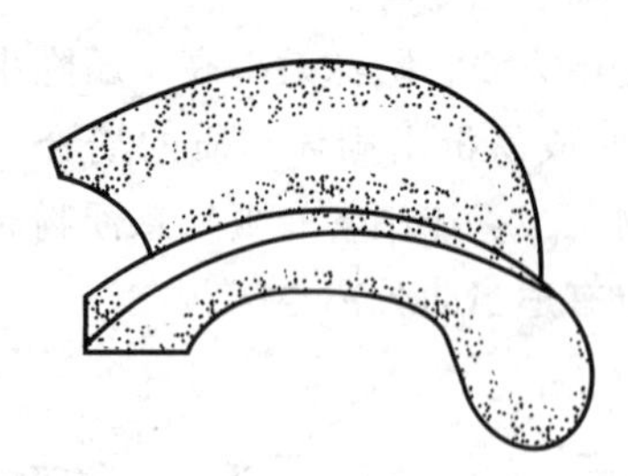

图 2-2-43　鞍形填料

图 2-2-44　环矩鞍填料

6. 规整填料

规整填料是一种在塔内按均匀几何图形排布、整齐堆砌的填料，在整个塔截面上几何形状规则、对称、均匀，规定了气液流路，改善了沟流和壁流现象，压降可以很小。在相同的能量和压降下，其能较散装填料提供更大的比表面积，在同等容积中也可达到更好的传质、传热效果。同时，由于其结构的均匀、规则、对称性，在与散装填料具有相同的比表面积时，空隙率更大，具有更大的通量，综合处理能力比板式塔和散装填料塔大很多。

（1）格栅填料　格栅填料是以条状单元体经一定规则组合而成的，其结构随条状单元体的形式和组合规则而变，因而具有多种结构形式。工业上应用最早的格栅填料为木格栅填料，如图 2-2-45(a) 所示。目前应用较为普遍的有格里奇格栅填料、网孔格栅填料、蜂窝格栅填料等，其中以格里奇格栅填料最具代表性，如图 2-2-45(b) 所示。格栅填料的比表面积较小、通道大，因此，主要用于要求低压降、大负荷及防堵塞等场合。

（2）脉冲填料　脉冲填料是由带缩颈的中空棱柱形单体，按一定方式拼装而成的规整填料，如图 2-2-45(c) 所示。脉冲填料组装后，会形成带缩颈的多孔棱形通道，使得气、液两相通过时产生强烈的湍动。在缩颈段，气速最高，湍动剧烈，有利于强化传质；在扩大段，气速降到最低，有利于两相的分离。流道收缩、扩大的交替重复，实现了“脉冲”传质过程。它具有处理量大、压降小等优点。其优良的液体分布性能使偏流现象减少，特别适用于大塔径的场合。

（3）波纹填料　波纹填料是通用型规整填料，目前工业上应用的规整填料绝大部分属于此类。波纹填料是由波纹网或薄孔板卷制成的圆盘状填料，波纹与塔轴的倾角有 30°和 45°两种。其优点是结构紧凑，空隙均匀，具有很大的比表面积，且比表面积可由波纹的结构、形状而调整。组装时相邻填料反向重叠，使上升气流不断改变方向，下降的液体也不断重新分布，故传质效率高。填料的规则排列，使流动阻力减小，从而处理能力得以提高；缺点是不适于处理黏度大、易聚合或有悬浮物的填料，此外，填料装卸、清理较困难，造价也较高。

图 2-2-45(d) 所示为金属丝网波纹填料，由于丝网独具的毛细作用，表面具有很好的润湿性能，故分离效率很高，特别适用于精密精馏及真空精馏过程，缺点是造价高，但因其优越的性能仍得到广泛的应用。

图 2-2-45(e) 所示为金属波纹板填料，在不锈钢波纹板片上按一定的几何方式冲有 5mm 左右的小孔，可起到分配板片上的液体、加强横向混合的作用；波纹板片上轧制而成的细小沟纹，可起到分配板片上的液体、增强表面润湿性能的作用。该填料机械强度高，耐腐蚀性强，特别适用于大塔。

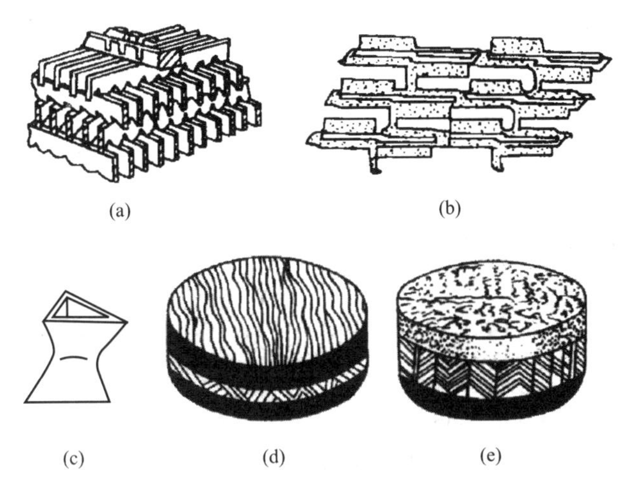

图 2-2-45　几种常用的规整填料

7. 填料支承装置

支承板的主要用途是支承塔内的填料，同时又能保障气、液两相顺利通过。若支承板设计不当，液泛（溢流）首先会在支承板上发生。常用的填料支承装置有栅板型、孔管型、驼峰型等，如图 2-2-46 所示。

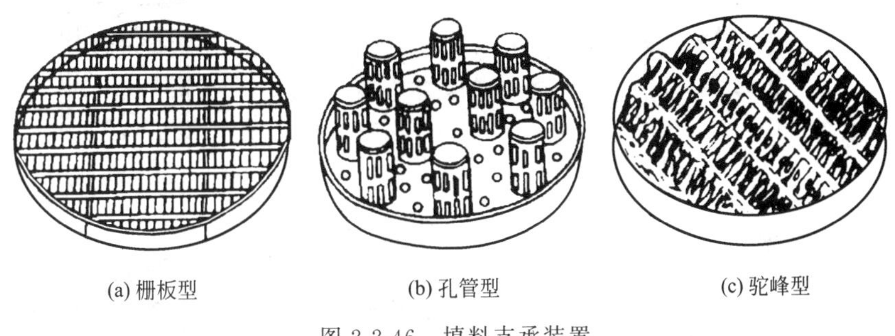

图 2-2-46　填料支承装置

8. 填料压紧装置

为保持操作中填料床层为一高度恒定的固定床，从而保持均匀一致的空隙结构，以确保操作的正常、稳定，在装填填料后安装填料压紧装置。这样可以防止在高压降、瞬时负荷波动等情况下填料床层发生松动和跳动。填料压紧装置分为填料压板和床层限制板两类，图 2-2-47 中列出了常用的填料压紧装置。

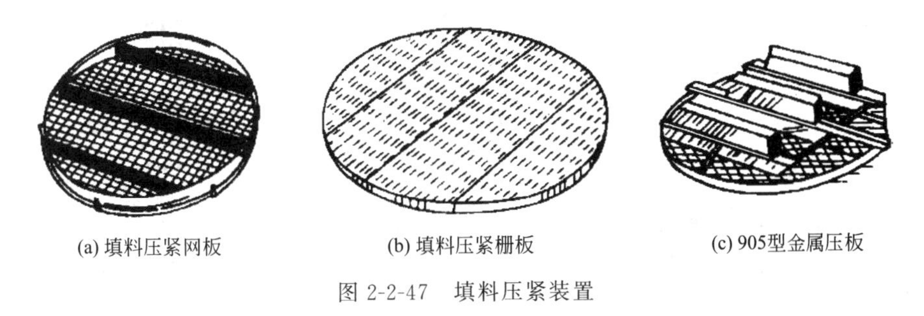

图 2-2-47　填料压紧装置

填料压板自由放置于填料层上端，靠自身重量将填料压紧，它适用于易碎的陶瓷、石墨制的散装填料。当填料破碎后，空隙率下降，填料压板即随填料层下落，紧紧压住填料而不会使填料松动。

床层限制板（压紧板）适用于不易破碎的金属散装填料、塑料散装填料及所有规整填料。其结构与填料压板相似，但它不是压在填料上，而是悬空固定在塔壁上，即对填料层不产生重力作用，仅起到限制床层高度的作用。为不影响液体分布器的安装和使用，对于小塔可用螺钉固定，而大塔则需用支耳固定。

9. 液体分布装置

为了实现填料塔中气、液两相的密切接触、高效传质，要求塔内任一截面上气、液两相流体能均匀分布，尤其是液体的初始分布。若分布器设计不当，则液体预分布不均，填料层内的有效润湿面积减小而偏流现象和沟流现象增加，即使填料性能再好也很难达到良好的分离效果。液体分布装置的种类多样，有喷头式、盘式、管式、槽式及槽盘式等。

喷头式（又称莲蓬头式）分布器如图 2-2-48(a) 所示。液体由半球形喷头的小孔喷出，小孔直径为 3～10mm，做同心圆排列，喷射角小于 80°，直径为 (1/5～1/3)D。这种分布器结构简单，适用于直径小于 600mm 的塔中。因小孔易堵塞，工业应用较少。

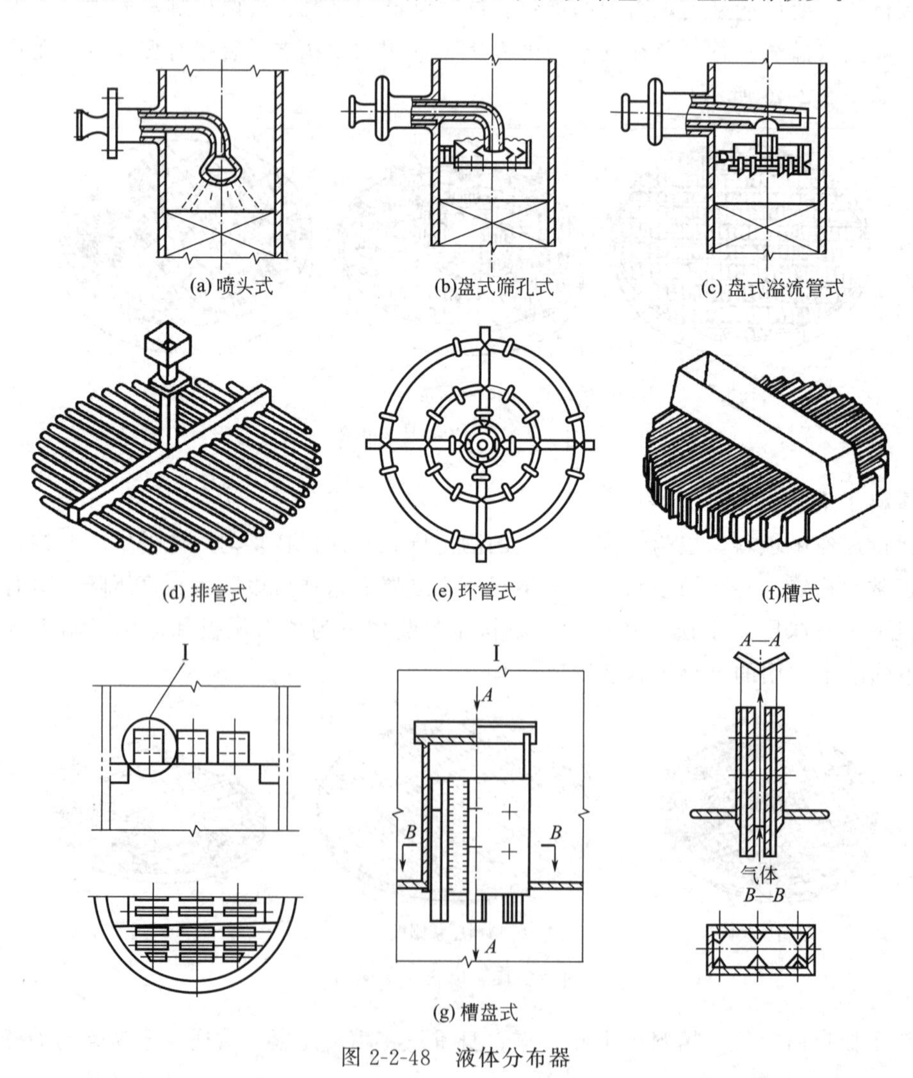

图 2-2-48　液体分布器

盘式分布器有盘式筛孔式分布器、盘式溢流管式分布器等形式，如图 2-2-48(b)、(c) 所示。液体加至分布盘上，经筛孔或溢流管流下，分布盘直径为塔径的 3/5～4/5，此种分布器用于直径小于 800mm 的塔中。

管式液体分布器由不同结构形式的开孔管制成。其突出的特点是结构简单，供气体流过的自由截面大，阻力小，但小孔易堵塞，弹性一般较小。管式液体分布器使用十分广泛，多用于中等以下液体负荷的填料塔中。在减压精馏及丝网波纹填料中，由于液体负荷较小，常用管式液体分布器。管式液体分布器有排管式、环管式等不同形状，如图 2-2-48(d)、(e) 所示。根据液体负荷情况，可做成单排或双排。

槽式液体分布器通常是由分流槽（又称主槽或一级槽）、分布槽（又称副槽或二级槽）构成的。分流槽通过槽底开孔将液体初分成若干流股，分别流入其下方的液体分布槽。分布槽的槽底（或槽壁）上设有孔道（或导管），将液体均匀分布于填料层上，如图 2-2-48(f) 所示。槽式液体分布器具有较大的操作弹性和极好的抗污堵性，特别适合气液负荷大及含有固体悬浮物、黏度大的分离场合。由于槽式液体分布器具有优良的分布性能和抗污堵性能，应用非常广泛。

槽盘式液体分布器是近年来开发的新型液体分布器，它将槽式液体分布器及盘式分布器的优点有机地结合为一体。它兼有集液、分液和分气三种功能，结构紧凑，操作弹性大，气液分布均匀，阻力小，特别适用于易发生夹带、易堵塞的场合。槽盘式液体分布器的结构如图 2-2-48(g) 所示。

10. 液体再分布装置

气液两相在填料层中流动时，受阻力的影响易发生偏流现象，导致填料层内气液分布不均，使传质效率下降。为防止偏流，可间隔一定高度在填料层内设置液体再分布装置，将流体收集后重新分布。

工业上常用的液体再分布装置有三种形式。图 2-2-49(a) 所示为一种锥形液体再分布装置，将塔壁处的液体再导至塔的中央，锥体与塔壁的夹角 α 一般为 35°～45°，锥体下口直径为塔径的 0.7～0.8 倍。图 2-2-49(b) 所示为一种槽形液体再分布装置，其上带有几根管子，将流入环形槽内的液体引向塔中心。如图 2-2-49(c) 所示，在填料层间装配中间栏栅，其下再装液体分布器。

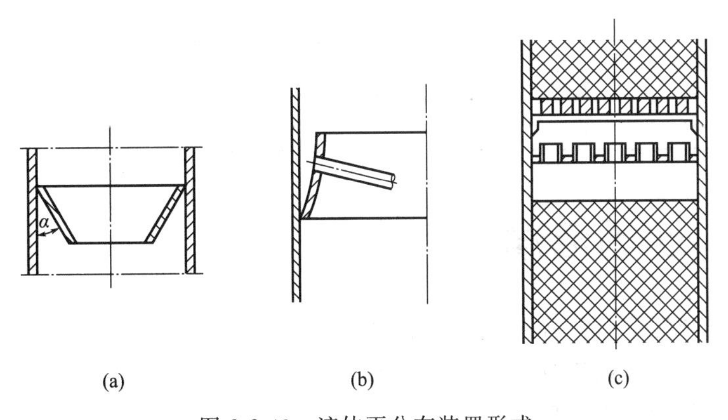

图 2-2-49　液体再分布装置形式

想一想

1. 浮阀塔的内部构件有哪些?
2. 液体分布装置和液体再分布装置通常设置在塔的哪个位置?

活动 1　内部结构辨认练习

1. 组织分工。学生 2~3 人为一组，按照任务要求分工，明确各自职责。

序号	人员	职责
1		
2		
3		

2. 设备内部结构辨认。按照任务分工，完成化工设备内部结构的辨认。

序号	内部结构名称	作用/用途
1		
2		
3		
…	…	…

活动 2　现场洁净

1. 设备、容器分类摆放整齐，无没用的物件。
2. 清扫操作区域，保持工作场所干净、整洁。
3. 产生的废弃物品，统一回收到垃圾桶，不可随意丢弃。
4. 关闭水、电、气和门窗，最后离开教室的学生锁好门锁。

活动 3　撰写实训报告

回顾化工设备内部结构辨认过程，每人写一份实训报告，内容包括团队完成情况、个人参与情况、做得好的地方、尚需改进的地方等。

1. 学生以小组为单位，按照任务要求，进行自查、互评与总结。
2. 教师参照评分标准进行考核评价。
3. 师生总结评价，改进不足，以便将来在学习或工作中做得更好。

序号	考核项目	考核内容	配分	得分
1	技能训练	设备内部结构辨认齐全、正确	25	
		设备内部结构特点与作用描述准确	25	
		实训报告诚恳、体会深刻	15	
2	求知态度	求真求是、主动探索	5	
		执着专注、追求卓越	5	
3	安全意识	着装和个人防护用品穿戴正确	5	
		爱护工器具、机械设备，文明操作	5	
		安全事故，如发生人为的操作安全事故、设备人为损坏、伤人等情况，“安全意识”不得分		
4	团结协作	分工明确、团队合作能力	3	
		沟通交流恰当，文明礼貌、尊重他人	2	
		自主参与程度、主动性	2	
5	现场整理	劳动主动性、积极性	3	
		保持现场环境整齐、清洁、有序	5	

任务三
机泵内部结构认知

学习目标

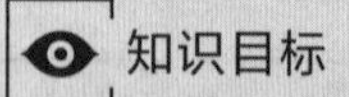

知识目标

（1）掌握机泵内部结构的种类与特点。

（2）掌握机泵内部结构的作用和应用范围。

能力目标

（1）能辨认机泵的内部结构。

（2）能说出机泵内部结构的特点和作用。

素质目标

（1）通过规范学生的着装、工具使用、文明操作等，培养学生的安全意识。

（2）通过信息收集、小组讨论、练习、考核等教学活动，培养学生追求卓越的工匠精神、主动探索的科学精神和团结协作的职业精神。

（3）通过实训场地的整理、整顿、清扫、清洁，培养学生的劳动精神。

任务描述

机泵内部结构的主要作用包括完成能量转换，如离心泵的叶轮、往复泵的活塞；密封作用，如机械密封、填料密封；润滑与支承作用，如滚动轴承、滑动轴承；传递运动和动力，如曲轴、连杆、传动轴。

机泵内部结构是机泵能够完成功能的基础。小王作为一名化工厂操作工，为正确地操作和使用机泵，要求熟知机泵内部结构的特点及作用。

一、泵内部结构认知

石油化工生产中常用泵有离心泵、往复泵、齿轮泵等。

（一）单级离心泵

单级单吸悬臂式离心泵主要由蜗壳、泵盖、叶轮、泵轴和托架等组成，见图 2-3-1。托架内装有支承泵转子的轴承，轴承通常由托架内润滑油润滑，也可以用润滑脂润滑。轴封装置一般为填料密封或机械密封。在叶轮上一般开有平衡孔，用以平衡轴向力，剩余轴向力由轴承来承受。

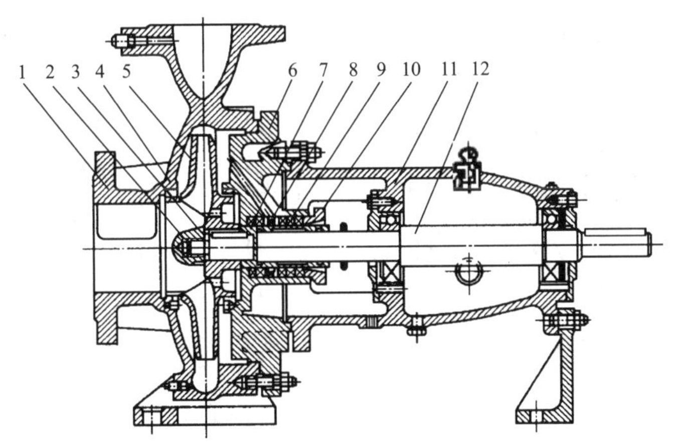

图 2-3-1　单级单吸悬臂式离心泵

1—蜗壳；2—叶轮螺母；3—密垫圈；4—密封环；5—叶轮；6—泵盖；7—轴套；8—水封环；9—机械密封；10—静环端盖；11—托架；12—泵轴

1. 蜗壳

离心泵的蜗壳分为螺旋形蜗壳和环形蜗壳两种，如图 2-3-2 所示。一般采用螺旋形蜗壳，当泵的流量较小时可采用环形蜗壳。环形蜗壳的扩压效率低于螺旋形蜗壳，但环形蜗壳可以用机械加工成型，几何尺寸和表面质量均优于铸造的螺旋形蜗壳。当离心泵的扬程较大时，采用双螺旋形蜗壳，可平衡叶轮的径向力，减小叶轮的偏摆和泵的振动，有利于提高离心泵的运行周期。

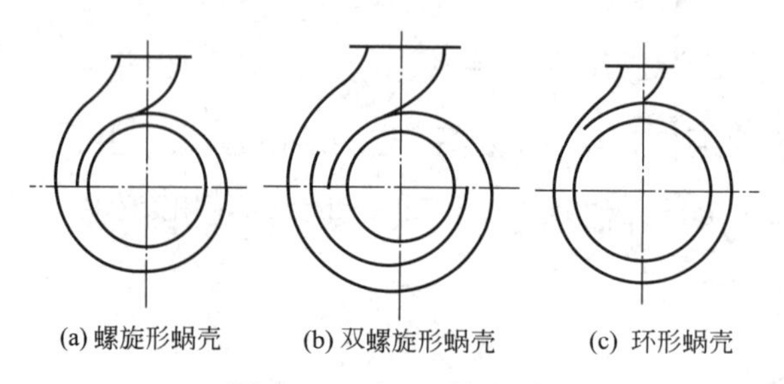

图 2-3-2　离心泵的蜗壳

2. 密封环

密封环（又称口环或耐磨环）装于离心泵叶轮入口的外缘及泵体内壁与叶轮入口对应的位置，如图 2-3-3 所示。两环之间有一定的间隙量，径向运转间隙用来限制泵内的液体由高压区（压出室）向低压区（吸入室）回流，提高泵的容积效率。泵体内部应当装有可更换的密封环，叶轮应当有整体的耐磨表面或可更换的密封环，化工用离心泵常采用可更换的密封环，且密封环应用锁紧销或骑缝螺钉或通过点焊来定位（轴向或径向）。

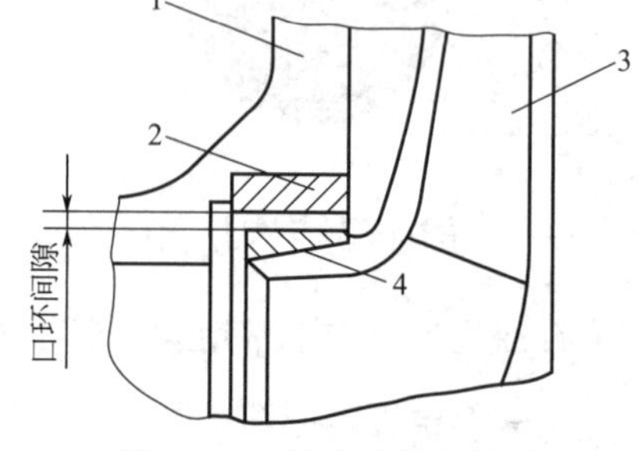

图 2-3-3　闭式叶轮密封环
1—蜗壳；2—泵体密封环；
3—叶轮；4—叶轮密封环

密封环的材料常采用铸铁青铜、淬硬铬钢、蒙乃尔合金、非金属耐磨材料、硬质合金等。

3. 叶轮

离心泵叶轮从外形上可分为闭式、半开式和开式 3 种形式，如图 2-3-4 所示。

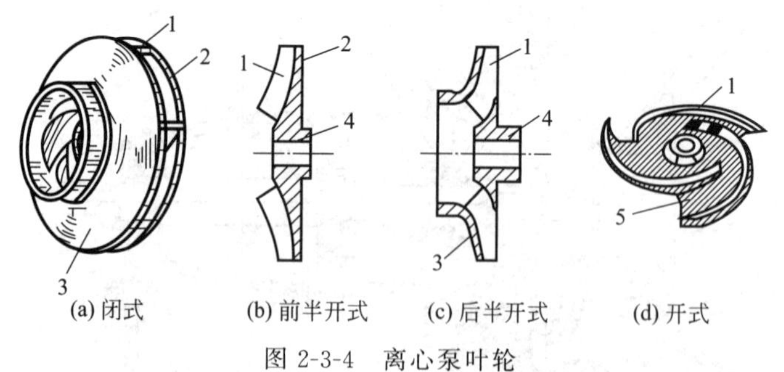

图 2-3-4　离心泵叶轮
1—叶片；2—后盖板；3—前盖板；4—轮毂；5—加强筋

（1）闭式叶轮　由叶片与前、后盖板组成。闭式叶轮的效率较高，制造难度较大，在离心泵中应用最多，适于输送清水、溶液等黏度较小的、不含颗粒的清洁液体。

（2）半开式叶轮　分为两种，一种为前半开式，由后盖板与叶片组成，此结构叶轮效率较低，为提高效率需配用可调间隙的密封环；另一种为后半开式，由前盖板与叶片组成，可应用与闭式叶轮相同的密封环，效率与闭式叶轮基本相同，且叶片除输送液体外，还具有（背叶片或副叶轮的）密封作用。半开式叶轮适于输送含有固体颗粒、纤维等悬浮物的液体。半开式叶轮制造难度较小，成本较低，且适应性强，近年来在化工领域的离心泵中应用逐渐增多，还可用于输送清水和近似清水的液体。

（3）开式叶轮　只有叶片及叶片加强筋，无前后盖板的叶轮。开式叶轮叶片数较少（2～5 片），效率低，应用较少，主要用于输送黏度较高的液体及浆状液体。

离心泵叶轮的叶片一般为后弯式叶片，叶片有圆柱形和扭曲形两种。圆柱形叶片是指整个叶片沿宽度方向均与叶轮轴线平行，扭曲形叶片则是有一部分不与叶轮轴线平行。应用扭曲形叶片可减小叶片的负荷，并可改善离心泵的吸入性能，提高抗汽蚀能力，但制造难度较大，造价较高。

4. 传动键

传动键主要用来实现轴和轴上零件之间的周向定位，以传递转矩。传动键是标准件，离心泵最常使用的是普通平键。

普通平键的两侧面是工作面，上表面与轮毂槽底之间留有间隙（图 2-3-5），这种键定心性较好、装拆方便。普通平键的端部可制成圆头（A 型）、方头（B 型）或单圆头（C 型），如图 2-3-6 所示。圆头键的轴槽用指状铣刀加工，键在槽中固定良好，但轴上键槽端部的应力集中较大。方头键用盘形铣刀加工，轴的应力集中较小。单圆头键常用于轴端。

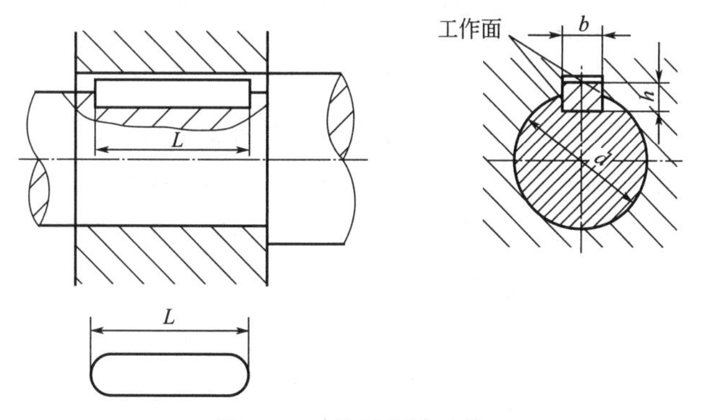

图 2-3-5　普通平键连接

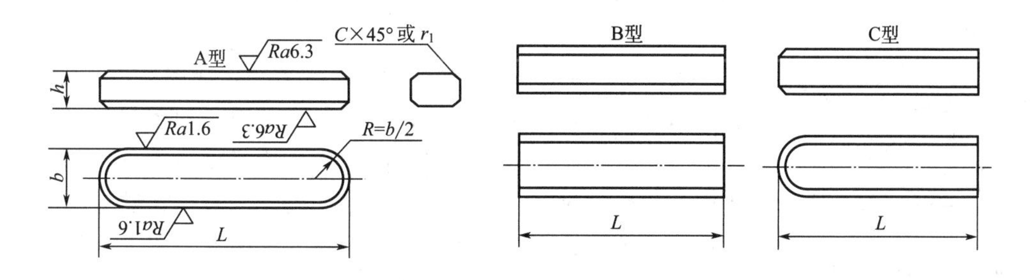

图 2-3-6　普通平键的类别

5. 机械密封

机械端面密封是一种应用广泛的旋转轴动密封，简称机械密封，又称端面密封。近几十年来，在化工、石油、轻工、冶金、机械、航空和原子能等领域获得了广泛的应用。据我国石化行业统计，石化工艺装置机泵中有86%以上采用机械密封；而工业发达国家旋转机械的密封装置中，机械密封的使用量占全部密封的90%以上。

机械密封一般主要由五大部分组成，见图2-3-7。

① 由静环和动环组成的一对密封端面。该密封端面有时也称为摩擦副，是机械密封的核心。

② 以弹性元件（或磁性元件）为主的补偿缓冲机构，图示弹簧座、弹簧。

③ 辅助密封机构，图示动环辅助密封圈、静环辅助密封圈。

④ 使动环和轴一起旋转的传动机构，图示紧定螺钉。

⑤ 密封腔体部分，图示防转销、静环端盖、密封腔体。

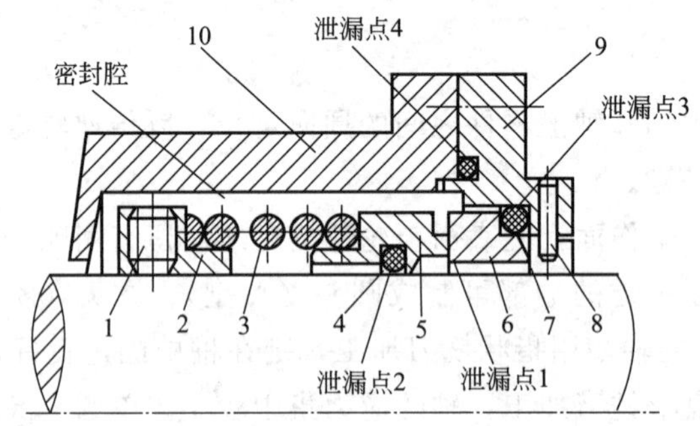

图2-3-7　机械密封的基本结构

1—紧定螺钉；2—弹簧座；3—弹簧；4—动环辅助密封圈；
5—动环；6—静环；7—静环辅助密封圈；8—防转销；9—静环端盖；10—密封腔体

动环在弹簧力和介质压力的作用下，与静环的端面紧密贴合，并发生相对滑动，阻止了介质沿端面间的径向泄漏（泄漏点1），构成了机械密封的主密封。摩擦副磨损后在弹簧和密封流体压力的推动下实现补偿，始终保持两密封端面的紧密接触。动、静环中具有轴向补偿能力的称为补偿环，不具有轴向补偿能力的称为非补偿环。机械密封的动环为补偿环，静环为非补偿环。

动环辅助密封圈阻止了介质可能沿动环与轴之间间隙的泄漏（泄漏点2）；静环辅助密封圈阻止了介质可能沿静环与端盖之间间隙的泄漏（泄漏点3）。工作时，辅助密封圈无明显相对运动，基本上属于静密封。端盖与密封腔体连接处的泄漏点4为静密封，常用O形圈或垫片来密封。

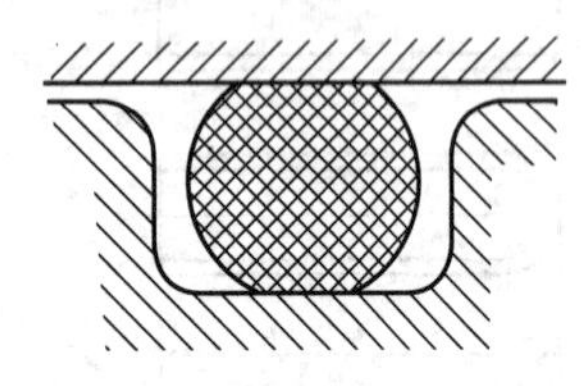

图2-3-8　橡胶O形圈

动、静环辅助密封圈常用橡胶O形圈，如图2-3-8所示，一般多用合成橡胶制成，是一种断面形状呈圆形的密封组件。橡胶O形圈具有良好的密封性能，能在静止或运动条件下使用，单独使用即能密封双向流体；结构简单，尺寸紧凑，拆装容易，对安装技术要求不高；在工作面上有磨损，高压下需要采用挡环或垫环，防止被挤出而损坏；橡胶O形圈工作时，在内外径上、端面上或其他任意表面上均可形成密封。工作压力在静止条件下可达400MPa或更高，运动条件下可达35MPa，工作温度为－60～200℃，线速度可达3m/s，轴径可达3000mm。

6. 泵轴

泵轴是传递转矩、带动叶轮旋转的部件。离心泵的叶轮以键和锁紧螺母固定在轴上，多级离心泵各叶轮之间以轴套定位。泵轴与装于轴上的叶轮、轴套、平衡及密封元件等构成泵的旋转部件，称作泵转子。单级单吸离心泵等小型离心泵转子采用悬臂支承，大型离心泵转子多采用简支支承。

为便于轴上零件的装拆，常将轴做成阶梯形，如图 2-3-9 所示。化工用离心泵泵轴安装轴封的部位应装有可更换的轴套，轴套与轴之间以垫片或橡胶 O 形圈进行密封。

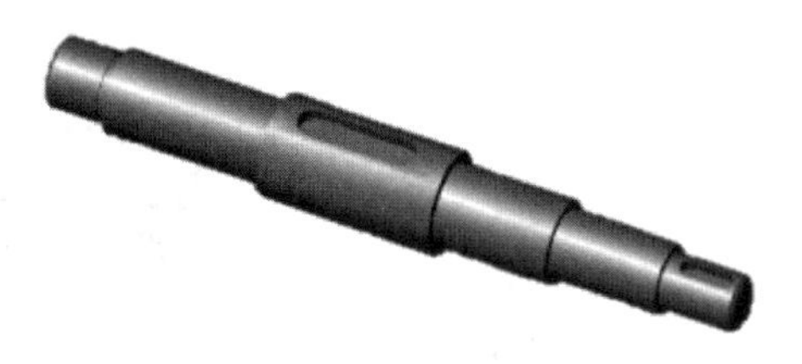

图 2-3-9 阶梯轴示意图

7. 滚动轴承

轴承是现代机械设备中不可缺少的一种基础零部件，它的主要功能是支承机械旋转体，减小运动过程中的摩擦系数，并保证其回转精度，被称为“机械的关节”。其中，滚动轴承由于摩擦系数小，启动阻力小，已标准化，选用、润滑、维护方便，在一般机器中应用广泛。

滚动轴承一般由内圈、外圈、滚动体和保持架组成，见图 2-3-10。

内圈通常装配在轴上，并与轴一起旋转。外圈通常装在轴承座内或机件壳体中起支承作用。滚动体在内圈和外圈的滚道之间滚动，承受轴承的负荷。保持架的作用是将轴承中的一组滚动体等距离隔开，引导滚动体在正确的轨道上运动，改善轴承内部负荷分配和润滑性能。

常用的滚动体有球、圆柱滚子、圆锥滚子、球面滚子、非对称球面滚子、滚针等几种，见图 2-3-11。

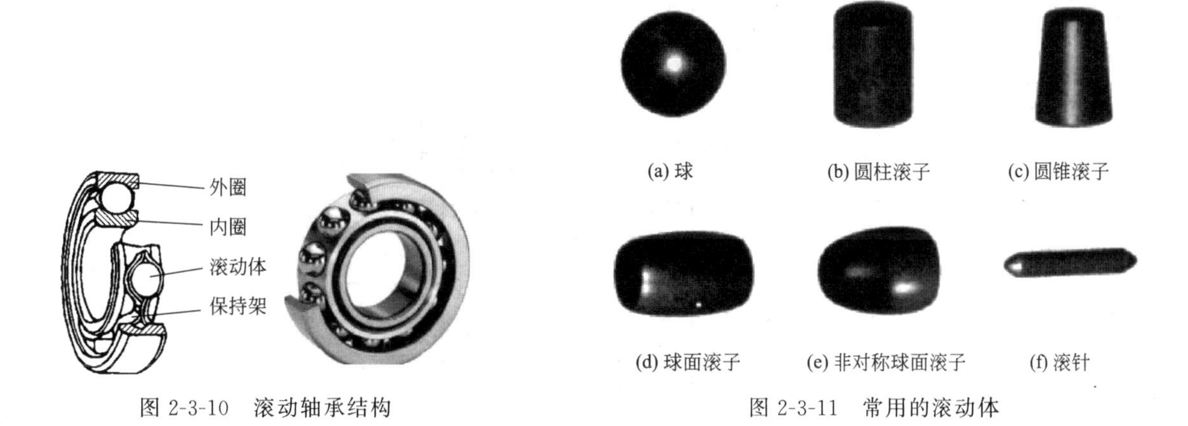

图 2-3-10 滚动轴承结构

图 2-3-11 常用的滚动体

（二）多级离心泵

分段式多级离心泵是一种垂直剖分多级泵，见图 2-3-12。这种泵是将若干个叶轮装在一根轴上串联工作的，轴上的叶轮个数就代表泵的级数。轴的两端用轴承支承，并置于轴承体上，两端均有轴封装置。泵体由一个前段、一个后段和若干个中段组成，并用螺栓连接为一个整体。在中段和后段内部有相应的导叶装置，在前段和中段的内壁与叶轮易碰的地方，都装有密封环。轴封装置在泵的前段和后段泵轴伸出部分。泵轴上的每个叶轮配一个导轮将被输送液体的动能转为静压能，叶轮之间用轴套定位。叶轮一般为单吸的，入口都朝向一边。

按单吸叶轮入口方向将叶轮依次串联在轴上。为了平衡轴向力，在末端后面装有平衡盘，并用平衡管与前段相连通。其转子在工作过程中可以左右窜动，靠平衡盘自动将转子维持在平衡位置上。

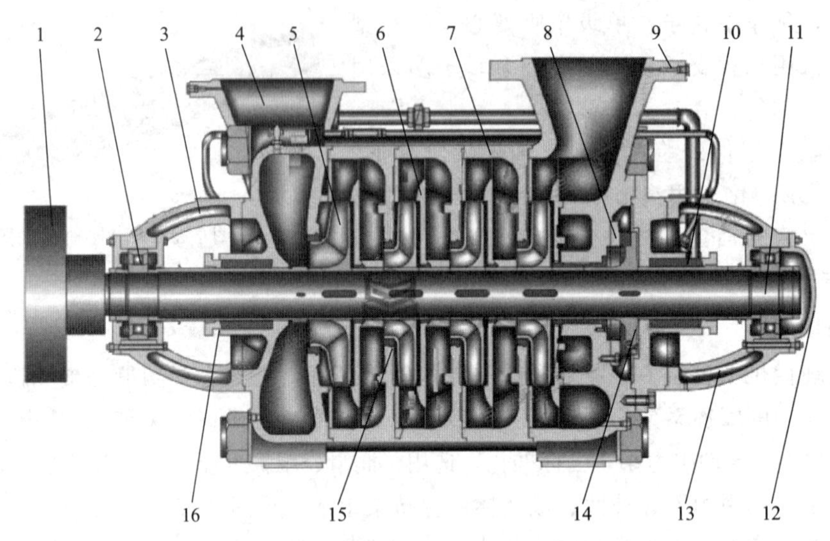

图 2-3-12　分段式多级离心泵

1—联轴器；2—滚动轴承；3—入口支架；4—前段；5—叶轮；6—导叶；7—中段；8—平衡环；9—后段；10—机械密封；11—传动轴；12—轴承端盖；13—出口支架；14—平衡盘；15—密封环；16—密封端盖

1. 平衡盘

对级数较多的离心泵，更多的是采用平衡盘来平衡轴向力，平衡盘装置由平衡盘（铸铁制）和平衡环（铸铜制）组成，平衡盘装在末级叶轮后面的轴上，和叶轮一起转动，平衡环固定在后段泵体上，如图 2-3-13 所示。

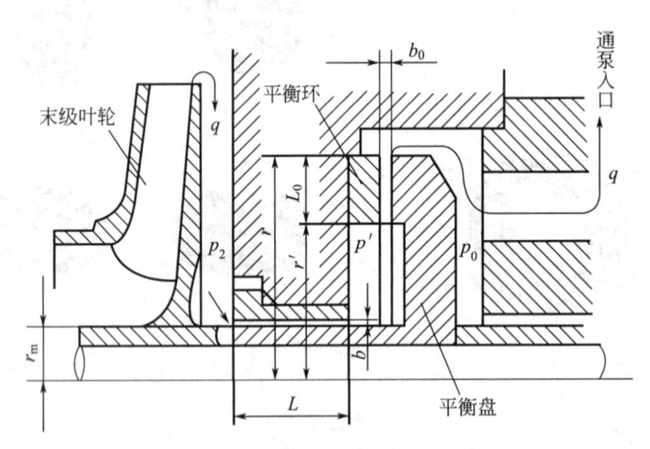

图 2-3-13　平衡盘装置

平衡盘左边和末级叶轮出口相通，右边则通过一接管和泵的入口相连。因此，平衡盘右边的压力接近泵入口液体的压力 p_0，平衡盘左边的压力 p' 小于末级叶轮出口压力 p_2，即高压液体能通过平衡盘与平衡环之间的间隙 b_0 回流至泵的入口，在平衡盘两侧产生一个平衡力。

平衡盘在泵工作时能自动平衡轴向力。如操作条件有了变化，使指向泵入口的轴向力稍有增大，则轴连同平衡盘一起向左边吸入端移动，使平衡盘与平衡环之间间隙 b_0 减小，液体流经此间隙时的阻力增大，引起平衡盘左边压力升高。p' 升高使平衡盘两边的压差增大，这就推动平衡盘及整个转子向右移动，达到新的平衡，反之亦然。在实际工作中，泵的转子不会停止在某一位置，而是在某一平衡位置做左右脉动，当泵的工作点改变时，转子会自动从平衡位置移到另一平衡位置做轴向脉动。由于平衡盘有自动平衡轴向力的特性，因而得到广泛应用。为了减少泵启动时的磨损，平衡盘与平衡环间隙 b_0 一般为 0.1～0.2mm。

2. 导轮

导轮又称导叶轮，它是一个固定不动的圆盘，位于叶轮的外缘、泵壳的内侧，正面有包在叶轮外缘的正向导叶，背面有将液体引向下一级叶轮入口的反向导叶，其结构如图 2-3-14 所示。液体从叶轮甩出后，平缓地进入导轮，沿正向导叶继续向外流动，速度逐渐下降，静压能不断提高，液体经导轮背面反向导叶时被引向下一级叶轮。导轮上的导叶数一般为 4～8 片，导叶的入口角一般为 8°～16°。

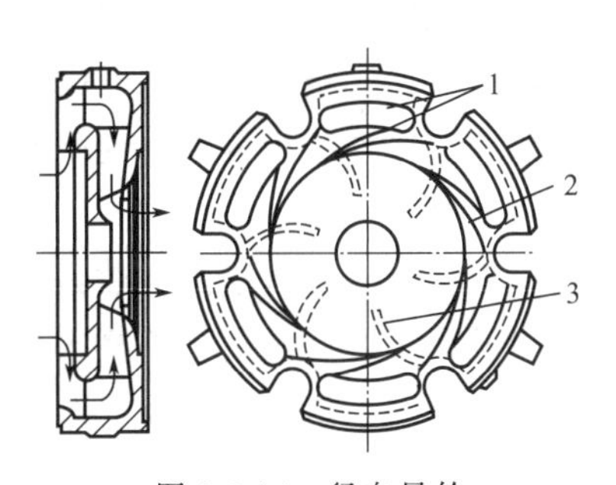

图 2-3-14　径向导轮
1—流道；2—导叶；3—反向导叶

多级离心泵的其他零部件参考“单级离心泵”部分。

（三）往复泵

电动往复泵是用电动机作为动力，通过曲柄连杆机构使活塞（柱塞）做往复运动的，图 2-3-15 所示为电动往复泵的结构。该泵由曲轴、连杆、十字头、活塞、泵缸、进口阀、

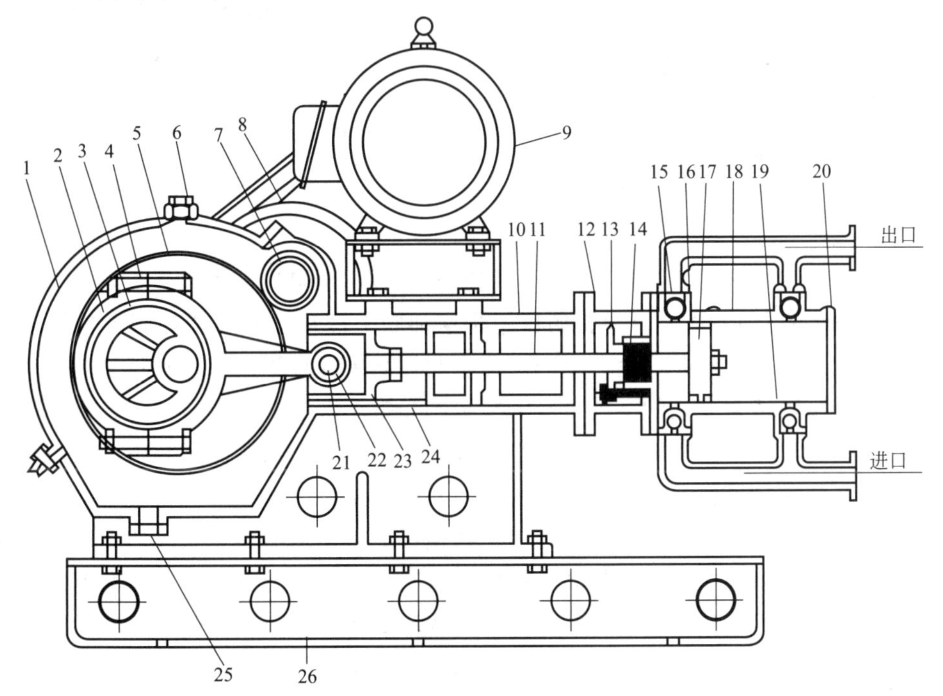

图 2-3-15　电动往复泵的结构
1—箱体；2—连杆；3—连杆（包括连杆铜套）；4—连杆螺栓；5—齿轮（包括偏心轮）；6—加油孔；7—带轮轴；8—皮带轮；9—电动机；10—中体；11—泵轴；12—填料函支架；13—填料压盖；14—填料；15—出口阀；16—活塞环；17—活塞；18—泵缸；19—进口阀；20—缸盖；21—连杆销；22—连杆小铜套；23—十字头；24—十字头滑道；25—方油孔；26—底盘

出口阀等组成。工作时，曲轴通过连杆带动十字头做往复运动，十字头再带动活塞在泵缸内做往复运动，从而周期性地改变泵缸工作室的容积。当活塞向左运动时，活塞右侧进口阀打开，液体进入泵缸，活塞左侧液体被压缩，左侧出口阀打开，液体排出泵缸；活塞向右运动时，活塞左侧出口阀打开，液体排出泵缸，活塞右侧液体被压缩，右侧进口阀打开，液体进入泵缸，周而复始，实现液体加压及输送的目的。

1. 泵阀

泵阀是顺次接通和隔离泵缸工作室、吸水管和排出管的组件，如图 2-3-16 所示。泵阀通常由阀座、阀板、导向杆、弹簧、升程限制器和紧固螺母等零件组成。

泵阀按工作原理分为自动阀和强制阀两种，自动阀又分为弹簧阀和自重阀。简要介绍以下几种泵阀。

(1) 自重阀　自重阀多数为球阀，见图 2-3-17。自重阀由于没有弹簧、阀门，且阀球的惯性力较大，因此仅用于往复次数较少、转速 $n \leqslant 150\mathrm{r/min}$、流量小的泵中。自重阀仅靠阀球的自重关闭，通常由阀球、阀座、卡环和导套（升程限制器）等零件组成。

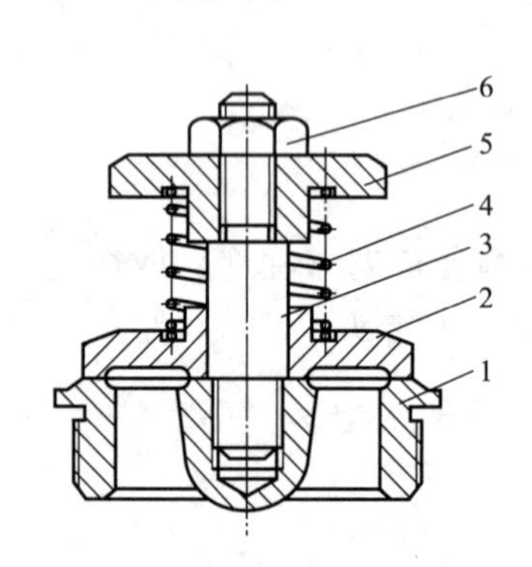

图 2-3-16　泵阀
1—阀座；2—阀板；3—导向杆；
4—弹簧；5—升程限制器；6—紧固螺母

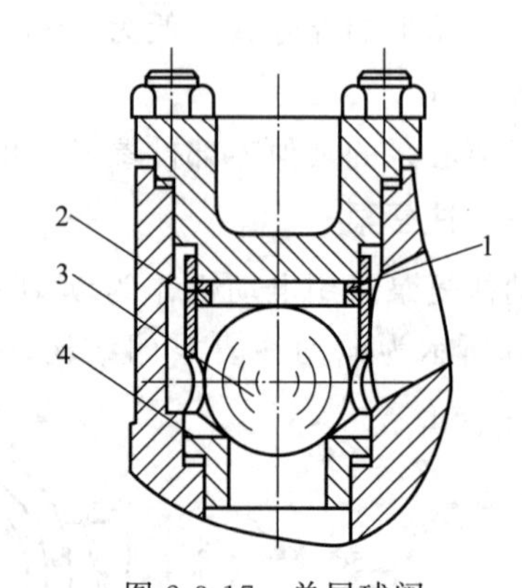

图 2-3-17　单层球阀
1—卡环；2—导套；3—阀球；4—阀座

(2) 盘形阀　盘形阀的密封是靠阀板与阀座的金属与金属或金属与非金属的环形接触面（或锥面接触）来实现的。盘形阀弹簧的作用是增加阀上载荷，而不增加阀上惯性力，保证阀有较小的关闭速度和关闭滞后角，以减少撞击和提高泵的容积效率，延长泵阀的寿命。盘形阀根据阀板与阀座密封形式的不同可分为平板阀和锥形阀。

平板阀结构简单，易于制造，但密封性能较锥形阀差，多用在低压泵中，适用于输送常温清水、低黏度油或物理化学性质类似于清水的介质，见图 2-3-18。

锥形阀流道较平滑，阀隙阻力小，过流能力强，适用于输送黏度较高的介质，因阀板刚度大和密封性能好，多用在高压和超高压或对流量有精度要求的泵中，见图 2-3-19。

(3) 环形阀　环形阀的液流是从阀板内、外两环面流出，因而阀隙过流面积大，但因阀板直径大而刚性差，多用在低压大流量泵中，如图 2-3-20 所示。

平板阀、锥形阀和环形阀都属于弹簧阀。

(4) 强制阀　强制阀通常依靠气压或机械控制机构，依据柱塞（活塞）往复运动的位置强制开启和关闭吸、排液阀。强制阀主要用于输送高黏度介质。

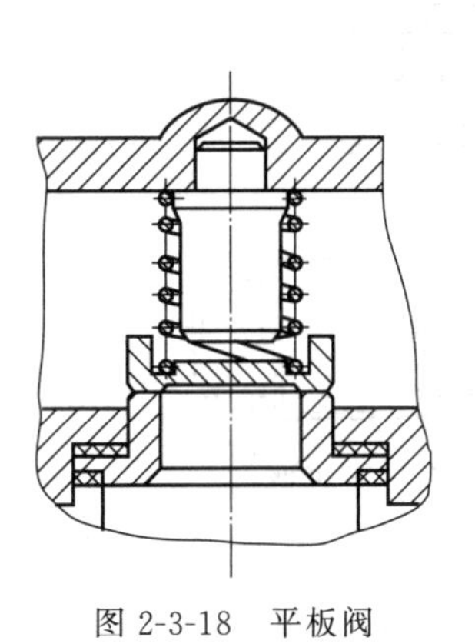
图 2-3-18　平板阀

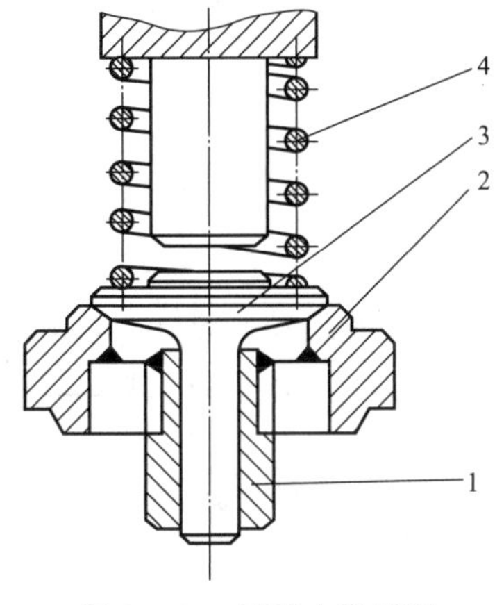

图 2-3-19　下导向锥形阀
1—导向座；2—阀座；
3—阀板；4—弹簧

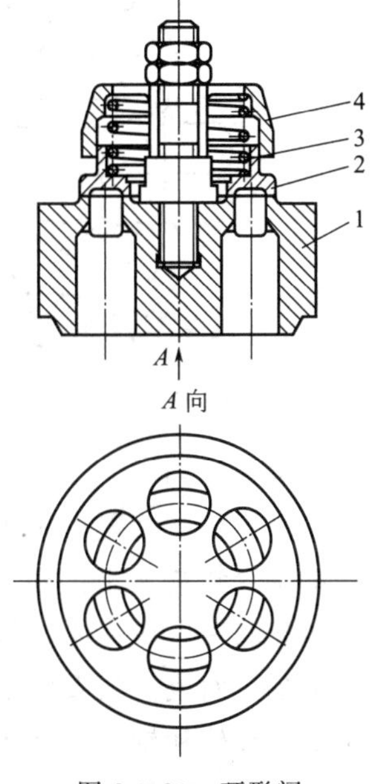

图 2-3-20　环形阀
1—阀座；2—阀板；
3—弹簧；4—弹簧座

2. 液缸体

锻或铸成一体的整体式液缸体刚性较好，机械加工量较少，广泛应用于柱塞泵和活塞泵上。图 2-3-21 所示为整体式液缸体结构，图 2-3-21(a) 所示为单作用整体式液缸体，图 2-3-21(b) 所示为双作用整体式液缸体。

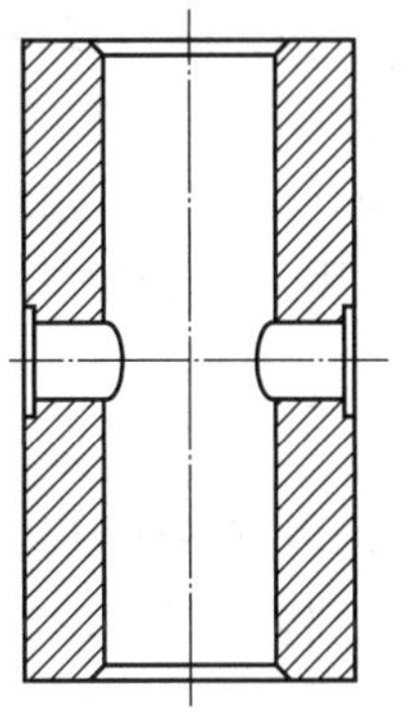
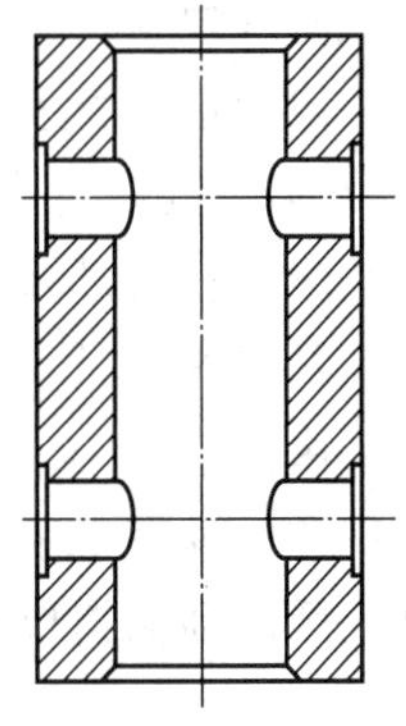
(a) 单作用整体式液缸体;　(b) 双作用整体式液缸体

图 2-3-21　整体式液缸体结构

3. 活塞

活塞与缸套组成一对动密封，密封元件组装在活塞上，活塞的往复运动交替地改变着行程容积，借助泵阀实现抽送液体的工作过程。活塞包括迷宫式活塞和软填料活塞两种结构。

(1) 迷宫式活塞　主要是靠增加环槽数来增加水流阻力，见图 2-3-22，根据活塞两侧压差大小，开有相应的环槽，但当环槽过多时，轴向尺寸过大，与缸套的配研难度增大，因此，该活塞只用于排出压力不大，且输送介质纯净而有黏性的活塞泵中。这种活塞结构简单，零件数量少，环槽可储存液体润滑摩擦副，以减少磨损，提高寿命，配合面尺寸精度要求高。

(2) 软填料活塞　这类活塞多为组合式，见图 2-3-23，其填料通常用棉线、石棉和亚麻等纤维编织而成，装入活塞体后把填料压紧，涂以油类或石墨等润滑剂后装入液缸体内。这类活塞工作时磨损较大，适用于排出压力不大、输送液体温度不高的活塞泵中。

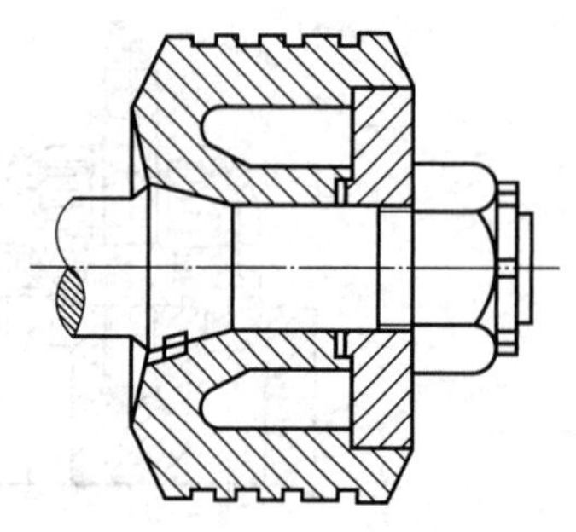

图 2-3-22 整体迷宫式活塞

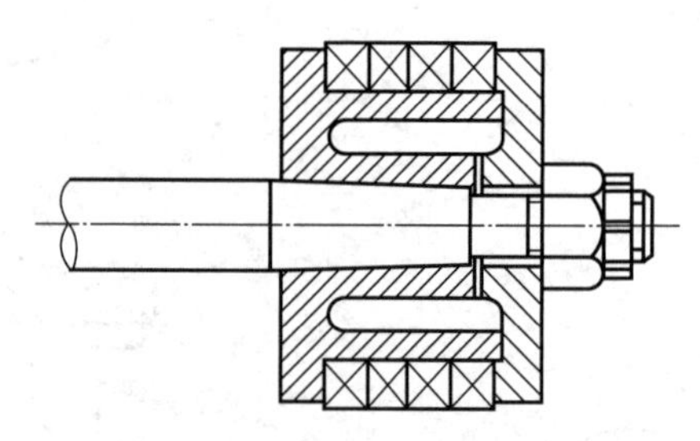

图 2-3-23 软填料活塞

4. 齿轮轴

齿轮传动装置是由齿轮副组成的传递运动和动力的一套装置。当齿根圆直径与轴径接近时，可以将齿轮和轴做成一体，称为齿轮轴（图 2-3-24），经机械加工而成。如果齿轮的直径比轴的直径大得多，则应把齿轮和轴分开制造。

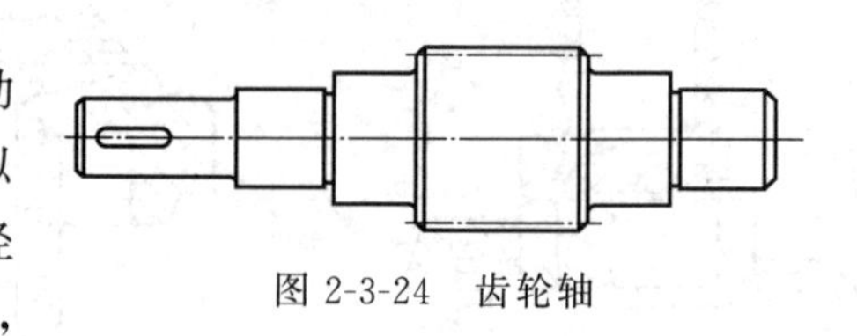

图 2-3-24 齿轮轴

5. 机座和箱体

机座和箱体等零件负载传动机构，并与基础相连接，起支撑和传递动力的作用，箱体常常兼作润滑油箱，有些还会带运动部件的滑道（导轨），在一台机器的总质量中占有很大的比例。

机座和箱体的结构形状和尺寸大小，取决于安装在它的内部或外部的零件和部件的形状和尺寸及其相互配置、受力与运动情况等。其上所装的零件和部件要便于装拆与操作。

机座（包括机架、基板等）和箱体（包括机壳、机匣等）的形式繁多，分类方法不一，就其一般构造形式而言，可划分为 4 大类（图 2-3-25），即机座类［图 2-3-25(a)、(e)、(h)、(j)］、机架类［图 2-3-25(d)、(f)、(g)］、基板类［图 2-3-25(c)］和箱壳类［图 2-3-25(b)、(i)］；若按结构分类，则可分为整体式和装配式；按制法分类又可分为铸造的、焊接的和拼焊的等。

6. 中体

中体内设有十字头滑道，用以盛放十字头，并具有刮去活塞杆上所带润滑油的刮油挡板与刮油圈。刮油挡板与刮油圈结构如图 2-3-26 所示，刮油挡板做成剖分的，不然难以装入中体。

中体中部常开设有侧窗，侧窗要满足相关零部件装配与拆卸要求。往复泵的滑道（也称十字头导轨）通常直接与中体浇铸在一起，见图 2-3-27；也有采用插入式滑道的，此种结构使滑道加工方便，并可应用较好的耐磨材料。

7. 连杆

连杆是将作用在活塞上的推力传递给曲轴，将曲轴的旋转运动转换为活塞往复运动的机件，见图 2-3-28。连杆本身的运动是复杂的，其中大头与曲轴一起做旋转运动，而小头则与十字头相连做往复运动。

8. 十字头

十字头在滑道里做直线往复运动，起导向作用。十字头的作用是把连杆的摇摆运动转化为活塞的往复运动，把连杆传来的机械能传递给活塞。

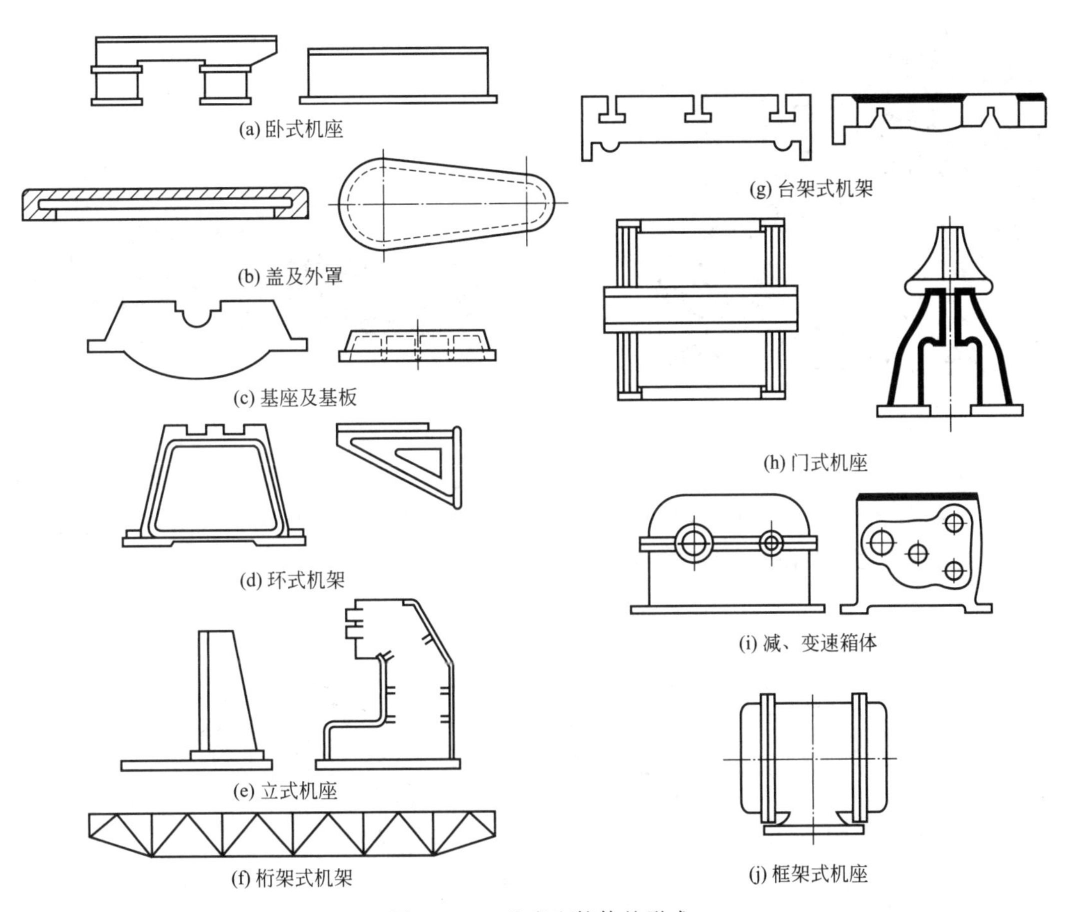

图 2-3-25 机座和箱体的形式

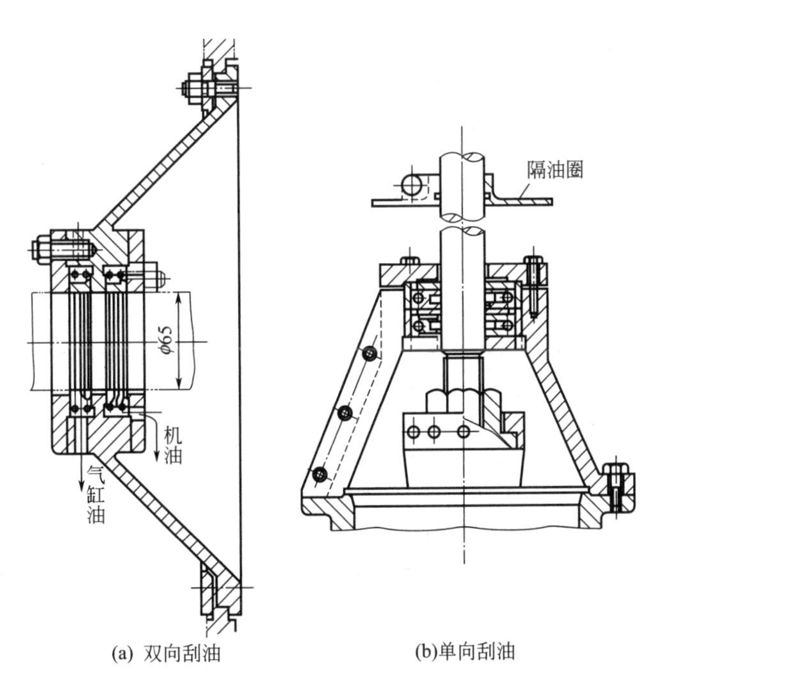

图 2-3-26 刮油挡板与刮油圈装配状态

图 2-3-27　中体部位

图 2-3-28　连杆

十字头与连杆小头的连接常采用销连接和球面连接。闭式销连接十字头如图 2-3-29 所示。球面连接如图 2-3-30 所示，连杆小头为球形，并装在十字头体内的具有球形面的球面垫上，以球铰链形式把连杆小头和十字头连接在一起。

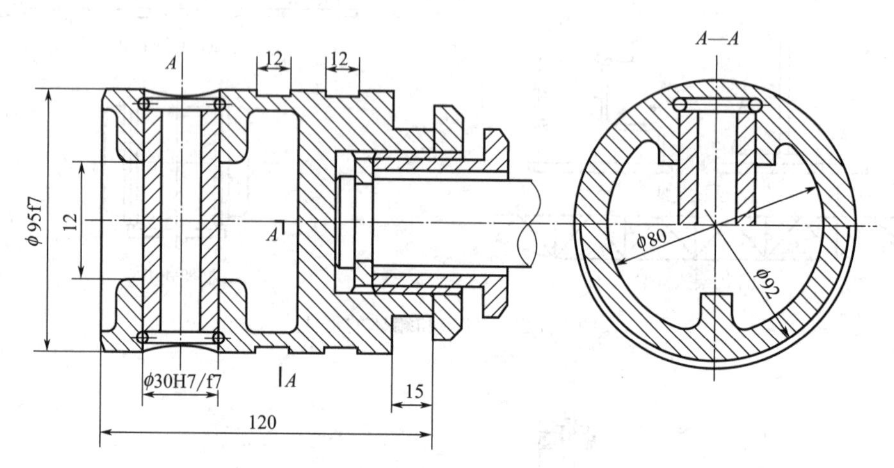

图 2-3-29　闭式销连接十字头

十字头与活塞杆的连接常采用锥螺纹和圆柱螺纹连接。

锥螺纹连接对中性要求不高，装拆方便；圆柱螺纹连接结构简单、重量轻，但加工和装配误差易使活塞杆与十字头两螺纹中心线产生偏斜，影响泵的性能，且拆装困难。

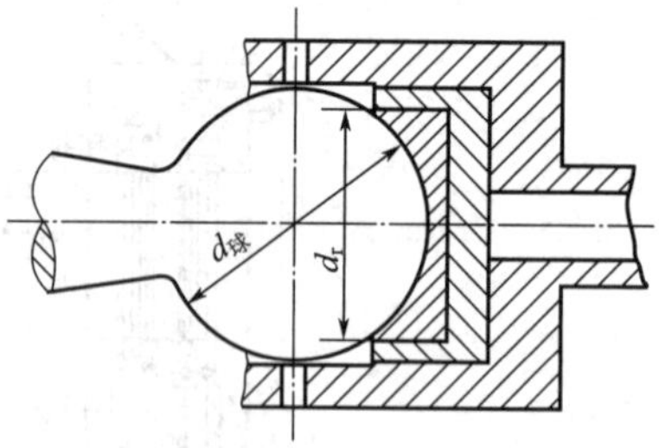

图 2-3-30　连杆小头球面连接结构

9. 十字头销

十字头销是连接十字头与连杆小头的连接件，承受交变载荷，因此，要有足够的强度和刚度，工作表面要有一定的硬度，使其在工作时变形小且耐腐蚀性好。按其配合形状可分圆柱形与圆锥形两种形式。圆柱形销结构简单，制造容易，使用普遍，如图 2-3-31 所示。圆锥形销如图 2-3-32 所示。

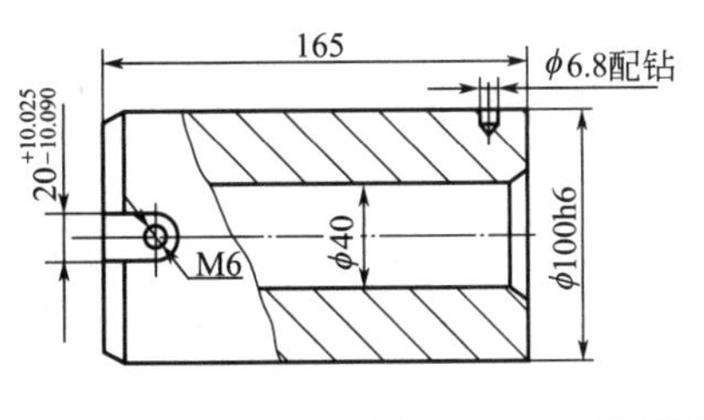

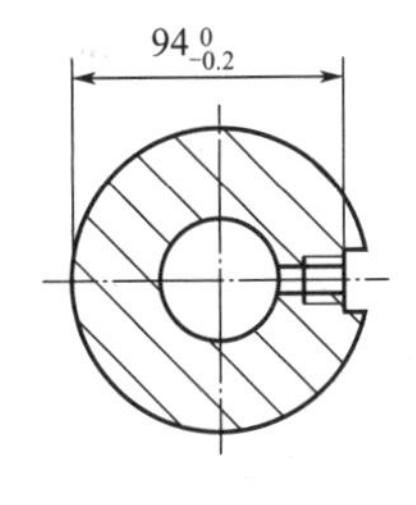

图 2-3-31　圆柱形销

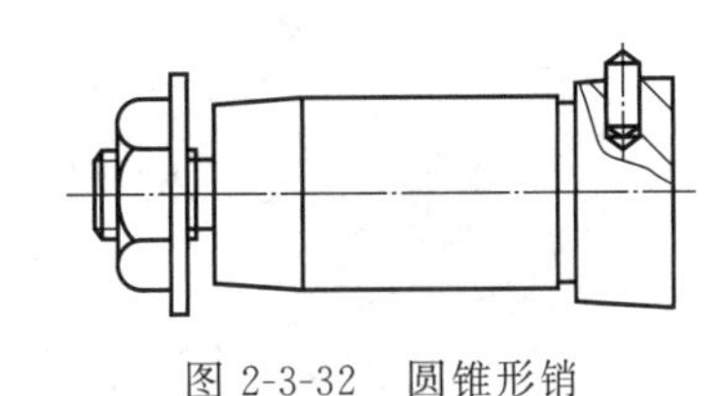

图 2-3-32　圆锥形销

（四）齿轮泵

外啮合齿轮泵是应用最广泛的一种齿轮泵，齿轮泵通常是指外啮合齿轮泵，如图 2-3-33 所示，主要由主动齿轮、从动齿轮、泵体、泵盖和安全阀等组成，泵体、泵盖和齿轮构成的密闭空间就是齿轮泵的工作室。两个齿轮的轮轴分别装在两泵盖上的轴承孔内，主动齿轮轴伸出泵体，由电动机带动旋转。外啮合齿轮泵结构简单、重量轻、造价低、工作可靠、应用范围广。

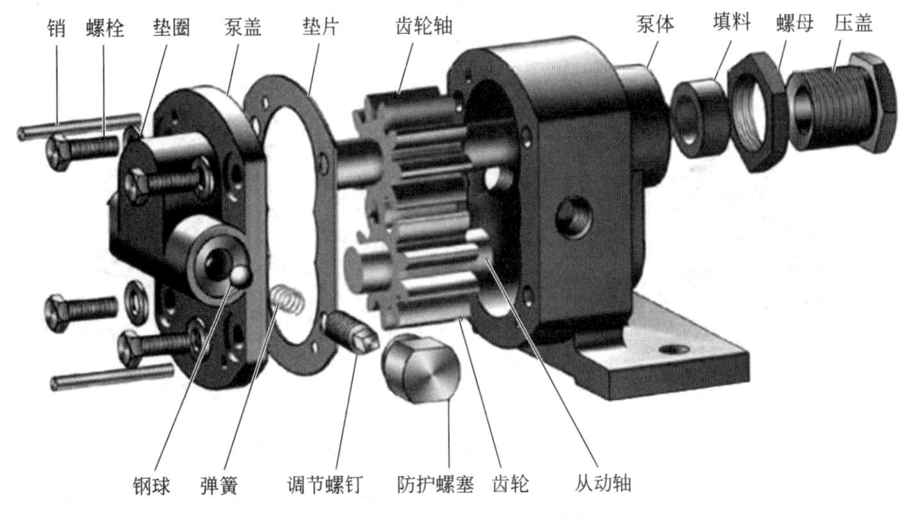

图 2-3-33　外啮合齿轮泵结构图

齿轮泵工作时，主动齿轮随电动机一起旋转并带动从动齿轮跟着旋转。当吸入室一侧的啮合齿逐渐分开时，吸入室容积增大，压力降低，便将吸入管中的液体吸入泵内，吸入液体分两路在齿槽内被齿轮推送到排出室。液体进入排出室后，由于两个齿轮的轮齿不断啮合，液体受挤压而从排出室进入排出管中。主动齿轮和从动齿轮不停地旋转，泵就能连续不断地吸入和排出液体。

泵体上装有安全阀，当排出压力超过规定压力时，输送液体可以自动顶开安全阀，使高压液体返回吸入管。

1. 齿轮

齿轮传动用于传递空间任意两轴之间的运动和动力，是机械中应用最广泛的传动形式之一。满足齿廓啮合基本定律的一对齿廓称为共轭齿廓。考虑加工、强度、效率、寿命、安装及互换性等因素，机械中常用渐开线、摆线及圆弧等几种曲线作为齿廓曲线。渐开线齿廓由于便于制造和安装，应用最广泛，见图 2-3-34。

图 2-3-34 渐开线啮合齿轮

2. 滑动轴承

齿轮泵上常用整体式轴瓦，又称轴套。轴瓦是滑动轴承的重要组成部分。

工作时是滑动摩擦性质的轴承，称为滑动摩擦轴承（简称滑动轴承）。滑动轴承按所能承受载荷的方向分为径向滑动轴承和推力滑动轴承。径向滑动轴承主要承受径向载荷；推力滑动轴承主要承受轴向载荷。

（1）整体式径向滑动轴承 整体式径向滑动轴承由轴承座、轴瓦和油杯孔组成，见图 2-3-35。此类轴承具有结构简单、成本低廉，因磨损而造成的间隙无法调整，只能沿轴向装入或拆卸等特点，适用于低速、轻载或间歇性工作的机器。

（2）对开式径向滑动轴承 对开式径向滑动轴承由轴承座、轴承盖、剖分轴瓦及连接螺栓组成，如图 2-3-36 所示。此类轴承结构复杂，可以调整因磨损而造成的间隙，安装方便，适用于低速、轻载或间歇性工作的机器。

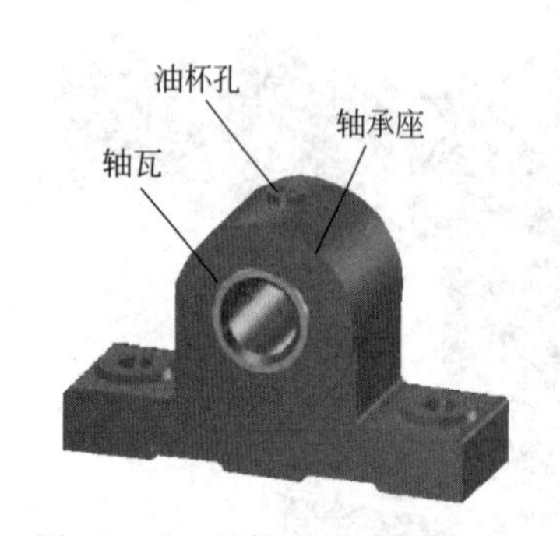

图 2-3-35 整体式径向滑动轴承

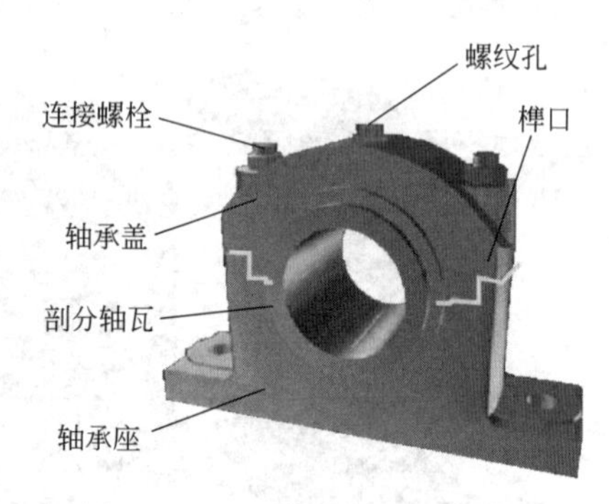

图 2-3-36 对开式径向滑动轴承

（3）可倾瓦块轴承 可倾瓦块轴承是一种液体动压轴承，由若干独立的、能绕支点摆动的瓦块组成。按承受载荷的方向，可分为可倾瓦块径向轴承和可倾瓦块推力轴承。

① 可倾瓦块径向轴承。图 2-3-37 所示为可倾瓦块径向轴承，轴承工作时，借助润滑油膜的流体动压力作用在瓦面和轴颈表面间形成承载油楔，它使两表面完全脱离接触。可倾瓦块径向轴承的回转精度高，稳定性能好，广泛用于高速轻载的机械中，如汽轮机和磨床等。瓦块数目一般为 3～6。

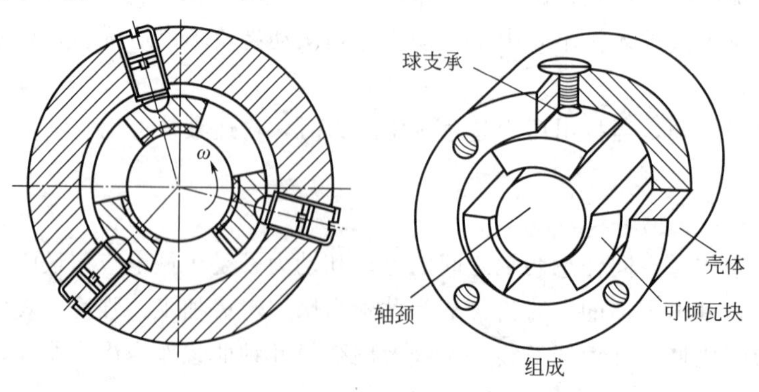

图 2-3-37 可倾瓦块径向轴承

② 可倾瓦块推力轴承。可倾瓦块推力轴承可分为固定式推力轴承和可倾瓦式推力轴承。固定式推力轴承的楔形倾斜角固定不变，在楔形顶部留出平台，用来承受停车后的轴向载荷，见图 2-3-38。可倾瓦式推力轴承扇形块的倾斜角能随载荷、转速的改变而自行调整，因此性能更为优越，见图 2-3-39。

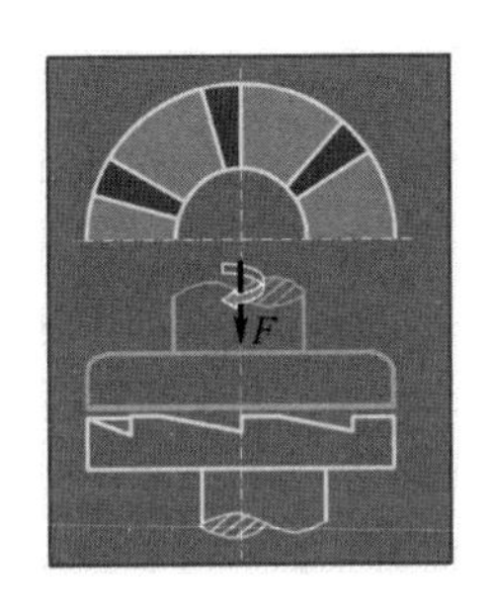

图 2-3-38　固定式推力轴承

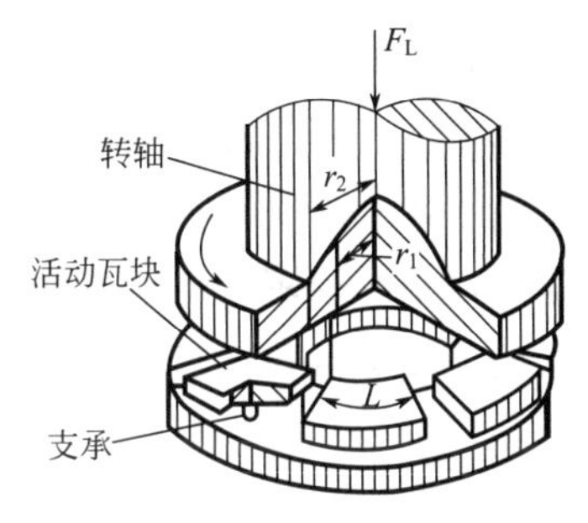

图 2-3-39　可倾瓦式推力轴承

（4）普通（平面）止推滑动轴承　普通止推滑动轴承由轴承座和轴颈组成，轴颈结构形式有实心式、空心式、单环式、多环式等几种，如图 2-3-40 所示。

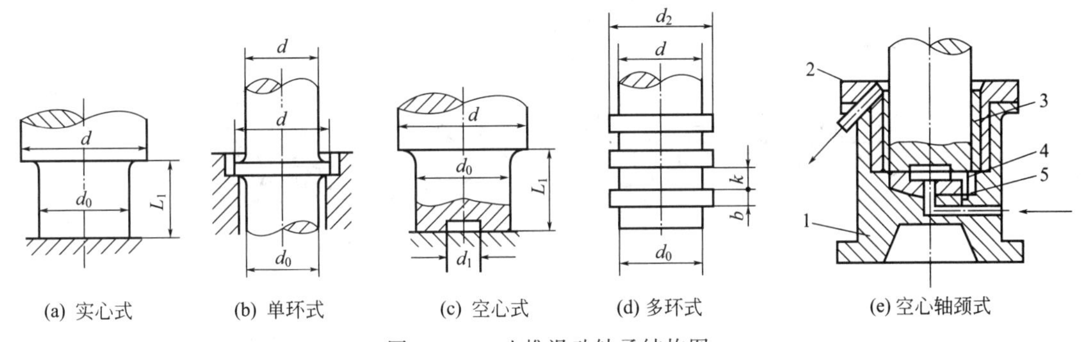

图 2-3-40　止推滑动轴承结构图

1—轴承座；2—衬套；3—向心轴瓦；4—推力轴瓦；5—销钉

图 2-3-40(e) 为空心轴颈式止推滑动轴承结构图，它是由轴承座、衬套、向心轴瓦和推力轴瓦组成。为了便于对中，推力轴瓦底部制成球面，销钉用来防止推力轴瓦随轴转动。润滑油从下部油管注入，从上部油管导出。这种轴承主要承受轴向载荷，也可借助向心轴瓦承受较小的径向载荷。

普通止推滑动轴承因两平行平面之间不能形成动压油膜，因此须沿轴承止推面按若干块扇形面积开出楔形，其数量一般为 6～12。

想一想

1. 多级离心泵不同于单级离心泵的结构有哪些？
2. 离心泵平衡轴向力的结构有哪些？
3. 单端面机械密封有几处密封点？

二、压缩机内部结构认知

在石油化工生产过程中，常用的压缩机有活塞式压缩机、离心式压缩机和螺杆式压缩机等几种。

（一）活塞式压缩机

活塞式压缩机又称往复式压缩机，是容积型压缩机的一种。它是依靠气缸内活塞的往复运动来压缩缸内气体，从而增大气体压力，达到工艺要求。

活塞式压缩机系统由驱动机、机体、曲轴、连杆、十字头、活塞杆、气缸、活塞和活塞环、填料、气阀、冷却器和油水分离器等组成，如图 2-3-41 所示。

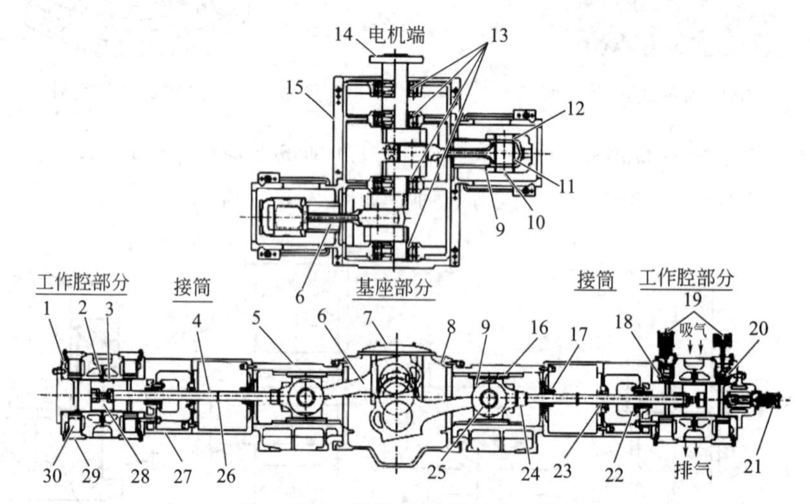

图 2-3-41 活塞式压缩机基本结构

1—气缸；2—气缸套；3—活塞环与支承环；4—活塞杆；5—中体（十字头箱）；6—连杆；7—曲轴箱上盖；8—曲轴箱；9—十字头体；10—十字销；11—连杆小头衬套；12—十字头销衬套；13—主轴承瓦；14—曲轴；15—压缩机地脚边；16—十字头滑板；17—刮油环；18—压阀罩；19—压开进气阀调节；20—进气阀；21—余隙容积调节；22—填料函；23—分隔室密封环；24—活塞杆螺母；25—十字头销挡板；26—活塞杆挡油环；27—中间接筒（缓冲室）；28—活塞；29—阀孔盖板；30—压阀罩

1. 活塞杆

活塞杆一端与活塞连接，另一端与十字头连接，它起传递连杆力带动活塞运动的作用。

它与活塞的连接方式常见的有两种，即凸肩连接与锥面连接。图 2-3-42 所示为凸肩连接方式，活塞用键固定于活塞杆上，螺母压住活塞，将螺母用翻边锁紧在活塞上，或用开口销锁在活塞杆上，以防螺母松动造成严重事故。活塞杆螺纹应制成细牙且根部倒圆，以提高疲劳强度。在活塞杆的末梢切出弹性锥孔，在螺母下部切出弹性沟槽，可以减少应力集中，提高疲劳强度。

图 2-3-43 所示为锥面连接方式，其优点是拆装方便，不需键定位，缺点是加工精度要求高，否则难以保证活塞与活塞杆垂直，且不易压紧。

2. 活塞环

活塞环与填料函是气缸的密封组件，都属于滑动密封元件，对它们的要求是，既要泄漏少、摩擦小，又要耐磨、可靠。活塞环与填料函通常使用金属材料制造，在有油润滑的条件下工作；但为了满足用户对压缩气体无油或少油的要求，也采用非金属材料在无油或少油的条件下工作。

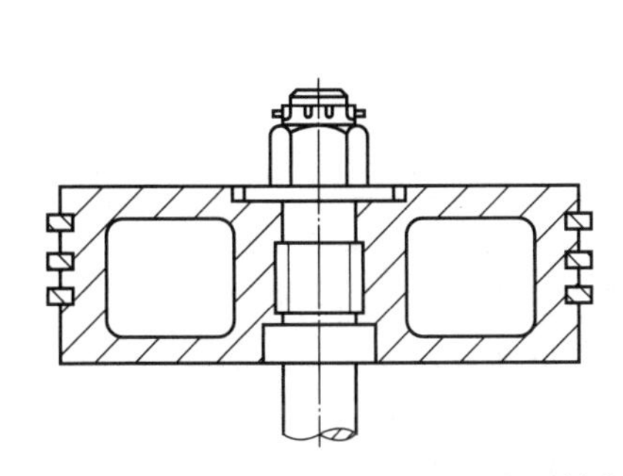
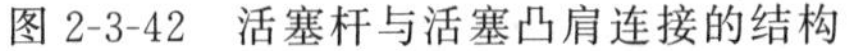

图 2-3-42　活塞杆与活塞凸肩连接的结构

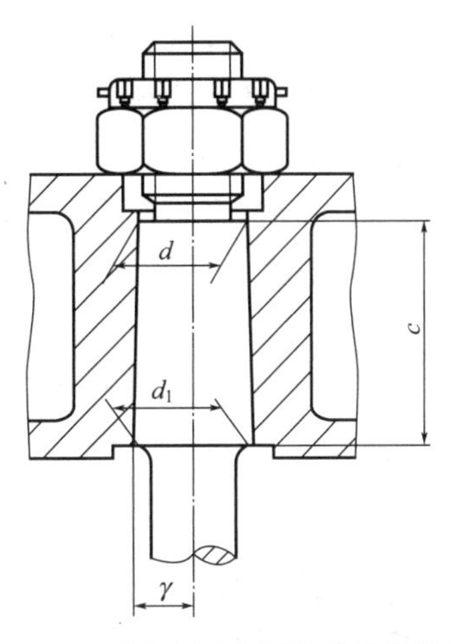

图 2-3-43　活塞与活塞杆的锥面连接结构

活塞环是一个开口的圆环，用金属材料如铸铁，或用自润滑材料如聚四氟乙烯制成。如图 2-3-44 所示，自由状态下其直径大于气缸直径，自由状态的切口值为 A，装入气缸后，环产生初弹力，该力使环的外圆面与气缸镜面贴合，产生一定的预紧密封压力。

活塞环截面多为矩形，其开口的切口形式如图 2-3-45 所示，有直切口、斜切口和搭切口三种。直切口制造简单，但泄漏严重，斜切口则相反，所以一般采用斜切口。为减少泄漏，安装时应将各切口错开，并使左右切口相邻，检修时要注意调整。

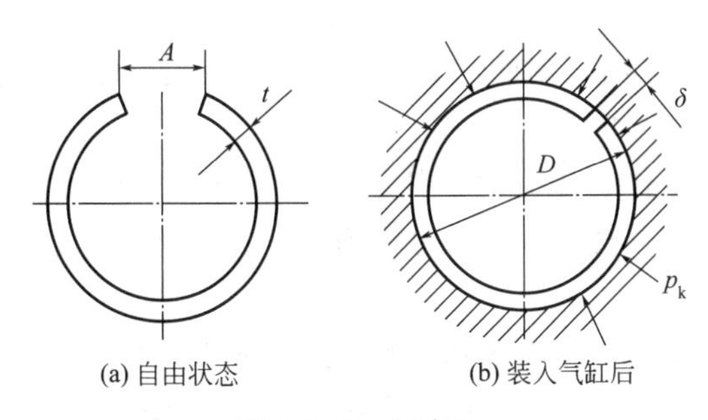

图 2-3-44　活塞环

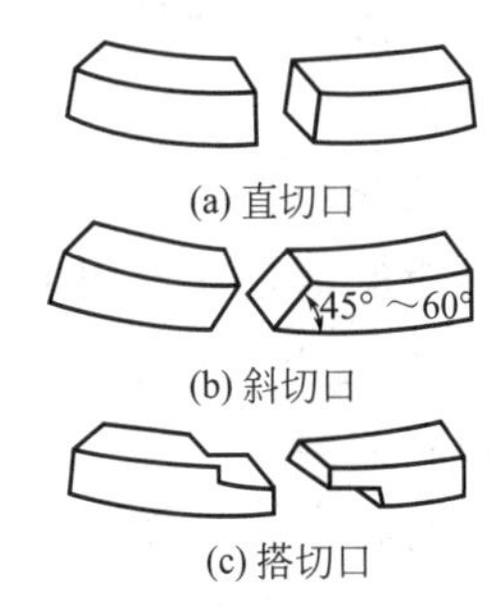

图 2-3-45　活塞环切口形式

（1）密封原理　活塞环是依靠阻塞与节流来实现密封的，气体的泄漏在径向由于环面与气缸镜面之间的贴合而被阻止，在轴向由于环端面与环槽的贴合而被阻止，此即所谓阻塞。由于阻塞，大部分气体经由环切口节流降压流向低压侧，进入两环间的间隙后，又突然膨胀，产生旋涡降压而大大降低泄漏能力，此即所谓节流。活塞环的密封是在有少量泄漏情况下，通过多个活塞环形成的曲折通道，形成很大压力降来完成的。

活塞环的密封还具有自紧密封的特点，即它的密封压力主要是靠被密封气体的压力来形成的，其工作过程与特点见图 2-3-46。在环的初弹力作用下，环与镜面贴合，形成预紧密封，活塞向上运动时，环的下端面与环槽贴合，所以压力气体主要经过环切口泄漏，产生压降，压力分布从 p_1 逐渐减小到 p_2；在环槽上侧隙及环的内表面（背面），因间隙很大，气体压力可视为处处为 p_1，这样便形成了一个径向的压力差（背压）与一个轴向的压力差，前者使环胀开，并将环压紧在气缸镜面上，后者使环的端面紧贴环槽，两者都阻止了气体泄漏，由于密封压紧力主要是靠被密封气体的压力来形成的，而且气体压差愈大，密封压紧力也愈大，所以称之为“自紧密封”。通过采用多个活塞环并限制切口的间隙值，可产生很大的阻塞与节流作用，使泄漏得到充分的控制。

实验表明，活塞环的密封作用主要由前三道环承担，如图 2-3-47 所示，第一道环产生的压降最大，起主要的密封作用，当然磨损也最快，当第一道环磨损后，第二道环就起主要密封作用，依次类推。

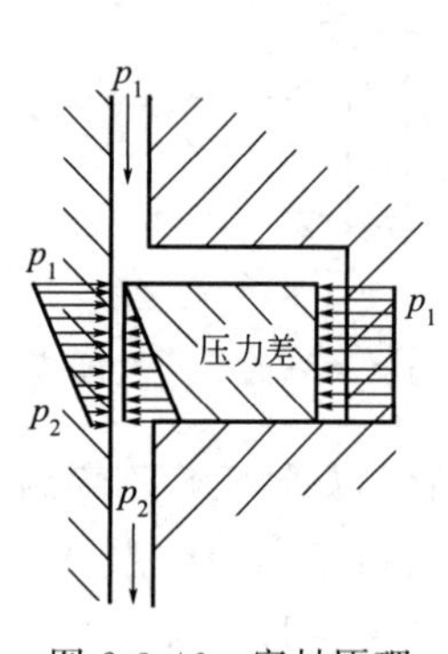

图 2-3-46　密封原理

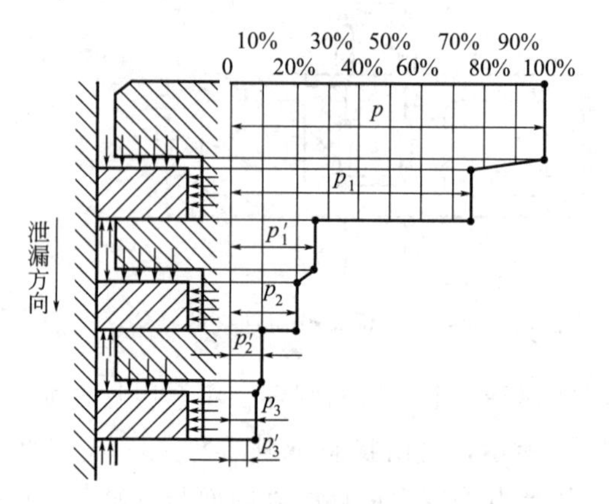

图 2-3-47　气体通过活塞环的压力变化

（2）活塞环的材质要求　金属活塞环常用材料为灰铸铁，灰铸铁活塞环的硬度为 89～107HRB。活塞环和气缸均有硬化与非硬化之分，活塞环表面硬化处理有镀硬铬、喷涂钼等，气缸有渗氮、渗硼等。

球墨铸铁环热处理后，金相组织为贝氏体时，耐磨性更好，同合金铸铁一样，用于制造中高压级活塞环。高压级活塞环也可采用耐磨青铜环。

低压级的活塞环若用填充聚四氟乙烯制作，在有油条件下运行时寿命比金属环可高出 2～3 倍，而且由于它在气缸表面上形成覆膜，气缸的寿命也得到延长。

3. 填料密封

为了密封活塞杆穿出气缸处的间隙，通常用一组密封填料来实现密封。填料是压缩机中易损件之一，在压缩机中，极少采用软质填料，一般采用硬质填料，常用的填料有金属、金属与硬质填充塑料或石墨等耐磨材料。对填料的主要要求是：密封性好，耐磨性好，使用寿命长，结构简单，成本低，标准化、通用化程度高。

为了解决硬质填料磨损后的补偿问题，往往采用分瓣式结构。在分瓣密封环的外圆周上，用拉伸弹簧箍紧，对柱塞杆表面进一步压紧贴合，建立密封状态。

硬质填料的密封面有三个，它的内孔圆柱面是主密封面，两个侧端面是辅助密封面，均要求具有足够的精度、平直度、平行度和粗糙度，以保持良好的贴合。

压缩机中的填料都是借助密封前后的气体压力差来获得自紧密封的。它与活塞环类似，也是利用阻塞和节流实现密封的，密封原理详见“活塞环”。硬质填料主要分为两类，即平面填料和锥面填料。

（1）平面填料　图 2-3-48 所示为常用的低、中压平面填料密封结构。它有 5 个密封室，用螺栓串联在一起，并以法兰固定在气缸体上。由于活塞杆的偏斜与振动对填料工作影响很大，故在前端设有导向套，内镶轴承合金，压力差较大时还可在导向套内开沟槽，起节流降压作用。填料和导向套靠注油润滑，注油还可带走摩擦热和提高密封性，注油点 A、B 一般设在导向套和第二组填料上方。填料右侧有气室，由填料漏出的气体和油沫自小孔 C 排出并用管道回收，气室的密封靠右侧的前置填料来保证。带前置填料的结构一般用于密封易燃或有毒气体，必要时采用抽气或用惰性气体通入气室进行封堵，防止有毒气体漏出。

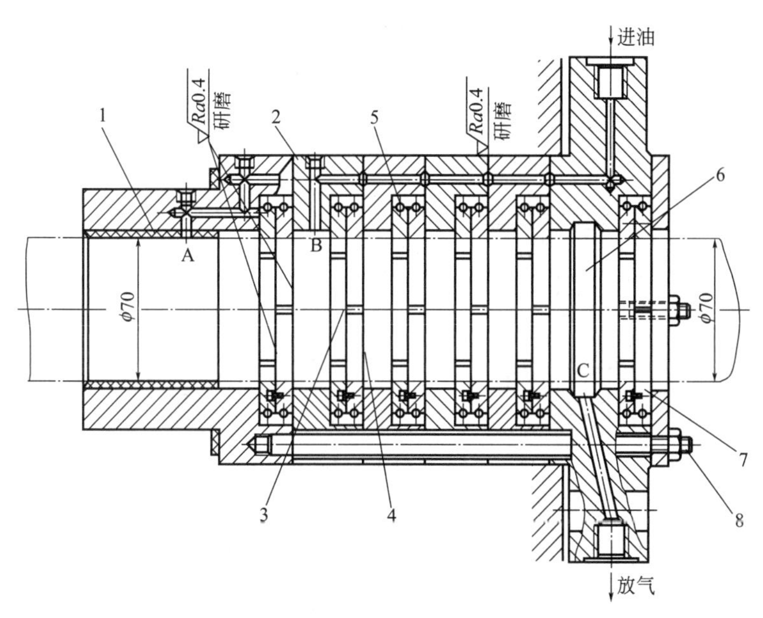

图 2-3-48　平面填料密封结构

1—导向套；2—密封盒；3—闭锁环；4—密封圈；5—镯形弹簧；6—气室；7—前置填料；8—螺栓

填料函的每个密封室主要由密封盒、闭锁环、密封圈和镯形弹簧等零件组成。密封盒用来安放密封圈及闭锁环，密封盒的两个端面必须研磨，以保证密封盒以及密封盒与密封圈之间的径向密封。图 2-3-49 所示为三、六瓣平面填料，在密封盒内装有两种密封环，靠高压侧的是三瓣闭锁环，有径向直切口；低压侧的是六瓣密封圈，由三个鞍形瓣和三个月形瓣组成，两个环的径向切口应互相错开，由圆柱销来保证，环的外部都用镯形弹簧把环箍紧在活塞杆上，切口与镯形弹簧的作用是产生密封的预紧力，环磨损后，能自动紧缩而不致使圆柱间隙增大。其中六瓣密封圈在填料函中起主要密封作用，切口沿径向被月形瓣挡住，轴向则由三瓣闭锁环挡住。工作时，沿活塞杆来的高压气体可沿三瓣闭锁环的径向切口导入密封室，从而把六瓣密封圈均匀地箍紧在活塞杆上而达到密封作用。气缸内压越高，六瓣密封圈

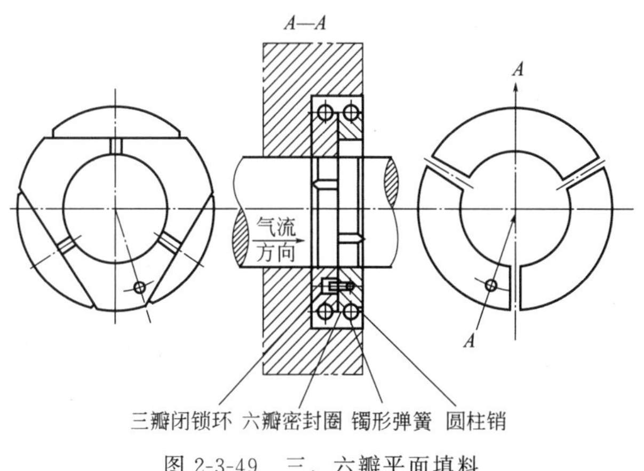

图 2-3-49　三、六瓣平面填料

与活塞杆抱得越紧，因而也具有自紧密封作用。

六瓣密封圈三个鞍形瓣之间留有切口间隙，用来保证六瓣密封圈磨损后仍能在弹簧力作用下自动紧缩，而不致使径向间隙过大。但是，这个切口间隙构成了气体轴向泄漏的通道。为了挡住这些通道，必须设置闭锁环。闭锁环的主要作用就是挡住密封圈的切口间隙，此外还兼有阻塞与节流作用。三、六瓣平面填料主要用在压差在10MPa以下的中压密封。对压差在1MPa以下的低压密封，也可采用三瓣斜口平面填料，如图2-3-50所示。

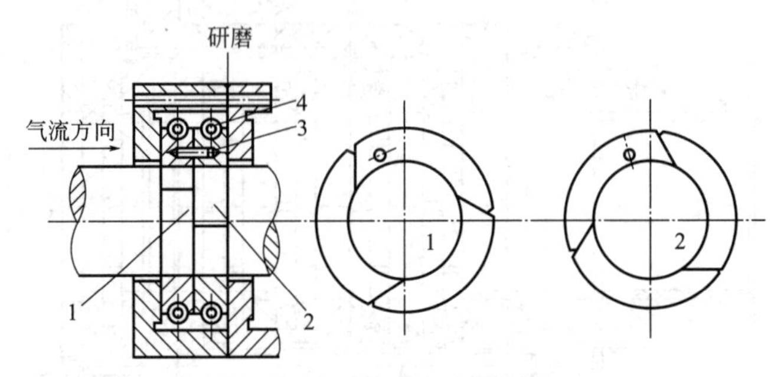

图2-3-50　三瓣斜口平面填料

1，2—三瓣斜口密封圈；3—圆柱销；4—镯形弹簧

三瓣斜口活塞环结构简单而坚固，容易制造，成本低廉，但介质可沿斜口接合面产生泄漏，而且活塞环对活塞杆的贴合压力不均匀，靠近锐角一侧的贴合压力大，因此在工作过程中，磨损不会均匀并主要表现在靠近锐角一端。磨损后的活塞环内圆孔面不呈圆形，并使对磨损的补偿能力下降，泄漏量增加。故这种活塞环主要用于压差低于1MPa的低压压缩机活塞杆密封。

三瓣斜口硬填料采用两个活塞环为一组，安装时，其切口彼此错开，使之能够互相遮挡，阻断轴向泄漏通道，提高密封性能。

除了以上两种形式的密封圈填料外，平面填料还有活塞环式的密封圈，这种硬填料密封，每组由三道开口环组成，如图2-3-51所示。内圈是密封环，用铂合金、青铜或填充聚四氟乙烯制成，外圈是弹力环，用圈簧抱紧，装配时，三环的切口要错开，以免漏气。

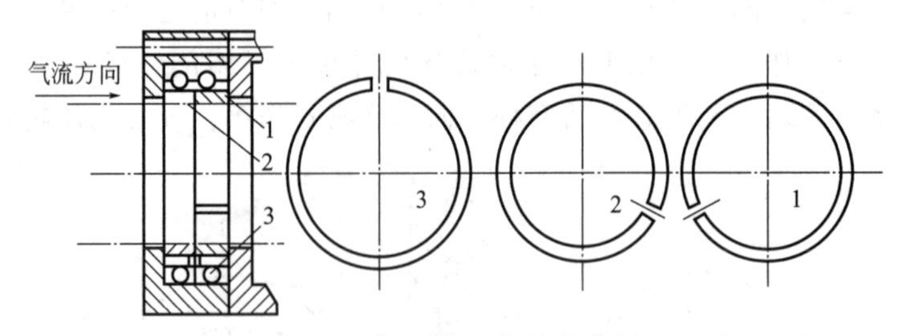

图2-3-51　活塞环式填料密封

1，2—内圈；3—外圈

平面填料一般采用铸铁HT200，特殊情况用锡青铜ZQSn8-12、轴承合金ZChSnSb11-6以及高铅青铜等制成。

（2）锥面填料　在高压情况下，如果仍采用平面填料，则由于气体压力很高，而填料本身又不能抵消气体压力作用，致使填料作用在活塞杆上的比压过大而加剧磨损。为降低密封圈作用在活塞杆上的比压，在高压密封中，可采用锥面填料。

图 2-3-52 所示为锥面填料结构，主要用于压差超过 10～100MPa 的高压压缩机的活塞杆密封。它也是自紧式的密封，既有径向自紧作用，又有轴向自紧作用。密封元件由一个径向切口的 T 形外环和两个径向开口的锥形环组成。前、后锥形环对称地套在 T 形外环内。安装时切口互成 120°，用圆柱销来固定，并装在支承环和压紧环中，最后放入填料盒内。填料盒内装有轴向弹簧，其作用是使密封圈对活塞杆产生一个预紧力，以便开车时能进行最初的密封。当气体压力 p 从右边轴向作用在压紧环的端面时，通过锥面分解成一径向分压力 $p\tan\alpha$，此力使密封环抱紧在活塞杆上，α 角越大，径向力也越大，因此这种密封也是靠气体压力实现自紧密封的。在一组锥面填料的组合中，靠气缸侧的密封环承受压差大，其径向分力也大。为使各组密封环所受径向分力较均匀，以使磨损均匀，可取前几组密封环的 α 角较小，后面的各组 α 角较大，常取 α 角为 10°、20°、30°的组合。

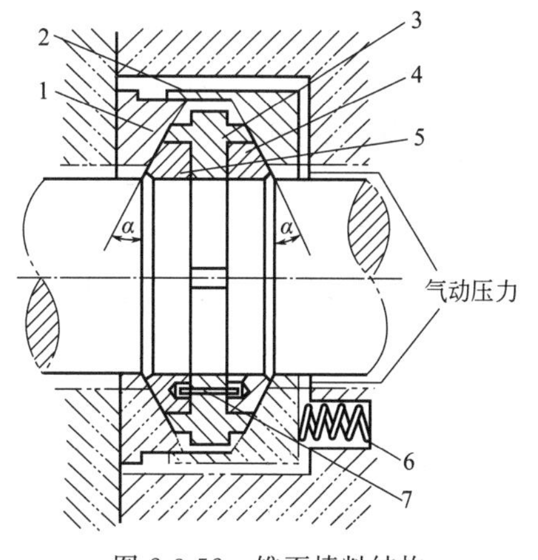

图 2-3-52　锥面填料结构
1—支承环；2—压紧环；
3—T 形外环；4—前锥形环；
5—后锥形环；6—轴向弹簧；7—圆柱销

为保证在运转时润滑油楔入密封圈的摩擦面，减轻摩擦，提高密封性能，在锥形环的内圆外端加工成 15°的油楔角。安装时油楔角有方向性，应在填料盒的低压端。

锥面填料的 T 形外环与锥形环常用锡青铜 ZQSn8-12（用于 $p>27.4$MPa）或巴氏合金 ChSnSb11-6（用于 $p\leqslant 27.4$MPa）制成，当用锡青铜 ZQSn8-12 时，要求硬度为 60～65HBS。整体支承环与压紧环用碳钢制成。

4. 中体

压缩机中体内同样设有十字头滑道用以承放十字头，如图 2-3-53 所示。对于压缩可燃气体或有毒气体的压缩机，其与气缸之间还具有两个隔腔，其中靠近气缸的隔腔充以一定压力（如 0.02MPa）的氮气。中体是传递气体力至机身主轴承的零件。

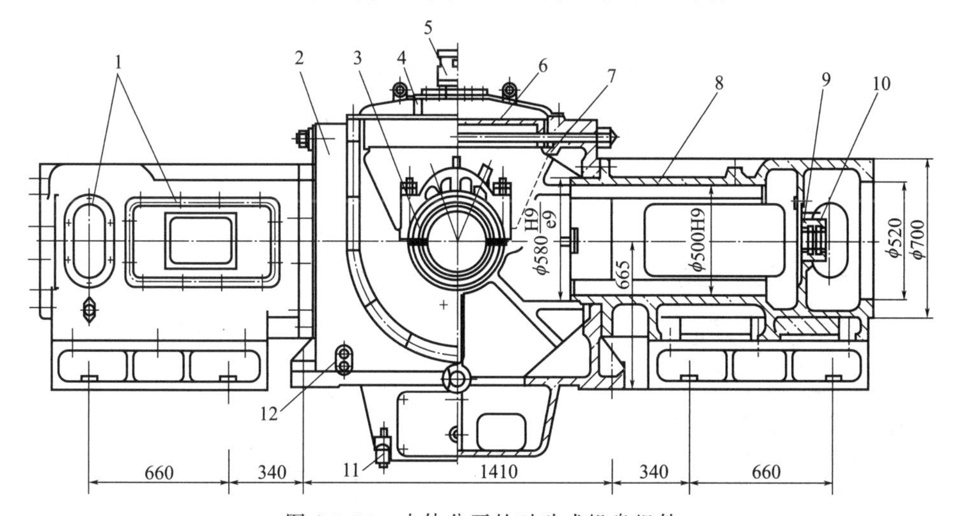

图 2-3-53　中体分开的对动式机身组件
1—中体与侧窗盖；2—曲轴箱；3—主轴承；4—机身上盖；5—呼吸器；
6—撑块；7—拉紧螺栓；8—中体；9—挡油板；10—刮油圈；11—放油阀；12—示油窗

5. 气缸

气缸是构成工作容积实现气体压缩的主要部件。按冷却方式分，有风冷气缸与水冷气缸；按活塞在气缸中的作用方式分，有单作用、双作用及级差式气缸；按气缸的排气压力分，有低压、中压、高压、超高压气缸等。

(1) 低压微型、小型气缸　排气压力小于 0.8MPa、排气量小于 $1m^3/min$ 的气缸为低压微型气缸，多为风冷式、移动式空气压缩机采用；排气压力小于 0.8MPa、排气量小于 $10m^3/min$ 的气缸为低压小型气缸，有风冷、水冷两种。

微型风冷式气缸结构如图 2-3-54 所示，为强化散热，它在缸体与缸盖上设有散热片，散热片在一圈内宜分成三四段，各缺口错开排列，缺口气流的扰动可以强化散热。大多数低压小型压缩机都采用水冷双层壁气缸，如图 2-3-55 所示。

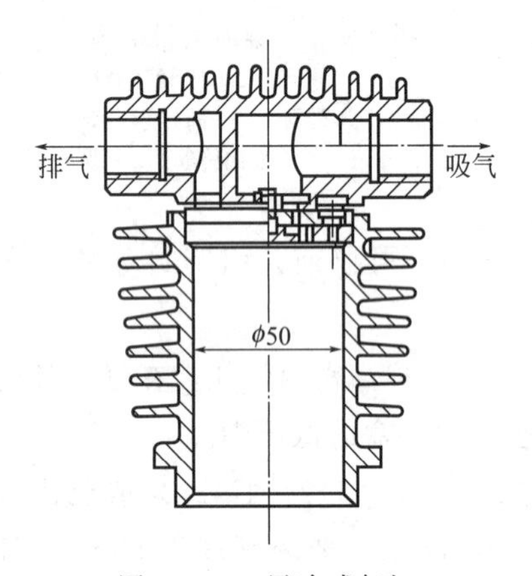

图 2-3-54　风冷式气缸

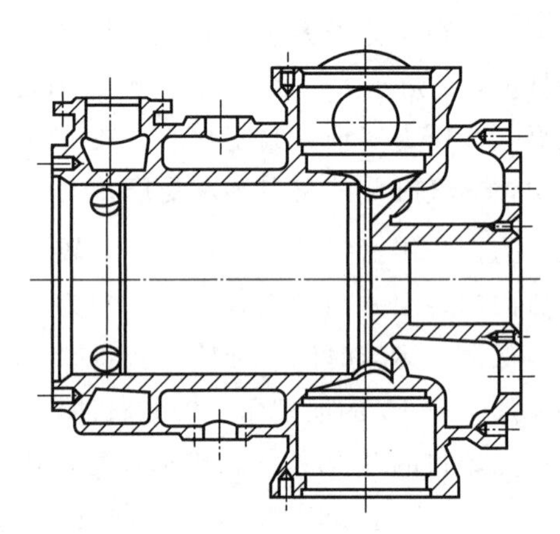
图 2-3-55　双层壁气缸

(2) 低压中、大型气缸　低压中、大型气缸多为双层壁或三层壁气缸。图 2-3-56 所示为一个水冷三层壁双作用铸铁气缸，内层为气缸工作容积，中间为冷却水通道，外层为气体通道，它中间隔开分为吸气阀与排气阀两部分，冷却水将吸气阀与排气阀隔开，可以防止吸入气体被排出、气体被加热，填料函四周也设有水腔，以改善工作条件。

(3) 高压和超高压气缸　工作压力为 10～100MPa 的气缸为高压气缸，它们可用稀土合金球墨铸铁、铸钢或锻钢制造，图 2-3-57 所示为稀土合金球墨铸铁气缸。工作压力大于 100MPa 的气缸为超高压气缸，设计时主要应考虑强度与安全，气缸壁采用多层组合圆筒结构。

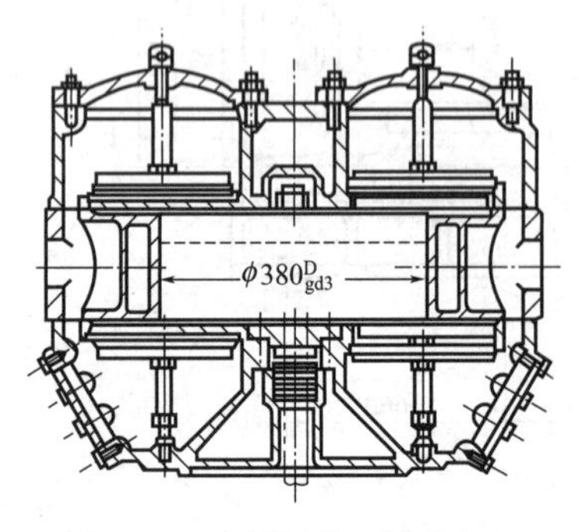

图 2-3-56　短行程三层壁气缸

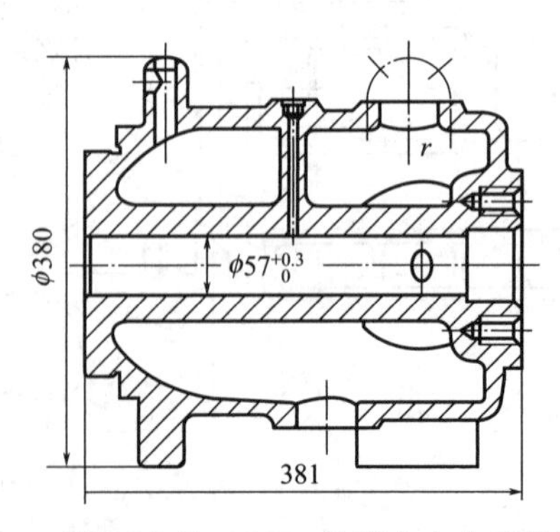

图 2-3-57　工作压力为 32MPa 的稀土合金球墨铸铁气缸

6. 气阀

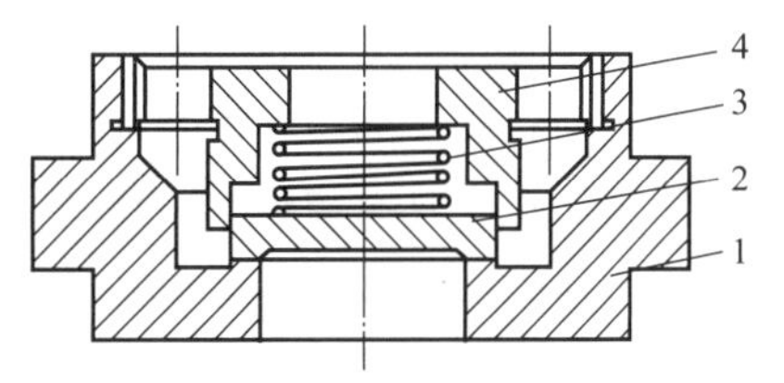

图 2-3-58　气阀的组成

1—阀座；2—阀片；3—弹簧；4—升程限制器

气阀是活塞式压缩机的主要部件之一，其作用是控制气体及时吸入和排出气缸。目前，活塞式压缩机上的气阀一般为自动阀，即气阀不是用强制机构而是依靠阀片两侧的压力差来实现启闭的。气阀的组成包括阀座、阀片（或阀芯）、弹簧、升程限制器等，如图 2-3-58 所示。

气阀未开启时，阀片在弹簧力作用下紧贴在阀座上，当阀片两侧的压力差（对吸气阀而言，当进气管中的压力大于气缸中的压力，或对排气阀而言，当气缸中的压力大于排气管中的压力）足以克服弹簧力与阀片等运动重量的惯性力时，阀片便开启。当阀片两侧压力差消失时，在弹簧力的作用下，阀片关闭。

气阀的形式很多，按气阀阀片结构的不同形式可分为环阀（环状阀、网状阀）、孔阀（碟状阀、杯状阀、菌形阀）、条阀（槽形阀、自弹条状阀）等。其中以环状阀应用最广，网状阀次之。

（1）环状阀　如图 2-3-59 所示为环状阀的结构，它由阀座、连接螺栓、阀片、弹簧、升程限制器、螺母等零件组成。阀座呈圆盘形，上面有几个同心的环状通道，供气体通过，各环之间用筋连接。

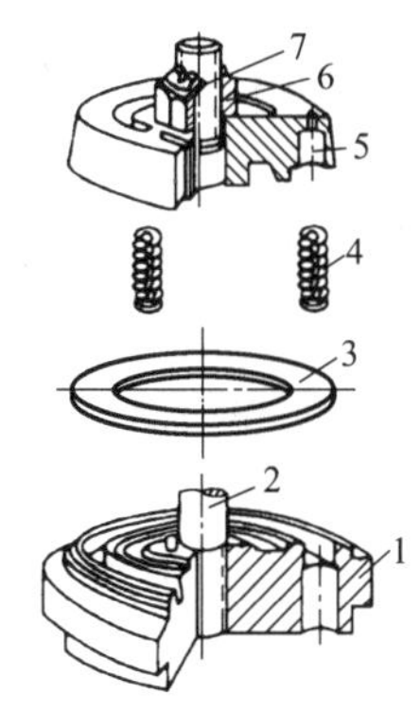

图 2-3-59　环状阀的结构

1—阀座；2—连接螺栓；3—阀片；4—弹簧；5—升程限制器；6—螺母；7—开口销

当气阀关闭时，阀片紧贴在阀座凸起的密封面上，将阀座上的气流通道盖住，截断气流通路。

升程限制器的结构和阀座相似，但其气体通道和阀座通道是错开的，它控制阀片升起的高度，成为气阀弹簧的支承座。在升程限制器的弹簧座处，常钻有小孔，用于排除可能积聚在这里的润滑油，防止阀片被粘在升程限制器上。

阀片呈环状，环数一般取 1～5 环片，有时多达 8～10 环片。环片数目取决于压缩气体的排气量。

弹簧的作用是产生预紧力，使阀片在气缸和气体管道中没有压力差时不能开启；在吸气、排气结束时，借助弹簧的作用力能自动关闭。

气阀依靠连接螺栓将各个零件连在一起，连接螺栓的螺母总是在气缸外侧，这是为了防止螺母脱落进入气缸。吸气阀的螺母在阀座的一侧，排气阀的螺母在升程限制器的一侧。在装配和安装时，应注意切勿把排气阀、吸气阀装反，以免发生事故。

（2）网状阀　如图 2-3-60 所示为网状阀的结构。阀片呈网状，相当于将环状阀片连成一体。阀片本身具有弹性，自中心起的第二圈上将径向筋铣出一个斜口，同时在很长弧度内铣薄。阀片中心圈被夹紧在阀座与升程限制器之间，阀片的外面各圈是起密封作用的部分，能同时上下起落。网状阀片加工困难，应力集中处较多，容易损坏，因此以往国内使用较少，适合无润滑压缩机。

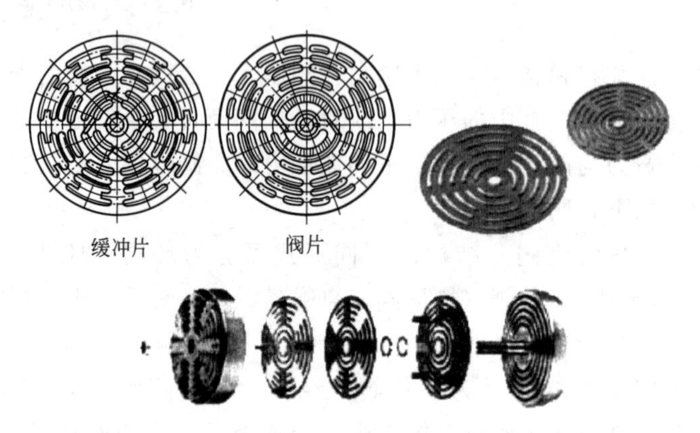

图 2-3-60　网状阀的结构

7. 活塞

活塞与气缸构成了压缩容积，在气缸中做往复运动，起到压缩气体的作用。活塞的基本结构形式有筒形、盘形等。

（1）筒形活塞　用于无十字头的单作用压缩机中，如图 2-3-61 所示。它通过活塞销与连杆小头连接，故压缩机工作时，筒形活塞除起压缩作用外，还起十字头的导向作用。筒形活塞分为裙部和环部，工作时裙部承受侧向力，环部装有活塞环和刮油环，活塞环一般装在靠近压缩容积一侧，起密封作用，刮油环靠近曲轴箱一侧，起刮油、布油作用。筒形活塞一般采用铸铁或铸铝制造，主要用于低压、中压气缸，多用于小型空气压缩机或制冷机。

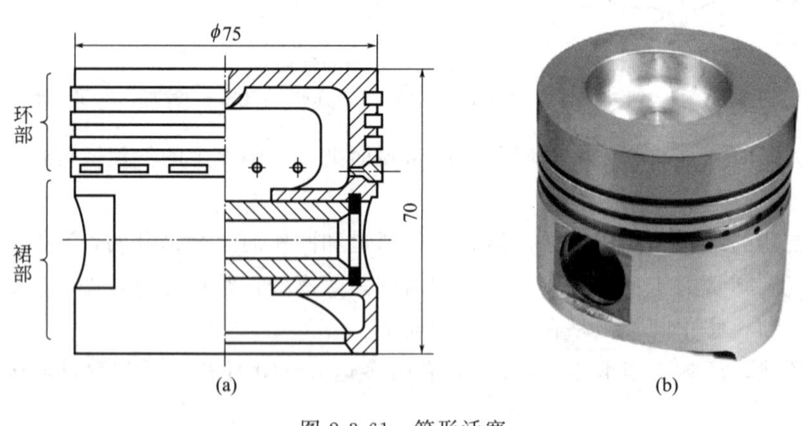

图 2-3-61　筒形活塞

（2）盘形活塞　盘形活塞如图 2-3-62 所示，一般做成空心的，以减轻重量，为增加其刚度和减小壁厚，其内部空间均带有加强筋。加强筋的数量由活塞的直径而定，一般为 3～8 条。

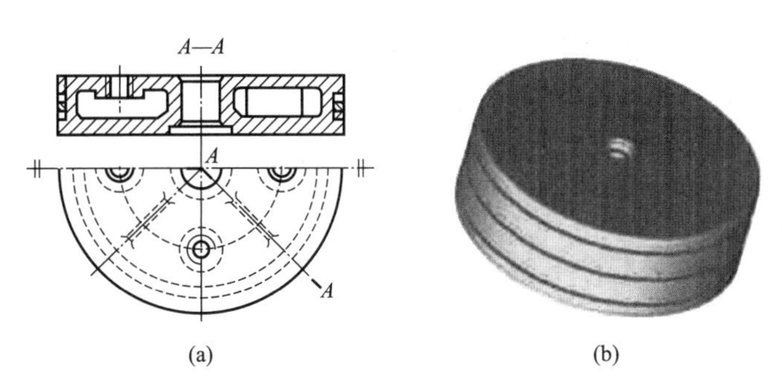

(a) (b)

图 2-3-62　盘形活塞

8. 连杆

连杆分为开式和闭式两种。闭式连杆（图 2-3-63）的大头与曲柄轴相连，这种连杆无连杆螺栓，便于制造，工作可靠，容易保证加工精度，常用于大型压缩机。

现在普遍应用的是开式连杆，如图 2-3-64 所示。开式连杆包括杆体、大头、小头三部分。大头分为与杆体连在一起的大头座和大头盖两部分，大头盖与大头座用连杆螺栓连接，连杆螺栓上加有防松装置，以防止连杆螺母松动。在大头盖和大头座之间加有垫片，以便调整大头瓦与主轴的间隙。杆体截面有圆形、矩形、工字形等。连杆材料通常采用 35 钢、40 钢、45 钢，近年来也广泛采用球墨铸铁和可锻铸铁制造连杆。

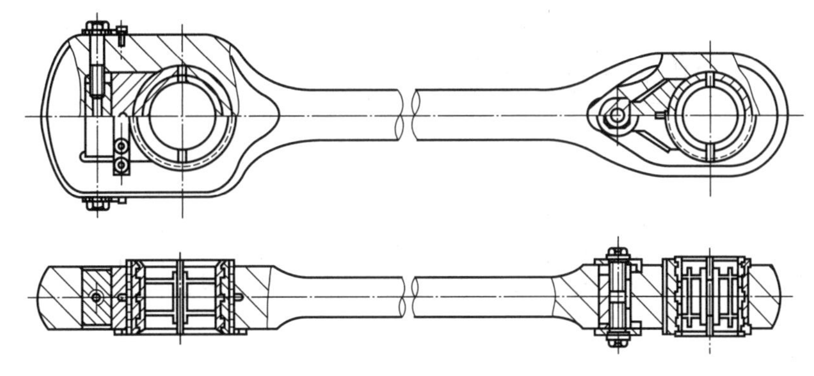

图 2-3-63　闭式连杆

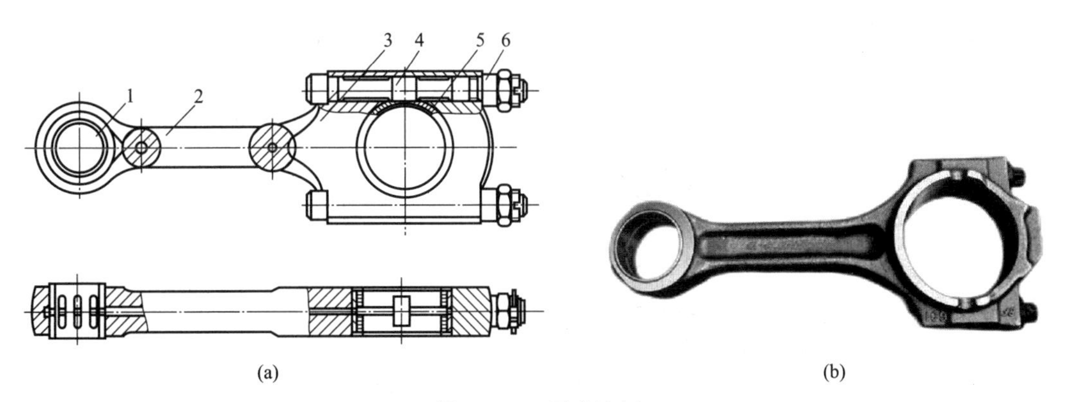

(a) (b)

图 2-3-64　开式连杆

1—小头；2—杆体；3—大头座；4—连杆螺栓；5—大头盖；6—连杆螺母

（1）连杆轴瓦　连杆大头多用剖分式轴瓦，通过在剖分面加减垫片的方式调整轴瓦间隙。现代高速活塞式压缩机的剖分式连杆大头中一般镶有薄壁轴瓦，如图 2-3-65 所示，其制造精度高，互换性好，易于装修，价格低廉，深受广大用户欢迎。

薄壁轴瓦表面覆有 0.2～0.7mm 厚的减磨轴承合金，导热性良好。减磨轴承合金层要求有足够的疲劳强度，良好的表面性能（如抗咬合性、嵌藏性和顺应性）、耐磨性和耐腐蚀性，高锡铝合金、铝锑镁合金和锡基铝合金是常用减磨轴承合金材料。

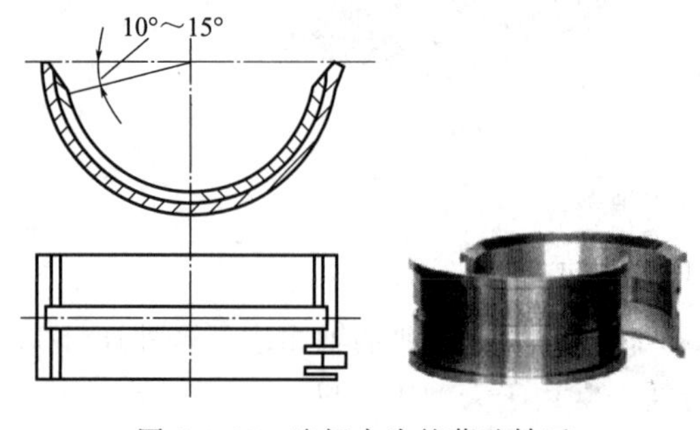

图 2-3-65　连杆大头的薄壁轴瓦

连杆小头常采用整体铜套结构，该结构简单，加工和拆装都方便。为使润滑油能到达工作表面，一般采用多油槽的形式，材料采用锡青铜或磷青铜。若小头轴瓦磨损后能够调整，则采用如图 2-3-65 所示的可调结构，依靠螺钉拉紧斜铁来调整磨损后的轴与十字头销间的间隙。

（2）连杆螺栓　连杆螺栓是压缩机中最重要的零件之一。中、小型压缩机的连杆螺栓结构如图 2-3-66(a) 所示，大型压缩机的连杆螺栓结构如图 2-3-66(b) 所示。由于连杆螺栓受力复杂，因此螺栓上的螺纹一般采用高强度的细牙螺纹，螺栓头底面与螺栓轴线要相互垂直。连杆螺栓的材料为优质合金钢，如 40Cr、45Cr、30CrMo、35CrMoA 等。

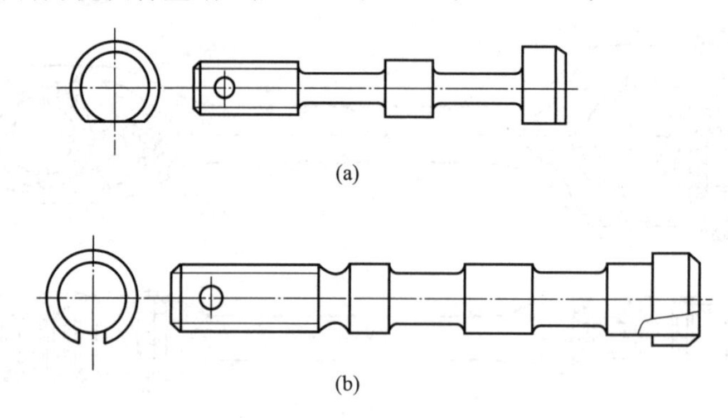

图 2-3-66　连杆螺栓的结构

9. 曲轴

活塞式压缩机曲轴通常是曲拐轴，如图 2-3-67 所示。

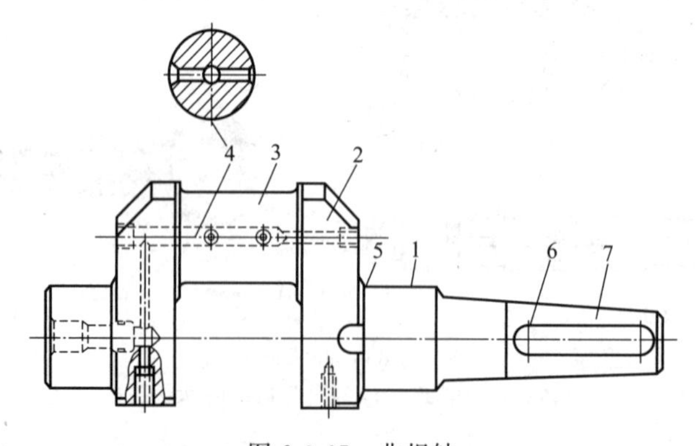

图 2-3-67　曲拐轴

1—主轴颈；2—曲柄（曲臂）；3—曲柄销（曲拐颈）；4—通油孔；5—过渡圆角；6—键槽；7—轴端

曲拐轴由以下部分组成：

（1）主轴颈　主轴颈装在主轴承中，它是曲轴支承在机体轴承座上的支点，每个曲轴至少有两个主轴颈。对于曲拐轴，为了减小由于曲轴自重而产生的变形，常在当中再加上一个或多个主轴颈，这种结构使曲轴长度增加。

（2）曲柄销　曲柄销装在连杆大头轴承中，由它带动连杆大头旋转，为曲轴和连杆的连接部分，因此又把它称为连杆轴颈。

（3）曲柄　也叫作曲臂，它是连接曲柄销与主轴颈或连接两个相邻曲柄销的部分。

（4）轴身　曲轴除曲柄、曲柄销、主轴颈这三部分之外，其余部分称为轴身。它主要用来装配曲轴上其他零部件，如齿轮油泵等。

大多数压缩机均采用整体式曲轴，采用空心结构。空心结构的曲轴非但不影响曲轴的强度，反而能提高其抗疲劳强度，降低有害的惯性力，减轻无用的重量。实践证明，空心曲轴比实心曲轴抗疲劳强度约提高 50%。

（二）离心式压缩机

离心式压缩机由转子及定子两大部分组成。转子包括转轴、固定在轴上的叶轮、轴套、平衡盘、推力盘及联轴器等零部件；定子包括机壳、扩压器、弯道、回流器、轴承和蜗室以及定位于缸体上的各种隔板等零部件；在转子与定子之间需要密封气体的部位还设有密封元件。离心式压缩机典型结构如图 2-3-68 所示。

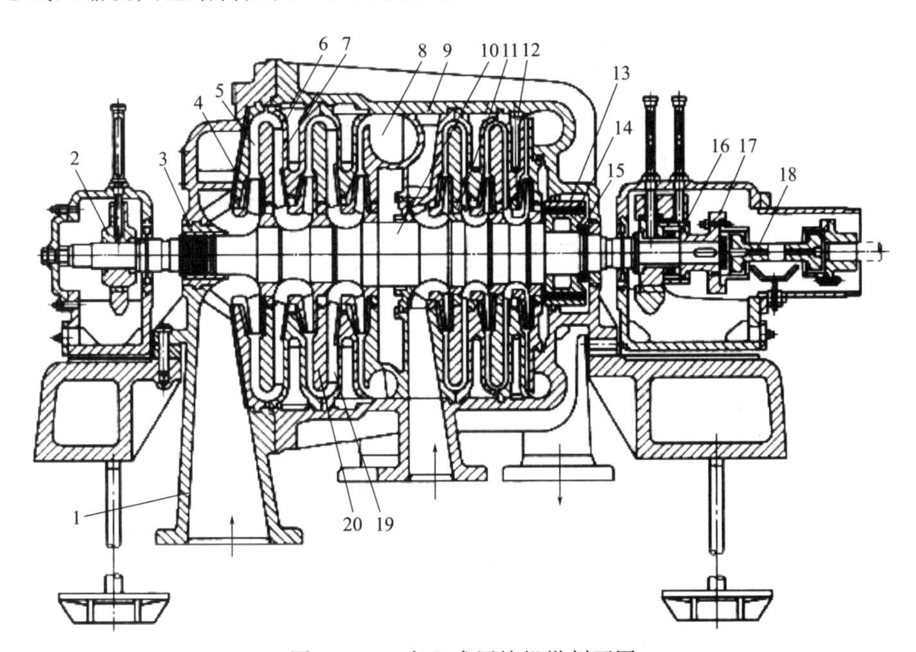

图 2-3-68　离心式压缩机纵剖面图

1—吸气室；2—支承轴承；3，13—轴端密封；4—叶轮；5—扩压器；6—弯道；7—回流器；8—蜗室；9—机壳；10—主轴；11—隔板密封；12—叶轮进口密封；14—平衡盘；15—卡环；16—止推轴承；17—推力盘；18—联轴器；19—回流器导流叶片；20—隔板

离心式压缩机主要过流部件作用如下：

① 吸气室：将所要压缩的气体由进气管（或中间冷却器出口）均匀地引入叶轮进行增压。

② 叶轮：是离心式压缩机中唯一对气体做功的部件。气体进入叶轮后，随叶轮一起高速旋转，由于离心力和扩压作用，气体的速度和压力得到很大提高。

③ 扩压器：在叶轮后设置流通面积逐渐扩大的扩压器，用以把动能转变为压力能，提高气体压力。

④ 弯道：将扩压器流出的气体由离心方向改变为向心方向，将气体更好地引入下一级叶轮。

⑤ 回流器：级间导流，将气体均匀地引入下一级叶轮入口。

⑥ 蜗室：将从扩压器或叶轮流出的气体汇集起来并导向排出管路，同时由于流通面积的逐渐扩大，还起转能的作用，使气体的动能进一步转变为压力能。

通常离心式压缩机由多级组成。所谓级，就是由一个叶轮和与其相配合的固定元件组成，级是组成离心式压缩机的基本单元。离心式压缩机的级有 3 种形式，即首级、中间级和末级。图 2-3-69(a) 为中间级的简图，它由叶轮、扩压器、弯道和回流器构成；图 2-3-69(b) 为末级的简图，它由叶轮、扩压器、蜗室构成（有些机器的末级无扩压器）；首级除了中间级的部件外，还有进气管。

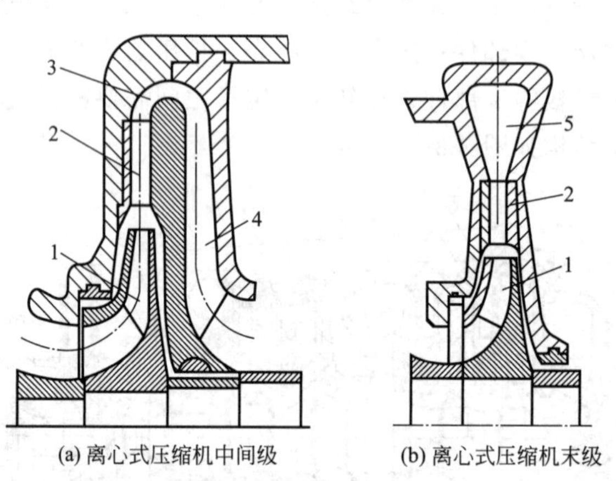

图 2-3-69 离心式压缩机的中间级和末级

1—叶轮；2—扩压器；3—弯道；4—回流器；5—蜗室

多级离心式压缩机在压缩比大于 3 时常采用中间冷却器，被中间冷却器隔开的级组称为段。气体由上一段进入中间冷却器，经冷却降低温度后再进入下一段继续压缩。中间冷却器一般采用水冷。一个或几个段装在同一机壳内称为压缩机的一个缸。用联轴器将几个缸串联在一起称为压缩机的一个列。由同一台驱动机驱动一个列或几个列称为压缩机的一个机组。图 2-3-68 所示为一个机组、一列、一缸、两段、六级离心式压缩机。

1. 隔板

隔板是形成固定元件的气体通道。根据隔板在压缩机中所处的位置，可分为四种类型：进气隔板、中间隔板、段隔板和排气隔板。进气隔板和气缸形成进气室，将气体导流到第一级叶轮入口。中间隔板，一是形成扩压器，使气流自叶轮流出后具有的动能减少，转变为压强的提高；二是形成弯道和回流器，使从扩压器出来的气流转弯流向中心，流到下一级叶轮的入口。段隔板用于分隔前后两段的排气口或进气口。排气隔板除与末级叶轮前隔板形成末级扩压器之外，还要形成排气室。

隔板上装有轮盖密封和叶轮定距套密封，所有密封环一般做成上下两半，以便拆装。为了使转子的安装和拆卸方便，无论是水平剖分型还是筒型压缩机的隔板都做成上下两半，其差别仅在于隔板在气缸上的固定方式不同。水平剖分型气缸每个上下隔板外缘都车有沟槽，和相应的上下气缸装配在一起，为了在上气缸起吊时，隔板不至于掉下来，常用沉头螺钉将隔板和气缸在中分面固定；筒型气缸上下隔板固定好之后，还需用贯穿螺栓固定成整个隔板束，轴向推进筒型气缸内。

2. 轴向力及平衡装置

离心式压缩机在工作时，由于叶轮的轮盘和轮盖两侧所受的气体作用力不同，相互抵消后，还会剩下一部分力作用于转子，这个力即为轴向力，其作用方向从高压端指向低压端，也就是指向叶轮入口。如果轴向力过大，会影响轴承寿命，严重的会使轴瓦烧坏，引起转子窜动，使转子上的零件和固定元件碰撞，以致机器损坏。因此，必须采取措施降低轴向力，以确保机器的安全运转。常用的轴向力平衡方法包括叶轮对称排列、平衡盘装置和叶轮背面加筋。

（1）叶轮对称排列　单级叶轮产生的轴向力方向是指向叶轮入口的，如将多级叶轮对称排列，则入口方向相反的叶轮会产生方向相反的轴向力，如图 2-3-70 所示。这样，叶轮的轴向力将互相抵消一部分，使总的轴向力大大减小。这种方法会造成压缩机本体结构和管路布置的复杂化。

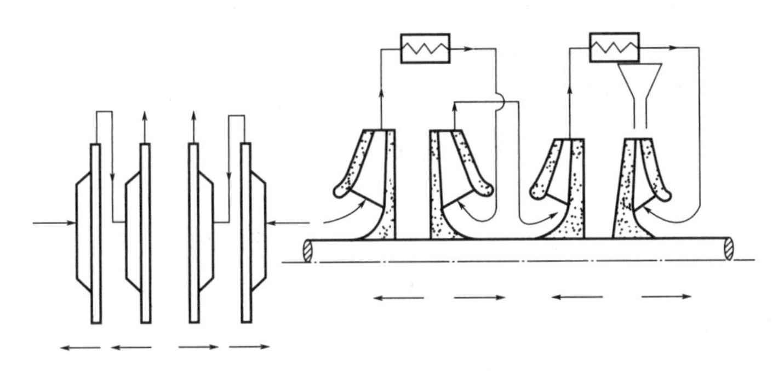

图 2-3-70　叶轮对称排列

（2）平衡盘装置（平衡活塞）　平衡盘一般安装在气缸末级（高压端）的后端，其结构如图 2-3-71 所示。它的一侧受到末级叶轮出口气体压力的作用，另一侧与压缩机的进气管相接。平衡盘的外缘与固定元件之间装有迷宫式密封齿，这样既可以维持平衡盘两侧的压差，又可以减少气体的泄漏。由于平衡盘两侧的压力不同，于是在平衡盘上产生了一个方向与叶轮的轴向力相反的平衡力，从而使大部分轴向力得到平衡。平衡盘结构简单，不影响气体管线的布置，应用广泛。

（3）叶轮背面加筋　对于高压离心式压缩机，还可以考虑在叶轮的背面加筋，如图 2-3-72 所示。该筋相当于一个半开式叶轮，在叶轮旋转时，它可以大大减小轮盘带筋部分的压力。压力分布如图 2-3-72 所示，图中的 *eij* 线为不带筋时的压力分布，而 *eih* 线为带筋时的压力分布，可见带筋时叶轮背面靠近内径处的压力显著减小，因此，合理选择筋的长度，可将叶轮的部分轴向力平衡掉。这种方法在介质密度较大时，效果更为明显。

采用各种平衡方法是为了减小转子的轴向力，以减轻止推轴承的负荷。当然，轴向力不可能全部平衡掉，一般只平衡掉 70%左右，剩下 30%的轴向力通过推力盘作用在推力轴承上。

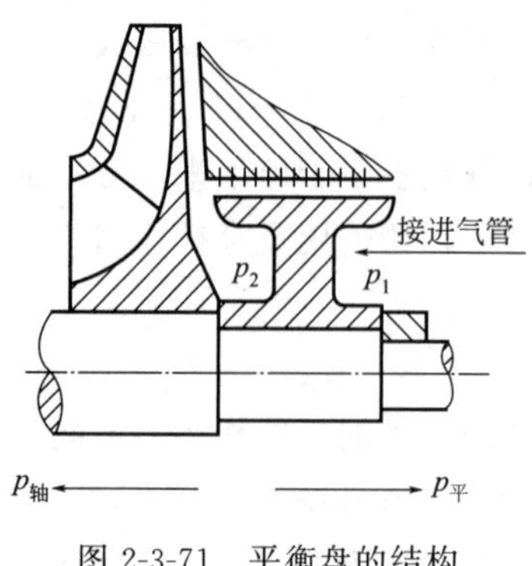

图 2-3-71　平衡盘的结构

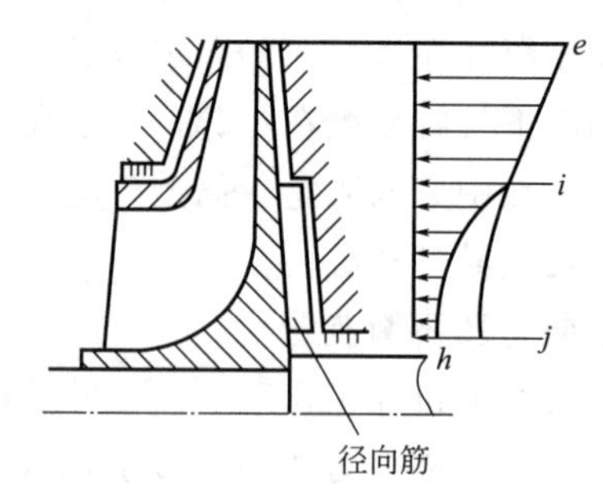

图 2-3-72　叶轮背面加筋装置

3. 密封装置

离心式压缩机的转子和定子，一个高速旋转，而另一个固定不动，两者之间必定具有一定的间隙，因此就一定会有气体在机器内部由一个部位泄漏到另一个部位，同时还向机器外部（或内部）进行泄漏。为了减少或防止气体的这些泄漏，需要设置密封装置。

离心式压缩机的密封按位置可分为内部密封（级间密封、中间密封）和外部密封（轴端密封），前者防止机器内部通流部分各空腔之间的泄漏，如轮盖、定距套和平衡盘上的密封，后者防止或减少气体由机器向外界泄漏或由外界向机器内部泄漏（机器内部气体的压力低于外界的气压），如吸入侧首级叶轮密封和末级叶轮出口密封。

按其密封原理可分为气封和液封。在气封中有迷宫密封和充气密封；在液封中有固定式密封、浮环密封、固定内装式机械密封和其他液体密封。

密封的结构形式与压力、介质及其密封的部位有关，一般级间密封均采用迷宫密封，平衡盘上的气封往往采用一种蜂窝形的迷宫密封。化工压缩机中有毒、易燃易爆介质的密封，多采用液体密封、抽气密封或充气密封。对高压、有毒、易燃易爆气体，如氨气、甲烷、丙烷、石油气和氢气等，不允许外漏，其轴端密封则采用浮环密封、机械密封、抽气密封或充气密封。当压缩的气体无毒，如空气、氮气等，允许有少量气体泄漏时，轴端密封可采用迷宫密封。

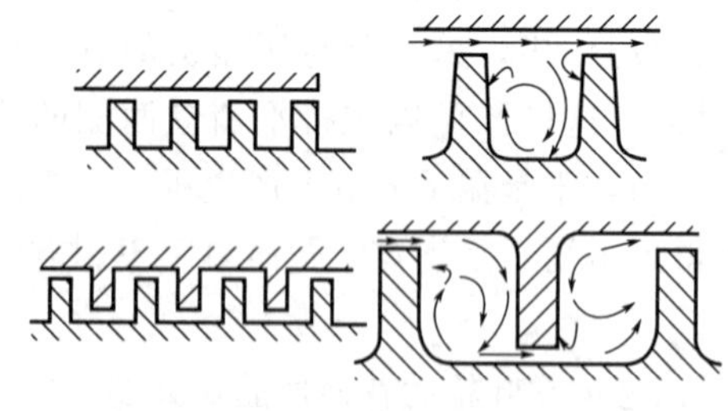

图 2-3-73　迷宫密封中气体的流动

（1）迷宫密封　迷宫密封一般为梳齿状的结构，故又称梳齿密封。迷宫密封中气体的流动如图 2-3-73 所示。气体在梳齿状的密封间隙中流过时，由于流道狭直，因此气体的压力和温度都下降，而速度提高，即一部分静压能转变为动能。当气体进入梳齿之间的空腔时，由于流道的截面积突然扩大，这时气流形成很强烈的旋涡，速度几乎完全消失，动能转变成热能，使气体上升到原来的温度，而空腔中仍保持间隙后的压力。气体依次通过各梳齿，压力不断减小，从而达到密封的目的。故迷宫密封是将气体压力转变为速度，然后再将速度降低，达到内外压力趋于平衡，从而减少气体由高压向低压的泄漏。

目前，迷宫密封在离心式压缩机上应用较为普遍，一般用于级与级之间的密封，如轮盖与轴的内部密封及平衡盘上的密封，如图 2-3-74 所示。

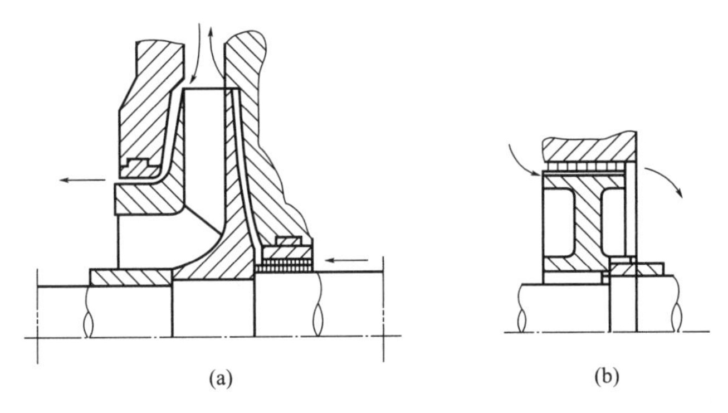

图 2-3-74　级和平衡盘的密封

迷宫密封的结构多种多样，压缩机内采用较多的有以下几种。

① 曲折型（图 2-3-75）。其特点是除了密封体上有密封齿（或密封片）外，轴上还有沟槽。曲折型迷宫密封有整体型和镶嵌型两种。整体型的缺点是密封齿间距不可能加工得太短，因而轴向尺寸长；采用镶嵌型可以大大缩短轴向尺寸。

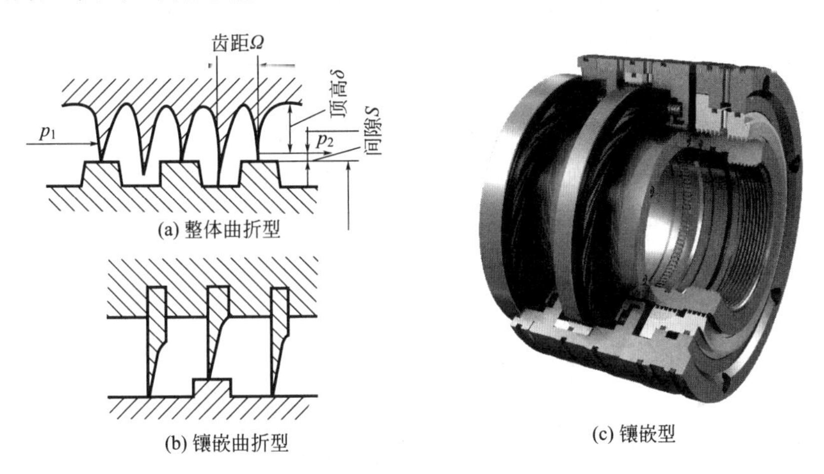

图 2-3-75　曲折型迷宫密封

② 平滑型（图 2-3-76）。这种密封或者是轴做成光轴，或者是密封体做成光滑内表面，可分为整体平滑型和镶嵌平滑型。

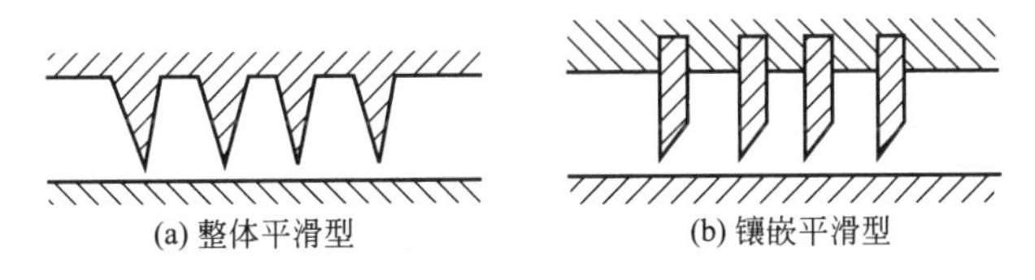

图 2-3-76　平滑型迷宫密封

③ 台阶型（图 2-3-77）。多用于轮盖或平衡盘上的密封。

④ 蜂窝型（图 2-3-78）。蜂窝型密封加工工艺复杂，但密封效果好，密封片结构强度高。

迷宫密封中梳齿齿数一般为 4～5 齿。梳齿的材料应比转子相应部分软，以防密封与转子发生接触时损坏转子。其常用材料一般为青铜、铜锑锡合金、铝及铝合金。当温度超过 393K 时，可采用镍-铜-铁蒙乃尔合金，或采用不锈钢条。当气体具有爆炸性时，应采用不会产生火花的材料，如银、镍、铝或铝合金，也可采用聚四氟乙烯材料。

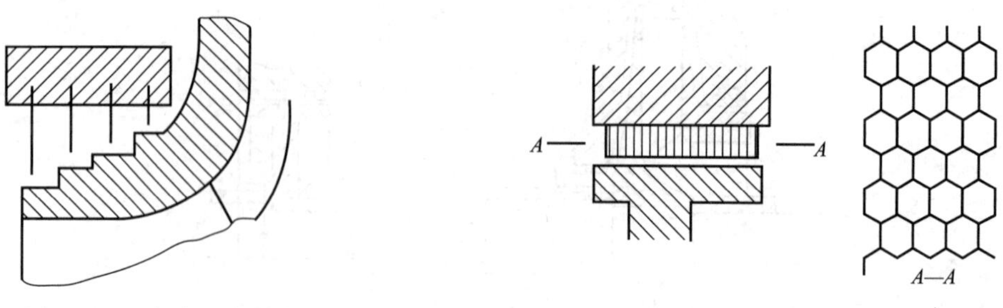

图 2-3-77　台阶型密封

图 2-3-78　蜂窝型密封

(2) 浮环密封　浮环密封的基本结构如图 2-3-79 所示。密封主要由几个浮环组成，高压油由进油孔注入密封体中，然后向左右两边溢出，左边为高压侧，右边为低压侧，流入高压侧的油通过高压浮环、挡油环及甩油环由回油孔排出。因为油压一般控制在略高于气体的压力，压差较小，所以高压侧的漏油量很少。通过高压侧浮环间隙的封液与压缩机内部泄漏的工作气体混合，这部分封液要经过油气分离器将气体分离出去后再回储液箱，经冷却、过滤后再循环使用。这样封液不仅起密封作用，同时也起到冷却散热和润滑的作用。

流入低压侧的油通过几个浮环（图中为三个）后流出密封体。因为高压油与大气的压差较大，所以低压侧的漏油量会很大，低压侧的轴向长度比高压侧浮环要长些，流入大气侧的封液可直接回储液箱，以便循环使用。浮环挂在轴套上，可在径向上活动，当轴转动时浮环被油膜浮起，为了防止浮环转动，一般加有销钉控制，这时所形成的油膜把间隙封闭以防止气体外漏。

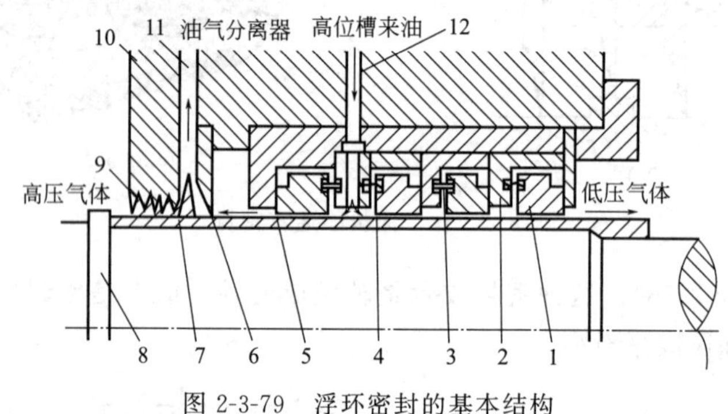

图 2-3-79　浮环密封的基本结构

1—浮环；2—固定环；3—销钉；4—弹簧；5—轴套；
6—挡油环；7—甩油环；8—轴；9，10—迷宫密封；11—回油孔；12—进油孔

浮环密封主要是通过高压油在浮环与轴套之间形成油膜而形成节流降压阻止高压气体向低压侧泄漏。由于是油膜起主要密封作用，因此又称为油膜密封。

浮环密封主要应用于离心式压缩机的轴封处，以防止机内气体逸出。如装置运转良好，则密封性能可做到绝对密封。它特别适用于高压、高速的离心式压缩机上，所以在石油化工厂中广泛用于密封各种昂贵的高压气体以及各种易燃、易爆和有毒的气体。

(3) 干气密封　干气密封是一种新型的非接触轴封，如图 2-3-80 所示。干气密封与机械密封在结构上并无太大区别，也由动环、静环、弹簧等组成，不同之处在于其动环端面开有气体动压槽。动环密封面分为两个功能区，即外区域和内区域，如图 2-3-81 所示，外区

域由动压槽和密封堰组成，内区域又称密封坝，是指动环的平面部分。

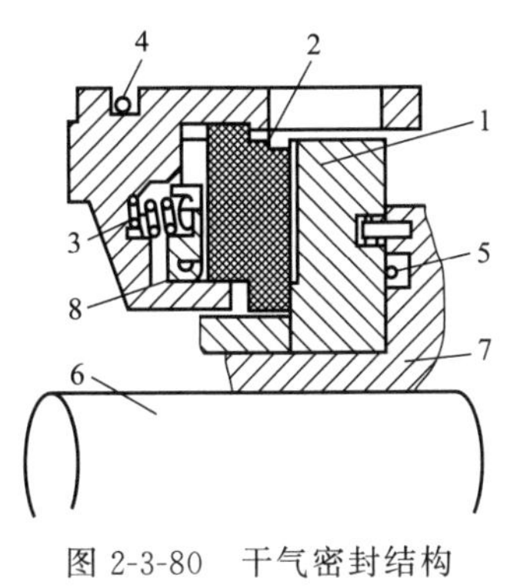

图 2-3-80 干气密封结构

1—动环；2—静环；3—弹簧；
4，5，8—O 形环；6—转轴；7—组装件

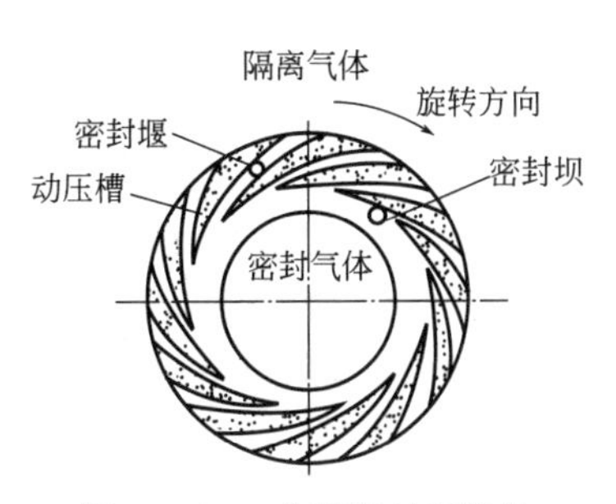

图 2-3-81 动环密封面结构

压缩机工作时，动环随转子一起转动，气体被引入动压槽，引入沟槽内的气体在被压缩的同时，遇到密封堰的阻拦，压力进一步增大。这一压力克服静环后面的弹簧力和作用在静环上的流体静压力，把静环推开，使动环和静环之间的接触面分开而形成一层稳定的动压气膜，此气膜对动环和静环的密封面提供充分的润滑和冷却。气膜厚度一般为几微米，这个稳定的气膜使密封端面间保持一定的密封间隙。气体介质通过密封间隙时靠节流和阻塞的作用而被减压，从而实现气体介质的密封，几微米的密封间隙会使气体的泄漏率保持最小。

在压缩机应用领域，干气密封正逐渐替代浮环密封、迷宫密封和机械密封。

4. 扩压器

从叶轮出来的气体速度相当高，一般可达 200～300m/s，高能量头的叶轮出口气流速度甚至可达 500m/s。这样高的速度具有很大的动能。为了充分利用这部分动能，使气体压强进一步提高，在紧接叶轮出口处设置扩压器。扩压器是叶轮两侧隔板形成的环形通道。结构形式主要有无叶扩压器和叶片扩压器，如图 2-3-82 所示。

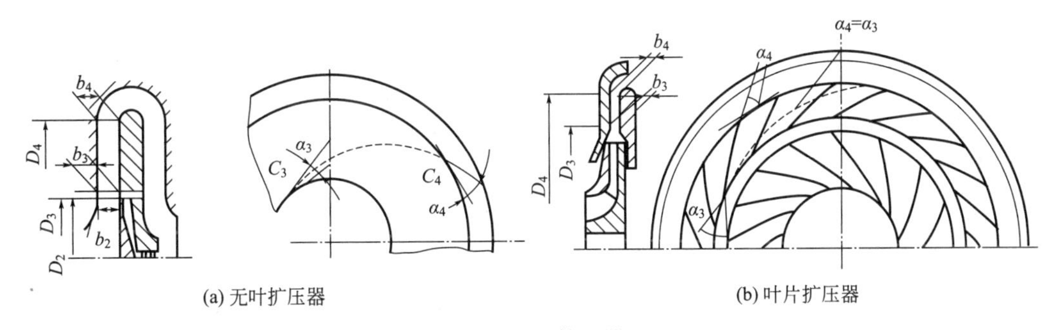

图 2-3-82 扩压器

在化工高压压缩机中，无叶扩压器采用得比较多。无叶扩压器是由两个隔板平壁构成的环形通道，通道截面为一系列同心圆柱面。叶片扩压器在环形通道内沿圆周均匀设置叶片，引导气流按叶片规定的方向流动，叶片的形式可以是直线形、圆弧形、三角形和机翼形等，它们或者分别制作，用螺栓与隔板紧固，或者和隔板一起铸成。

5. 弯道和回流器

为了把扩压器后的气流引导到下一级继续进行压缩，一般在扩压器后设置弯道和回流器。弯道是连接扩压器与回流器的一个圆弧形通道，该圆弧形通道内一般不安装叶片，气流在弯道中转180°弯才进入回流器，气流经回流器后，再进入下一级叶轮，如图2-3-83所示。

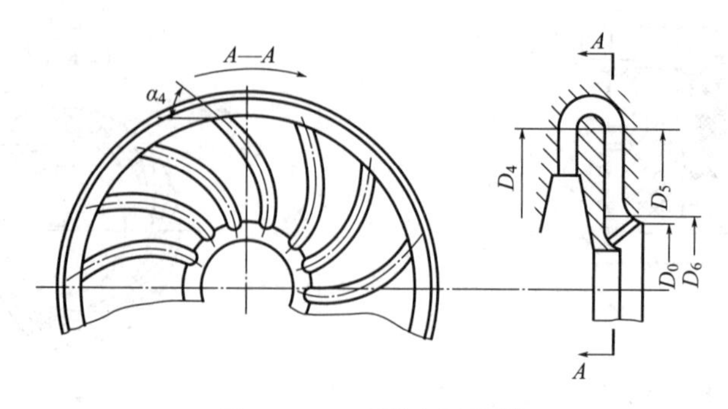

图2-3-83　弯道和回流器

回流器的作用除引导气流从前一级进入下一级外，更重要的是控制进入下一级叶轮时气流的预旋度，为此回流器中安装反向导叶来引导气流。回流器反向导叶的进口安装角是根据从弯道出来的气流方向角决定的，其出口安装角则决定了叶轮进气的预旋度。反向导叶的作用是使气流速度平缓地变化，顺利地进入下一级叶轮。

（三）螺杆式压缩机

螺杆式压缩机的结构如图2-3-84所示。在∞字形的气缸中，平行地配置着一对相互啮合并按一定的传动比相互反向旋转的螺旋形转子，称为螺杆。通常，将节圆外具有凸齿的螺杆称为阳螺杆；将节圆内具有凹齿的螺杆称为阴螺杆。

阳螺杆由发动机带动旋转时，阴螺杆在同步齿轮带动下与阳螺杆相互啮合作反向同步旋转。阴、阳螺杆共轭齿形的相互填塞，使封闭在壳体与两端盖间的齿间容积大小发生周期性变化，并借助壳体上呈对角线布置的吸气、排气孔，完成对气体的吸入、压缩与排出。

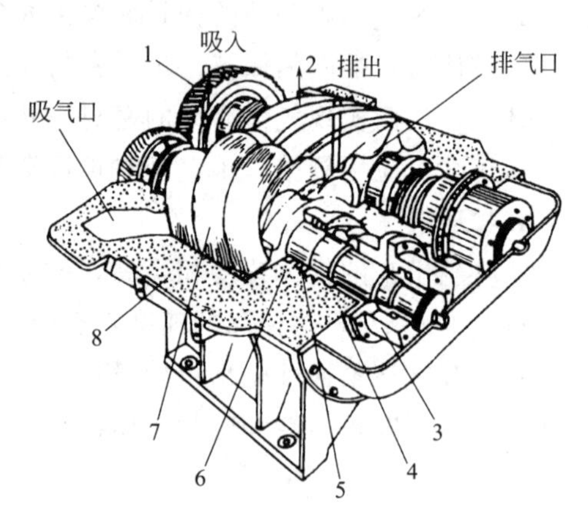

图2-3-84　螺杆式压缩机的结构示意图
1—同步齿轮；2—阴转子；3—推力轴承；4—轴承；5—挡油环；6—轴封；7—阳转子；8—气缸

1. 进气阀

螺杆式压缩机的进气阀由电磁阀、泄放阀等组成。系统压力通过电磁阀、泄放阀等作用于气缸，控制阀门的开启、微闭直至关闭，从而改变进气口的大小，控制进气量。

通过电磁阀的得电和失电，控制气路的通、断状态，实现加载、卸载功能。当卸载运行或停机时，泄放阀打开，释放油气桶内的压力，使压缩机低负荷运转，或保证在无负载的情况下重新启动。

2. 容量调节滑阀

容量调节滑阀是螺杆式压缩机中用来调节容积流量的一种结构元件，如图2-3-85所示，这种调节方法是在螺杆式压缩机的机体上装一个调节滑阀，成为压缩机机体的一部分。它位于机体高压侧两内圆的交点处，且能在与气缸轴线平行的方向上来回移动。

随着转子的旋转，被压缩气体的压力沿转子的轴线方向逐渐增大，在空间位置上，是从压缩机的吸气端逐渐移向排气端，在机体的高压侧开口后，当两转子开始啮合并试图增大气体压力时，其中有些气体便会通过开口处旁通掉。调节滑阀可以按控制系统的要求朝任一方向移动，其驱动方式有多种，最常见的是采用液压缸的方式，由压缩机本身的油路系统提供所需的油压。在少数机器中，调节滑阀是由电动机经减速后驱动的。

图 2-3-85　容量调节滑阀示意图

3. 机体

机体是螺杆压缩机的主要部件，它由气缸及端盖组成。转子直径较小时，常将排气端盖或吸气端盖与气缸铸成一体，转子顺轴向装入气缸；在较大的机器中，气缸与端盖是分开的。有的大型螺杆式压缩机气缸设水平剖分面，这种结构便于机器的拆装和间隙的调整。端盖有整体式结构的，也有中分式结构的，端盖内置有轴封、轴承，同时还兼作同步齿轮的箱体。

螺杆式压缩机的机体多采用如图 2-3-86 所示的单层壁结构，必须以加强筋的形式对机体外部进行加强，以避免发生变形或开裂。机体有时也采用如图 2-3-87 所示的双层壁结构，不需要特别的加强筋措施，双层壁结构还有一个优点，就是第二层壁同时又是一个隔音板，它能使传播到机器外的噪声有所降低。双层壁结构的压缩机多用于高压力的场合。

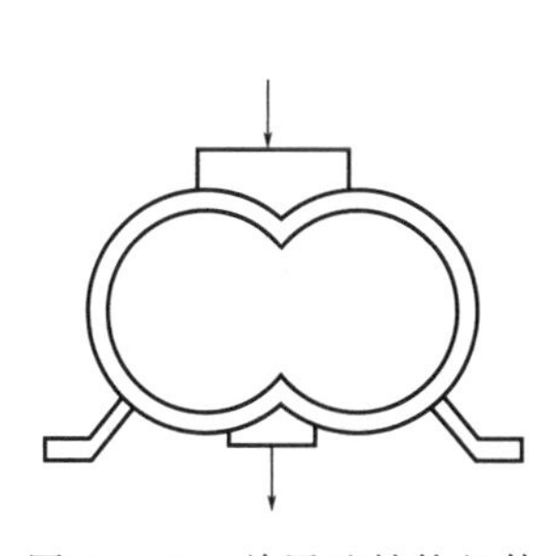

图 2-3-86　单层壁结构机体

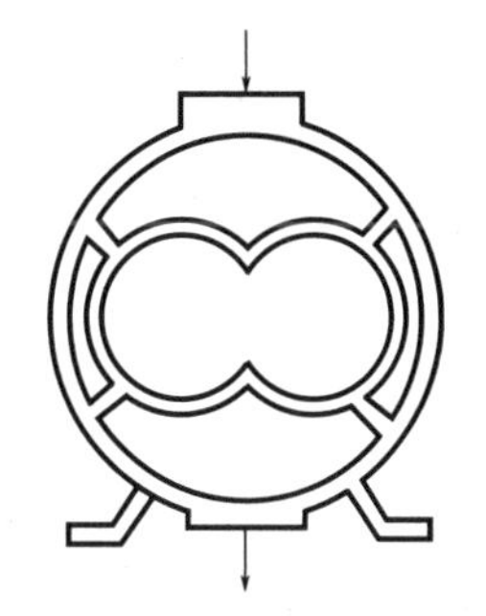

图 2-3-87　双层壁结构机体

机体的材料主要取决于所要达到的排气压力和被压缩气体的性质。当排气压力小于 2.5MPa 时，可采用普通灰铸铁；当排气压力大于 2.5MPa 时，就应采用铸钢或球墨铸铁。对于腐蚀性气体、酸性气体和含水气体，就要采用高合金钢或不锈钢。

4. 螺杆转子

螺杆转子是螺杆式压缩机的主要零件，其结构有整体式与组合式两类。当转子直径较小时，通常采用整体式结构，如图 2-3-88(a) 所示。而当转子直径大于 350mm 时，为节省材料和减轻重量，常采用组合式结构，如图 2-3-88(b) 所示。

螺杆式压缩机转子的毛坯常为锻件，一般多采用中碳钢，如 45 钢等，有特殊要求时，也有用 40Cr 等合金钢或铝合金的。目前，不少转子采用球墨铸铁，既便于加工，又降低了成本，常用的球墨铸铁牌号为 QT600-3 等。

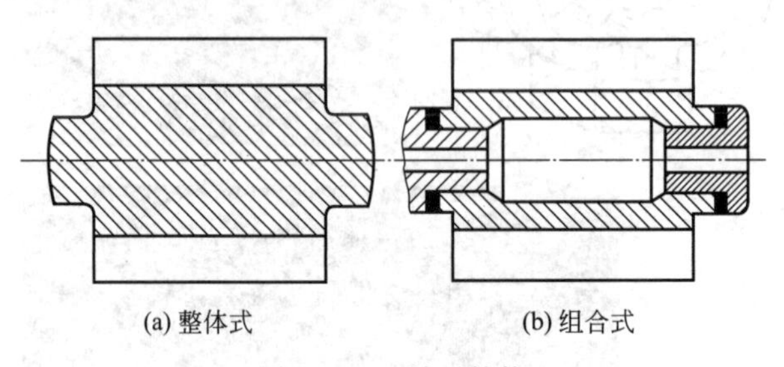

(a) 整体式　　(b) 组合式

图 2-3-88　转子结构

想一想

1. 活塞式压缩机的活塞环是如何起密封作用的?
2. 离心式压缩机的轴向力及平衡装置有哪些?

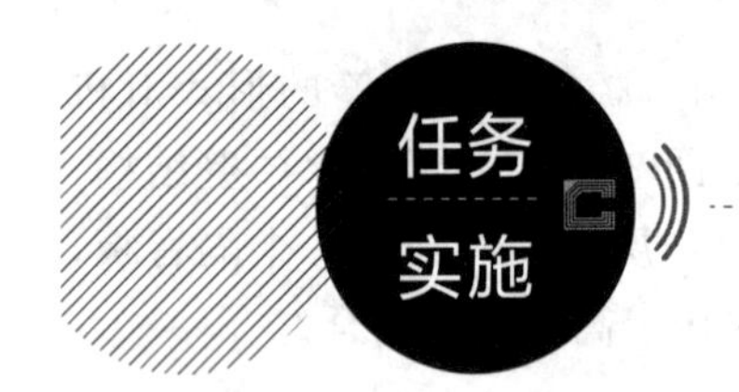

活动 1　机泵内部结构辨认

1. 组织分工。学生 2～3 人为一组，按照任务要求分工，明确各自职责。

序号	人员	职责
1		
2		
3		

2. 机泵内部构件辨认。按照任务分工，完成机泵内部结构的辨认。

序号	内部结构名称	作用/用途
1		
2		
3		
…	…	…

活动 2　现场洁净

1. 设备、容器分类摆放整齐，无没用的物件。
2. 清扫操作区域，保持工作场所干净、整洁。
3. 产生的废弃物品，统一回收到垃圾桶，不可随意丢弃。
4. 关闭水、电、气和门窗，最后离开教室的学生锁好门锁。

活动 3　撰写实训报告

回顾机泵内部结构的辨认过程，每人写一份实训报告，内容包括团队完成情况、个人参与情况、做得好的地方、尚需改进的地方等。

____

____

1. 学生以小组为单位，按照任务要求，进行自查、互评与总结。
2. 教师参照评分标准进行考核评价。
3. 师生总结评价，改进不足，以便将来在学习或工作中做得更好。

序号	考核项目	考核内容	配分	得分
1	技能训练	机泵内部结构辨认齐全、正确	25	
		机泵内部结构特点与作用描述准确	25	
		实训报告诚恳、体会深刻	15	
2	求知态度	求真求是、主动探索	5	
		执着专注、追求卓越	5	

续表

序号	考核项目	考核内容	配分	得分
3	安全意识	着装和个人防护用品穿戴正确	5	
		爱护工器具、机械设备，文明操作	5	
		安全事故，如发生人为的操作安全事故、设备人为损坏、伤人等情况，“安全意识”不得分		
4	团结协作	分工明确、团队合作能力	3	
		沟通交流恰当，文明礼貌、尊重他人	2	
		自主参与程度、主动性	2	
5	现场整理	劳动主动性、积极性	3	
		保持现场环境整齐、清洁、有序	5	

模块三

制图标准规范

图样作为技术交流的语言，必须有统一的规范，否则会在生产过程和技术交流中造成混乱和障碍。我国发布了《技术制图》《机械制图》等一系列制图国家标准，由“通用术语”“图纸幅面和格式”“简化表示法 第1部分：图样画法”“简化表示法 第2部分：尺寸注法”“比例”“字体”“投影法”“表面粗糙度符号”“代号及其注法”等组成，并持续进行修订更新。它们是工程图样绘制与使用的准绳，必须认真学习和遵守。

任务一
了解制图标准规范

学习目标

知识目标

（1）掌握机械图样中有关图幅、图纸、标题栏的国家标准。

（2）掌握机械图样中有关图线、字体、比例的国家标准。

（3）掌握机械图样中有关尺寸标注的《机械制图》国家标准。

能力目标

（1）能准确地标注简单平面图形尺寸。

（2）能描述出不同常用线型的应用场合。

素质目标

（1）通过查阅资料，自主完成任务，培养求真务实、积极探索的科学精神与团结合作的职业精神。

（2）通过学习绘图标准与绘制图形，培养一丝不苟、追求卓越的工匠精神。

任务描述

将图3-1-1所示图形放大三倍绘制在A4图纸上，具体绘制要求如下：

（1）绘制不留装订边的图框。

（2）绘制标题栏并注明比例和作者。

（3）放大三倍绘制图形，尺寸从图上量取，绘制后进行尺寸标注。

（4）绘制时注意线型和粗细。

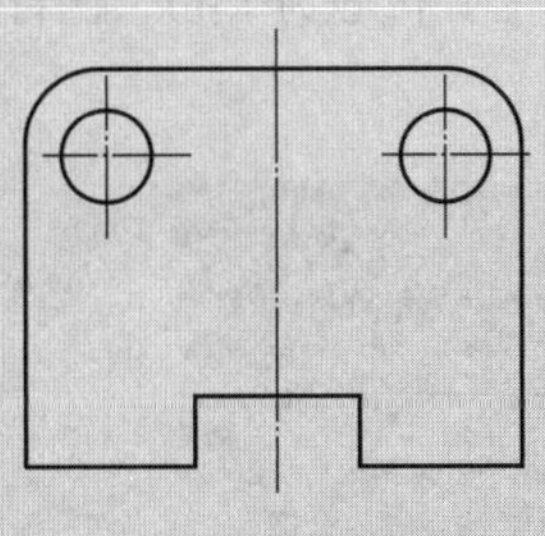

图 3-1-1　绘制图形

为了准确地表达机械、仪器、建筑物等物体的形状、结构和大小，根据投影原理、标准或有关规定画出的图形叫作图样。图样是产品设计、制造、安装、检测等过程中重要的技术资料，是工程师表达设计意图和交流技术思想的“语言”。

一、制图标准

1. 国家标准

国家标准（简称国标）代号分为GB和GB/T。国家标准的编号由国家标准的代号、国家标准发布的顺序号和国家标准发布的年号（发布年份）构成。强制性条文是保障人体健康，人身、财产安全的标准，以及法律及行政法规规定强制执行的国家标准；推荐性国家标准是指生产、检验、使用等方面，通过经济手段或市场调节而自愿采用的国家标准。国家标准在全国范围内适用，其他各级标准不得与之相抵触。

图样作为工程师交流的语言也必须有标准。国家标准《技术制图》与《机械制图》规定了图纸的幅面及格式、比例、字体、图线、尺寸标注等相关内容，本书主要用到的制图标准有《技术制图 图纸幅面和格式》（GB/T 14689—2008)、《技术制图 比例》（GB/T 14690—1993)、《技术制图 图线》（GB/T 17450—1998)、《机械制图 尺寸注法》（GB/T 4458.4—

2003）等。

例如标准 GB/T 14689—2008，GB 表示国标，T 14689 表示推荐使用的文件号为 14689，2008 表示 2008 年发布使用的。

2. 化工行业标准

对于从事化工行业的技术人员来说，经常参照和遵循的标准是化工行业标准，它是对化工生产中具有的重复性事物和概念所做的统一规定。凡正式生产的化工产品都必须制定标准。化工行业标准是化工生产建设、商品流通、技术转让和组织管理共同执行的技术文件，是质量监督的依据，以及实行全面质量管理的支柱和提高产品质量的保证，例如化工行业标准《化工工艺设计施工图内容和深度统一规定》（HG/T 20519.1—2009）。

除了国家标准和化学行业标准（图 3-1-2），适用范围更大的还有“国际标准化组织”制定的世界范围内使用的国际标准，代号为 ISO。比行业标准适用范围更小的有地区标准和企业标准。

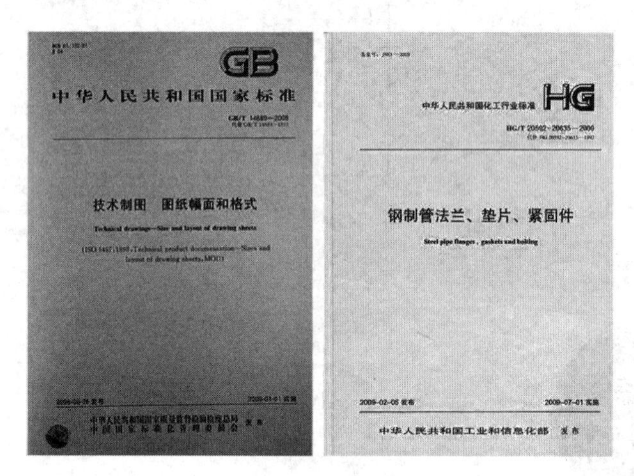

图 3-1-2　国家标准与化工行业标准

二、图纸幅面（GB/T 14689—2008）

为了使图纸幅面统一，便于装订和保管以及符合缩微复制原件要求，绘制技术图样时，应按以下规定选用图纸幅面。

1. 图纸幅面

① 应优先选用基本幅面（表 3-1-1）。

② 必要时，允许选用加长幅面。但是加长后幅面的尺寸必须由基本幅面的短边呈整数倍增加后得出。

表 3-1-1　图纸幅面尺寸

<table>
<tr><th>代号</th><th>A0</th><th>A1</th><th>A2</th><th>A3</th><th>A4</th></tr>
<tr><td>幅面尺寸</td><td>841×1189</td><td>594×841</td><td>420×594</td><td>297×420</td><td>210×297</td></tr>
<tr><td>a</td><td colspan="5">25</td></tr>
<tr><td>c</td><td colspan="3">10</td><td colspan="2">5</td></tr>
<tr><td>e</td><td colspan="2">20</td><td colspan="3">10</td></tr>
</table>

2. 图框格式

在图纸上必须用粗实线画出图框。

图框有两种格式：不留装订边和留装订边。同一产品中所有图样均应采用同一种格式。不留装订边的图纸，其四周边框的宽度相同（均为 e）。留装订边的图纸，其装订边宽度一律为 25mm，其他三边一致，具体格式类型及表 3-1-1 中 a、c、e 含义见图 3-1-3。

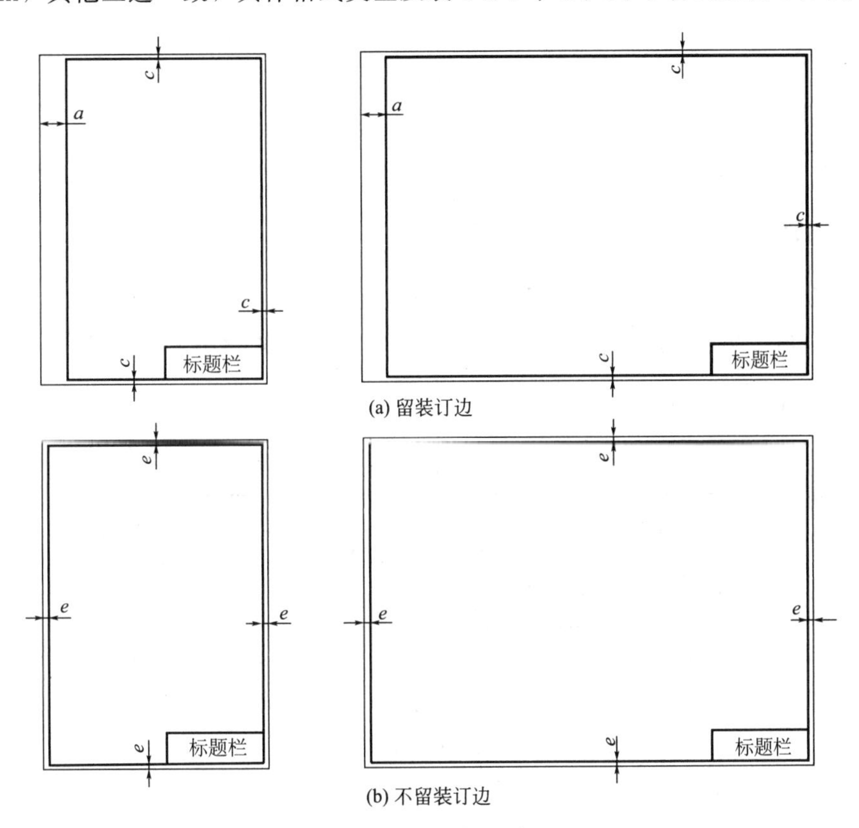

图 3-1-3　图框格式

三、绘图比例（GB/T 14690—1993）

1. 术语

① 比例：图与实物相应要素的线性尺寸之比。

② 原值比例：比值为 1 的比例，即 1∶1。

③ 放大比例：比值大于 1 的比例，如 2∶1。

④ 缩小比例：比值小于 1 的比例，如 1∶4。

2. 比例系列

绘制图样时，应根据需要按表 3-1-2 中规定的“优先选择系列”选取适当的比例。为了从图样上直接反映出事物的大小，绘图时应尽量采用原值比例。

3. 标注方法

① 比例符号应以“∶”表示，如 1∶1，2∶1 等。

② 比例一般标注在标题栏中的“比例”栏内。

注意：不论采用何种比例，图形中所标注的尺寸数值必须是实物的实际大小，与图形的比例无关。

表 3-1-2　比例系列

种类	优先选择系列	允许选择系列
原值比例	1∶1	—
放大比例	5∶1、2∶1 5×10^n∶1、2×10^n∶1	4∶1、2.5∶1 4×10^n∶1、2.5×10^n∶1
缩小比例	1∶2、1∶5、1∶10 1∶2×10^n、1∶5×10^n、1∶10×10^n	1∶1.5、1∶2.5、1∶3、1∶4、1∶6 1∶1.5×10^n、1∶2.5×10^n、1∶3×10^n 1∶4×10^n、1∶6×10^n

四、标题栏格式

每张图纸上必须有标题栏，标题栏位于图纸的右下角，其格式遵守 GB/T 10609.1—2008 的规定，练习图推荐使用标题栏格式见图 3-1-4，装配图使用标题栏格式见图 3-1-5。

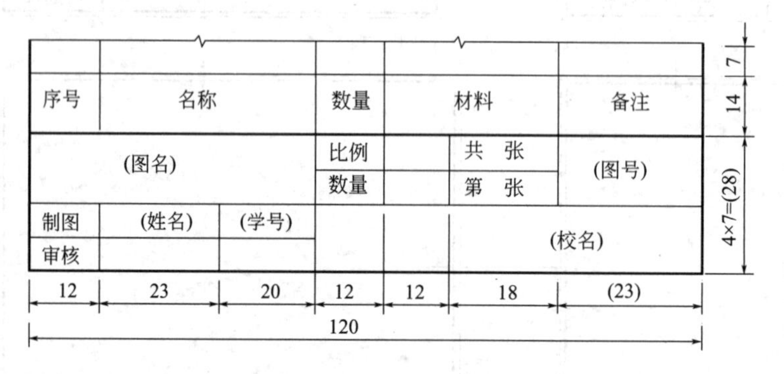

图 3-1-4　练习图推荐使用标题栏格式

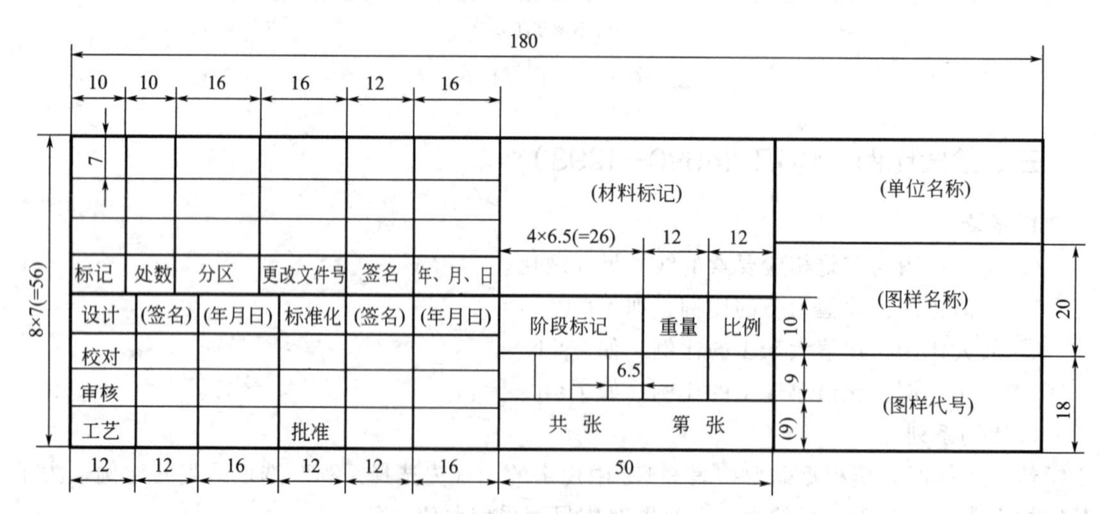

图 3-1-5　装配图使用标题栏格式

确定绘图图幅和比例时，需要考虑容器的总高、总宽、视图位置、标题栏尺寸和设备零部件编号、尺寸标注的空白区，绘制时视图按比例缩小，但标题栏尺寸是按照标准规定的尺寸进行绘制。

五、图线线型（GB/T 17450—1998）

1. 线型和图线尺寸规范

国家标准规定了 15 种基本线型。所有线型的图线宽度（d）应按图样的类型和尺寸大小在下列公比为 $1:\sqrt{2}$（$\approx 1:1.4$）的数系中选择：0.13mm，0.18mm，0.25mm，0.35mm，0.5mm，0.7mm，1mm，1.4mm，2mm。粗线、细线的宽度比例为 2∶1。在同一图样中同类图线的宽度应该一致。

画图线时应注意：

① 同一图样中的同类线型应基本一致；

② 画中心线时，圆心应为线段的交点，中心线应超过轮廓线 2～5mm，当图形较小时，可用细实线代替点画线；

③ 虚线与其他图线相交时，应画成线段相交。虚线为粗实线的延长线时，不能与粗实线相接，应留有空隙。

2. 图线应用

在机械制图中常用的图线的名称、线型、代号、宽度和一般应用见表 3-1-3。

表 3-1-3　各种图线的名称、线型、代号、宽度及在图上的一般应用

图线名称	图线线型	代号	图线宽度	图线的用途
粗实线		A	b	(1)可见轮廓线 (2)相贯线 (3)螺纹终止线、螺纹牙顶线
细实线		B	约 $b/2$	(1)尺寸线、尺寸界线 (2)剖面线、过渡线 (3)重合断面线 (4)螺纹牙底线及齿轮的齿根线 (5)剖面线、指引线
波浪线		C	约 $b/2$	(1)断裂处的边界线 (2)视图和剖视的分界线
双折线		D	约 $b/2$	断裂处的边界线
虚线		F	约 $b/2$	(1)不可见轮廓线 (2)不可见过渡线
细点画线		G	约 $b/2$	(1)轴线 (2)对称中心线 (3)轨迹线 (4)节圆和节线
粗点画线		J	b	有特殊要求的线或表面的表示线
双点画线		K	约 $b/2$	(1)相邻辅助零件的轮廓线 (2)极限位置的轮廓线 (3)坯料的轮廓线

想一想

观察给定的图纸和模型（图 3-1-6 和图 3-1-7），完成下列任务。

1. 写出这幅图表示的零件名称。

2. 对照轴类零件模型，观察图中线的类型、粗细，思考其使用场合，查阅资料，填写下列表格。

图线名称	用途

3. 假想我们现在要抄画一幅一样的图，请写出需要用到的图纸的尺寸，并说出纸上能作图的位置。

图 3-1-6 轴及轴类零件图

4. 写出在 A4 图纸上绘制实际总长度为 500mm、总宽度为 44mm 的矩形的解决办法，并说出在图纸中如何表示。

5. 说出这幅图纸用到的国家标准。

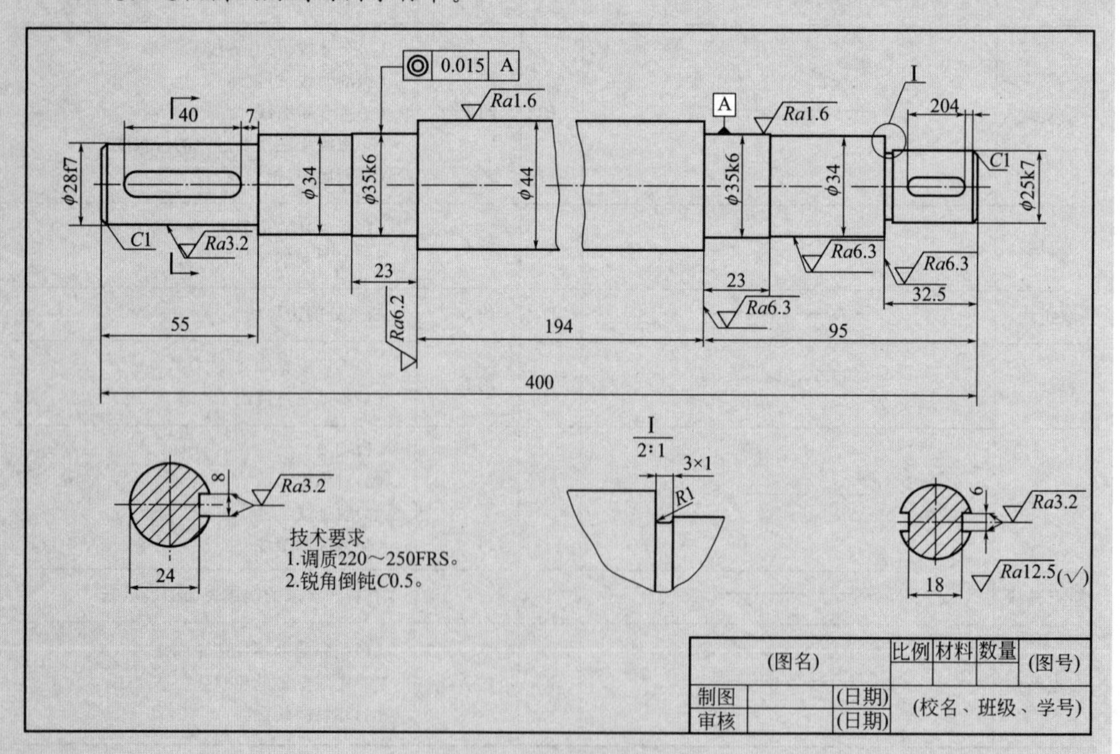

图 3-1-7 轴类零件图

六、尺寸标注（GB/T 4458.4—2003）

1. 标注尺寸基本原则认知

① 图样中（包括技术要求和其他说明）的尺寸，以毫米为单位时，不需要标注计量单位。

② 图样上所标注的尺寸数值为机件的真实大小，与图形的大小和绘图的精确程度无关。

③ 机件的每一个尺寸，在图样上只标注一次，并应标注在反映该结构最清晰的图形中。

④ 图纸中所标注的尺寸为该机件的最后完工尺寸，否则应另加说明。

2. 尺寸要素分析

（1）尺寸界线　尺寸界线表示所标注尺寸的起止范围，用细实线绘制，并应由图形的轮廓线、轴线或对称中心线引出。也可以直接利用轮廓线、轴线或对称中心线作为尺寸界线。

（2）尺寸线　尺寸线用细实线绘制。标注线性尺寸时，尺寸线必须与所标注的线段平行，相同方向的各尺寸线之间的距离要均匀，间隔要大于 7mm。尺寸线不能用图上的其他线所代替，也不能与其他图线重合或在其延长线上，并尽量避免和其他尺寸线和尺寸界线相交叉。尺寸的组成与标注要求见图 3-1-8。

（3）尺寸线终端　有箭头或细斜线两种形式。箭头适用于各种类型的图样，细斜线一般适用于建筑图样。同一图中只能采用一种终端形式。图 3-1-9 所示为尺寸终端的两种形式。

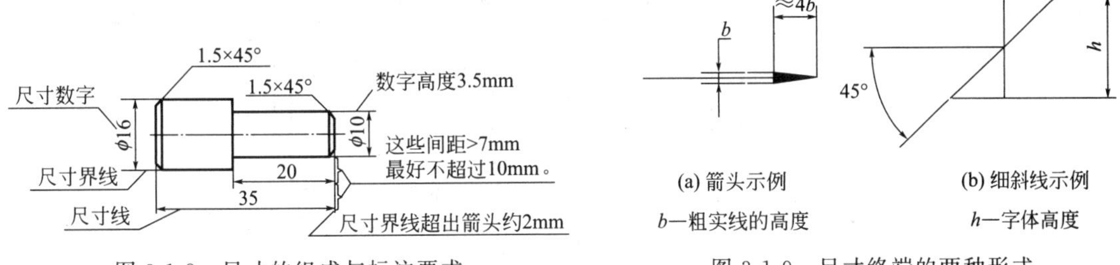

图 3-1-8　尺寸的组成与标注要求　　图 3-1-9　尺寸终端的两种形式

（4）尺寸数字　线性尺寸的数字一般注写在尺寸线的上方，也允许注写在尺寸线的中断处；水平方向字头向上，垂直方向字头向左。尺寸线、尺寸界线和尺寸数字的标注要求见图 3-1-8。线性尺寸的数字应尽量避免在图示 30°范围内标注，见图 3-1-10；尺寸数字不可被任何图像所通过。当不可避免时必须把图线断开。

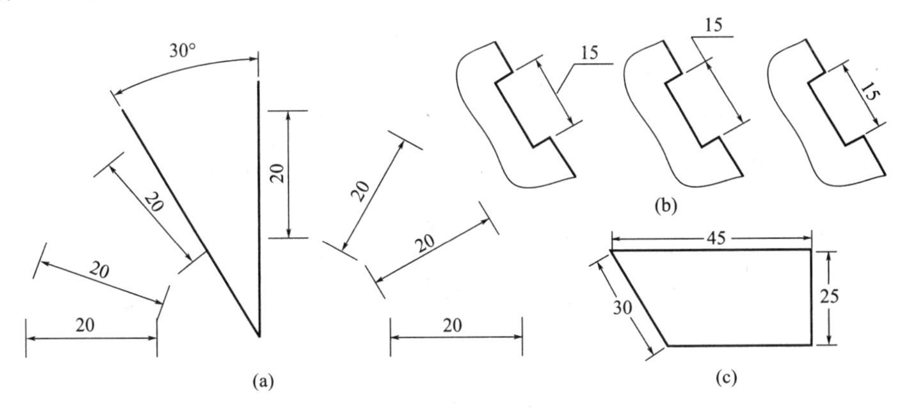

图 3-1-10　尺寸数字的方向

用符号区分不同类型的尺寸，见表 3-1-4。

表 3-1-4 尺寸标注符号含义

符号	含义	符号	含义	符号	含义
ϕ	表示直径	×	连字符	t	表示板状零件厚度
R	表示半径	EQS	平均分布	∠	表示斜度
S	表示球面	↧	深度	⌴	沉孔或锪平

（5）角度、直径、半径及狭小部位等尺寸的标注 见表 3-1-5。

表 3-1-5 特殊标注

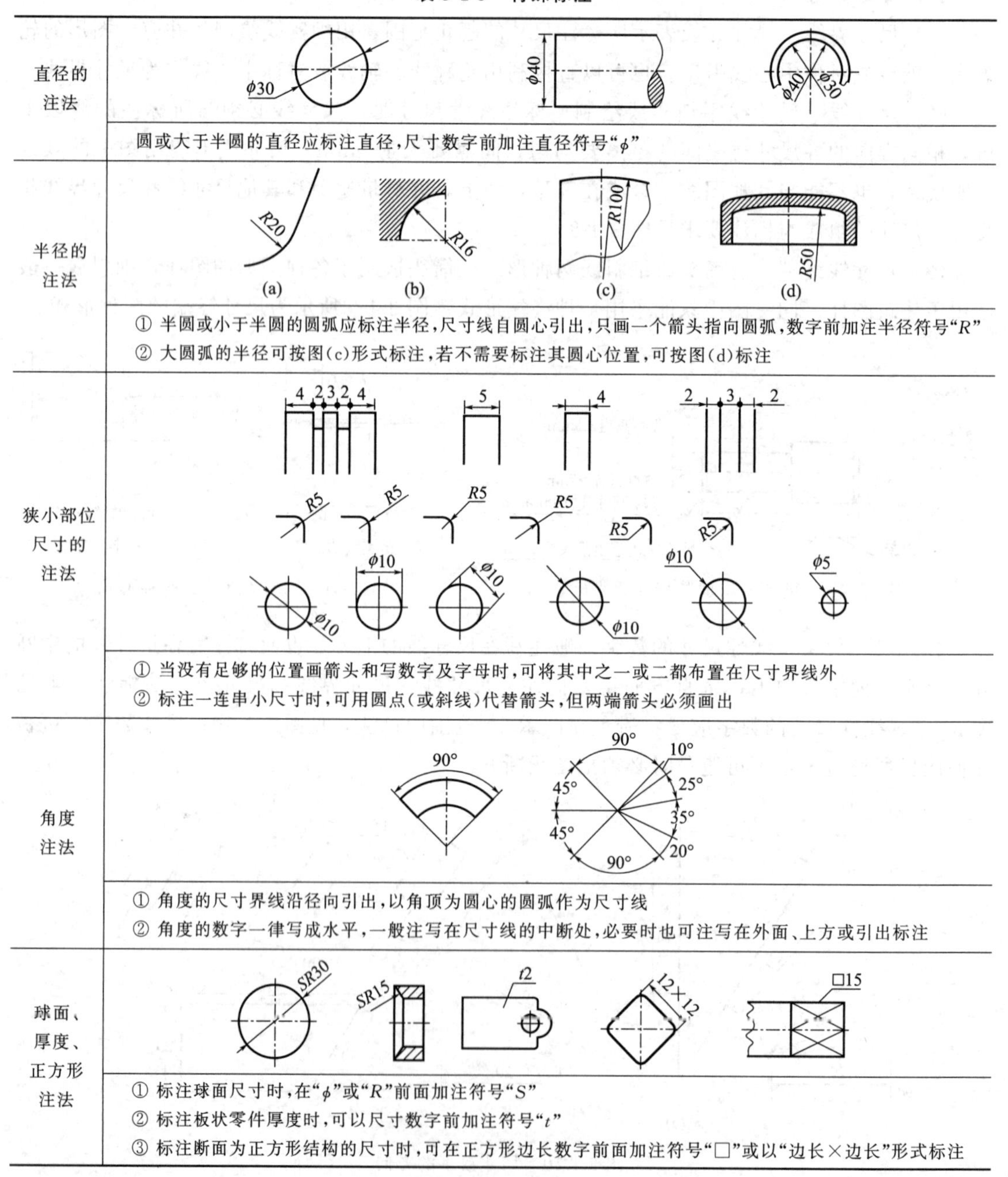

类别	说明
直径的注法	圆或大于半圆的直径应标注直径，尺寸数字前加注直径符号“ϕ”
半径的注法	① 半圆或小于半圆的圆弧应标注半径，尺寸线自圆心引出，只画一个箭头指向圆弧，数字前加注半径符号“*R*” ② 大圆弧的半径可按图(c)形式标注，若不需要标注其圆心位置，可按图(d)标注
狭小部位尺寸的注法	① 当没有足够的位置画箭头和写数字及字母时，可将其中之一或二都布置在尺寸界线外 ② 标注一连串小尺寸时，可用圆点(或斜线)代替箭头，但两端箭头必须画出
角度注法	① 角度的尺寸界线沿径向引出，以角顶为圆心的圆弧作为尺寸线 ② 角度的数字一律写成水平，一般注写在尺寸线的中断处，必要时也可注写在外面、上方或引出标注
球面、厚度、正方形注法	① 标注球面尺寸时，在“ϕ”或“*R*”前面加注符号“*S*” ② 标注板状零件厚度时，可以尺寸数字前加注符号“*t*” ③ 标注断面为正方形结构的尺寸时，可在正方形边长数字前面加注符号“□”或以“边长×边长”形式标注

3. 尺寸标注要求

图形尺寸标注的基本要求是：

① 正确。尺寸标注要符合国家标准的相关规定。

② 完整。把制造零件所需的尺寸都标注出来，不遗漏、不重复。

③ 清晰。尺寸布置整齐清晰，便于看图。

标注时需分清尺寸有两种，一种是定位尺寸，另一种是定形尺寸。以后学习零部件的尺寸标注时还要加上总体尺寸。

定位尺寸：用来确定平面图形中线段间相对位置的尺寸。对于定位尺寸而言，应有标注或度量的起点，这种起点称为基准。一个平面图形应有两个坐标方向的尺寸基准，通常以图形的对称线、中心线或某一主要轮廓线等作为基准。

定形尺寸：用于确定几何元素大小的尺寸。

观察轴类零件图纸（图 3-1-7），完成下列任务。

1. 写出图中有数字却没有单位的原因。

2. 写出该轴的总长及长度尺寸标注的组成部分。

3. 写出该轴最大截面的直径，并说明直径尺寸的标注方法。

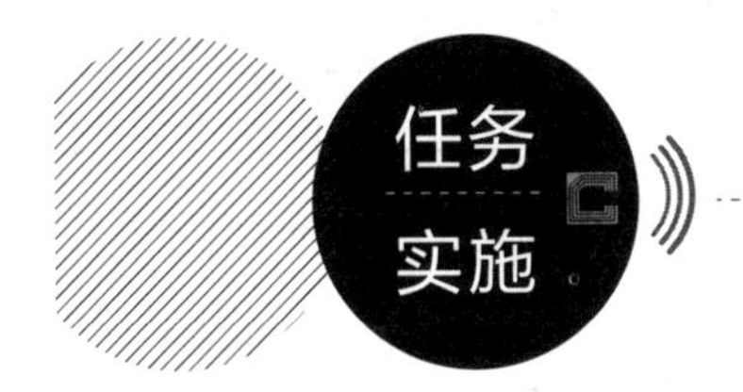

活动 1　手绘图形

1. 编写绘图方案。

步骤	内容	备注
1		
2		
3		
4		
5		

2. 绘制图形。绘图方案经教师审阅后，按照要求绘制图形。

活动 2　现场洁净

1. 清扫操作区域，保持工作场所干净、整洁。
2. 产生的废弃物品，统一回收到垃圾桶，不可随意丢弃。
3. 关闭水、电、气和门窗，最后离开教室的学生锁好门锁。

活动 3　撰写实训报告

回顾完成绘图任务过程，每人写一份小报告，内容包括团队完成情况、个人参与情况、做得好的地方、尚需改进的地方等。

1. 学生以小组为单位，按照任务要求，进行自查、互评与总结。
2. 教师参照评分标准进行考核评价。
3. 师生总结评价，改进不足，以便将来在学习或工作中做得更好。

序号	考核项目	考核内容	配分	得分
1	技能训练	制图标准认知	25	
		尺寸标注	20	
		任务完成	30	
		实训报告诚恳、体会深刻	5	
2	求知态度	求真求是、主动探索	2	
		执着专注、追求卓越	2	
3	安全意识	爱护工具，文明操作	2	
		安全事故，如发生人为的操作安全事故、设备人为损坏、伤人等情况，“安全意识”不得分		
4	团结协作	分工明确、团队合作能力	3	
		沟通交流恰当，文明礼貌、尊重他人	2	
		自主参与程度、主动性	2	
5	现场整理	劳动主动性、积极性	3	
		保持现场环境整齐、清洁、有序	4	

任务二
绘制几何体三视图

在化工、机械行业中，常常用到各种图纸。这些图纸会用到不同的视图来表达物体的结构形状，其中三视图是基本视图，是工程中绘图识图的基础。要读懂图纸、表达图形，就要学会绘制三视图。三视图是如何得到的？几何体三视图如何绘制？带着这些疑问，开始本任务的学习。

学习目标

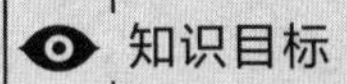

知识目标

（1）掌握正投影的概念。

（2）掌握点的三面投影规律，并能由两面投影作出第三面投影；理解点的坐标与点到面的距离之间的关系；掌握两点的相对位置及重影点的识读。

（3）掌握各种位置直线、平面的投影特性，并能借以判断直线、平面的空间位置。

（4）掌握绘制面上点、线上点的方法。

（5）掌握三视图成图原理及规律。

（6）掌握绘制几何体三视图的方法。

能力目标

（1）能由点的两面投影作出第三面投影。

（2）能说出各种位置直线、平面的投影特性，并能借以判断直线、平面的空间位置。

（3）能绘制面上点和线上点。

（4）能绘制与识读简单几何体的三视图。

学习目标

素质目标

（1）通过查阅资料，自主解决任务，培养求真务实、积极探索的科学精神与团结合作的职业精神。

（2）通过绘制点线面投影及三视图，培养一丝不苟、追求卓越的工匠精神。

（3）结合资源动手、动脑，培养思考、总结、空间想象的能力。

任务描述

绘制如图3-2-1所示几何体的三视图（尺寸自定），并说出正三棱锥各个面是什么位置的平面以及特殊位置的直线名称，画出如图3-2-1（c）所示*M*点在三个视图上的投影（注：正三棱锥底面与水平投影面平行，后面的棱面垂直于侧投影面）。

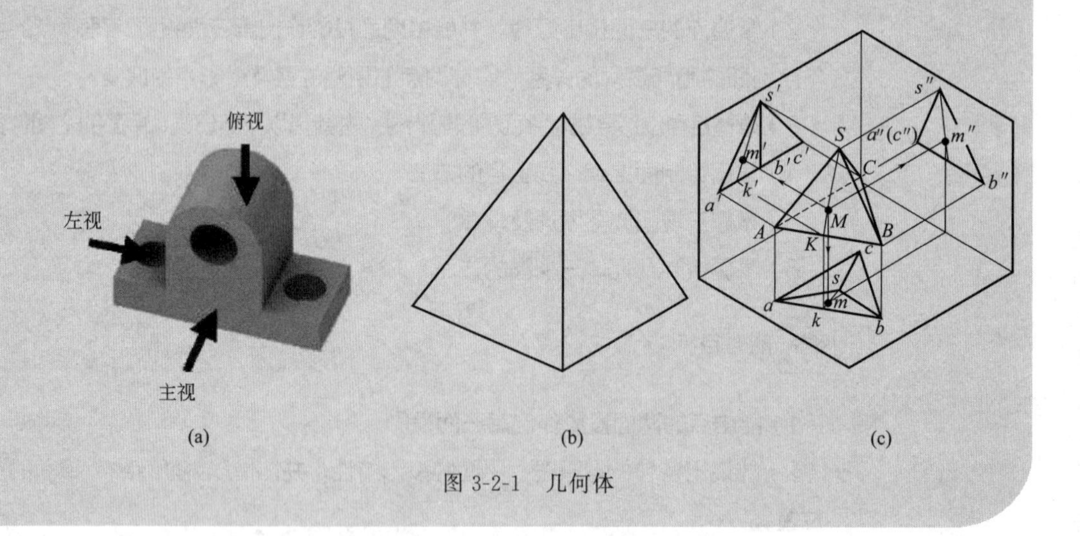

图 3-2-1　几何体

一、绘制点的投影

小时候我们都玩过这样的游戏，只要一烛或一灯，甚至一轮明月，就可以通过手势的变化创造出各种形体。在工程图中，我们也是运用相似的原理将物体用平面图形表示，不同之处在于我们是用若干个平面图形将物体的结构表达清楚。这些物体不论复杂程度如何，都可以看成由空间几何元素点、线、面组成。各平面相交于多条棱线，各棱线又相交于点，点的投影是线、面、体投影的基础。

1. 投影概念及分类

光是直线传播的，阳光或灯光照射物体时，在地面或墙面上会产生影像，这种投射线（如光线）通过物体，向选定的面（如地面或墙面）投射，并在该面上得到图形（影像）的方法称为投影法。设想将地面作为图纸平面，称之为投影面；光源称为投射中心；光线为投射线，投射线通过物体，向选定的面投射；物体的影子为需要绘出的图像，称为投影（图 3-2-2）。

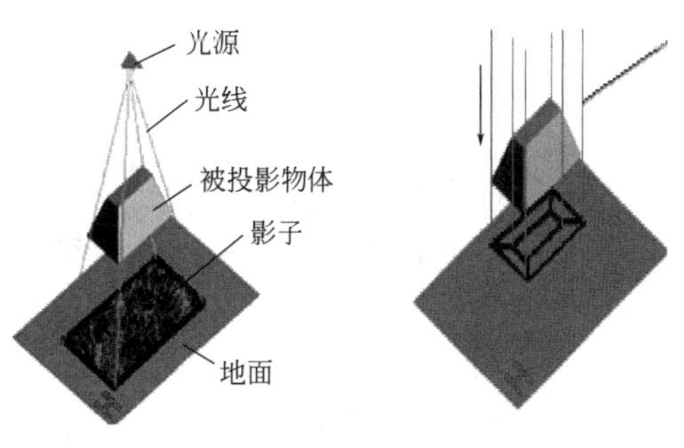

图 3-2-2　投影形成

把光由一点向外散射形成的投影叫作中心投影，如图 3-2-3(a) 所示。在一束平行光线的照射下形成的投影叫作平行投影。平行投影分正投影和斜投影两种，其中斜投影法的投射线与投影面相倾斜，正投影法投射线与投影面相互垂直，投影如图 3-2-3(b)、(c) 所示。正投影法所得到的正投影能准确反映形体的形状和大小，形体不会因为与投影面的位置关系而改变投影的大小，度量性好，作图简便，因此正投影法是技术制图的主要理论基础。

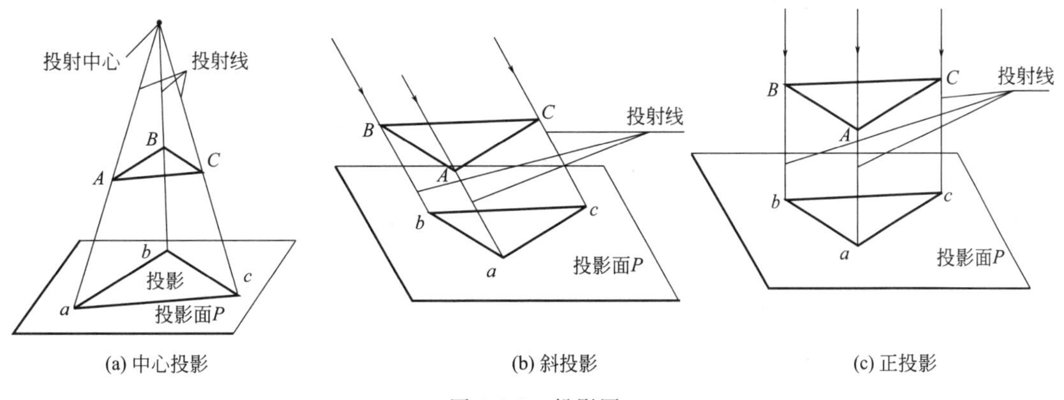

图 3-2-3　投影图

2. 正投影法的基本特性

(1) 真实性　物体上平行于投影面的平面（P）的投影反映实形，见图 3-2-4(a)。平行于投影面的直线（AB）的投影反映实长，见图 3-2-4(a)。

(2) 积聚性　物体上垂直于投影面的平面（Q）的投影积聚成一条直线，见图 3-2-4(b)。垂直于投影面的直线（CD）的投影积聚成一点，见图 3-2-4(b)。

(3) 类似性　物体上倾斜于投影面的平面（R）的投影是原图形的类似形，见图 3-2-4(c)。倾斜于投影面的直线（EF）的投影比实长短，见图 3-2-4(c)。

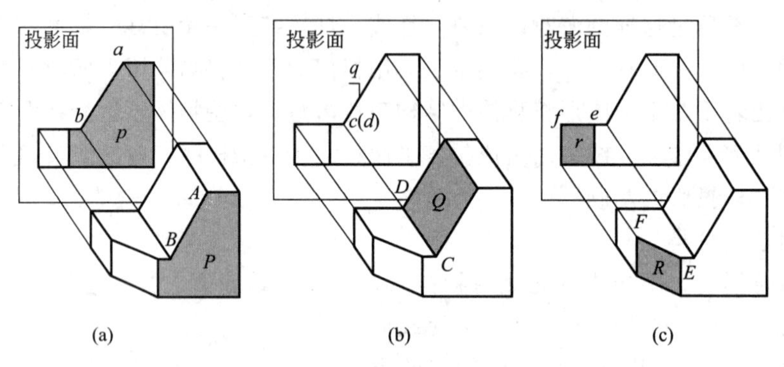

图 3-2-4　正投影法的基本特性

3. 标注点的三面投影

三面投影体系由三个相互垂直的投影面所组成，正立投影面用 V 表示，水平投影面用 H 表示，侧立投影面用 W 表示，如图 3-2-5 所示。

如图 3-2-6(a) 所示，A 点在空间中，将投影面展开（H 面向下翻转 90°，W 面向右翻转 90°）在一个平面后，A 点在展开的三个投影面中的投影标注如图 3-2-6(b) 所示。

① 空间点用大写字母 A、B、C、D、E…表示。

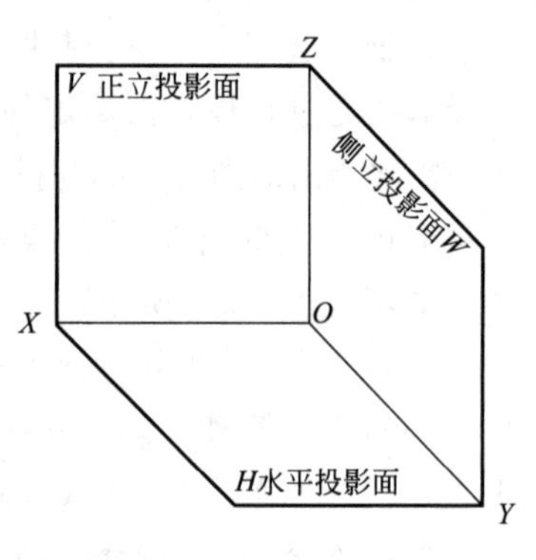

图 3-2-5　三面投影图

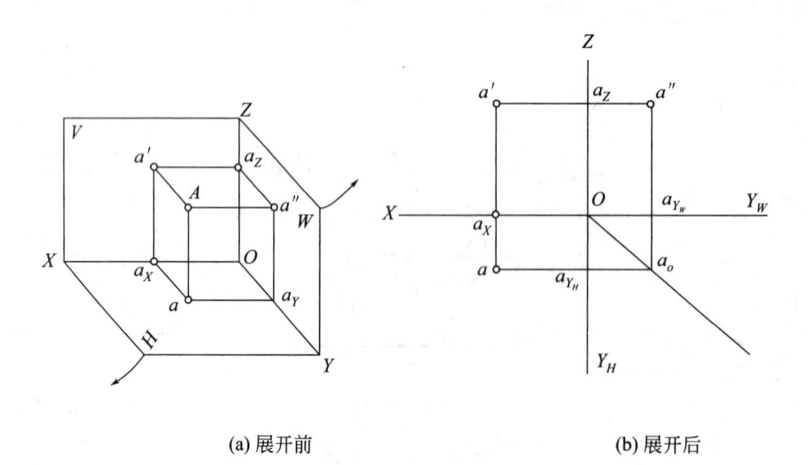

(a) 展开前　　(b) 展开后

图 3-2-6　点的三面投影

② H 面（水平投影面）投影用 a、b、c、d、e…表示。

③ V 面（正立投影面）投影用 a'、b'、c'、d'、e'…表示。

④ W 面（侧立投影面）投影用 a''、b''、c''、d''、e''…表示。

4. 归纳点的投影规律

从投影图可以看出，点的投影有如下规律。

① 点的两面投影的连线，必定垂直于相应的轴。

$$\begin{cases} aa' \perp OX \\ a'a'' \perp OZ \\ aa_X = a''a_Z \end{cases}$$

② 三面投影体系可以看成是空间直角坐标系，把投影面看作是坐标面，把投影轴看作是坐标轴。点的投影到投影轴的距离，等于空间点到相应的投影面的距离。

$a'a_Z = aa_{Y_H} = A$ 点到 W 面的距离 Aa''；

$a''a_Z = aa_X = A$ 点到 V 面的距离 Aa'；

$a'a_X = a''a_{Y_W} = A$ 点到 H 面的距离 Aa。

5. 已知点的两面投影求第三面投影

例： 已知 a、b 两点的两个投影，画出这两个点的第三面投影（图 3-2-7）。

解法一： 通过作 45°角平分线，使 $aa_X = a''a_Z$，见图 3-2-8(a)。

解法二： 用圆规直接量取 $aa_X = a''a_Z$，见图 3-2-8(b)。

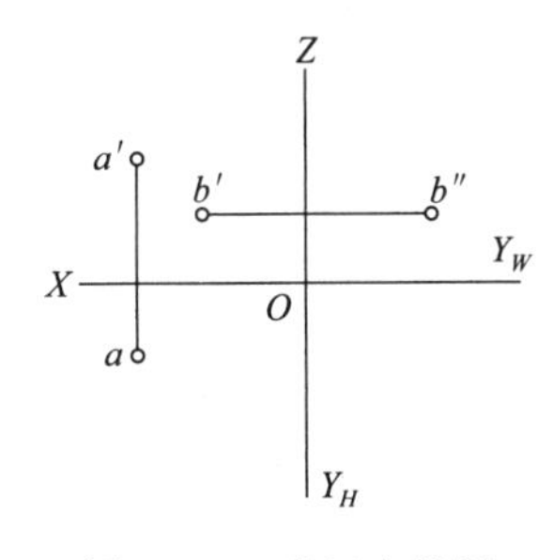

图 3-2-7 求解点投影

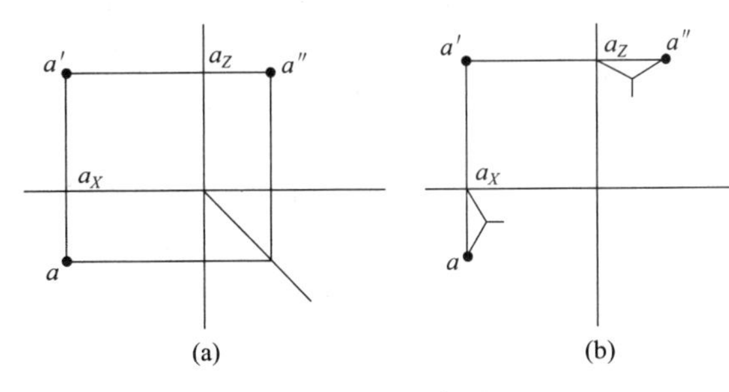

图 3-2-8 解法

6. 归纳点的空间坐标与投影关系

已知点的 3 个坐标，可作出该点的三面投影，已知点的三面投影，可以量出该点的 3 个坐标（图 3-2-9）。

$$\begin{cases} A\text{ 点到 }W\text{ 面的距离}=X\text{ 坐标} \\ A\text{ 点到 }V\text{ 面的距离}=Y\text{ 坐标} \\ A\text{ 点到 }H\text{ 面的距离}=Z\text{ 坐标} \end{cases} \Rightarrow \text{表示为 } A\ (X,\ Y,\ Z)$$

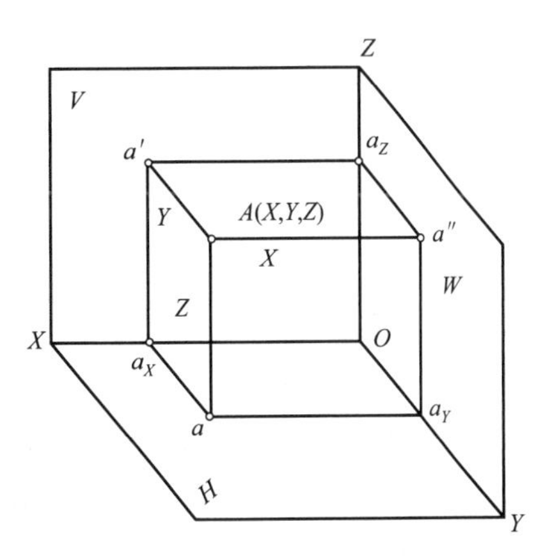

图 3-2-9 求解三面投影

7. 判断点的位置

两点的相对位置是根据两点相对于投影面的距离远近（或坐标大小）来确定的。

$$\begin{cases} X\text{ 坐标值大的点在左，小的在右} \\ Y\text{ 坐标值大的点在前，小的在后} \\ Z\text{ 坐标值大的点在上，小的在下} \end{cases}$$

注意：若两点共处于一条投射线，其投影必在相应的投影面上重合。这两个点被称为该投影面的一对重影点，判断重影点的可见性时，需要看重影点在其他投影面上的投影。坐标值大的点投影可见，反之不可见。重影点的不可见点需加括号表示。

想一想

1. 已知点 $A(18, 15, 20)$，作出点 A 的三面投影图（图 3-2-10）。

方法一：

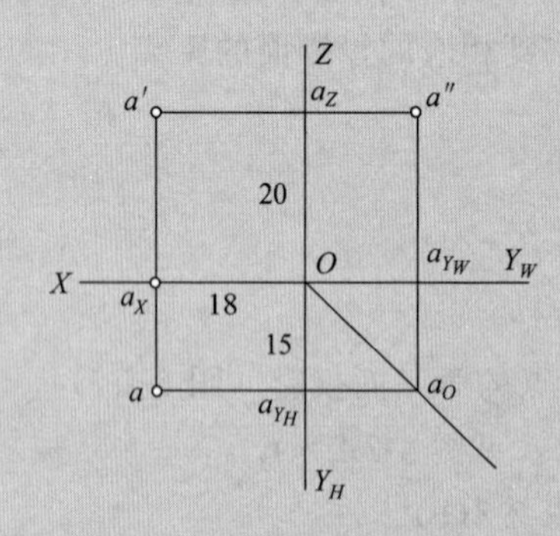

方法二：

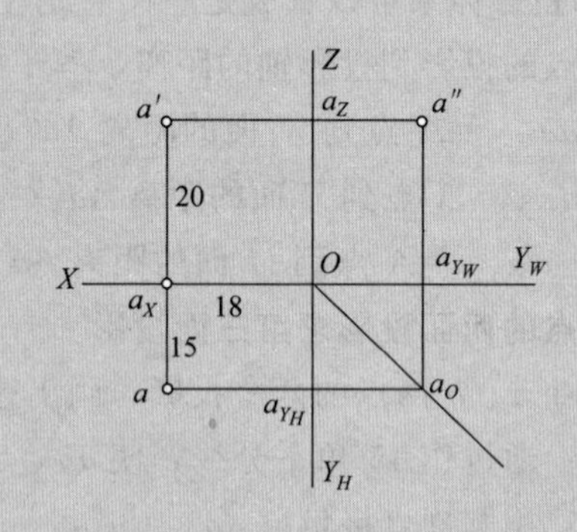

图 3-2-10 解法

2. 说出图 3-2-11 中 A、B 两点的位置关系（提示：谁在前，谁在右，谁在上）。

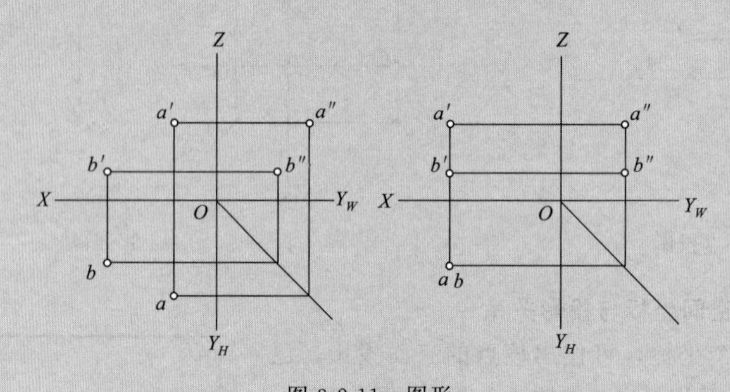

图 3-2-11 图形

二、线面投影

1. 直线的三面投影

直线的投影一般仍为直线。两点确定一条直线，将两点的同名投影用直线连接，就得到直线的三个投影。注意：直线的投影规定用粗实线绘制。

2. 直线上点的投影特性

直线上点的投影必位于直线的同名投影上，并符合点的投影规律。

如图 3-2-12(a) 所示，若 K 点在直线 AB 上，则 k 在 ab 上，k' 在 $a'b'$ 上，k'' 在 $a''b''$ 上。

反之，若点的三面投影都落在直线的同名投影上，且三面投影都符合点的投影规律，则点必在直线上。

图 3-2-12(b) 中，已知直线 AB 上点 K 的一个投影，即可根据点的投影规律，在直线的同名投影上，求得该点的另外两面投影 k'和 k''。

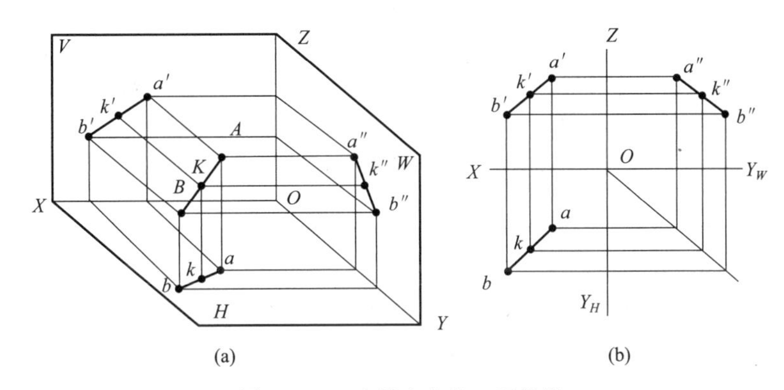

图 3-2-12　直线上点的三面投影

3. 归纳不同位置直线的投影规律

按照直线对三个投影面的相对位置，可以将其分为三类：一般位置直线、投影面平行线、投影面垂直线。后两类直线又称为特殊位置直线。

（1）一般位置直线——与三个投影面都倾斜的直线　三投影面体系中，与三个投影面都倾斜的直线称为一般位置直线。如图 3-2-12 中的直线 AB 即为一般位置直线。一般位置直线的三面投影都倾斜于投影轴，且都不反映实长。

（2）投影面平行线——平行于一个投影面、倾斜于另外两个投影面的直线　投影面平行线又可分为三种：平行于 V 面的直线叫正平线；平行于 H 面的直线叫水平线；平行于 W 面的直线叫侧平线。表 3-2-1 所示为三种类型投影面平行线的投影特性的比较。

表 3-2-1　投影面平行线的投影特性

名称	轴测图	投影图	投影特性
正平线			(1) $a'b'=AB$，反映 α、γ 角，反映实长 (2) ab // OX，$a''b''$ // OZ，短于实长
水平线			(1) $cd=CD$，反映 β、γ 角，反映实长 (2) $c'd'$ // OX，$c''d''$ // OY_W，短于实长

续表

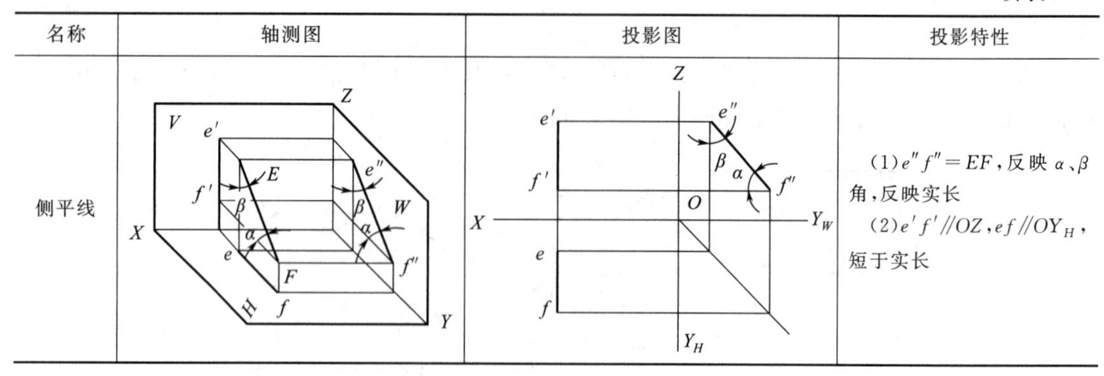

名称	轴测图	投影图	投影特性
侧平线			(1)$e''f''=EF$，反映 α、β 角，反映实长 (2)$e'f'/\!/OZ$，$ef/\!/OY_H$，短于实长

投影面平行线的投影特性：

① 直线在与其平行的投影面上的投影，反映该线段的实长和与其他两个投影面的倾角；

② 直线在其他两个投影面上的投影分别平行于相应的投影轴，且比线段的实长短。

(3) 投影面垂直线——垂直于一个投影面、平行于另外两个投影面的直线　投影面垂直线又可分为三种：垂直于 V 面的直线叫正垂线；垂直于 H 面的直线叫铅垂线；垂直于 W 面的直线叫侧垂线。表 3-2-2 所示为三种类型投影面垂直线的投影特性。

表 3-2-2　投影面垂直线的投影特性

名称	轴测图	投影图	投影特性
正垂线			(1)$a'b'$积聚成一点 (2)ab 垂直 OX，$a''b''$垂直 OZ，$ab=a''b''=AB$
铅垂线			(1)cd 积聚成一点 (2)$c'd'$垂直 OX，$c''d''$垂直 OY_W，$c'd'=c''d''=CD$
侧垂线			(1)$e''f''$积聚成一点 (2)$e'f'$垂直 OZ，ef 垂直 OY_H，$e'f'=ef=EF$

投影面垂直线的投影特性：

① 直线在与其所垂直的投影面上的投影积聚成一点；

② 直线在其他两个投影面上的投影分别垂直于相应的投影轴，且反映该线段的实长。

4. 不同位置平面的投影规律归纳

（1）投影面平行面　空间的平面平行于一个投影面，同时垂直于另两个投影面。投影面平行面的投影特性如表 3-2-3 所示。

水平面：平行于 H 面，垂直于 V 面、W 面。

正平面：平行于 V 面，垂直于 H 面、W 面。

侧平面：平行于 W 面，垂直于 H 面、V 面。

表 3-2-3　投影面平行面的投影特性

名称	轴测图	投影图	投影特性
正平面	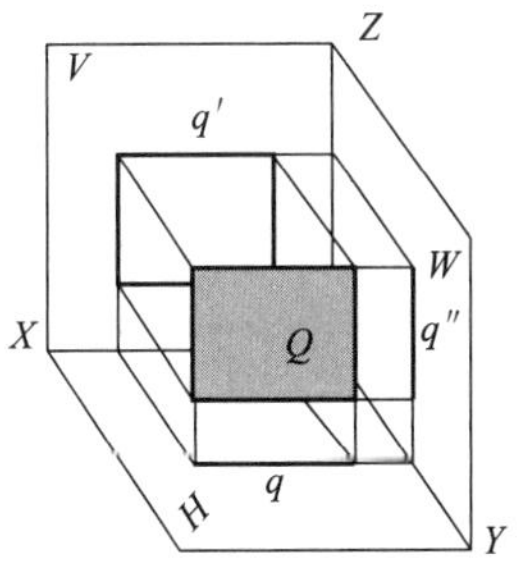	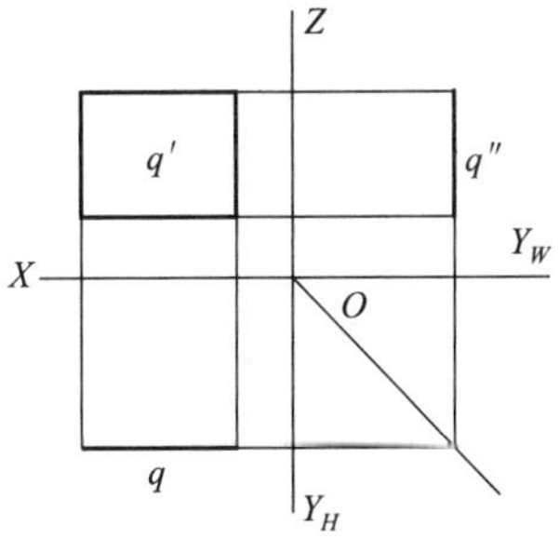	(1)正面投影反映实形 (2)水平投影积聚为直线并平行于 OX (3)侧面投影积聚为直线并平行于 OZ
水平面	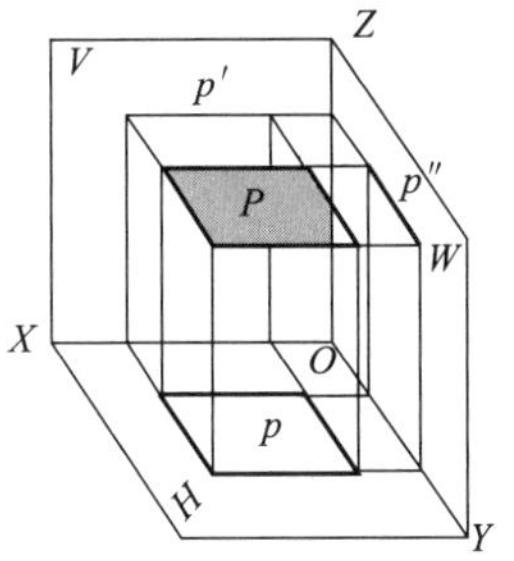	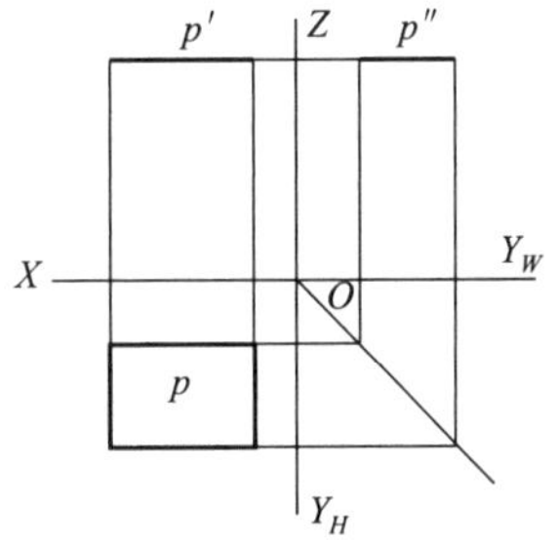	(1)水平投影反映实形 (2)正面投影和侧面投影积聚为直线并分别平行于 OX、OY_W
侧平面	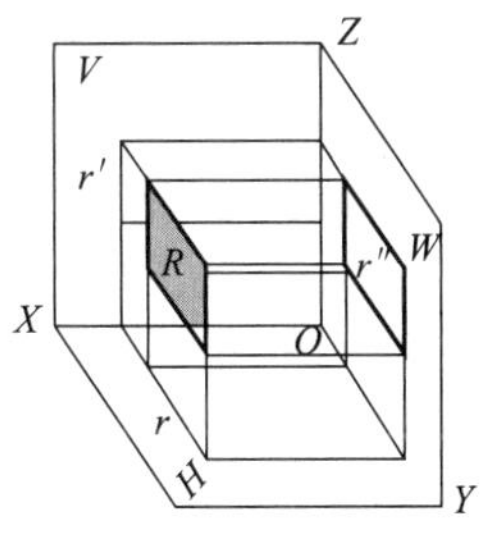	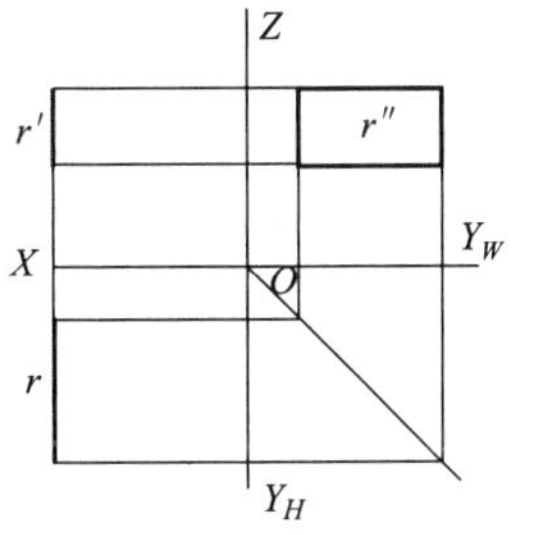	(1)侧面投影反映实形 (2)水平投影积聚为直线并平行于 OY_H (3)正面投影积聚为直线并平行于 OZ

投影面平行面的投影特点：在它所平行的投影面上的投影反映实形，另外两个投影积聚成直线并平行于相应的投影轴（一框两直线）。

（2）投影面垂直面　平面垂直于一个投影面，同时倾斜于另两投影面。投影面垂直面的投影特性如表 3-2-4 所示。

铅垂面：垂直于 H 面，倾斜于 V、W 面。

正垂面：垂直于 V 面，倾斜于 H、W 面。

侧垂面：垂直于 W 面，倾斜于 H、V 面。

表 3-2-4　投影面垂直面的投影特性

名称	轴测图	投影图	投影特性
铅垂面			(1)水平投影积聚为直线段 (2)正面和侧面投影为类似形
正垂面			(1)正面投影积聚为直线段 (2)水平和侧面投影为类似形
侧垂面			(1)侧面投影积聚为直线段 (2)水平和正面投影为类似形

投影面垂直面的投影特点：它所垂直的投影面上的投影积聚为直线且反映平面与另外两个投影面的倾角；其余两个投影都比实形小，但反映原平面图形的几何形状（两框一斜线）。

（3）一般位置平面　对三个投影面都倾斜的平面。

投影特点：不反映实形，只反映原平面图形的类似形状且小于实形（三个框），见图 3-2-13。

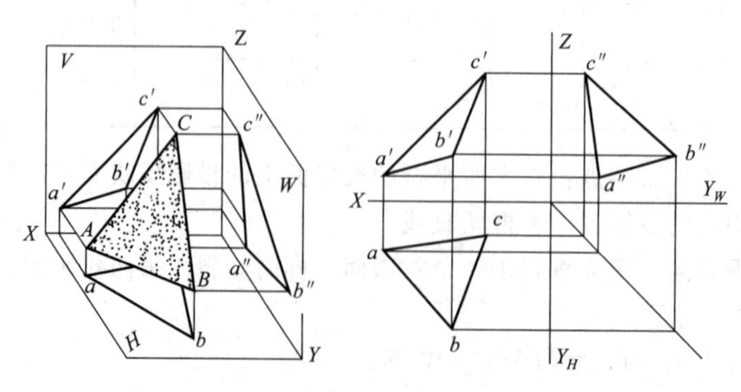

图 3-2-13　一般位置平面的投影

想一想

1. 完成以下两个问题（图 3-2-14）：

（1）作出直线 AB 的第三面投影。

（2）已知 C 点在直线 AB 上，根据 c，求 c'、c''。

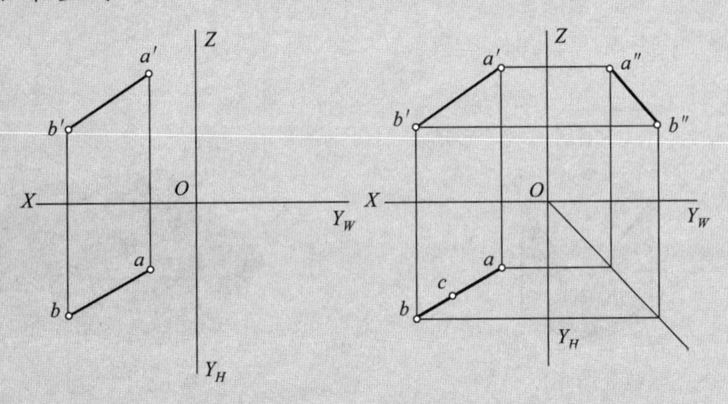

图 3-2-14　习题 1 图形

2. 判断下列各直线与投影的相对位置，并填空（图 3-2-15）。

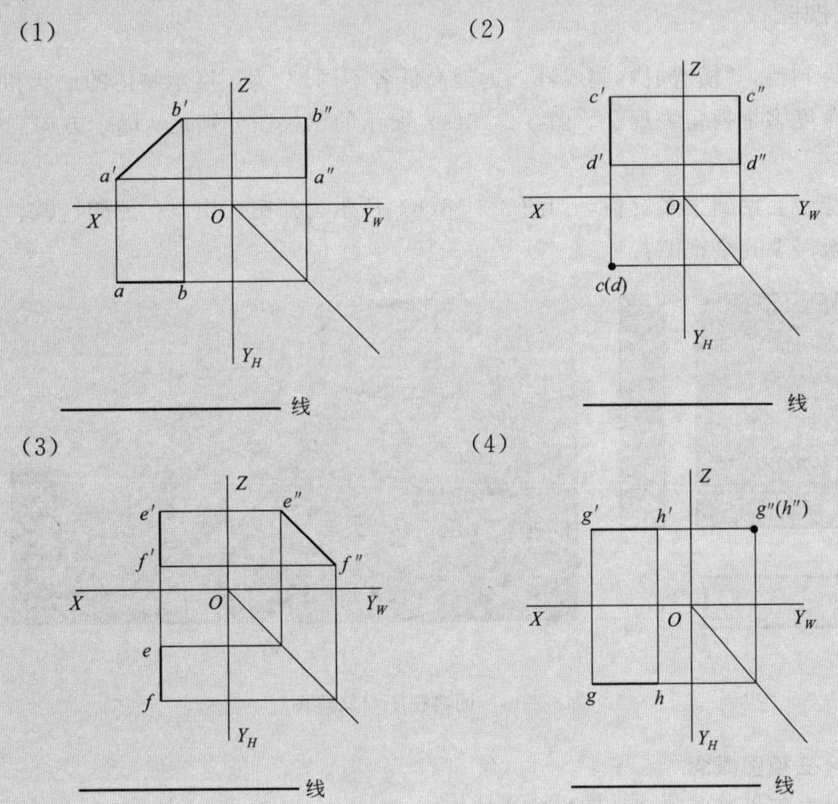

图 3-2-15　习题 2 图形

3. 补画图 3-2-16 中俯、左视图中的漏线，标出立体图上 A、B、C 三点的两面投影，并填空 AB 是______线，BC 是______线，CA 是______线。

4. 如图 3-2-17 所示，三棱台各棱线中有______条水平线，______条正平线，______条正垂线，______条一般位置直线。

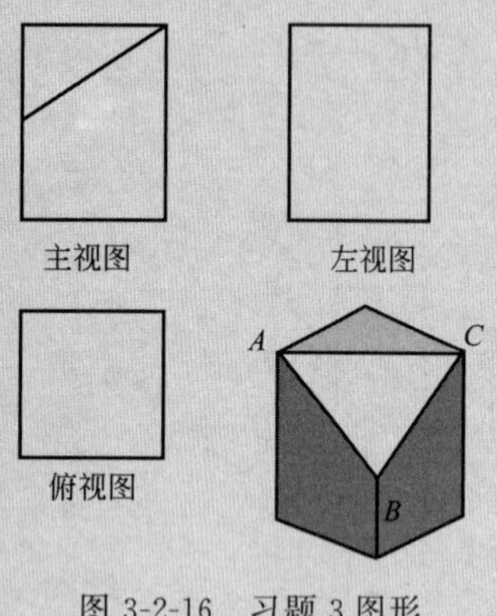

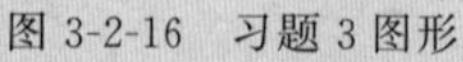

图 3-2-16　习题 3 图形

图 3-2-17　习题 4 图形

三、三视图

有这样一句诗：“横看成岭侧成峰，远近高低各不同。”为了展示物体的形状和大小，需要从不同的角度多个视角去观察。图 3-2-18(a) 所示的三幅图分别是从哪个方向观察词典得到的？

化工生产中会用到很多设备，如图 3-2-18(b) 所示为储罐，用以存放酸、碱、醇等化学物质。它一般需要几个视图？

图 3-2-18　词典视图与储罐图

1. 视图、三视图概念

物体向投影面投影所得到的图形称为视图。

如果将物体向三个互相垂直的投影面分别投影，所得到的三个图形摊平在一个平面上，就是三视图，如图 3-2-19(a)、(b) 所示。

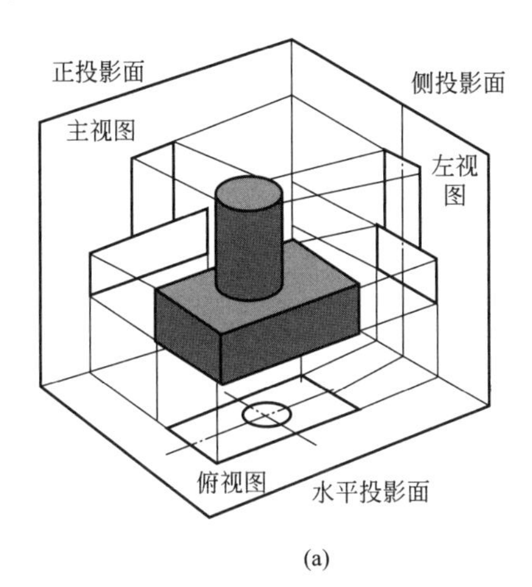

(a)

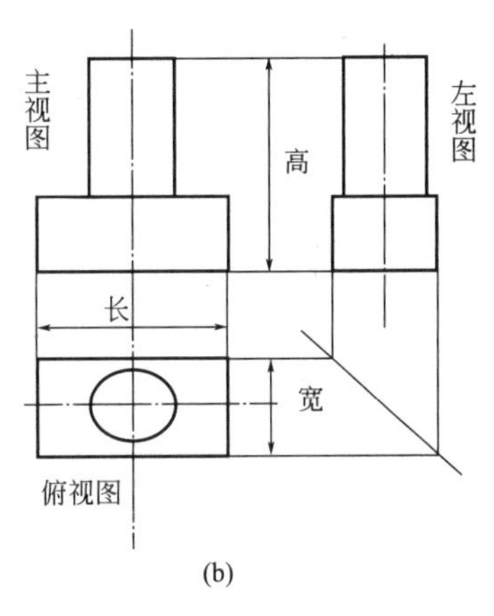

(b)

图 3-2-19　三视图的形成

从几何体的前面向后面正投影，得到的投影图称为几何体的正视图（主视图）。

从几何体的左面向右面正投影，得到的投影图称为几何体的侧视图（左视图）。

从几何体的上面向下面正投影，得到的投影图称为几何体的俯视图。

俯视图放在主视图的下面，长度与主视图相等；左视图放在主视图的右面，高度与主视图相等，宽度与俯视图的宽度相等，如图 3-2-20 所示。

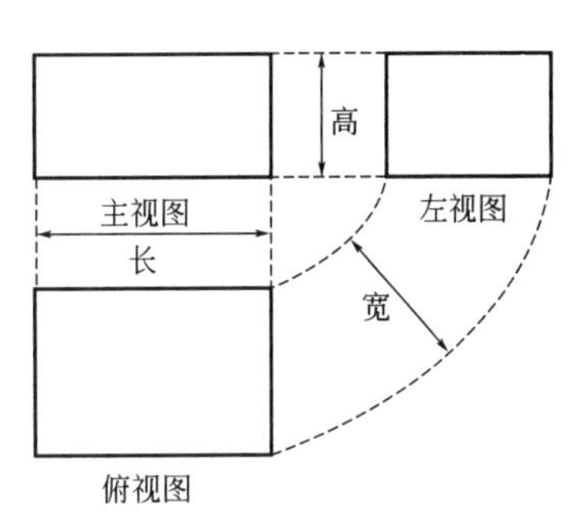

图 3-2-20　三视图的对应关系

记忆口诀

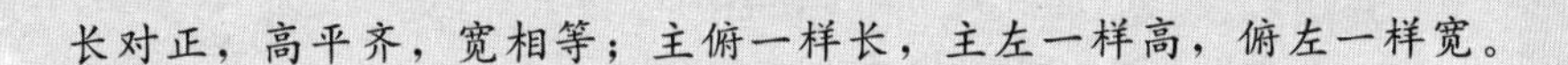
长对正，高平齐，宽相等；主俯一样长，主左一样高，俯左一样宽。

2. 回转体三视图

圆柱是个回转体，利用两个视图就可以表达了。储罐一般也是用两个视图表达，如图 3-2-21 所示。

图 3-2-21　水杯和储罐

四、绘制几何体三视图和面上点的投影

1. 平面上的点和直线

点和直线在平面上的几何条件是：

① 若点在平面内的一条直线上，则该点必在该平面上；

② 若直线通过平面上的两个点，或通过平面上的一个点，且平行于属于该平面的任意直线，则直线在该平面上。

2. 棱柱

以正六棱柱为例，正六棱柱由上、下两底面（正六边形）和六个棱面（长方形）组成。将其放置成上、下底面与水平投影面平行，并有两个棱面平行于正投影面。上、下两底面均为水平面，它们的水平投影重合并反映实形，正面及侧面投影积聚为两条相互平行的直线。六个棱面中的前、后两个为正平面，它们的正面投影反映实形，水平投影及侧面投影积聚为一直线。其他四个棱面均为铅垂面，其水平投影均积聚为直线，正面投影和侧面投影均为类似形。

棱柱的三视图作图方法与步骤如图 3-2-22 所示。

① 作正六棱柱的对称中心线和底面基线，画出具有形状特征的投影——水平投影（即特征视图）。

② 根据投影规律作出其他两个投影。

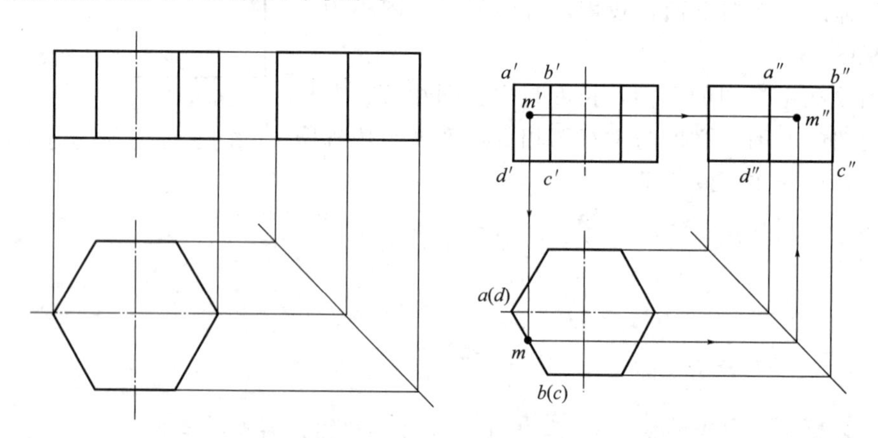

图 3-2-22　棱柱的三视图及点上投影

如图 3-2-22 所示，已知棱柱表面上点 M 的正面投影 m'，求作其他两面投影 m、m''。因为 m'可见，所以点 M 必在面 $ABCD$ 上。此棱面是铅垂面，其水平投影积聚成一条直线，故点 M 的水平投影 m 必在此直线上，再根据 m、m'可求出 m''。由于 $ABCD$ 的侧面投影可见，故 m''也为可见（注意：点与积聚成直线的平面重影时，不加括号）。

3. 圆柱

如图 3-2-23(a) 所示，圆柱轴线为铅垂线，圆柱面上所有素线都是铅垂线，因而圆柱面的水平投影积聚为圆，正面和侧面投影为矩形，圆柱的上、下两端面为水平面，其水平投影反映圆的实形，正面和侧面投影积聚为直线。

圆柱的俯视图为圆，它既反映上端面（可见）及下端面（不可见）的实形，又是圆柱面的积聚性投影，圆柱面上任何点、线的水平投影都落在圆周上。主视图为一矩形线框，上、

下两条直线为上、下端面圆的积聚投影，左、右两条直线为圆柱正面投影的轮廓线，它们分别是圆柱面上最左、最右素线 AB、CD 的正面投影。主视图中，以最左、最右素线为界，前半圆柱可见，后半圆柱不可见。这两条轮廓线的侧面投影与轴线的侧面投影重合，因为它们不是圆柱侧面投影的轮廓线，所以侧面投影不应画出。圆柱的左视图也是一矩形线框，但左视图中圆柱的轮廓线是圆柱面上最前、最后素线 EF、GH 的侧面投影。

图 3-2-23(b) 所示为圆柱的三视图。画圆柱的三视图时，应首先画出中心线、轴线和轴向定位基准（如下端面)，其次画投影为圆的视图，最后画其余两个视图。

如图 3-2-23(b) 所示，已知圆柱面上点 M 的侧面投影 (m'') 和点 N 的正面投影 n'，求其另两面投影。

① 先判别 M、N 的空间位置。

② 由 m''的位置可知 M 点位于前半圆柱面的右半部分，根据圆柱面水平投影的积聚性可求得 m，由 m 和 m''可求出 m'，由于点位于前半圆柱面上，故 m'可见。

③ 由 n'可知 N 点位于圆柱面的最右素线上，可在最右素线的同名投影上求得 n 和 n''，由于最右素线的侧面投影不可见，故 n''不可见。求得结果见图 3-2-23(c) 所示。

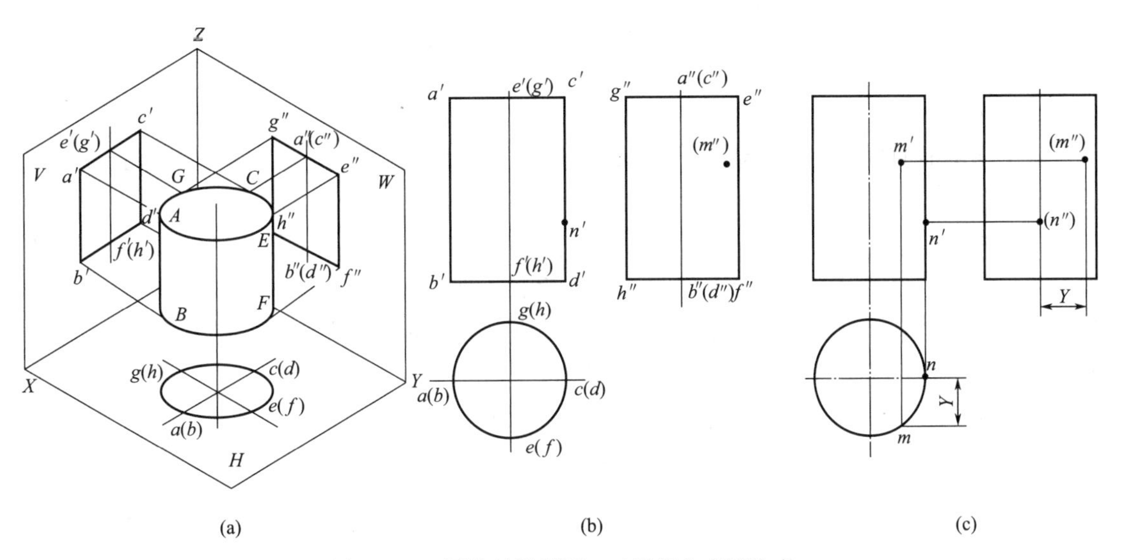

图 3-2-23 圆柱的轴测图、三视图和表面取点

4. 圆锥

圆锥由圆锥面和底面（圆形平面）围成。圆锥面上连接锥顶点和底面圆周上任一点所得到的直线皆称为圆锥面的素线。

如图 3-2-24(a) 所示，圆锥轴线为铅垂线，底面为水平圆，其水平投影反映实形（不可见)，另两面投影积聚为直线。

图 3-2-24(b) 所示为圆锥的三视图。圆锥面的三个投影都没有积聚性，其水平投影与底圆的水平投影重合，圆锥面正面投影的轮廓线为最左、最右素线 SA、SB 的正面投影，圆锥面的正面投影落在三角形线框内。以 SA、SB 为界，前半圆锥面可见，后半圆锥面不可见，最左、最右两素线的侧面投影与轴线的侧面投影重合，不应画出。

画圆锥的三视图时，应首先画出中心线、轴线和轴向基准线（底面)；其次画出投影为圆的俯视图；最后根据圆锥的高度画出锥顶点的投影，进而画出其他两个非圆视图。

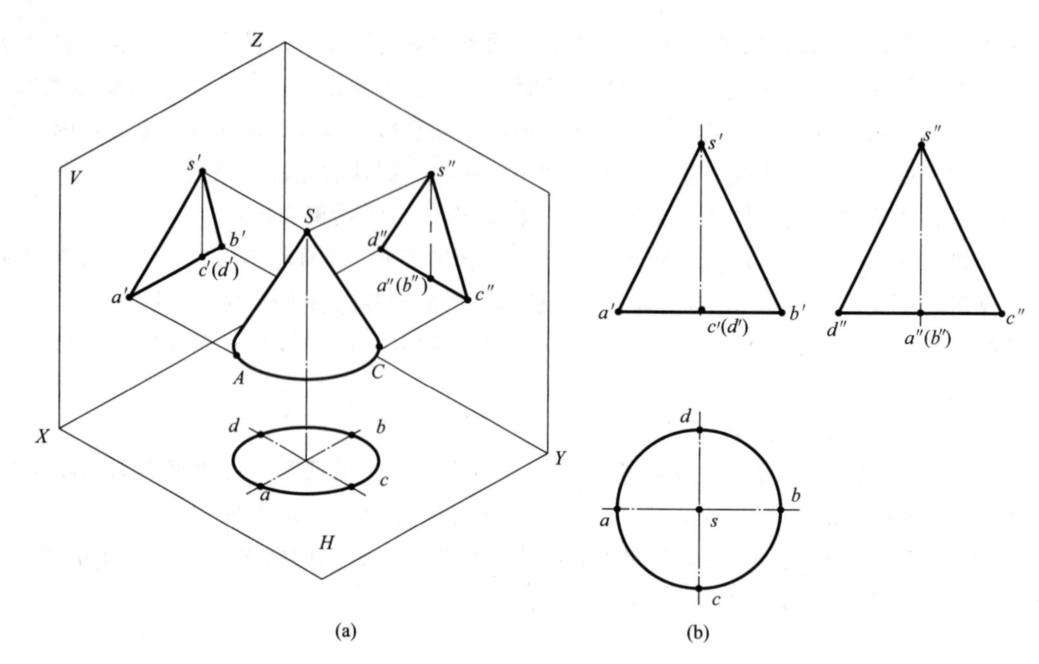

(a) (b)

图 3-2-24　圆锥的轴测图和三视图

如图 3-2-24 所示，已知圆锥上 M 点的正面投影 m'，求其另两个投影。

由于圆锥面的投影没有积聚性，且 M 点不处在最外轮廓素线上，必须利用辅助线求点的投影。

（1）方法一：辅助素线法　如图 3-2-25 所示，过锥顶和 M 点所作的辅助线 SI 是圆锥面上的一条素线（直线）。作出该辅助素线的投影，即在图 3-2-25(b) 中连接 s'、m' 并延长，与底面圆周交于 l'，再求出 sl 和 $s''l''$。根据直线上点的作图方法，可在 sl 和 $s''l''$ 上求得 m 和 m''。需注意，利用辅助素线法作的辅助线必须过锥顶。

由 m' 可知 M 点位于右半圆锥面上，则 m'' 不可见，但水平投影 m 可见。

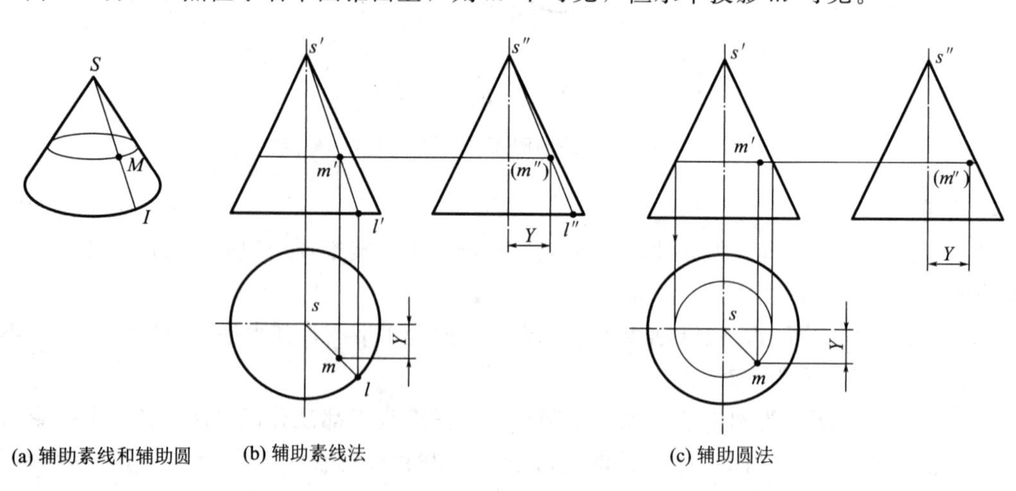

(a) 辅助素线和辅助圆　(b) 辅助素线法　(c) 辅助圆法

图 3-2-25　圆锥表面上的点

（2）方法二：辅助圆法　如图 3-2-25(a) 所示，在圆锥面上作出过 M 点的水平辅助圆，然后在图 3-2-25(c) 中过 m' 作垂直于轴线的直线，即辅助圆的正面投影。辅助圆的水平投影反映实形，该圆的半径可由其正面投影决定。根据点的投影规律，可在该圆上求得 m，由 m' 和 m 可求得 m''。

若所求点位于圆锥的最外轮廓素线（如最左、最右、最前、最后素线）上，不必作辅助线，可直接在该素线或底面的投影上求点。

5. 圆球

圆球可以看成是以一圆作母线，绕其直径回转而成的。

如图 3-2-26(a) 所示，圆球的三个视图都是与圆球直径相等的圆，但它们是分别从三个方向投射时所得的投影，不是圆球面上同一圆的三个投影。正面投影的圆是球面上平行于 V 面的最大轮廓圆的投影，该圆为前后半球的分界圆，以它为界，前半球的正面投影可见，后半球的正面投影不可见；水平投影的圆是球面上平行于 H 面的最大轮廓圆的投影，该圆为上、下半球的分界圆；侧面投影的圆是球面上平行于 W 面的最大轮廓圆的投影，该圆为左、右两半球的分界圆。三个轮廓圆的另两面投影均与中心线重合，图中不应画出。

圆球的三视图如图 3-2-26(b) 所示，画图时先画出各视图的中心线，然后以相同半径画圆即可。

如图 3-2-26(b) 所示，已知圆球上 M 点的正面投影 m'，求其另两面投影。

由于圆球面的投影没有积聚性，且圆球面上也不存在直线，只能采用辅助圆法，即在圆球面上过 M 点作平行于投影面的辅助圆（水平圆、正平圆和侧平圆）。先分析 M 的空间位置。由 m' 可知，M 点位于前半球的右上部分，如图 3-2-26(c) 所示。过 M 点作辅助圆，然后在图 3-2-26(b) 中过 m' 作垂直于 OZ 的直线 $1'2'$，它是水平辅助圆的积聚投影，以其长度为直径可作出辅助圆的水平投影。根据点的投影规律，由 m' 在辅助圆的右前部位可求得 m，由 m' 和 m 可求得 m''。由于 M 点位于上半球，则 m 可见，由于 M 点位于右半球，则 m'' 不可见。

若所求点处在平行于任一投影面的最大轮廓圆上，不必作辅助圆，可直接在该轮廓圆的投影上求点的投影。

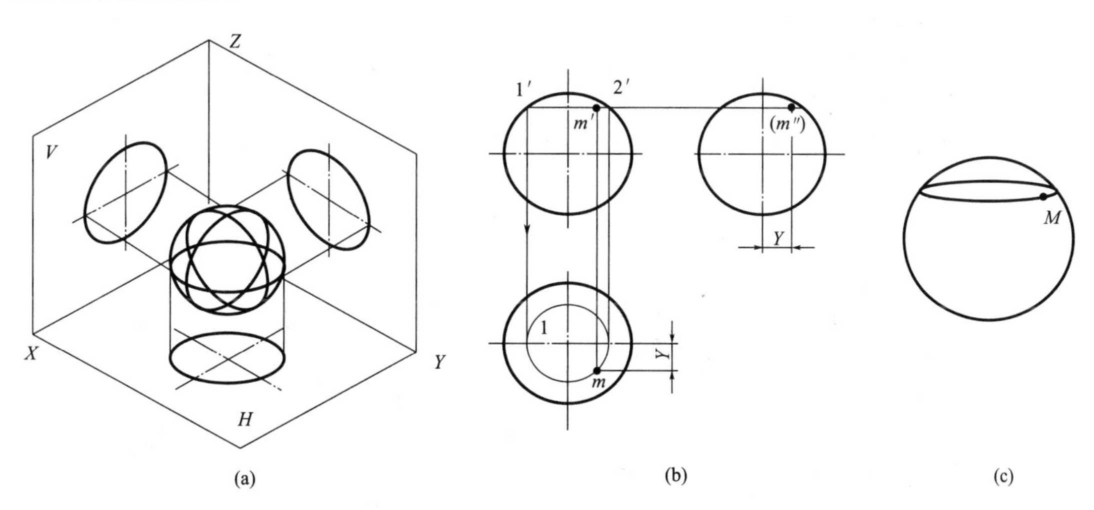

图 3-2-26　圆球的轴测图、三视图及表面取点

6. 三视图作图步骤

在视图中，被挡住的轮廓线画成虚线，尺寸线用细实线标出。三视图的作图步骤如下。

① 确定视图方向。

② 画出能反映物体真实形状的一个视图。

③ 运用“长对正、高平齐、宽相等”的原则画出其他视图。

④ 检查，加深，加粗。

由三视图描述几何体（或实物原形），一般先根据各视图想象从各个方向看到的几何体形状，然后综合起来确定几何体（或实物原形）的形状，再根据三视图“长对正、高平齐、宽相等”的关系，确定轮廓线的位置，以及各个方向的尺寸。

想一想

1. 已知正三棱台的主、俯视图，作左视图（图 3-2-27）。

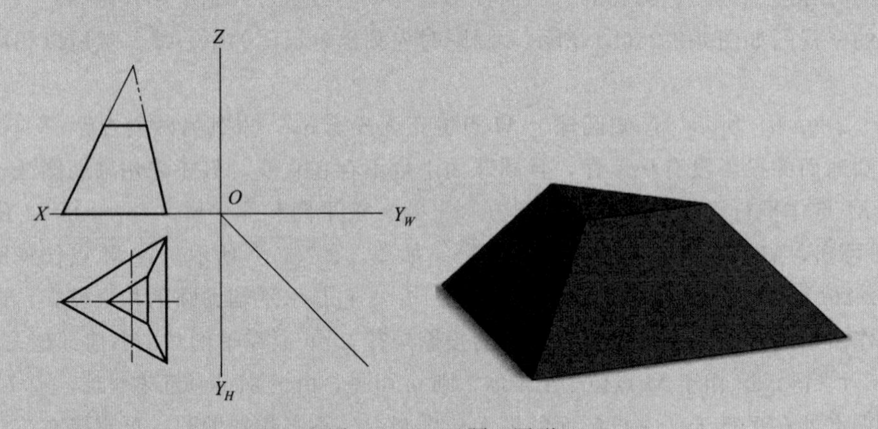

图 3-2-27　习题 1 图形

2. 阅读下列图形，完成任务：

（1）说出如图 3-2-28 所示的三个几何体各个面是什么位置的平面以及特殊位置的直线名称。

（2）画出三个几何体的三视图（尺寸自定）。

（3）画出如图 3-2-28 所示三个几何体上 M 点在三个视图上的投影。

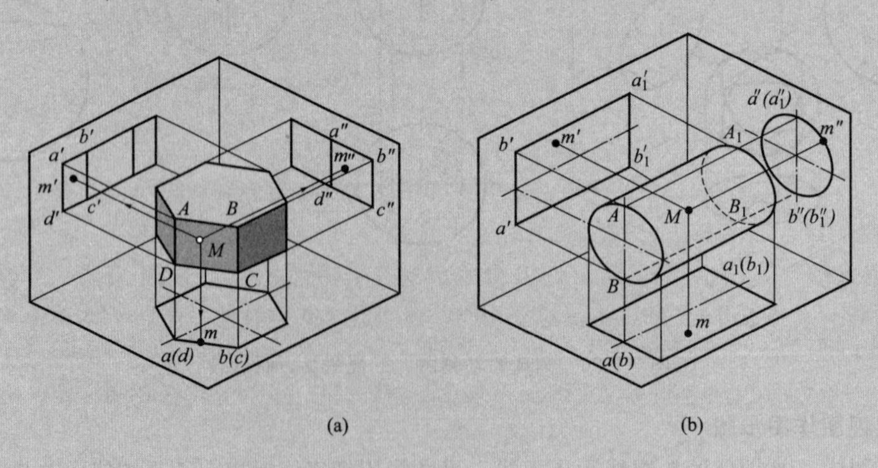

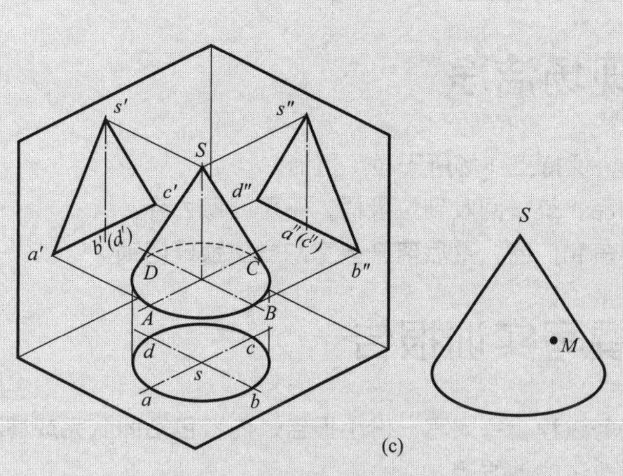

(c)

图 3-2-28　习题 2 图形

3. 绘制三视图。

如图 3-2-29 所示分别为化工设备中三种零件的立体图，即筒体、椭圆形封头、补强圈。绘出它们的三视图并标注尺寸。

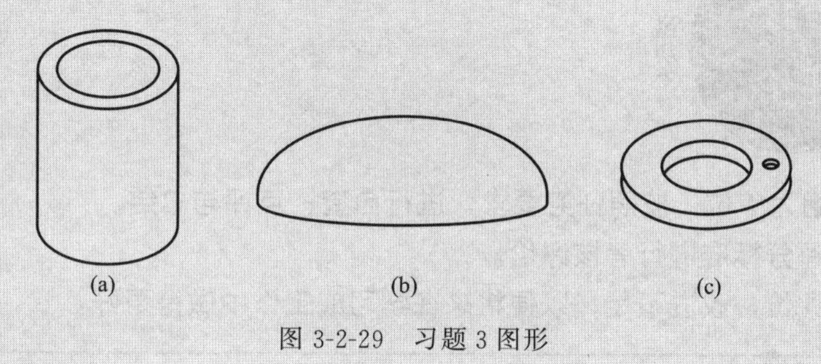
(a)　(b)　(c)

图 3-2-29　习题 3 图形

活动 1　手绘图形

1. 编写绘图方案。

步骤	内容	备注
1		
2		
3		
4		
5		

2. 绘制图形。绘图方案经教师审阅后，按照要求绘制图形。

活动 2　现场洁净

1. 清扫操作区域，保持工作场所干净、整洁。
2. 产生的废弃物品，统一回收到垃圾桶，不可随意丢弃。
3. 关闭水、电、气和门窗，最后离开教室的学生锁好门锁。

活动 3　撰写实训报告

回顾完成绘图任务过程，每人写一份小报告，内容包括团队完成情况、个人参与情况、做得好的地方、尚需改进的地方等。

____

____

1. 学生以小组为单位，按照任务要求，进行自查、互评与总结。
2. 教师参照评分标准进行考核评价。
3. 师生总结评价，改进不足，以便将来在学习或工作中做得更好。

序号	考核项目	考核内容	配分	得分
1	技能训练	点投影绘制	15	
		线面投影绘制	15	
		三视图绘制	15	
		任务完成	30	
		实训报告诚恳、体会深刻	5	
2	求知态度	求真求是、主动探索	2	
		执着专注、追求卓越	2	
3	安全意识	爱护工具，文明操作	2	
		安全事故，如发生人为的操作安全事故、设备人为损坏、伤人等情况，“安全意识”不得分		
4	团结协作	分工明确、团队合作能力	3	
		沟通交流恰当，文明礼貌、尊重他人	2	
		自主参与程度、主动性	2	
5	现场整理	劳动主动性、积极性	3	
		保持现场环境整齐、清洁、有序	4	

模块四 零件图绘制

任何机械设备都是由一些相关零件按一定的装配关系和技术要求装配而成的。制造机器、设备时，先按照零件图生产零件，再按照装配图装配成机器或设备。零件图是表示零件的形状、结构、尺寸、材料及制造、检验时所需要的技术要求的图样。它是制造、检验零件的依据，是表达设计意图、指导生产的主要技术文件。

任务一
绘制耳式支座

学习目标

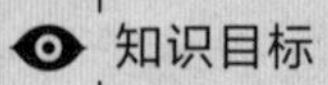

知识目标

（1）理解轴承座等组合体的组合形式和形体分析方法。
（2）理解各形体之间的表面连接关系。
（3）理解组合体三视图的投影规律。
（4）掌握组合体的尺寸种类和标注要求。
（5）掌握轴承座等组合体三视图的绘制与读图方法。

能力目标

（1）能利用轴承座等组合体的形体分析方法读图与绘图。
（2）能绘制轴承座等组合体的三视图。
（3）能对轴承座等组合体进行尺寸标注。
（4）能正确识读组合体三视图。

素质目标

（1）通过查阅资料，自主完成任务，培养求真务实、积极探索的科学精神与团结合作的职业精神。
（2）通过绘制零件三视图，培养一丝不苟、追求卓越的工匠精神和热爱劳动、诚实劳动的劳动精神。
（3）通过绘制与识读轴承座等组合体三视图，培养空间想象力。

任务描述

用A4图纸，绘图比例为1∶1，根据耳式支座的轴测图（图4-1-1）绘制耳式支座的三视图并进行尺寸标注，绘制图框线、标题栏。

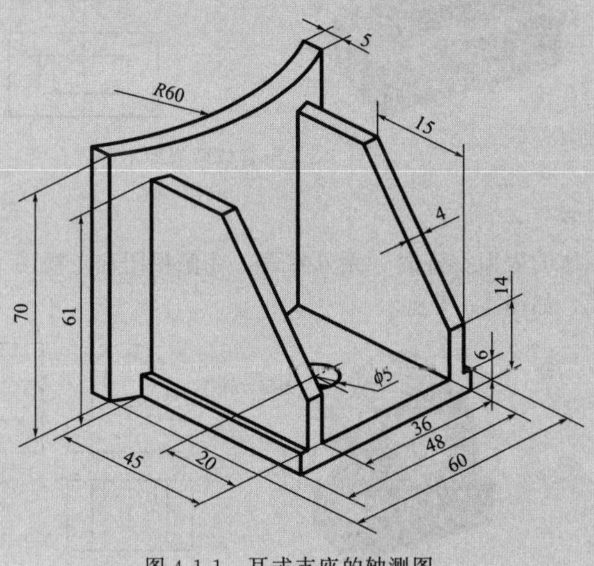

图 4-1-1　耳式支座的轴测图

一、认知不同表面连接方式

任何复杂的物体，从形体角度看，都可认为是由若干个基本形体按一定的连接方式组合而成的。由两个或两个以上基本形体组成的物体称为组合体。组合体中的各个基本形体表面之间有多种组合方式（图 4-1-2）。

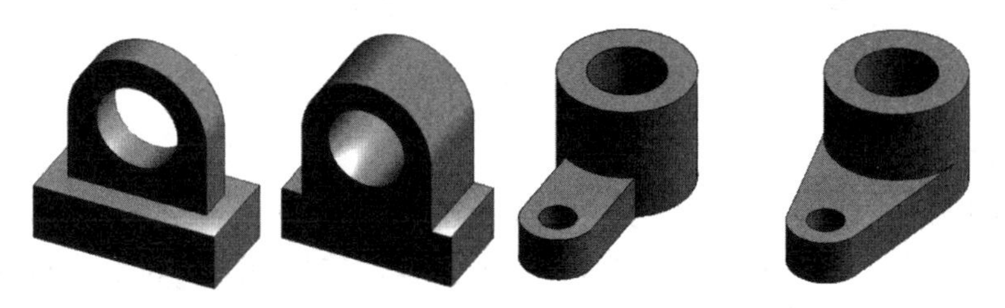
图 4-1-2　不同表面连接方式组合体

1. 两表面不平齐

当相邻两形体的表面不平齐时，应存在分界面，在俯视图和左视图都表达出来，在主视图中分界处应画分界线，如图 4-1-3 所示。

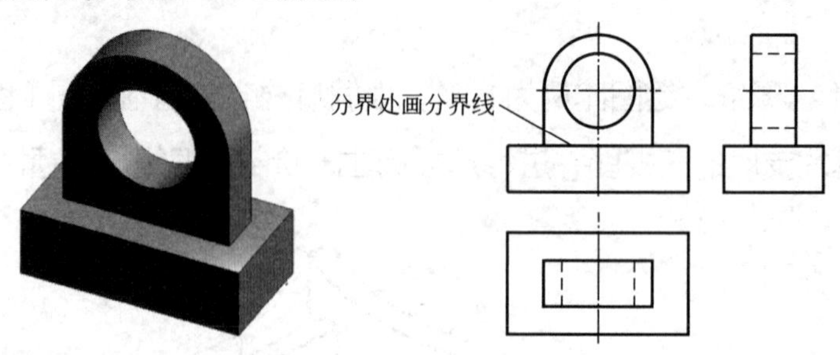

图 4-1-3　组合体两表面不平齐

2. 两表面平齐

当相邻两形体的表面平齐时，无分界面，在俯视图和左视图中积聚为一条直线，在主视图中没有分界线，如图 4-1-4 所示。

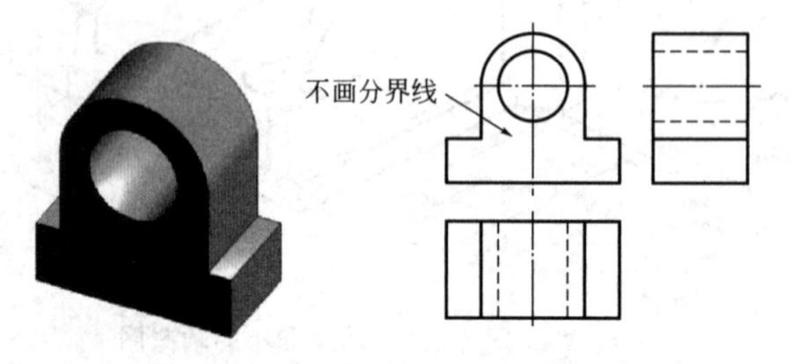

图 4-1-4　组合体两表面平齐

3. 两表面相交

当相邻两形体的表面相交时，相交处有交线，在主视图中应画出交线，该交线在俯视图中积聚为一点，在左视图中与轮廓线重合。如图 4-1-5 所示，底板的侧面与圆柱面是相交关系，故在主、左视图中相交处画出交线。

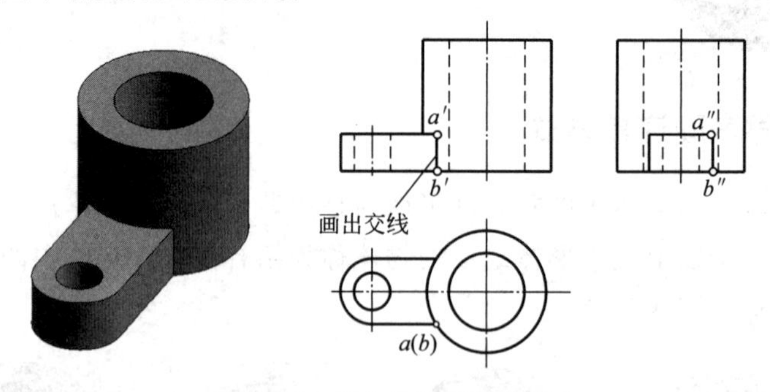

图 4-1-5　组合体两表面相交

4. 两表面相切

当相邻两形体的表面相切时，其分界处光滑连接，相切处不画分界线，而切点则是区分两形体的分界点。如图 4-1-6 所示，组合体由底板和圆柱体组成，底板的侧面与圆柱面相切，在相切处形成光滑的过渡，因此主视图和左视图中相切处不画线，此时应注意两个切点 A、B 的正面投影 a'、b'和侧面投影 a''、b''的位置。

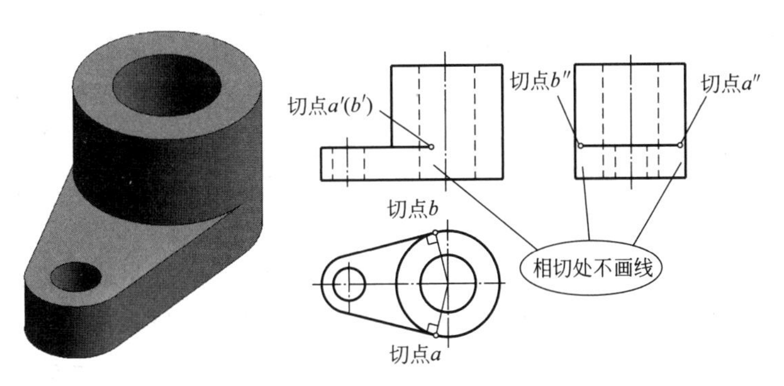

图 4-1-6 组合体两表面相切

想一想

根据已给出的轴承座模型（图 4-1-7），完成下列任务。

1. 说出该轴承座的组成部分以及它们是由哪几个基本形体通过何种方式得到的。绘制出这几个基本形体的三视图。

2. 说出这几个组成部分是如何组成轴承座这个零件的，以及连接表面的连接关系。

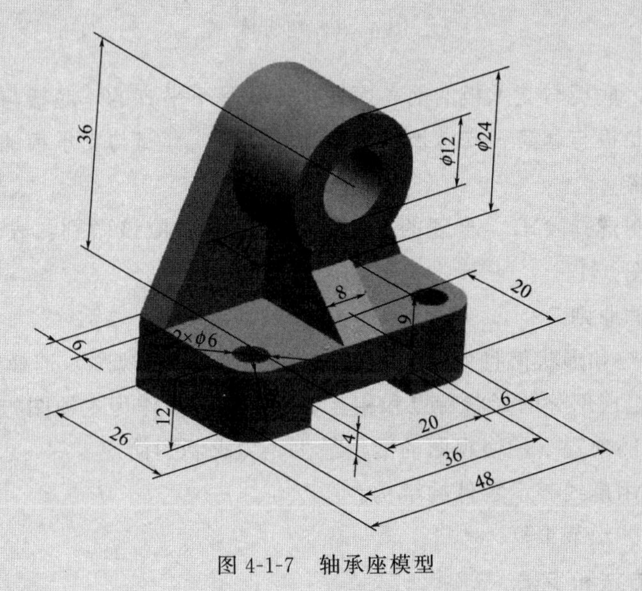

图 4-1-7 轴承座模型

二、绘制零件三视图

1. 组合体认知

该轴承座由底板、支承板、肋板与套筒组成。底板是由长方体被空间平面多次切割后得到的。长方体被三个平面（一个平行于 H 面，两个平行于 W 面）在左右对称处、下方、从前到后切去一个小长方体，同时左右两个前角被一个与 H 面垂直的柱面切成 1/4 柱面形状，

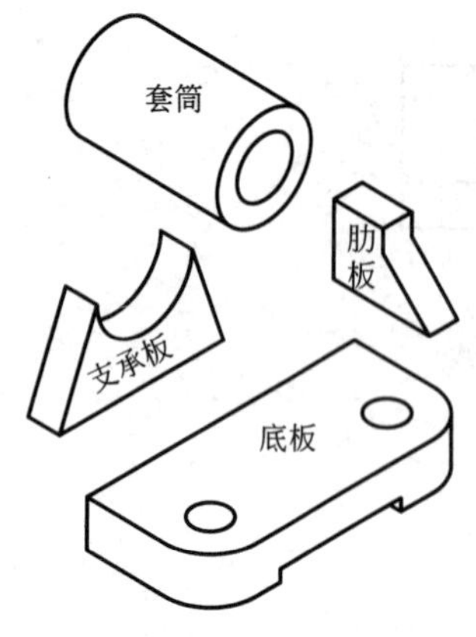

图 4-1-8　轴承座组合体

另外在长方体左右对称处偏前的位置又分别被两个与 H 面垂直的柱面切去两个小圆柱，至此就形成了底板这样一个简单形体。支承板由三角板穿孔得到。肋板由立方体切割得到。套筒（轴承孔）由圆柱体挖去同轴的直径较小的圆柱体得到。这四部分叠加得到该轴承座，如图 4-1-8 所示。

分析各部分的相对位置如下：底板固定好之后，支承板处在底板的上方左右对称处，且两者后表面平齐摆放；套筒处在支承板之上左右对称处，且前、后表面与支承板都不平齐摆放；肋板在底板之上左右对称处、支承板之前、套筒之下摆放。

像轴承座这样，任何机器零件从形体角度分析，都是由一些基本形体经过叠加、切割、穿孔或几种方法综合等方式组合而成的。

将组合方式分为叠加型、切割型和综合型三种基本形式，如图 4-1-9 所示。

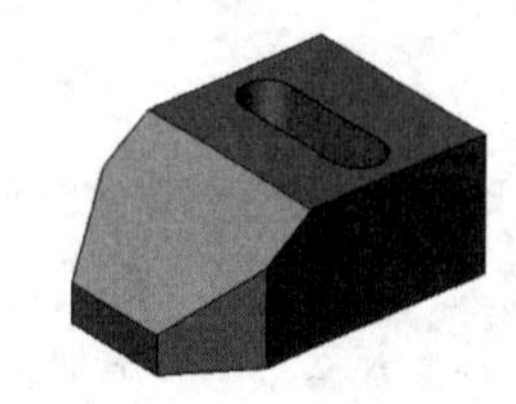

图 4-1-9　组合体

经过分析得知，底板与支承板的前表面连接方式是不平齐的，底板与支承板的后表面连接方式是平齐的，肋板与套筒、支承板的表面是相交的，套筒与支承板的两表面是相切的。

2. 零件视图选择

（1）零件的视图选择要求　合理的零件视图表达方案应该做到：表达正确、完整、清晰、简练，易于看图。

（2）视图选择的原则

① 表达零件结构和形状信息量最多的那个视图应作为主视图。选择能较多地反映组合体的形状特征（各组成部分的形状特点和相互关系）的方向作为主视图的投射方向。

② 在满足要求的前提下，使视图的数量最少，力求制图简便。

③ 尽量避免使用虚线表示零件的结构。

④ 避免不必要的细节重复。

3. 视图选择的方法和步骤

（1）分析零件的结构及功用

① 分析零件的功能，以及在部件和机器中的位置、工作状态、运动方式、定位和固定方法及和相邻零件的关系。

② 分析零件的结构。分析零件各组成部分的形状及作用，进而确定零件的主要形体。

③ 分析零件的制造过程和加工方法、加工状态。从零件的材料、毛坯制造工艺、机械加工工艺乃至装配工艺等各个方面对零件进行分析。

（2）选择主视图　主视图是三视图中最重要的一个视图，选择视图时，首先要选择主视图。

① 结构特征原则。主视图要以结构形状特征为重点，兼顾形状特征选取。

② 工作位置原则。主视图与工作位置一致，便于想象出零件的工作情况，了解零件在机器或部件中的功用和工作原理，有利于画图和读图。

③ 加工位置原则。加工位置是指零件机械加工时在机床上的装夹位置。主视图与加工位置一致，便于加工时看图和测量，有利于加工出合格的零件。

主视图的选择往往综合考虑上述三个原则。若要确定零件的安放位置，应首先考虑加工位置，其次考虑工作。

图 4-1-10 中，哪幅图比较适合作为轴承座的主视图？

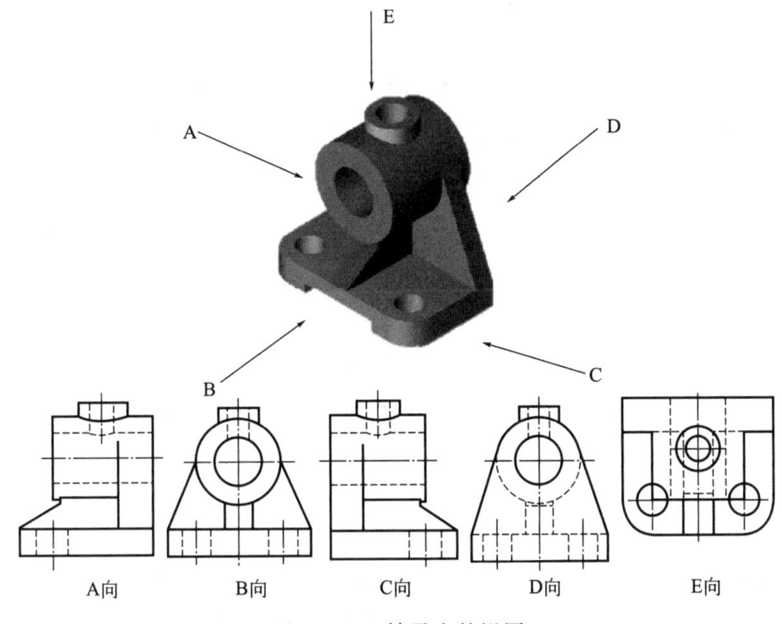

图 4-1-10　轴承座的视图

按照主视图的选择原则，可选 A 向或 B 向。

（3）其他视图选择

① 对于主视图中尚未表达清楚的主要结构形状，应优先选用俯视图、左视图等基本视图，并在基本视图上作剖视。

② 次要的局部结构可采用局部视图、局部剖视图、断面图、局部放大图及简化画法等表示法，并尽可能按投影关系配置视图，以利于画图和读图。

③ 避免重复表达。每个视图应有表达重点。

4. 零件三视图绘制方法

（1）画图要点

① 分清主次，先画主要部分，后画次要部分；

② 在画每一部分时，先画反映该部分特征的视图，后画其他视图；

③ 严格按照投影关系，三个视图配合起来画出每一部分的投影。

（2）画图步骤

① 选比例、定图幅。

a. 根据实物的大小和复杂程度，确定绘图比例，在表达清晰的前提下，尽量选用 1∶1

的比例，以方便绘图；

b. 图幅的大小需要考虑到视图所占的面积、图距、尺寸标注的位置及标题栏；

c. 应把各视图均匀地布置在图幅上，并为尺寸标注预留适当的空隙。

② 布置视图位置、画基准线。画出主要中心线和基准线，从而确定视图位置，完成视图整体布局；按照形体分析，逐个画出各个形体的基本视图，而不是先画好整个组合体的一个视图再画另外一个，以避免多画和漏画。

③ 画底稿，即逐个画出各形体的三视图。用细线画出各个部分的各投影，先特征视图，后其他视图；先外表形状，后内部形状；先主要结构，后次要结构；先形体，后交线。要注意几个视图同时画，保证长对正、高平齐、宽相等的投影对应关系。

④ 检查、描深、完成全图。

（3）轴承座零件绘图步骤（图 4-1-11） 假设把轴承座分解为若干基本形体或组成部分，然后一一弄清它们的形状、相对位置及连接方式，从而正确而迅速地绘制组合体的视图，把这种思考和分析的方法称为形体分析法。

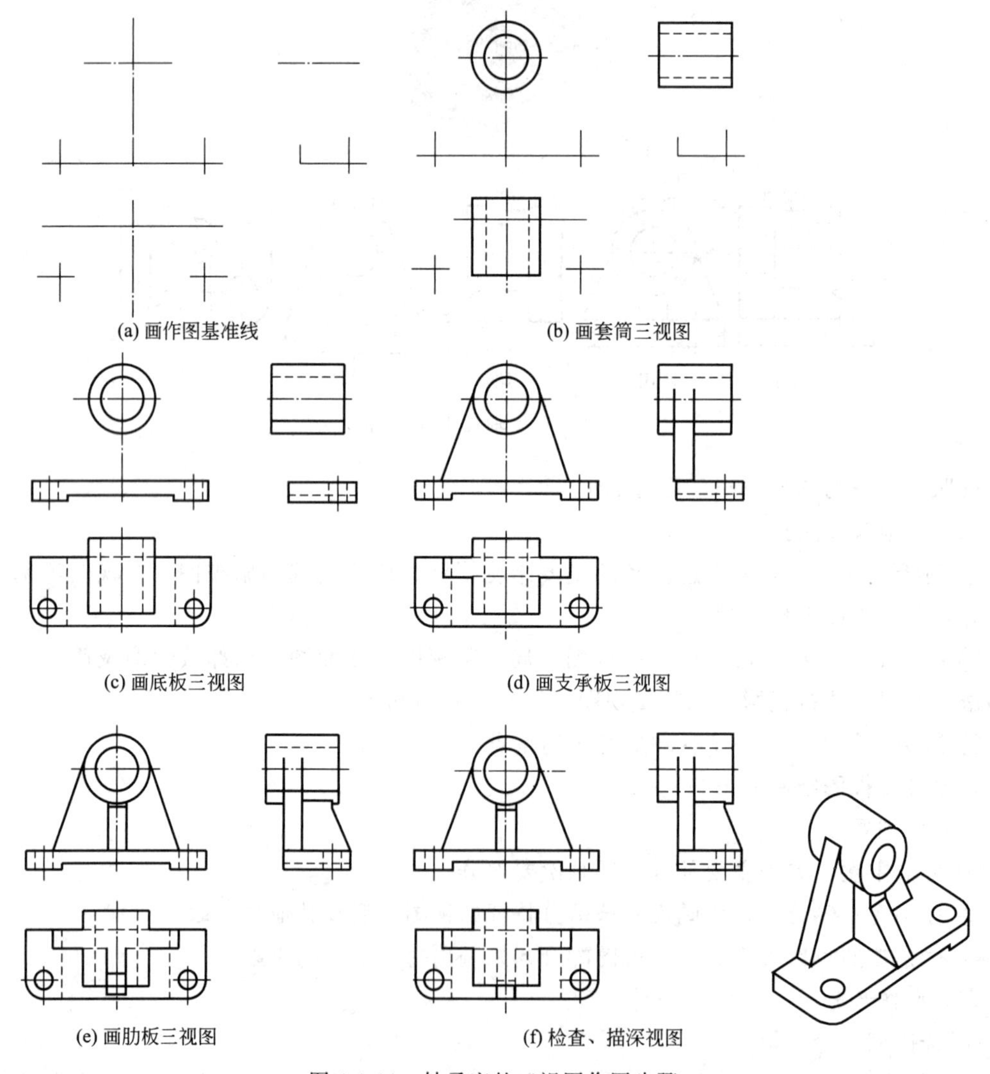

图 4-1-11 轴承座的三视图作图步骤

想一想

在 A4 图纸上绘制轴承座三视图，具体绘制要求如下。

1. 绘制不留装订边的图框。
2. 绘制标题栏并注明比例和作者。
3. 绘制后进行尺寸标注。
4. 绘制时注意线型和粗细。

三、零件尺寸标注

1. 标注尺寸的基本要求

尺寸是加工和检验零件的依据。

正确：尺寸标注符合国家标准的规定，即严格遵守国家标准《机械制图》的规定。

完全：尺寸标注要完整，要能完全确定出物体的形状和大小，不遗漏，不重复，即尺寸不多、不少。

清晰：尺寸的安排应适当，以便看图、寻找尺寸和使图面清晰。

合理：标注尺寸时，既要满足设计要求，又要符合加工测量等工艺要求。

2. 标注尺寸的基本规则

① 尺寸数值为零件的真实大小，与绘图比例及绘图的准确度无关。

② 以毫米为单位，如采用其他单位，则必须注明单位名称。

③ 每个尺寸一般只标注一次，并应标注在最能清晰地反映该结构特征的视图上。

3. 尺寸种类

(1) 定形尺寸　确定零件各组成部分的尺寸，称之为定形尺寸。图 4-1-12 所示为基本几何形体的尺寸标注。图 4-1-13 所示为某一轴承座定形尺寸标注。

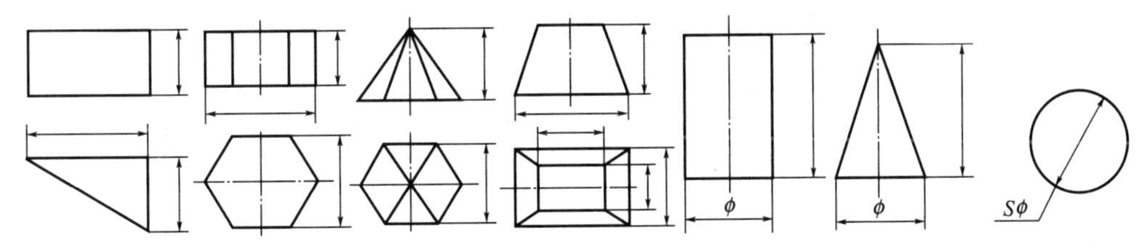

图 4-1-12　基本几何形体的尺寸标注

(2) 定位尺寸　确定零件各组成部分之间相对位置的尺寸，称之为定位尺寸。

将标注尺寸的起点称为尺寸基准。平面图形有两个方向的尺寸基准，零件有三个方向的尺寸基准，即长、宽、高三个方向的尺寸基准，每个方向的基准至少有一个，通常以零件的对称面、重要的安装面或轴线作为基准。轴承座的长度、宽度方向的尺寸以对称面为基准，高度方向以底板安装面为基准。

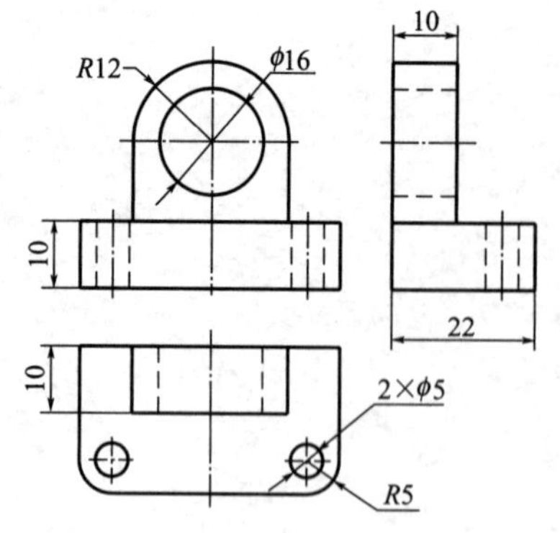

图 4-1-13　轴承座定形尺寸标注

用来确定零件在装配体中的理论位置而选定的基准称为设计基准；根据零件加工、测量的要求选定的基准称为工艺基准。轴承座定位尺寸标注见图 4-1-14。

（3）总体尺寸　确定零件外形的总长、总宽、总高的尺寸，称之为总体尺寸，如图 4-1-15 所示。标注时首先标注定形尺寸，其次标注定位尺寸，最后标注总体尺寸。

对于具有圆弧或圆孔的结构，只标注圆弧或圆孔的定位尺寸，而不直接注出总体尺寸，如图 4-1-16 中的尺寸 22、36。

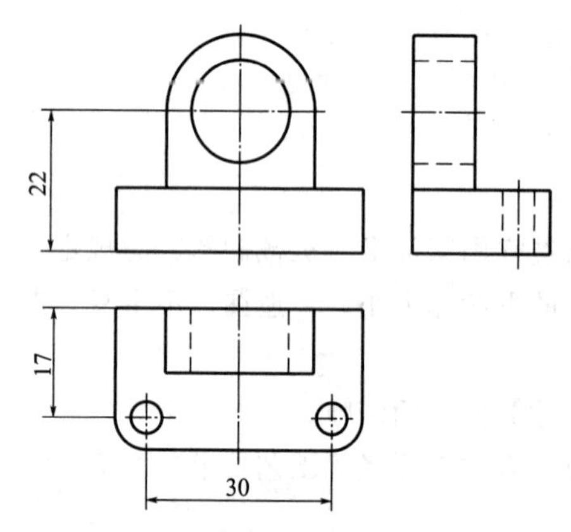

图 4-1-14　轴承座定位尺寸标注

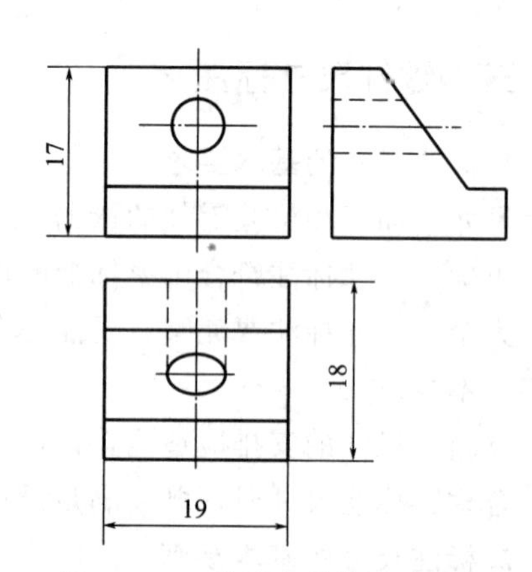

图 4-1-15　轴承座总体尺寸标注

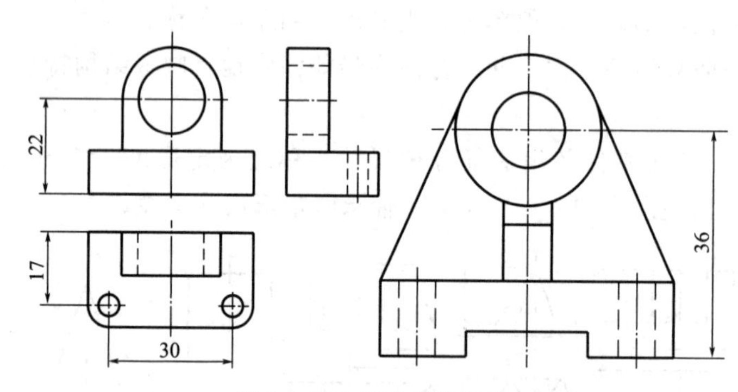

图 4-1-16　圆孔结构标注

4. 注意事项

① 各形体的定形和定位尺寸，应尽量集中标注在该形体特征最明显的视图上。

② 回转体的尺寸，一般标注在非圆视图上，半径必须标注在投影为圆弧的视图上，但应尽量避免标注在虚线上。

③ 尺寸应尽量标注在视图之外，个别较小的尺寸可注在视图内部。

④ 主要尺寸应从主要基准直接注出（图 4-1-17）。主要尺寸指影响产品性能、工作精度和配合的尺寸。非主要尺寸指非配合的直径、长度、外轮廓尺寸等。如轴承座的轴承孔的高

度是影响轴承座工作性能的主要尺寸，加工时必须保证其加工精度，应直接以底面为基准标注出来，不能是其他尺寸叠加之和。由于在加工零件时会有误差，若不是直接标注重要尺寸而是其他尺寸叠加，误差也会积累，设计要求难以保证。轴承座的螺栓孔之间的距离也需要直接标注出来。

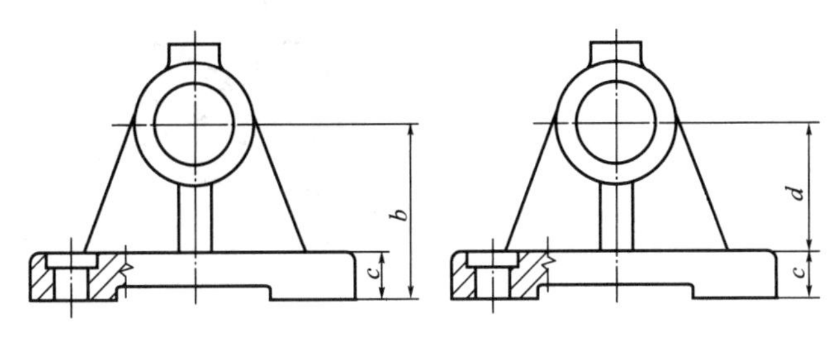

图 4-1-17　主要尺寸从主要基准直接注出

⑤ 尺寸标注不能标成闭环（图 4-1-18）。

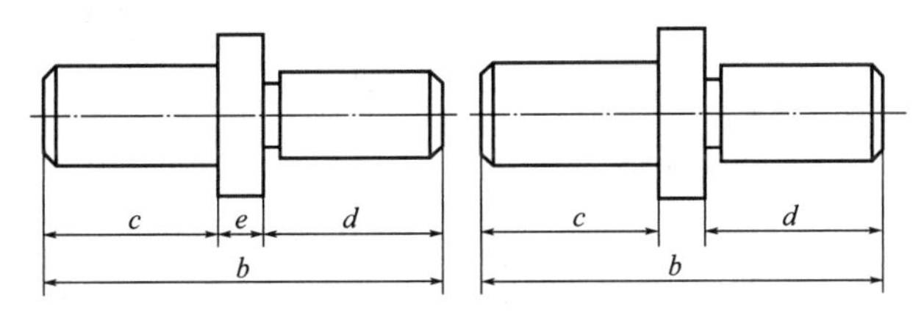

图 4-1-18　尺寸标注不能标成闭环

长度方向的尺寸 b、c、e、d 首尾相接，构成一个封闭的尺寸链。

由于加工时尺寸 c、d、e 都会产生误差，这样所有的误差都会积累到尺寸 b 上，因此不能保证尺寸 b 的精度要求。这时应挑选一个最不重要的尺寸不进行标注，让所有尺寸误差累积在此处。

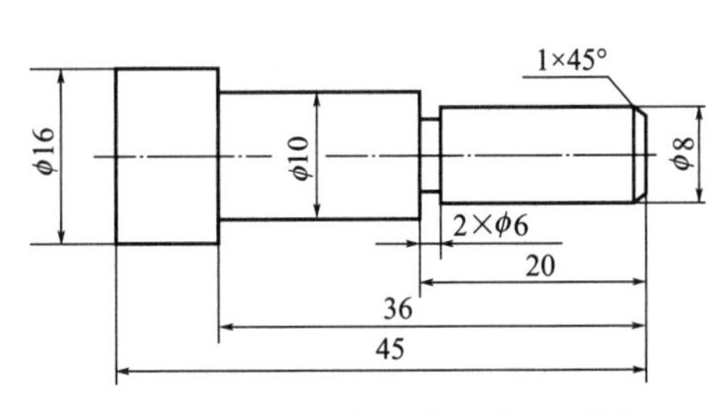

图 4-1-19　尺寸标注便于加工测量

⑥ 应尽量符合加工顺序。若没有特殊要求，尺寸标注要考虑便于加工和测量，如图 4-1-19 所示。

加工顺序见图 4-1-20。

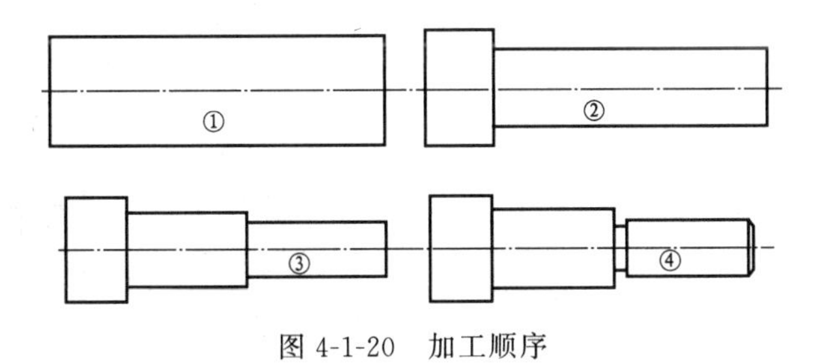

图 4-1-20　加工顺序

5. 尺寸标注的方法和步骤

尺寸标注步骤如表 4-1-1 所示。

表 4-1-1　尺寸标注步骤

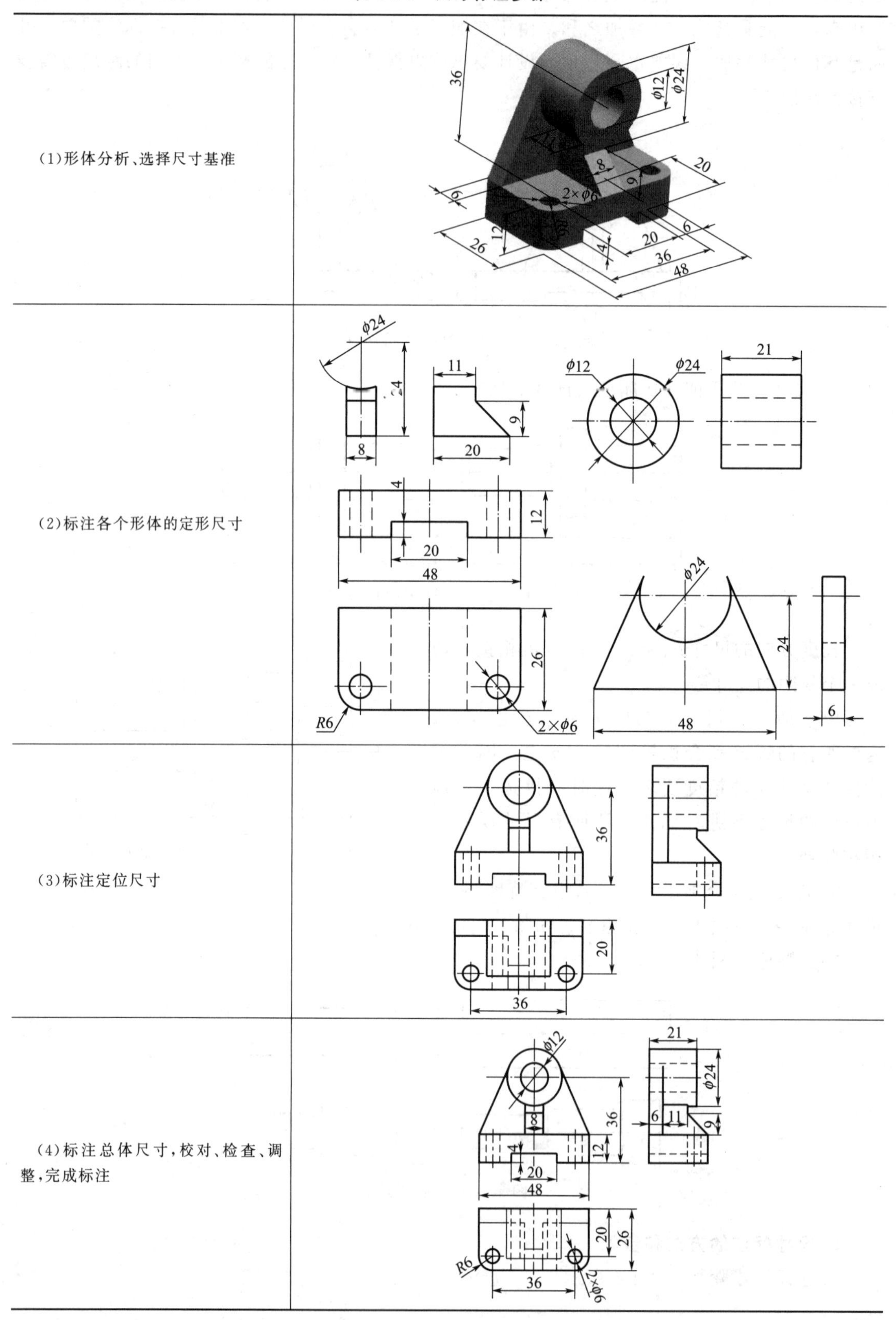

步骤	图示
(1)形体分析、选择尺寸基准	
(2)标注各个形体的定形尺寸	
(3)标注定位尺寸	
(4)标注总体尺寸,校对、检查、调整,完成标注	

想一想

完成轴承座三视图中的尺寸标注，要求尺寸标注正确、清晰、合理。

四、识读零件三视图

1. 组合体三视图的基本要领认知

画图是将三维形体表示成二维图形，看图即读图，正好是画图的一个逆过程，是根据平面图形（视图）想象出空间物体的结构形状。

（1）必须把几个视图联系起来分析　如图 4-1-21 所示，一个视图只能反映物体一个方向的形状，因此一个视图或两个视图通常不能确定物体的形状，看图时必须将几个视图联系起来。

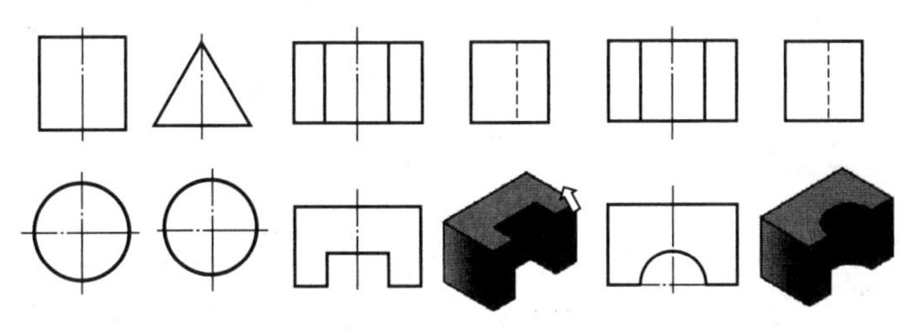

图 4-1-21　视图需联系起来

（2）要善于找出特征视图　特征视图是最能充分反映物体形状特征的视图。组成物体的各部分特征通常分布在不同视图中。读图时要先找出特征视图。

（3）要掌握视图中形体之间线框和图线的含义

① 视图中每一个封闭线框一般表示物体的一个面的投影。每个封闭线框在另外两个图中都有投影，且符合投影关系。有投影联系的三个封闭线框，一般表示构成组合体某简单形体的三个投影。读图时需要将这几个投影联系起来分析。

② 视图中图线的含义。有可能是具有积聚性表面的投影；也有可能是表面与表面交线的投影；还有可能是曲面的轮廓线的投影。看图时需判断视图中的图线属于上述哪一种情况的投影，并找到其在其他视图中对应的投影，将这三个视图联系起来分析。

③ 相邻两图框的含义。相邻两图框一般表示两个面。

2. 形体分析法认知

（1）形体分析法　根据视图的特点和基本形体的投影特征，把物体分解成若干个简单的形体，分析出组成形式后，再根据它们的相对位置和组合关系加以综合，构成一个完整的组合体，如图 4-1-22 所示。

（2）形体分析法的分析步骤

① 认识视图，抓住特征。从主视图入手，将组合体分成几部分。

② 分析投影，联想形体。将分解出的每一部分，逐一根据“三等”关系，找出其在各个视图上的投影，想象出形状。

③ 综合起来，想象形体形状。根据三视图分析各部分相对位置和组合形式，综合想象组合体的结构形状。

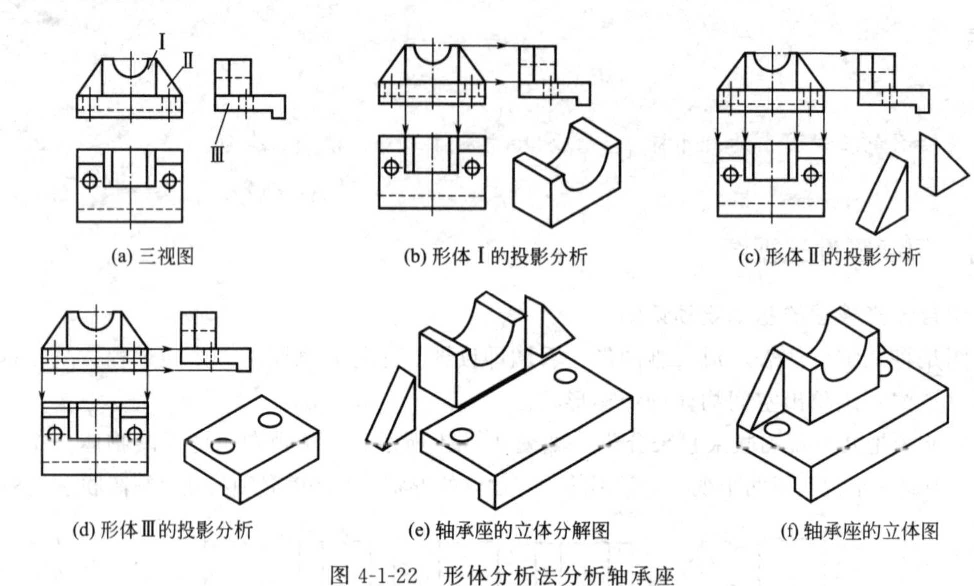

图 4-1-22 形体分析法分析轴承座

想一想

对照绘制的轴承座零件三视图，想象出轴承座的结构形状。

1. 试依次描述出视图中的各个图形元素（线框、图线）表示的含义。

2. 根据轴承座三视图说出轴承座零件可以分解成几部分。对分解出的每一部分，逐一根据“三等”关系，找出在各个视图上的投影，想象出形状。

活动 1 手绘图形

1. 编写绘图方案。

步骤	内容	备注
1		
2		

续表

步骤	内容	备注
3		
4		
5		

2. 绘制图形。绘图方案经教师审阅后，按照要求绘制图形。

活动 2　现场洁净

1. 清扫操作区域，保持工作场所干净、整洁。
2. 产生的废弃物品，统一回收到垃圾桶，不可随意丢弃。
3. 关闭水、电、气和门窗，最后离开教室的学生锁好门锁。

活动 3　撰写实训报告

回顾完成绘图任务过程，每人写一份小报告，内容包括团队完成情况、个人参与情况、做得好的地方、尚需改进的地方等。

1. 学生以小组为单位，按照任务要求，进行自查、互评与总结。
2. 教师参照评分标准进行考核评价。
3. 师生总结评价，改进不足，以便将来在学习或工作中做得更好。

序号	考核项目	考核内容	配分	得分
1	技能训练	认知不同表面连接方式	10	
		绘制零件三视图	10	
		零件尺寸标注	10	
		识读零件三视图	15	
		任务完成	30	
		实训报告诚恳、体会深刻	5	
2	求知态度	求真求是、主动探索	2	
		执着专注、追求卓越	2	

续表

序号	考核项目	考核内容	配分	得分
3	安全意识	爱护工具，文明操作	2	
		安全事故，如发生人为的操作安全事故、设备人为损坏、伤人等情况，“安全意识”不得分		
4	团结协作	分工明确、团队合作能力	3	
		沟通交流恰当，文明礼貌、尊重他人	2	
		自主参与程度、主动性	2	
5	现场整理	劳动主动性、积极性	3	
		保持现场环境整齐、清洁、有序	4	

任务二 绘制法兰

学习目标

知识目标

（1）掌握法兰零件的视图表达方法。

（2）掌握法兰零件草图绘制与识读的基本方法与步骤。

（3）了解零件的简化画法。

（4）掌握剖视图的概念、种类及标注。

（5）掌握表面粗糙度和极限、配合的概念及作用。

能力目标

（1）能绘制法兰零件工作图。

（2）能识读法兰零件图。

（3）能读懂并绘制剖视图。

（4）能合理选用合适的表面粗糙度及极限数值。

素质目标

（1）依据法兰标记查询法兰尺寸，制定法兰绘图方案，培养求真务实、积极探索的科学精神与团结合作的职业精神。

（2）通过绘制法兰零件图，培养一丝不苟、追求卓越的工匠精神。

（3）绘图时严格按照《机械制图》国家标准执行，培养规范意识，养成严谨、细致的工作作风。

任务描述

法兰连接在工厂随处可见，如图4-2-1所示，由上到下、由左到右分别是连接塔节与塔节的容器法兰、连接接管的管法兰、连接封头与筒体的容器法兰、连接接管的接管法兰。请你查阅HG/T 20592～20635标准，绘制标记为HG/T 20592 法兰 PL 1200-6 RF Q235A的法兰零件图。

图 4-2-1　法兰连接

一、剖视图

1. 剖视图概念认知

假设用一个剖切面在适当的位置把机件剖开，再把处于观察者和剖切面之间的部分移去，将其余部分向投影面进行投影得到的图形称为剖视图，如图 4-2-2 所示。

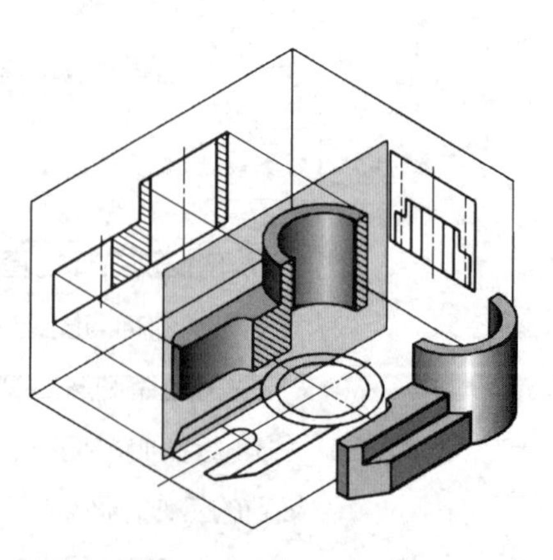

图 4-2-2　剖视图及形成

与视图相比，剖视图有什么区别呢？通过图 4-2-3 可以看到，剖过之后，主视图孔的轮廓线由虚线变成实线，与剖切面相接触的零件部分绘制了剖面线（剖面符号一般为间隔相等的、均匀的、与主轮廓线或剖面区域对称线成 45°角的细实线）。剖视图中，俯视图还有箭头、短线和大写的字母，这都表示什么含义？这就涉及剖视图的画法与标记。

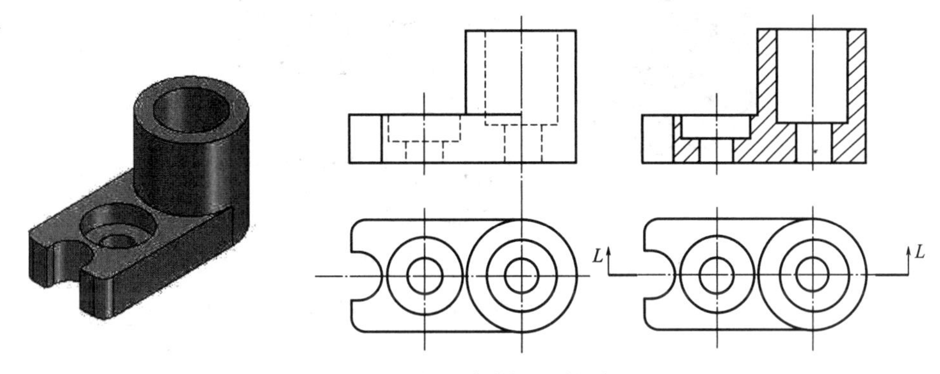

图 4-2-3　视图与剖视图的对比

2. 剖视图的画法

（1）剖视图绘制步骤

① 确定剖切面的位置。

② 将处在观察者和剖切面之间的部分移去，而将其余部分全部向投影面投射；不同的视图可以同时采用剖视。

③ 在剖面区域内画上剖面符号；剖视图中的虚线一般可省略。

（2）画剖视图需要注意的问题

① 剖切机件的剖切面必须垂直于相应的投影面。

② 机件的一个视图画成剖视后，其他视图的完整性不应受到影响，如图 4-2-4 所示。

③ 剖切后的可见结构一般应全部画出。

④ 在剖视图中对于已经表达清楚的结构，其虚线可以省略不画。但如果仍有表达不清的部位，其虚线则不能省略，在没有剖切的视图中虚线的问题也按照同样的原则处理。

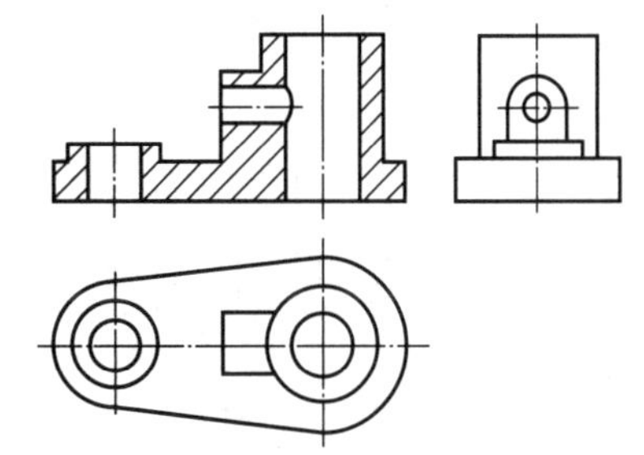

图 4-2-4　零件三视图

⑤ 物体材料不同，剖面符号也不相同。金属材料用间隔相等的、均匀的、一般与主轮廓线或剖面区域对称线成 45°角的细实线，如图 4-2-4 所示。在同一张图样上，相同机件的剖面线方向和间隔都应相同。当机件的主轮廓与水平方向成 45°角时，剖切面的倾斜程度应改为 30°或 60°。

⑥ 要明确空心和实心部分，剖切面画在实心部分，但是若剖切面平行肋板特征面、轮辐长度方向剖切，肋板和轮辐不画剖面线，而用实线将它们与相邻部分分隔开，如图 4-2-5、图 4-2-6 所示。

3. 剖视图的标注

（1）标注要素

① 剖切符号：粗剖切面起迄和转折位置（用粗短画表示）及投影方向（用箭头或粗短画表示）的符号。

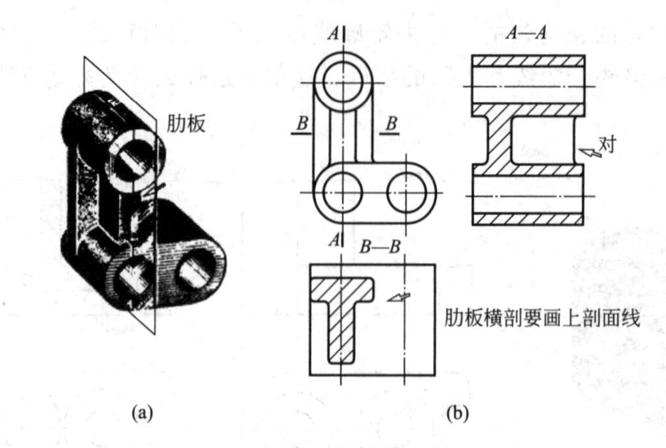

图 4-2-5　肋板在剖视图中的画法

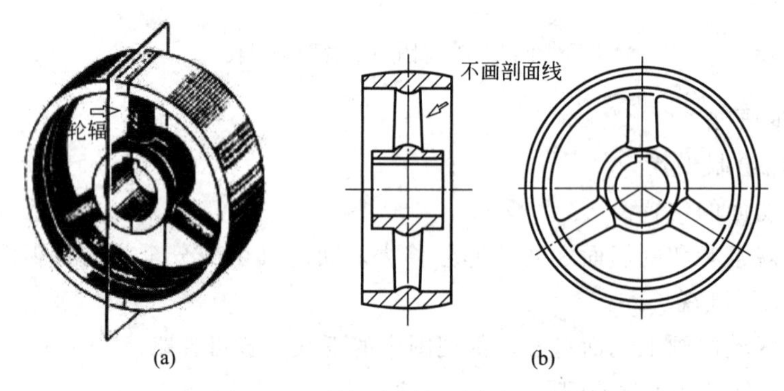

图 4-2-6　轮辐在剖视图中的画法

② 字母：剖视图上方的“X—X”为剖视图的名称，在视图中能找到对应的名称，X为大写拉丁字母。

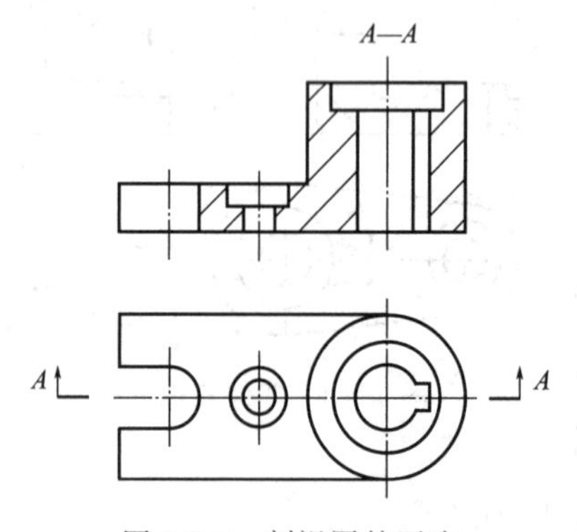

图 4-2-7　剖视图的画法

③ 箭头：投射方向。

剖视图的画法如图 4-2-7 所示。

(2) 标注情况

① 全标。指三要素全部标出，这是基本规定。

② 不标。同时满足三个条件时，三要素均不标注。单一剖切面通过机件的对称平面或基本对称平面剖切；剖视图按投影关系配置；剖视图与相应的视图间没有其他图形隔开。

③ 省标。仅满足不标条件的后两个，可省略表示投射方向的箭头。

4. 剖视图的分类

按照剖切范围不同，剖视图可以分为全剖视图、半剖视图、局部剖视图。

(1) 全剖视图　用剖切面完全地剖开机件所得到的视图称为全剖视图，如图 4-2-8 所示。一般用于外形比较简单、内部结构比较复杂的机件。因剖视图已表达清楚机件的内部结构，其他视图不必画出虚线。

(2) 半剖视图　当物体具有对称平面时，向垂直于对称平面的投影面上投射所得的图

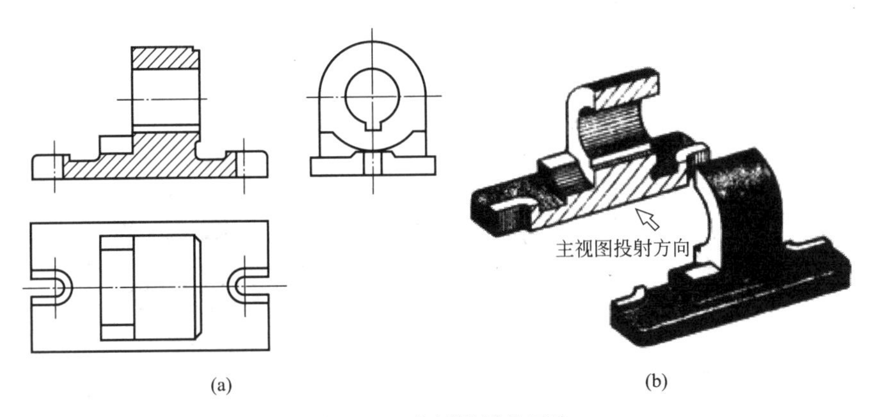

(a) (b)

图 4-2-8　全剖视图的画法

形，以对称中心线为界，一半画成剖视图，另一半画成视图，这种剖视图称为半剖视图，如图 4-2-9 所示，用于内外结构都比较复杂的机件。

注意要点：

① 半个视图与半个剖视图之间的分界线用细点画线表示，而不能画成粗实线。

② 机件的内部结构形状已在剖视图中表达清楚，在另一半的视图中一般不再画出细虚线。

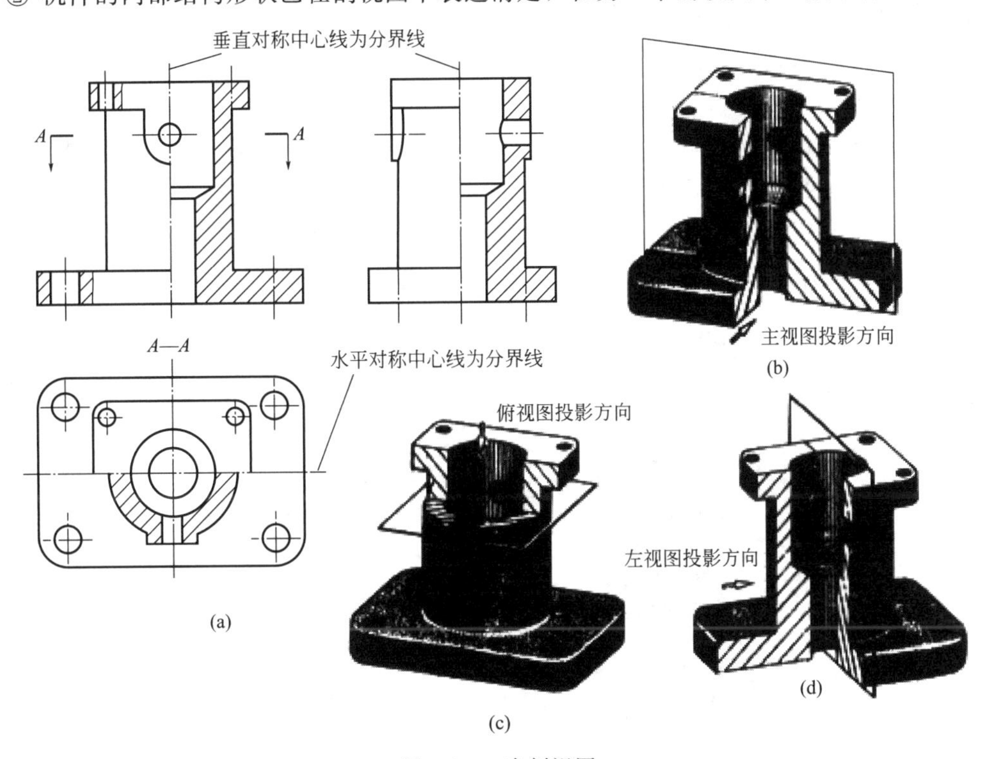

(a) (b) (c) (d)

图 4-2-9　半剖视图

（3）局部剖视图　用剖切面局部地剖开机件所得的视图称为局部剖视图，如图 4-2-10 所示。其在只对机件的某一部分剖开时采用。

局部剖视图有以下几点注意事项：

① 局部剖视图用波浪线分界，波浪线应画在机件的实体上，不能超出实体轮廓线，也不能画在机件的中空处。

② 在一个视图中局部视图的数量不宜过多，在不影响外形表达的情况下，可在较大范围内画成剖视图，以减少局部视图的数量。

③ 波浪线不应画在轮廓线的延长线上，也不能用轮廓线代替，或与图样上其他图线重合。

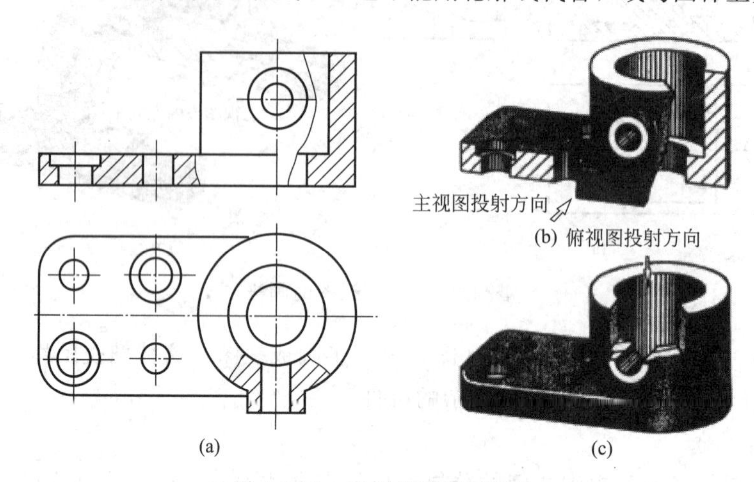

图 4-2-10 支架的局部剖视图

5. 剖切面的种类及适用条件

剖视图应尽量多地表达出机件的内部结构，因此，可使用一定数量的剖切面，有以下几种剖切面种类。

（1）单一剖切面　该剖切面是最常见的剖切形式。它可以平行于某一基本投影面，也可以不平行某一基本投影面。后者剖切形式称为斜剖，斜剖所画出的剖视图一般按投影关系配置，也可按需要将机件旋转摆正，但标注要加旋转符号，如图 4-2-11 所示。

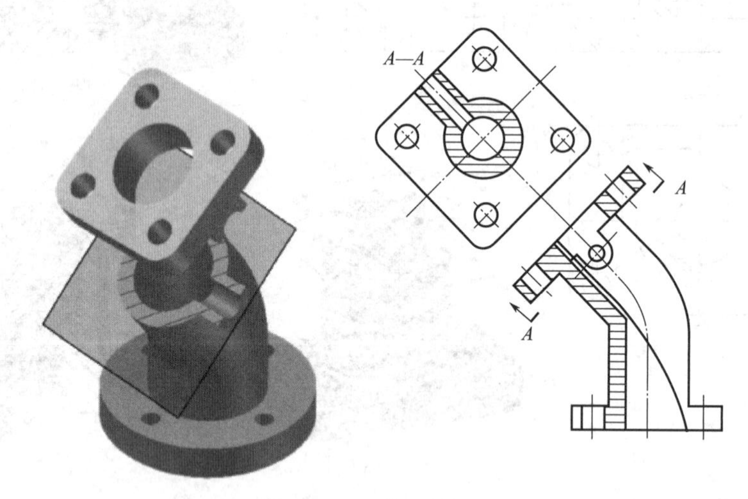

图 4-2-11 单一剖切面

（2）两相交的剖切面（旋转剖）　用两个相交的剖切面（交线垂直于某一基本投影面）剖开机件，以表达具有回转轴机件的内部形状，如图 4-2-12 所示。

使用两相交的剖切面应注意的问题：

① 两剖切面的交线一般应与机件的轴线重合。

② 在剖切面后的其他结构仍按原来位置投射。

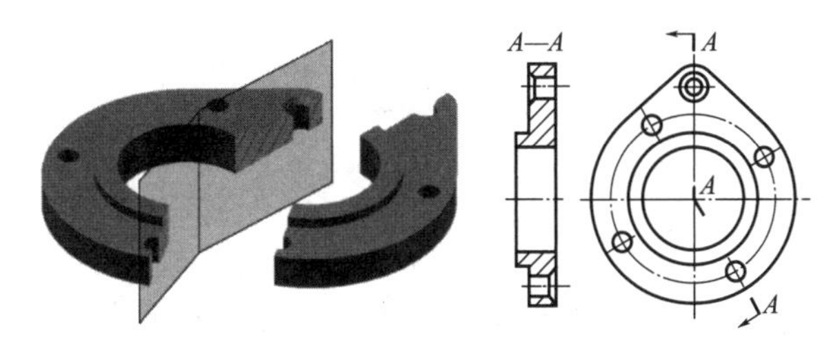

图 4-2-12 相交剖切面

（3）几个平行的剖切面（阶梯剖） 当机件上具有几种不同的结构要素（如孔、槽等），它们的中心线排列在几个互相平行的平面上时，宜采用几个平行的剖切面剖切，如图 4-2-13 所示。

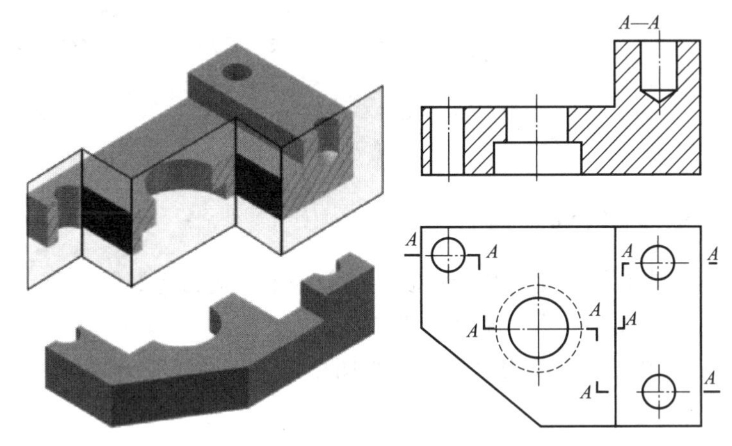

图 4-2-13 平行剖切面

6. 回转体上均匀分布的肋板、孔、轮辐等结构的画法

在剖视图中，当零件回转体上均匀分布的肋板、轮辐、孔等结构不处于剖切面上时，可将这些结构旋转到剖切面的位置，再按剖开后的对称形状画出，如图 4-2-14 所示。在图 4-2-14(a) 中，右边对称画出肋板，左边对称画出小孔中心线（旋转后的）。在图 4-2-14(b) 中，虽然没剖切到四个均布的孔，但仍将小孔沿定位圆旋转到正平（平行于 *V* 面）位置进行投射，且小孔采用简化画法，即画一个孔的投影，另一个只画中心线。

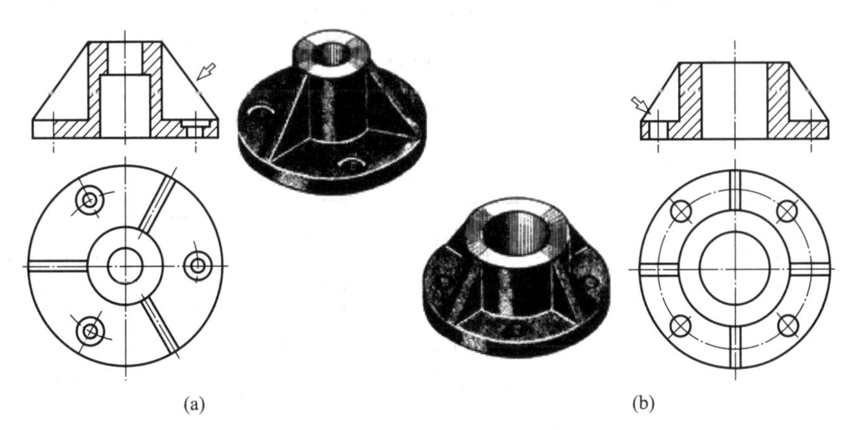

图 4-2-14 均匀分布的肋板和孔的画法

想一想

请说出绘制如图 4-2-15 所示法兰需要采用的剖视图种类及剖切面个数。

图 4-2-15　法兰模型

二、简化画法及其他规定画法

制图时，在不影响对零件完整和清晰表达的前提下，应力求制图简便。国家标准还规定了一些简化画法及其他规定画法，简单介绍如下。

① 在不致引起误解时，对于对称零件的视图可只画一半或四分之一，但需画对称符号，如图 4-2-16 所示。

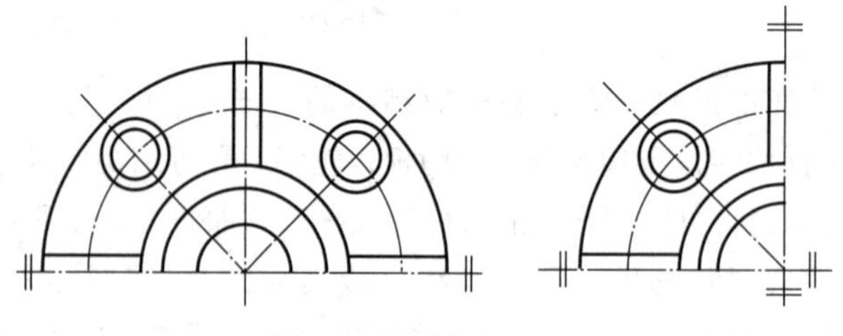

图 4-2-16　画法（一）

② 当零件具有若干相同结构，并按一定规律分布时，只需画出几个完整的结构，其余用细实线连接；若干直径相同且成规律分布的孔，可以仅画一个或几个，其余只需用点画线表示中心位置，在零件图中注明孔的总数，如图 4-2-17 所示。

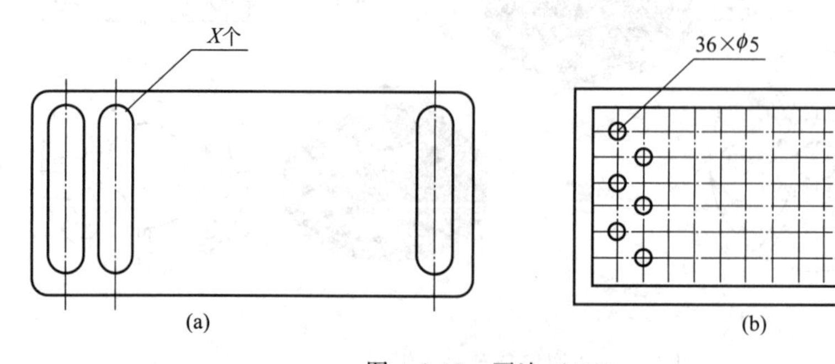

图 4-2-17　画法（二）

③ 当图形不能充分表达平面时，可用平面符号（相交的两条细实线）表示，如图 4-2-18 所示。

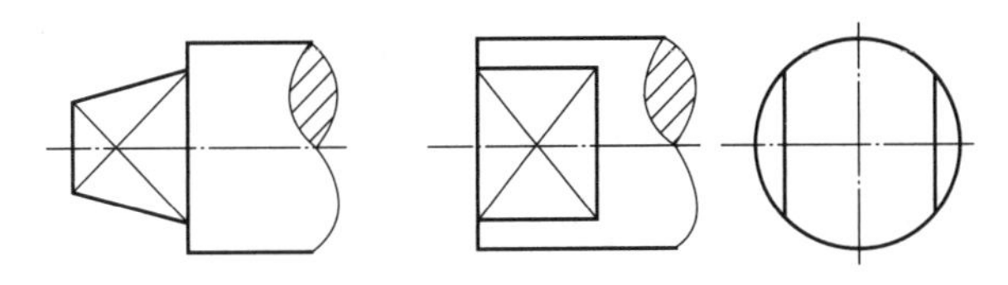

图 4-2-18　画法（三）

④ 零件的滚花部分，可以只在轮廓线附近用细实线示意画一小部分，并在零件图上或技术要求中注明具体要求。较长的零件，如轴、杆、型材、连杆等，且沿长度方向的形状一致或按一定规律变化时，可以断开后缩短绘制，如图 4-2-19 所示。

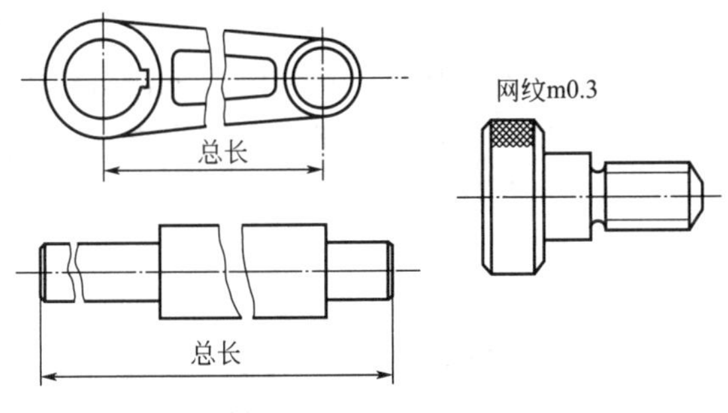

图 4-2-19　画法（四）

⑤ 在不致引起误解时，零件图中小圆角、锐边的小倒圆或 45°小倒角允许省略不画，但必须注明尺寸或在技术要求中加以说明，如图 4-2-20 所示。

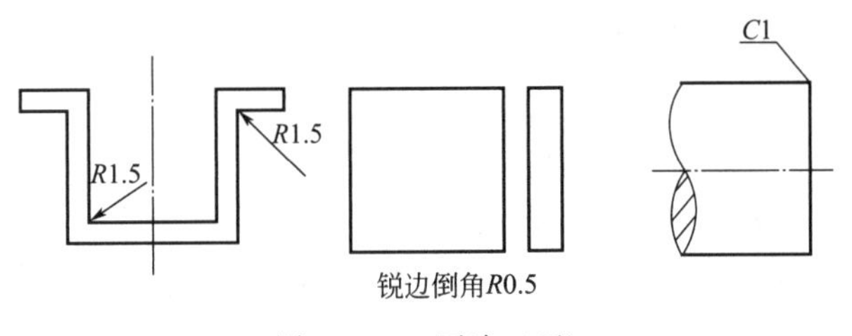

图 4-2-20　画法（五）

⑥ 零件上斜度不大的结构，如在一个图形中已表达清楚，其他图形可以只按小端画出。如图 4-2-21(a) 所示。圆柱形法兰和类似零件上均匀分布的孔可按图 4-2-21(b) 所示方法表示。

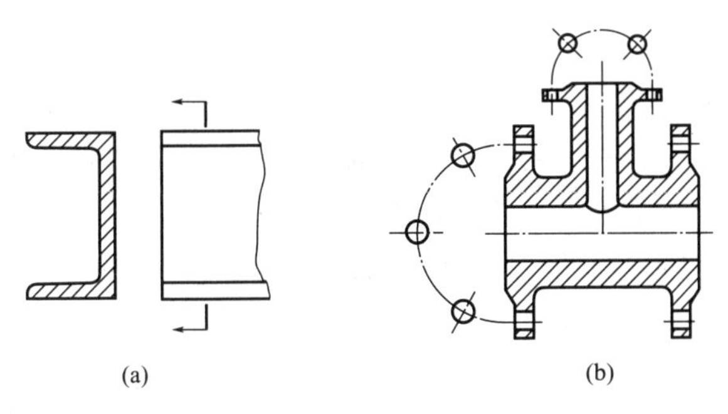

图 4-2-21　画法（六）

想一想

说出图 4-2-15 所示法兰的螺栓孔绘制方法。

三、法兰零件表达方案选择

通过前面零件的绘制可知，要想绘制零件，就要进行视图的选择。当然将零件结构表达清楚不止有基本视图这一种表达方法，还有剖视图、断面图等其他表达方法。故我们要根据零件的结构特点，选用适当的表达方法。零件表达方法的选择，应首先考虑看图方便。由于零件的结构形状是多种多样的，因此在画图前，应对零件进行结构形状分析，结合零件的工作位置和加工位置，选择最能反映零件形状特征的视图作为主视图，并选好其他视图，以确定一组最佳的表达方案。表达方案的原则是：在完整、清晰地表示零件形状的前提下，力求制图简便。

1. 法兰零件主视图的选择

为生产时便于看图，法兰等盘状零件的主视图按在车床上加工时的位置摆放。此类零件的主要回转面和端面都在车床上加工，因此也按加工位置和轴向结构形状特征原则选择主视图，并且主视图通常侧重反映内部形状，故多用剖视。另一视图多用投影为圆的视图，若是对称结构，则可只画一半或略大于一半。如图 4-2-22 所示，法兰在车床上用卡盘夹持加工。

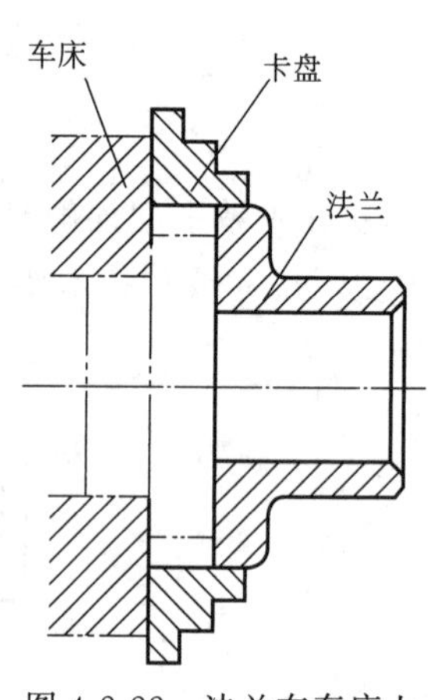

图 4-2-22　法兰在车床上用卡盘夹持加工

2. 选择其他视图

一般来讲，仅用一个主视图是不能完全反映零件的结构形状的，必须选择其他视图，包括剖视图、断面图、局部放大图和简化画法等各种表达方法（这些表达方法在后面均会介绍）。主视图确定后，对其表达未尽的部分，再选择其他视图予以完善表达。具体选用时，应注意以下几点：

① 根据零件的复杂程度及内、外结构形状，全面地考虑还应需要的其他视图，使每个所选视图具有独立存在的意义及明确的表达重点，注意避免不必要的细节重复，在明确表达零件的前提下，使视图数量最少。

② 优先考虑采用基本视图，当有内部结构时应尽量在基本视图上作剖视；对尚未表达清楚的局部结构和倾斜部分结构，可增加必要的局部（剖）视图和局部放大图；有关视图应尽量保持直接投影关系，配置在相关视图附近。

③ 按照视图表达零件形状要满足正确、完整、清晰、简便的要求，进一步综合、比较、调整、完善，选出最佳的表达方案。

想一想

仔细观察图 4-2-23 所示的法兰零件，利用自己所学知识，仔细观察法兰结构，制定绘制法兰的方案，完成表格填写，要求将法兰结构表示清楚。

步骤	绘制内容	视图的表达形式	注意事项
1			
2			
3			
4			
5			

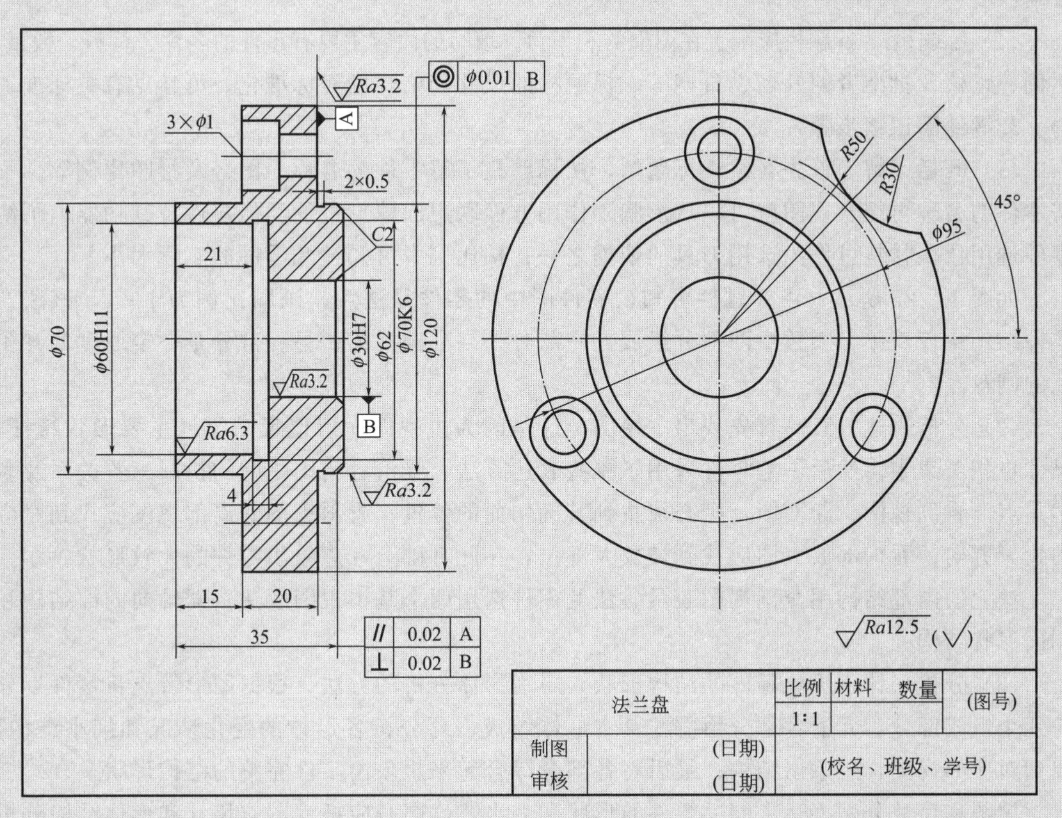

图 4-2-23　法兰零件图

四、识读零件图

1. 零件图的作用

零件图是表示零件结构、大小及技术要求的图样。任何机器或部件都是由若干零件按一定要求装配而成的。零件图是制造和检验零件的主要依据，是指导设计和生产部门的重要技术文件。

2. 零件图的内容

零件图是生产中指导制造和检验该零件的主要图样，因此它不仅要表达清楚零件的内、外结构形状和大小，还需要对零件的材料、加工、检验、测量提出必要的技术要求。零件图必须包含制造和检验零件的全部技术资料，因此一张完整的零件图一般应包括以下几项内容：

（1）一组图形　用适当的表达方法正确、完整、清晰和简便地表达出零件内、外形状的图形，其中包括零件的各种表达方法，如基本视图、剖视图、断面图、局部放大图和简化画法等。

（2）完整的尺寸　正确、完整、清晰、合理地注出制造零件所需的全部尺寸。

（3）技术要求　零件图中必须用国家规定的代号、数字、字母和文字注解，简明准确地说明制造和检验零件时在技术指标上应达到的要求，如表面粗糙度、尺寸公差、形位公差、材料和热处理、检验方法及其他特殊要求等。技术要求的文字一般注写在标题栏上方图纸空白处。

（4）标题栏　标题栏应配置在图框的右下角。填写的内容主要有零件的名称、材料、数量、比例、审核及批准者的姓名、日期等。标题栏的尺寸和格式已经标准化，可参见有关标准。

3. 零件图识读步骤

（1）概括了解　首先必须读标题栏，从标题栏了解零件的名称、图号及绘图比例等。了解零件的名称再结合视图就可以从形状、作用方面联想起曾见过的类似零件及其功能；了解零件选用什么材料可作为选用刀具的依据之一；从比例中可知道此零件的实际大小。

如图 4-2-23 所示，由标题栏可知，零件图中的零件是法兰，画图比例为 1∶1，该法兰零件结构比较简单，大致由两部分组成：一部分是空心圆柱体；另一部分是一定厚度的开了孔的圆盘。

（2）分析表达方案　首先找出主视图。这是因为主视图一般能反映零件主要形状特征，尺寸也相对集中。然后了解零件采用了哪些表达方法，弄清各视图之间的投影配置关系及表达重点。看剖视图、断面图，则必须找到其剖切面的位置；看斜视图和局部视图应找到对应的投影方向；看局部放大图应找到被放大部位，在此基础上，想象出零件的大致形状。

法兰的内部结构用全剖视图表示。法兰零件选用两个基本视图表达，即轴向内部结构和端面形状结构。

（3）分析形体，想象零件的结构形状　应用形体分析的方法，根据图形特点将零件划分为几个组成部分，弄清各部分由哪些基本形体组成；再分析各形体的变化情况和细小结构，找到对应的视图，想象出结构；最后将各部分综合起来想象出零件完整的结构形状。

视图和尺寸分别表达了同一零件的形状和大小，读图时应把视图、尺寸和形体结构分析密切结合起来了解。

（4）分析尺寸和技术要求　先找出长、宽、高三个方向尺寸的主要基准，再了解各形体的定位、定形尺寸及尺寸偏差，弄清各个尺寸的作用，在分析完成以上几个步骤后，零件的大小和形状就已确定。了解技术要求，明确加工和测量方法，掌握零件质量指标。

（5）归纳总结　通过上述看图步骤，综合结构形状、尺寸和技术要求，即可对该零件的整体及部分的各方面要求有一个完整的了解。

想一想

阅读法兰零件图，查阅资料完成下列任务。

1. 说出该零件图的组成部分。

2. 完成下列填空：

（1）看标题栏。从标题栏可知，该零件叫____________，是用来连接管道类零件的，属于________类零件。

（2）视图分析。表达方案由________图和________图组成，________图采用全剖视图，________采用基本视图表达。主视图已将________的内、外部形体结构表达清楚了；内部形体由几段不同直径的________体组成；最大孔径________一般由________刀完成。

最右端内孔径为________，端部加工有________。外部形体由几段不同直径的________体组成：最大直径 ϕ120 柱体上加工有________个 ϕ11 的台阶孔。

（3）分析尺寸。法兰的外形整体尺寸是________。法兰轴向尺寸基准是________，注出了尺寸、________等。径向尺寸基准是________，注出了尺寸、________、________、________、________、________等。ϕ120 柱体上台阶孔的台阶深是________，孔径是________。

五、表面粗糙度

在法兰零件图中出现了符号 $\sqrt{Ra12.5}$ （$\sqrt{}$），下面介绍符号代表的含义。

1. 定义

表面粗糙度是指在微观下零件表面不平的程度。零件的实际表面是按规定特征加工形成的，看起来很光滑，但是将其放大，就会发现表面凹凸不平，如图 4-2-24 所示。

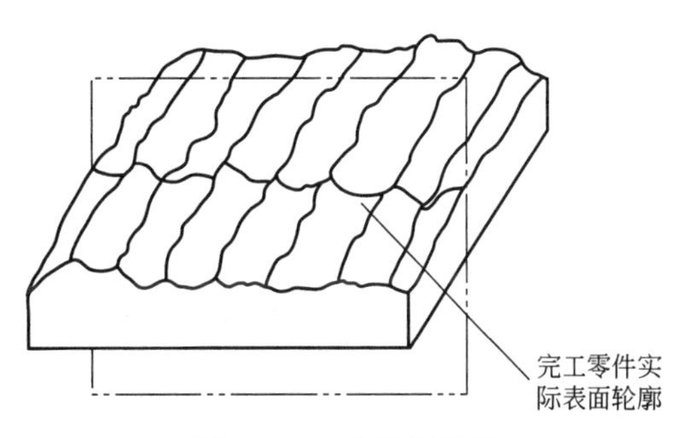

图 4-2-24　表面粗糙度

表面粗糙度的评定常用轮廓算术平均偏差 *Ra*（图 4-2-25）、轮廓最大高度 *Rz* 表示。数值越小零件的表面越光滑，数值越大零件的表面越粗糙。制图时经常采用 *Ra*，*Ra* 数值越小，零件表面越光滑，加工工艺越复杂，成本也越高，确定表面结构参数时，需综合考虑零件的工作条件、使用要求以及加工的经济性、可行性。

2. 画法

当表面粗糙度有单一要求和补充要求时，应使用长边上有一条横线的完整图形符号，完整符号有三种（图 4-2-26）。

国家标准《产品几何技术规范（GPS）技术产品文件表面结构的表示法》（GB/T 131—2006）中对粗糙度符号的各部分尺寸有详细的规定，如图 4-2-27 所示，各部分尺寸与图纸中数字和字母的高度有一一对应关系。

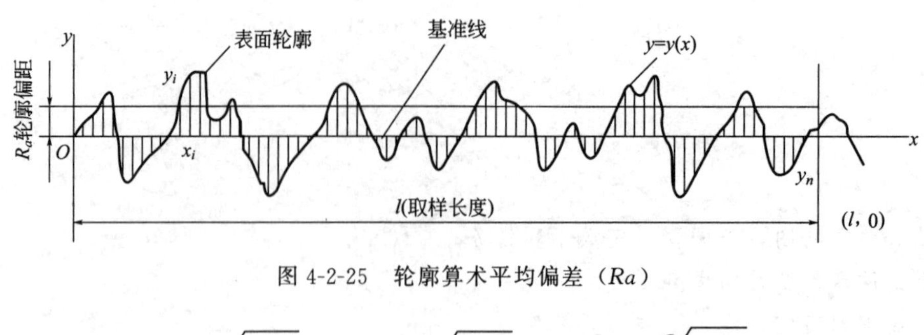

图 4-2-25　轮廓算术平均偏差（Ra）

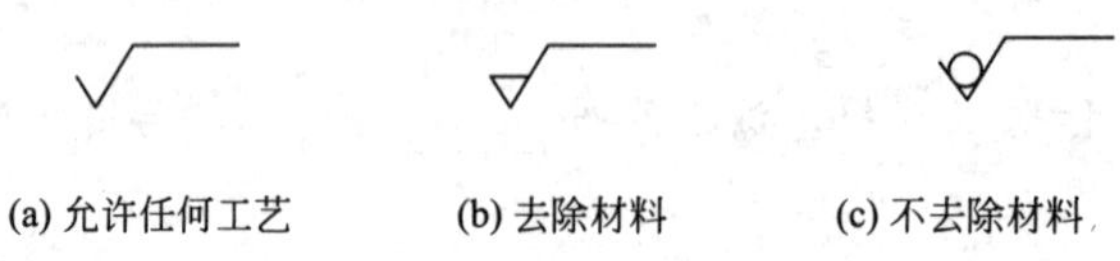

图 4-2-26　表面粗糙度画法

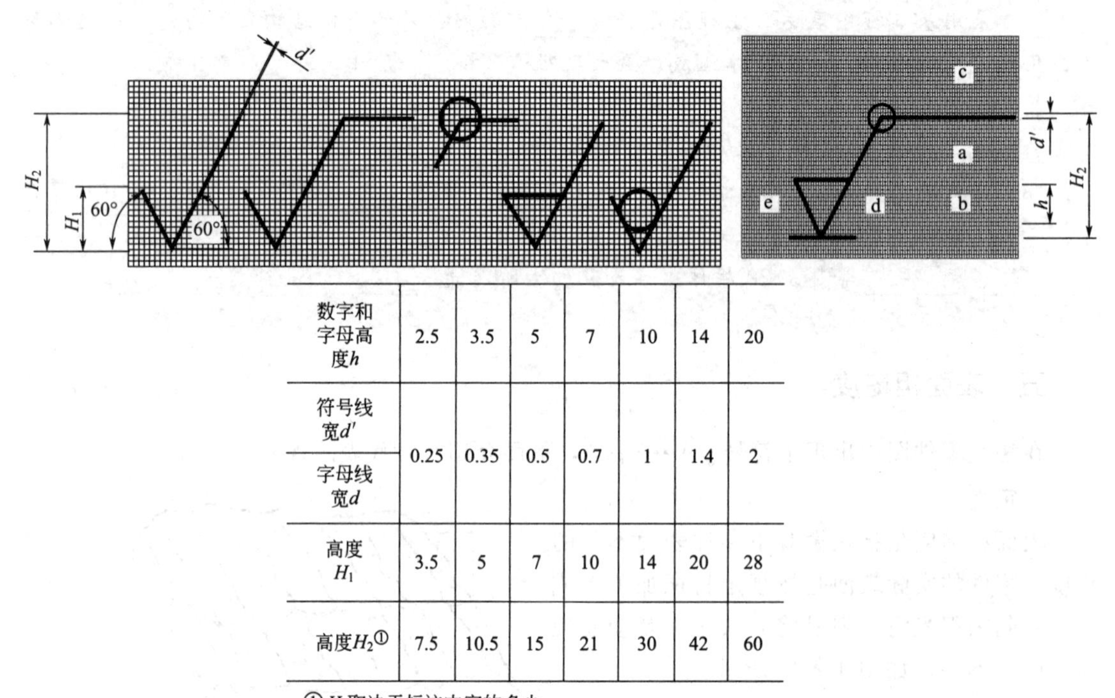

数字和字母高度h	2.5	3.5	5	7	10	14	20
符号线宽d' 字母线宽d	0.25	0.35	0.5	0.7	1	1.4	2
高度H_1	3.5	5	7	10	14	20	28
高度$H_2$①	7.5	10.5	15	21	30	42	60

① H_2取决于标注内容的多少。

图 4-2-27　数字和字母格式（单位：mm）

当工件上构成封闭轮廓的各表面有相同的表面结构要求时，应在完整图形符号上加一圆圈，标注在图样某个视图的封闭轮廓线上，如图 4-2-28 所示。如果标注会引起歧义，各表面应分别标注。

3. 标注注意事项

表面结构要求对每一表面一般只标注一次，并尽可能注在相应的尺寸及其公差的同一视图上。除非另有说明，所标注的表面结构要求是对完工零件表面的要求。根据《机械制图 尺寸注法》（GB/T 4458.4—

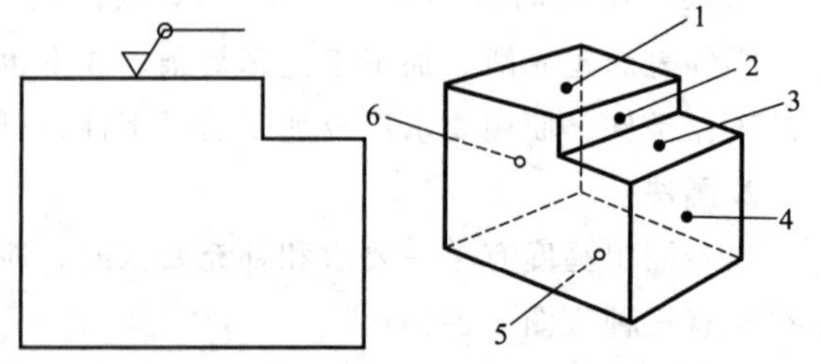

注：图示的表面结构要求是指对图形中封闭轮廓的六个面（1~6）的共同要求(不包括前后面)。

图 4-2-28　对周边各面有相同的表面结构要求的注法

2003）的规定，表面结构要求的注写和读取方向与尺寸的注写和读取方向一致（图 4-2-29）。

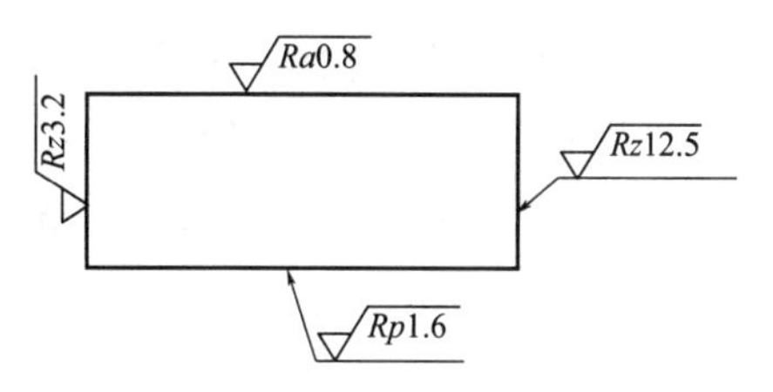

图 4-2-29　表面结构要求的注写方向

（1）标注在轮廓线上或指引线上　表面结构要求可标注在轮廓线上，其符号的尖端应从材料外指向材料表面并接触表面。必要时，表面结构符号也可用带箭头或黑点的指引线引出标注（图 4-2-30）。

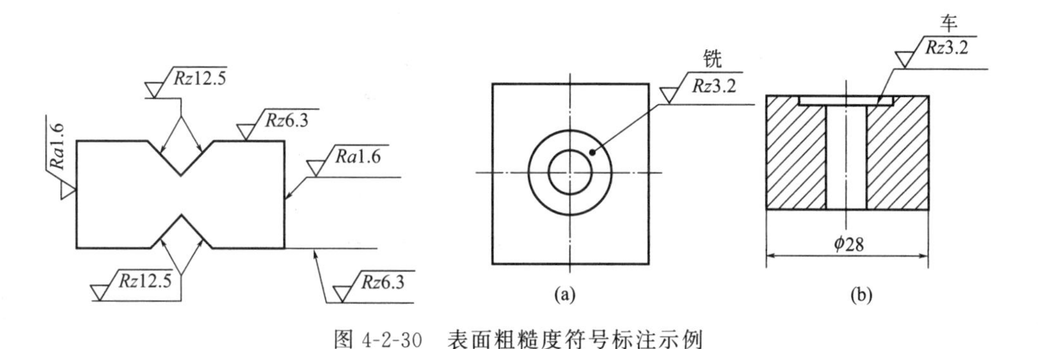

图 4-2-30　表面粗糙度符号标注示例

（2）标注在特征尺寸的尺寸线上　在不致引起误解时，表面结构要求可以标注在给定的尺寸线上（图 4-2-31）。

（3）标注在形位公差的框格上　表面结构要求可标注在形位公差框格的上方，见图 4-2-32（a）、（b）。

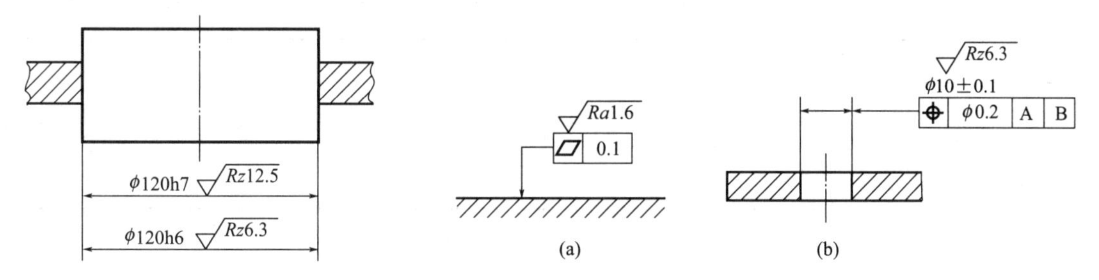

图 4-2-31　表面结构要求标注在尺寸线上　　图 4-2-32　表面结构要求标注在形位公差框格的上方

（4）标注在延长线上　表面结构要求可以直接标注在延长线上，或用带箭头的指引线引出标注，见图 4-2-33。

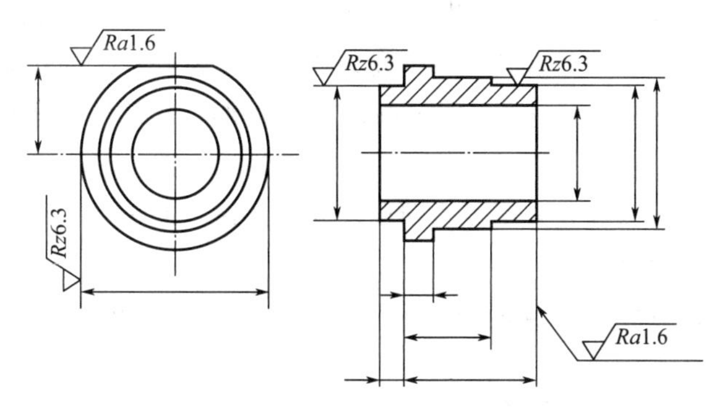

图 4-2-33　表面结构要求标注在圆柱特征的延长线上

4. 有相同表面结构要求的简化标注

如果在工件的多数（包括全部）表面有相同的表面结构要求，这个表面结构要求可统一标注在图样的标题栏附近。此时（除全部表面有相同要求的情况外），表面粗糙度标注如图4-2-34 所示。

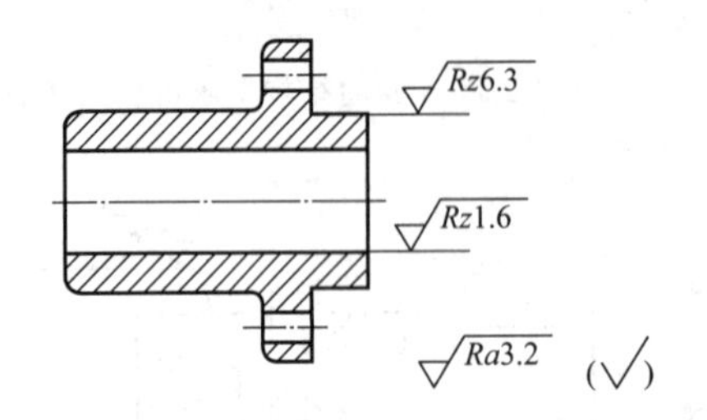

(a) 在圆括号内给出无任何其他标注的基本符号

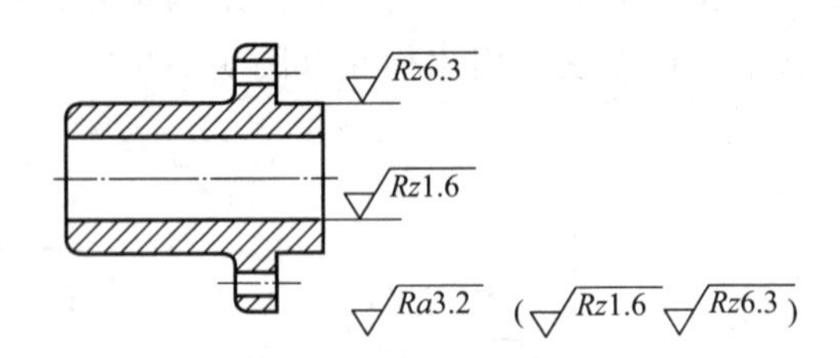

(b) 在圆括号内给出不同的表面结构要求

图 4-2-34　多数表面有相同表面结构要求的简化注法

想一想

1. 说出 $\sqrt{Ra12.5}$ 中符号和数字的含义。

2. 除了问题 1 中的符号，还有其他类似符号吗？它们又表达了什么意思？请填写表格。

符号画法	符号意义

六、极限与配合

1. 零件互换性

现代机械制造要求零件必须具有互换性。互换性是指在统一规格的一批零件（或部件）中，不经选择、修配或调整，任取其一，都能装在机器上达到规定的功能要求。为使零部件具有互换性，必须保证零件的尺寸、表面粗糙度、几何形状及几何要素间的相对位置关系保持一致。

使零件的尺寸保持一致性，并不是指精确到某个数值，而是可以在合理的范围内变化。

2. 有关尺寸的术语及定义

公称尺寸是由设计者经过计算或按经验确定后，再按标准选取的、标注在设计图上的尺寸。

极限尺寸是允许尺寸变化的两个界限值。其中：较大的一个称为上极限尺寸，较小的一个称为下极限尺寸。例如，一根轴的直径为 $\phi50\pm0.008$，公称尺寸为 $\phi50$，上极限尺寸为

ϕ50.008，下极限尺寸为 ϕ49.992。

3. 有关偏差、公差的术语和定义

（1）尺寸偏差

尺寸偏差＝某一尺寸－公称尺寸

偏差包括：

实际偏差＝实际尺寸－公称尺寸

上极限偏差(ES,es)＝上极限尺寸－公称尺寸

下极限偏差(EI,ei)＝下极限尺寸－公称尺寸

例 ϕ50 ±0.008，上极限偏差＝50.008－50＝＋0.008，下极限偏差＝49.992－50＝－0.008。

（2）公差　公差是指尺寸允许的变动量，孔、轴的公差与公称尺寸、上极限偏差、下极限偏差、上极限尺寸、下极限尺寸关系如图 4-2-35 所示。

公差＝上极限尺寸－下极限尺寸＝上极限偏差－下极限偏差

公差＝50.008－49.992＝0.008－(－0.008)＝0.016

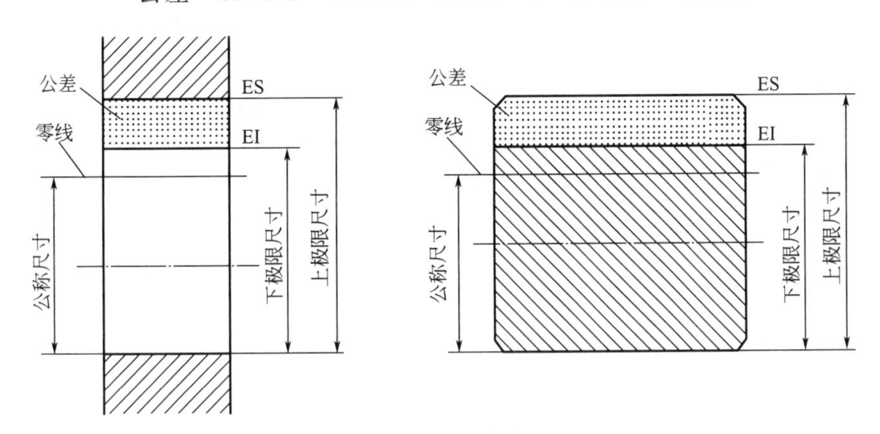

图 4-2-35　公差

（3）公差带　在分析公差与公称尺寸的关系时，常把上、下极限偏差和公称尺寸按放大的比例制成简图，称为公差带图。在公差带图中，确定偏差的一条基准直线叫零线，由代表上、下极限偏差的两条直线所限定的区域称为公差带，如图 4-2-36 所示。

在国家标准中，公差带大小由标准公差确定；公差带位置由基本偏差确定。

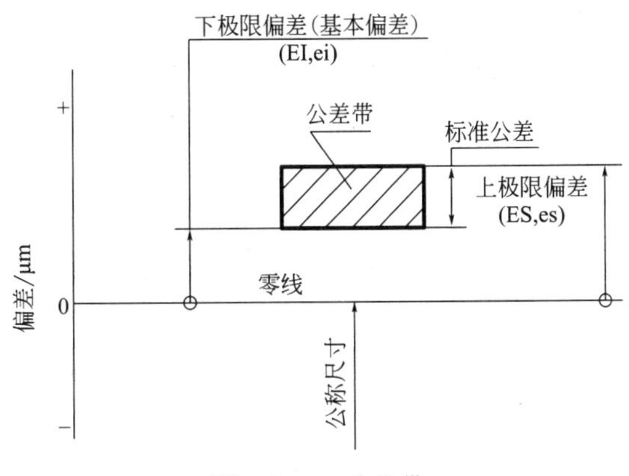

图 4-2-36　公差带

（4）标准公差　标准公差就是国家标准所确定的公差。标准公差共分 20 级：IT01、IT0、IT1、IT2、…IT18。IT 表示标准公差。IT7 表示标准公差 7 级。从 IT01 至 IT18，公差等级依次降低，相应的标准公差数值依次增大。

（5）基本偏差　基本偏差就是用来确定公差带相对于零线位置的上偏差或下偏差，一般指靠近零线的那个偏差（图 4-2-37）。

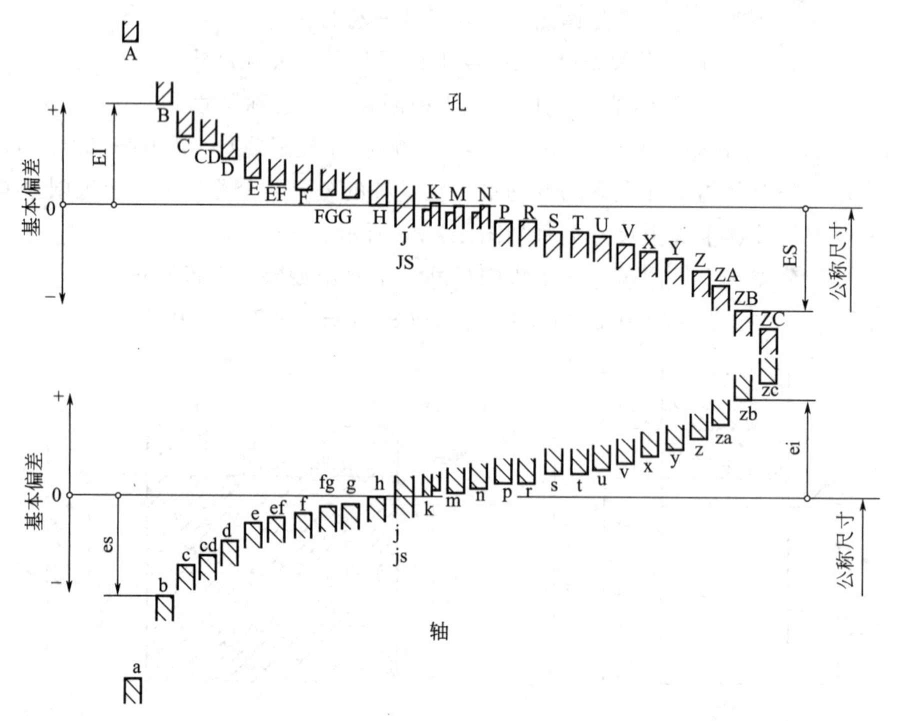

图 4-2-37　基本偏差

4. 有关配合的术语和定义

（1）配合　配合就是基本尺寸相同的、相互结合的孔与轴公差带之间的相配关系（图 4-2-38）。

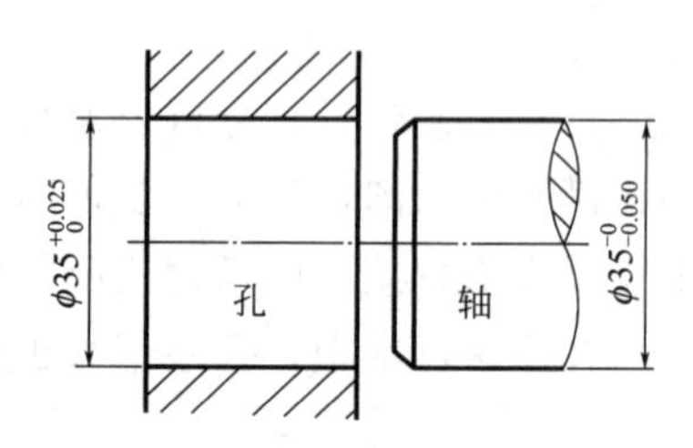

图 4-2-38　基孔制与基轴制

基孔制：是基本偏差固定不变的孔公差带，与不同基本偏差的轴公差带形成各种配合的一种制度。基孔制的孔为基准孔，它的下极限偏差为零。基准孔的代号为“H”。

基轴制：是基本偏差固定不变的轴公差带，与不同基本偏差的孔公差带形成各种配合的一种制度。基轴制的轴为基准轴，它的上极限偏差为零。基准轴的代号为“h”。

（2）配合类型　有间隙配合、过盈配合、过渡配合三种（图 4-2-39）。

间隙配合：当孔的公差带在轴的公差带之上，形成具有间隙的配合（包括最小间隙等于零的配合）。

过盈配合：当孔的公差带在轴的公差带之下，形成具有过盈的配合（包括最小过盈等于零的配合）。

过渡配合：当孔与轴的公差带相互交叠，既可能形成间隙配合，也可能形成过盈配合。

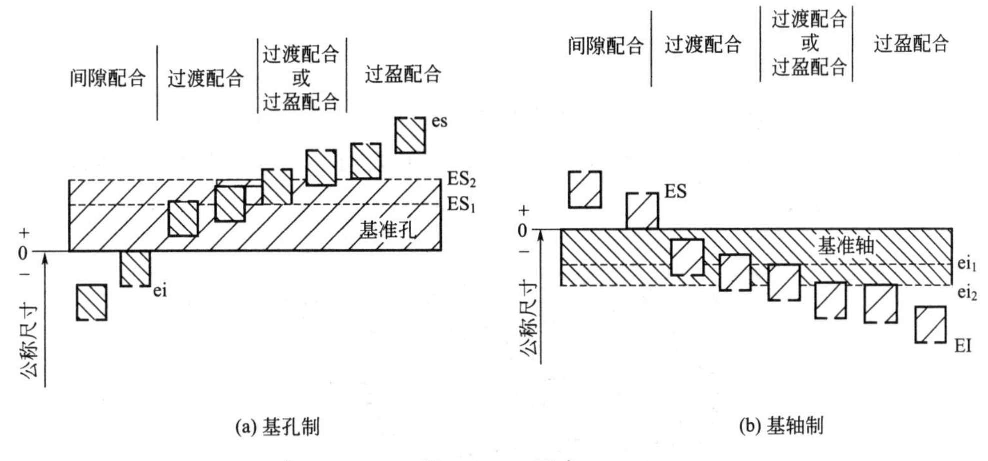

图 4-2-39 配合

5. 公差带与配合代号

标注的内容由两个相互接合的孔和轴的公差带的代号组成，用分数形式表示，分子为孔的公差带代号，分母为轴的公差带代号。

（1）公差带代号 由基本偏差代号及公差等级代号组成，或用数字表示，或将两者结合（图 4-2-40）。

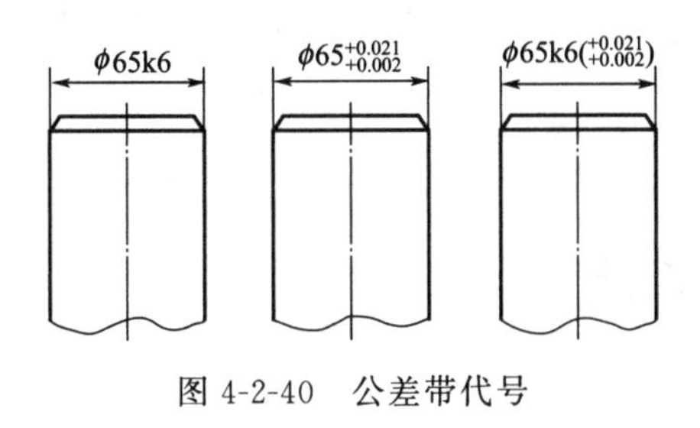

图 4-2-40 公差带代号

（2）配合代号

$$\phi 45\frac{H7}{m6} \quad 或 \quad \phi 45H7/m6$$

$$\phi 55\frac{H7}{j6} \quad 或 \quad \phi 55H7/j6$$

由基本尺寸和公差带代号可查表确定孔和轴的上、下极限偏差值（见附录）。例如，由 ϕ20H8 查孔的极限偏差表可得，其上极限偏差为+0.033，下极限偏差为 0；由 ϕ20f7 查轴的极限偏差可得，其上极限偏差为−0.020，下极限偏差为−0.041（查表时注意基本尺寸的范围）。

想一想

1. 解释 ϕ25k7 的含义，并写出其他表达形式。

2. 如图 4-2-41 所示，轴上装配了滚动轴承、齿轮、套筒、轴承盖、联轴器，轴与滚动

轴承装配后，要求配合紧密，而轴和套筒装配后，要求有一定的间隙，使轴可以自由转动。为了能达到这些要求，轴与孔的内外径的公差必须在规定的范围内。请说出能达到上述要求的轴与孔的配合方式，并画出示意图。

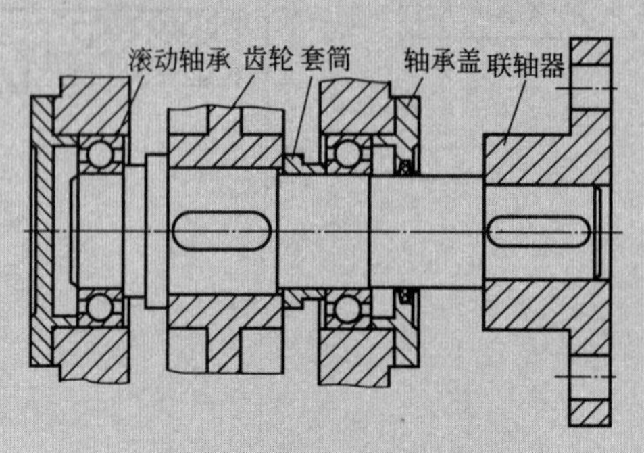

图 4-2-41　轴上装配零件示意图

活动 1　手绘图形

1. 编写绘图方案。

步骤	内容	备注
1		
2		
3		
4		
5		

2. 绘制图形。绘图方案经教师审阅后，按照要求绘制图形。

活动 2　现场洁净

1. 清扫操作区域，保持工作场所干净、整洁。
2. 产生的废弃物品，统一回收到垃圾桶，不可随意丢弃。
3. 关闭水、电、气和门窗，最后离开教室的学生锁好门锁。

活动 3　撰写实训报告

回顾完成绘图任务过程，每人写一份小报告，内容包括团队完成情况、个人参与情况、做得好的地方、尚需改进的地方等。

1. 学生以小组为单位，按照任务要求，进行自查、互评与总结。
2. 教师参照评分标准进行考核评价。
3. 师生总结评价，改进不足，以便将来在学习或工作中做得更好。

序号	考核项目	考核内容	配分	得分
1	技能训练	剖视图认知	10	
		简化画法及其他规定画法认知	5	
		法兰零件表达方案选择	10	
		识读零件图	10	
		表面粗糙度认知	5	
		极限与配合认知	5	
		任务完成	30	
		实训报告诚恳、体会深刻	5	
2	求知态度	求真求是、主动探索	2	
		执着专注、追求卓越	2	
3	安全意识	爱护工具，文明操作	2	
		安全事故，如发生人为的操作安全事故、设备人为损坏、伤人等情况，“安全意识”不得分		
4	团结协作	分工明确、团队合作能力	3	
		沟通交流恰当，文明礼貌、尊重他人	2	
		自主参与程度、主动性	2	
5	现场整理	劳动主动性、积极性	3	
		保持现场环境整齐、清洁、有序	4	

任务三 测绘泵轴

学习目标

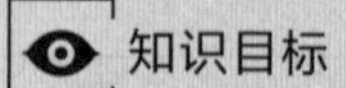

知识目标

（1）了解轴类零件的工艺结构。

（2）掌握断面图与局部放大图的画法与标注。

（3）熟悉轴类零件图绘制相关知识。

（4）熟悉键、槽结构的绘制方法与标记。

（5）掌握简单轴类零件的测绘方法与步骤。

（6）掌握游标卡尺、直尺使用相关知识。

能力目标

（1）能读懂并能绘制断面图与局部放大图。

（2）能测绘简单轴类零件。

（3）能正确使用游标卡尺、直尺并正确读数。

（4）能正确标注简单轴类零件尺寸，并用手绘制零件图。

素质目标

（1）在集体完成使用游标卡尺测量尺寸、记录数据、绘制草图的过程中，培养求真务实、积极探索的科学精神与团结合作的职业精神。

（2）通过绘制零件图，培养一丝不苟、追求卓越的工匠精神。

任务描述

只要机器中有转动的物体，就会有支承其转动的零件——轴。在实训室的机泵上拆下如图4-3-1所示的泵轴，在观察时发现泵轴出现破损，需要进行修配，你可以仿照这个泵轴绘制图样吗？请测绘实训室泵轴，并绘制其零件图。

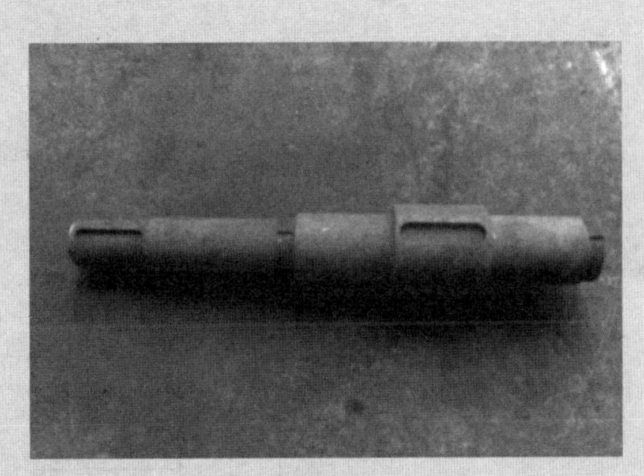

图 4-3-1 泵轴

一、轴类零件的工艺结构及画法标注

轴上有倒角、退刀槽、圆角、砂轮越程槽、轴肩。

1. 倒角

为了去除零件上因机加工产生的毛刺，也为了便于零件装配和操作安全，一般在零件端部做出倒角，倒角画法和尺寸注法如图 4-3-2 所示。

2. 退刀槽

在车床加工中，如车削内孔、车削螺纹时，为便于退出刀具并将工序加工到毛坯底部，常在待加工面末端，预先制出退刀的空槽，称为退刀槽。

退刀槽的形状和尺寸注法如图 4-3-3 所示，其中：2 是槽宽尺寸，$\phi6$ 是槽底轴的直径，1 是槽的深度。

3. 圆角

对于阶梯状的孔和轴，为了避免转角处产生应力集中，设计和制造零件时，这些地方常

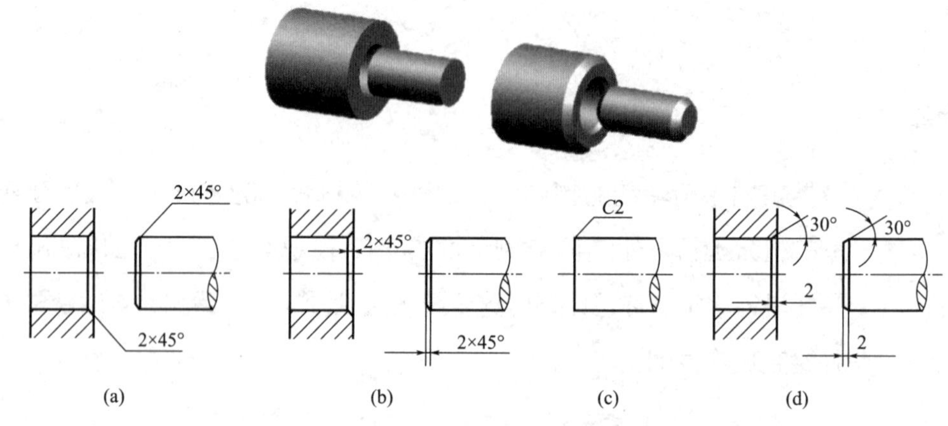

图 4-3-2　倒角画法和尺寸标注

以圆角过渡，其尺寸注法如图 4-3-4 所示，尺寸大小可查有关国家标准。

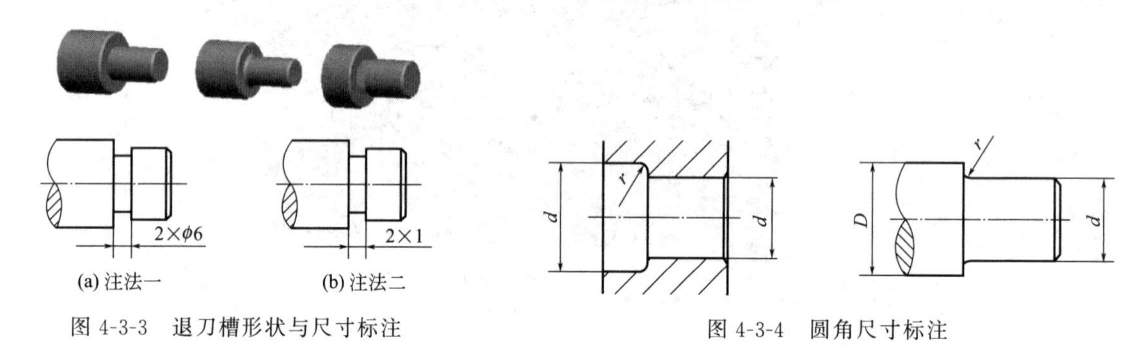

图 4-3-3　退刀槽形状与尺寸标注

图 4-3-4　圆角尺寸标注

4. 砂轮越程槽

为了使轴上某些有较高配合要求的表面达到所需要的表面粗糙度和精度，即保证全程的加工质量，常进行磨削加工，因此需预留有砂轮越程槽。

5. 轴肩

由于轴上各段的直径不同，因而形成台阶，其台阶面称为轴肩。通常轴上零件是以轴肩来定位的。其作用有：在加工时，便于测量工具靠轴肩来测量轴段尺寸；在装配时，当零件紧靠轴肩，就已经确定零件的轴向位置；当轴运转时，可以避免零件的轴向窜动。

想一想

观察、认识给出的轴类零件（图 4-3-5），回答下列问题。

1. 说出框中轴上的结构名称及作用。

2. 小组讨论并绘制轴的视图，要求将倒角、退刀槽等工艺结构表达清楚，并进行尺寸标注。

图 4-3-5　轴模型

二、轴零件视图

轴类零件的视图常采用一个基本视图（即主视图），外加若干其他视图（如剖视图、断面图、局部放大图及局部视图）来表示。

① 主视图：由于轴类零件通常是水平地装在机床、磨床和铣床上进行加工，为了绘图或加工看图方便，一般将轴的水平安放位置作为主视图。主视图需表达出主要结构。

② 剖视图、断面图：为了表示轴类零件的键槽或花键的截面形状，便于标注尺寸，常在键槽或花键处等用剖视图、断面图表示。

③ 局部放大图：为了表示轴上某部分的具体结构或细小结构和便于标注尺寸，常将这些结构画成局部放大图。

④ 局部视图：只需着重表示轴上某一方向的部分结构，而不必表示全部结构时，可采用局部视图来表示。

接下来分别介绍局部放大图和断面图。

1. 局部放大图

当机件上存在某些局部细小结构表达不清或不便标注尺寸时，往往采用局部放大图。将机件的部分结构，用大于原图形所采用的比例所画出的图形，称为局部放大图（图 4-3-6）。

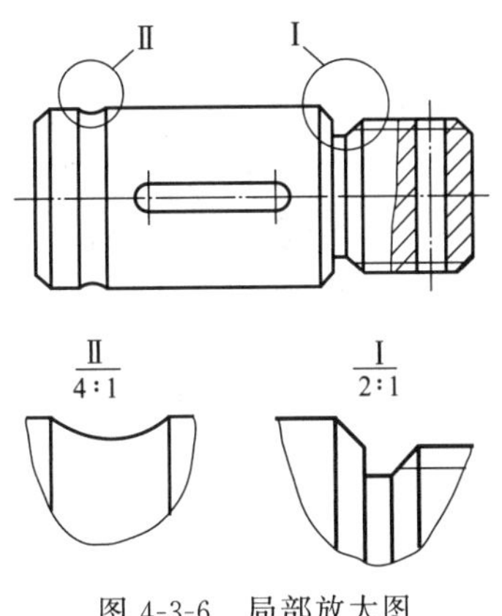

图 4-3-6　局部放大图

局部放大图与被放大部位所采用的表达方式无关，可绘成视图、剖视图、断面图的形式，并应尽量地配置在被放大部位的附近。

画局部放大图时应注意：

① 绘制局部放大图时，一般应在原图上用细实线圈出放大部位，用罗马数字编号，并在局部放大图上方标出相应的罗马数字及所采用的比例。

② 当机件上被放大的部位仅有一处时，在局部放大图的上方只需注明所采用的比例。

③ 在同一机件上，由不同的部位得到相同的局部放大图时，只需绘制一个局部放大图，用同一罗马数字编写。

④ 局部放大图所采用的比例与原图形所采用的比例无关，仍然为局部放大图与实物相应要素的线性尺寸之比。

⑤ 局部放大图不一定是放大的图形，只不过是相对于原图形式放大了。

2. 断面图

用剖视图来表达键槽这个结构，虽然可以将结构表达清楚，但比较烦琐。那么有没有另外的表达方法，既可以表达清楚，又不显得烦琐，使绘图简便、清楚呢？这时即可采用断面图来表达结构。

（1）断面图的概念　假设用剖切面将机件的某处切断，仅仅画出其断面的图形，并在断面上画出剖面符号的图形，称为断面图。断面图和剖视图对比如图 4-3-7 和表 4-3-1 所示。

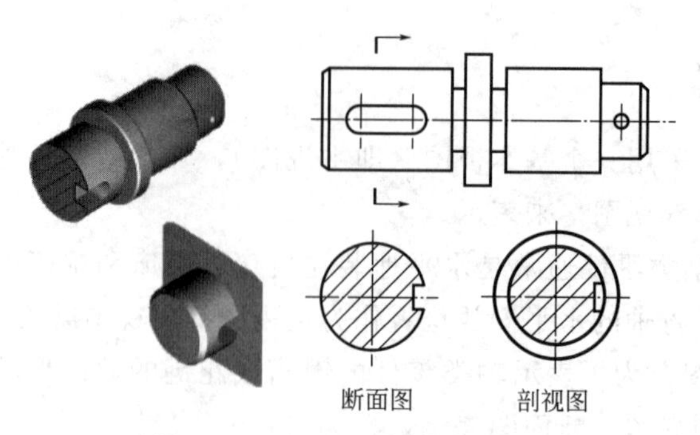

图 4-3-7　断面图和剖视图对比

表 4-3-1　断面图和剖视图对比

项目	断面图	剖视图
从图形上看	仅画出机件被切断处的断面形状，是“面”的投影	除了画出断面形状外，还必须画出断面后的可见轮廓线，是“体”的投影
从用途上看	是为了表达零件的断面形状	是为了表达零件的内部结构

（2）断面图的种类　根据断面图配置位置的不同进行分类，断面图可分为移出断面图和重合断面图。

① 移出断面图。画在视图轮廓之外的断面图为移出断面图，移出断面图的轮廓线用粗实线绘制，如图 4-3-8 所示。

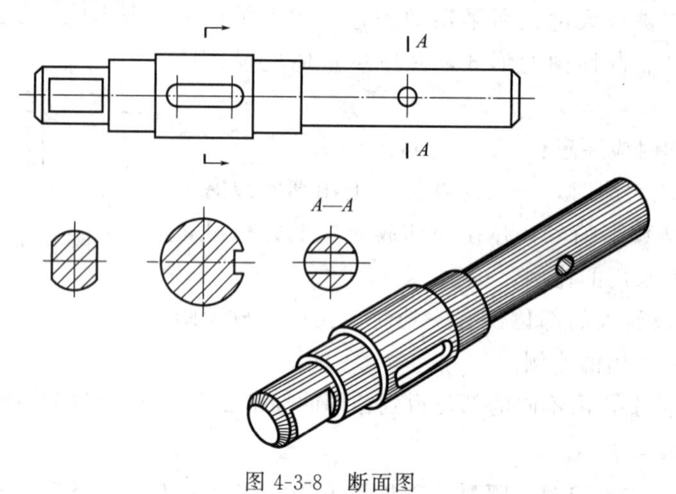

图 4-3-8　断面图

当剖切面通过由回转面形成的孔或凹坑的轴线剖切，或者通过非回转面剖切而导致图形完全分离时，则这些结构应按剖视的形式进行绘制，如图 4-3-9 所示。

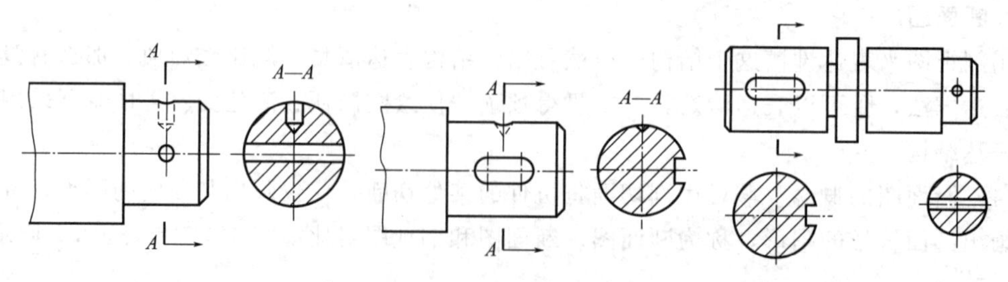

图 4-3-9　断面图画法

移出断面应尽量配置在剖切符号的延长线上，也可配置在其他适当的位置，见图 4-3-10。配置在剖切符号延长线上的不对称移出断面不必标注字母；不配置在剖切符号延长线上的对称移出断面以及按投影关系配置的移出断面一般不必标注箭头；配置在剖切线延长线上的对称移出断面和绘制在视图中断处的移出断面，均可省略标注。

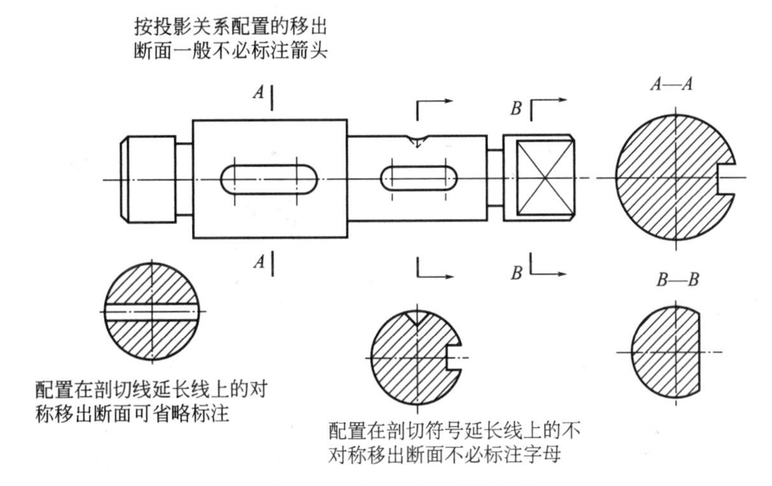

图 4-3-10　断面图画法与标注

口诀

注字母：图在延长线，字母不出现；图在其他处，字母必须注。
画箭头：断面若对称，箭头可以省；断面不对称，箭头来指明。

② 重合断面图。画在视图轮廓之内的断面图为重合断面图。重合断面图的轮廓线用细实线绘制，当视图中的轮廓线与重合断面的图形重叠时，视图中的轮廓线仍需完整地画出，不能间断。重合断面无须进行标注。

想一想

1. 写出绘制该轴三视图的方案。
2. 绘制该轴三视图。

三、轴类零件测绘

根据已有的零件，不用或只用简单的绘图工具，用较快的速度，徒手目测画出零件的视图，测量并注上尺寸及技术要求，得到零件草图。然后参考有关资料整理绘制出供生产使用的零件工作图。这个过程称为零件测绘。非标准件应绘制零件草图，并测量标注全部尺寸和技术要求。标准件，如螺纹紧固件、滚动轴承、键、销等，只需测量出规格尺寸并定出其标准代号，注写在示意图上或列表表示。

1. 常用测绘工具认知

零件上全部尺寸的测量应集中进行，这样不但可以提高工作效率，还可以避免错误和遗漏。测量零件尺寸时，应根据零件尺寸的精确度选用相应的量具。常用的量具有钢尺、卡钳、游标卡尺和螺纹规、圆弧规等，如图 4-3-11 所示。

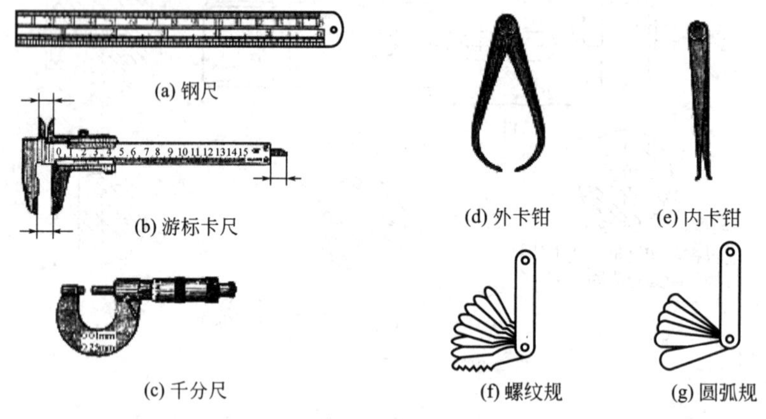

图 4-3-11　常用测绘工具

（1）直线尺寸的测量　直线尺寸可以用直尺直接测量读数，见图 4-3-12。

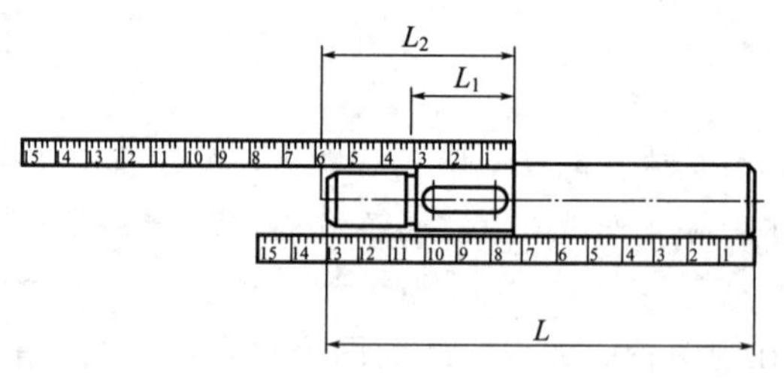

图 4-3-12　直线尺寸的测量

（2）直径尺寸和孔深的测量　直径尺寸、孔深可用游标卡尺直接测量读数，见图 4-3-13。

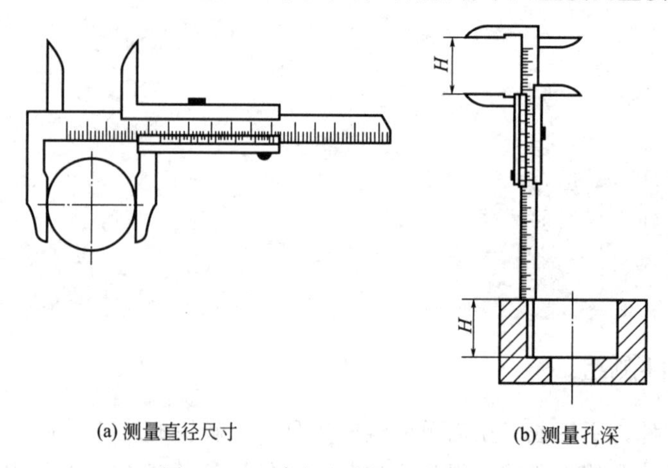

图 4-3-13　直径和孔深尺寸的测量

（3）壁厚尺寸的测量　壁厚尺寸可以用直尺测量，见图 4-3-14，$X=A-B$；或用卡钳、游标卡尺和直尺测量，$Y=C-D$。

（4）中心高的测量　中心高可以用直尺（或游标卡尺）测出，见图 4-3-15，孔的中心高：

$$A_1=(B_1+B_2)/2$$

$$A_1=L_1+A_2/2=L_2-A_2/2$$

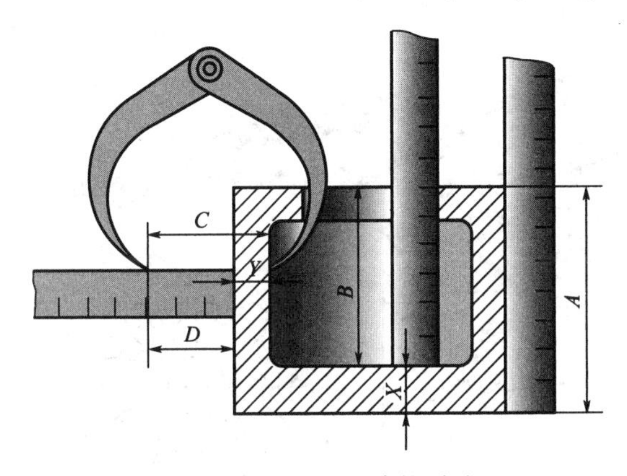

图 4-3-14　壁厚尺寸的测量

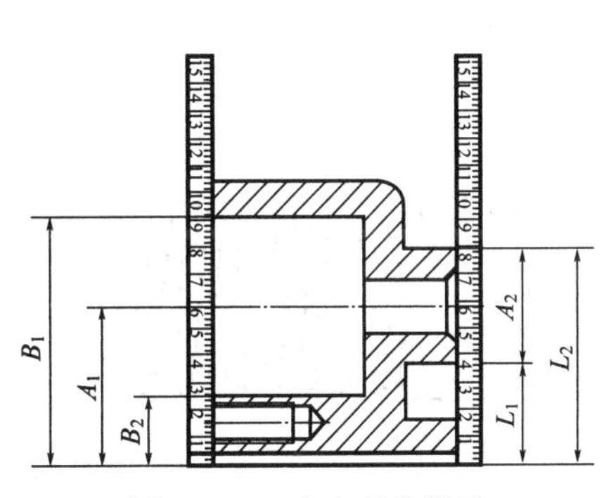

图 4-3-15　中心高的测量

（5）曲面轮廓的测量　对精确度要求不高的曲面轮廓，可以用拓印法在纸上拓出它的轮廓形状，然后用几何作图的方法求出各连接圆弧的尺寸和中心位置，见图 4-3-16。

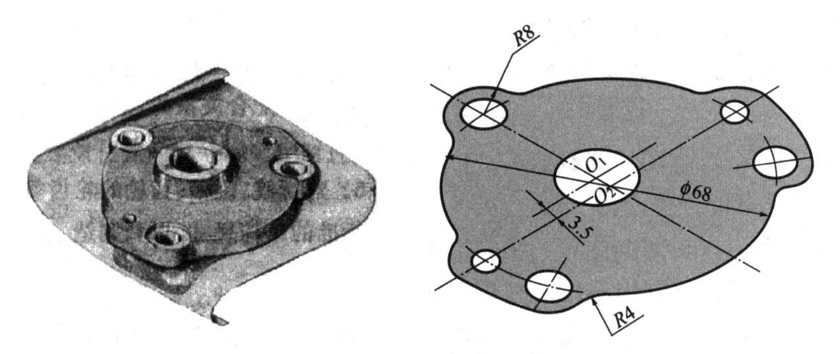

图 4-3-16　曲面轮廓的测量

（6）螺纹螺距的测量　螺纹的螺距可以用螺纹规或直尺测出，见图 4-3-17。

（7）齿轮模数的测量　对标准齿轮，可以先用游标卡尺测得 $D_{顶}$，再计算得到齿轮模数 $m=D_{顶}/(z+2)$。奇数齿的齿顶圆直径 $D_{顶}=2e+d$，见图 4-3-18。

2. 零件测绘步骤

（1）了解和分析被测绘零件　首先了解零件名称、材质、热处理工艺及在设备中的位置、作用和与相邻件的配合关系，然后对零件的内、外结构进行分析。

① 轴类零件常用材质为 45 钢、40Cr，稍好材质有 35CrMo、45CrMo，20CrNi2MoA 常用于齿轮轴的加工。

② 轴类与其相关件的配合主要有三种：间隙配合、过渡配合、过盈配合。

③ 轴类零件的热处理工艺主要包括调质、淬火、渗碳。

调质处理：淬火后高温回火的热处理方法称为调质处理。高温回火是指在 500～650℃之间进行回火。调质可以使钢的性能、材质得到很大程度的调整，其强度、塑性和韧性都较好，具有良好的综合力学性能。

淬火处理：将钢件加热到奥氏体化温度并保持一定时间，然后以大于临界冷却速度冷却，以获得非扩散型转变组织，如马氏体、贝氏体和奥氏体等的热处理工艺。

渗碳处理：为增加钢件表层的含碳量和形成一定的碳浓度梯度，将钢件在渗碳介质中加热并保温使碳原子渗入表层的化学热处理工艺。

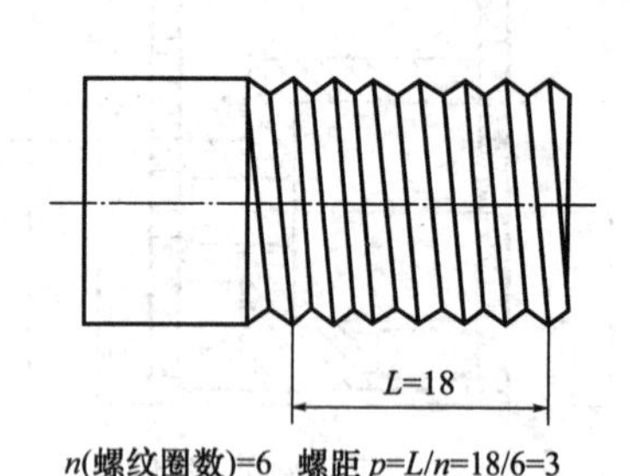

图 4-3-17 螺距的测量

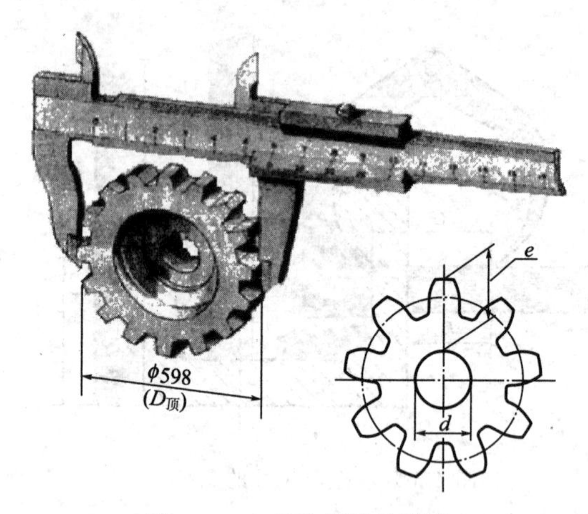

图 4-3-18 齿轮模数的测量

④ 对轴的分析。此轴对材质无特殊要求，热处理工艺为调质处理，轴两键槽位置为安装键带动叶轮旋转，两处轴承安装位置。

（2）确定表达方案 此轴无特殊结构，因此沿轴的加工方向作为主视图就可以完全表达轴的结构，但键槽尺寸在主视图中无法完全表达清楚，因此需要部分剖视图。主视图面向键槽正上方，以便可以完全表达出键槽的结构、尺寸。

（3）绘制零件草图

① 在图纸中确定主视图的位置，绘制出主视图的对称中心线和作图的基准。

② 以目测比例详细地画出零件的结构形状。

③ 选定尺寸基准，按正确、完整、清晰及尽可能合理地标注尺寸的要求，画出全部尺寸界线、尺寸线和箭头。经仔细校核后，按规定线型将图线加深。

④ 逐个测量和标注尺寸，标注技术要求和标题栏。

3. 测绘零件工作图绘制

由于零件草图是在现场测绘的，有些问题的表达可能不是完善的，因此，在画零件图之前，应仔细检查零件草图表达是否完整、尺寸有无遗漏、各项技术要求之间是否协调，确定零件的最佳表达方案。

① 对零件草图进行审核，对表达方法作适当调整。

② 画零件工作图的方法和步骤：

a. 选择比例；

b. 确定幅面；

c. 画底稿；

d. 校对加深；

e. 填写标题栏。

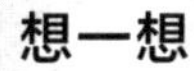

想一想

请你为实训室拆下的泵轴选取合适的测量工具，并制定测绘轴的工作方案。

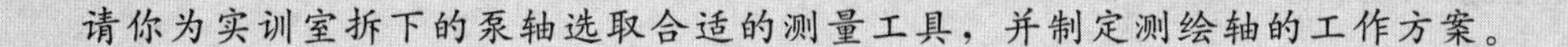

活动 1　测绘轴零件

1. 测绘零件说明。

零件为单级泵轴，各部分的作用可以参见实物。

2. 在以下提供的技术要求中，选择三个最贴近本零件需要的技术要求，在图纸中标出。

（1）放置时防止变形；（2）锐角倒钝，0.5×45°；（3）零件去除氧化皮；（4）未注圆角$R2$；（5）调质处理，硬度为 240~280HB；（6）铸件应进行时效处理；（7）保留中心孔；（8）锻件不允许存在白点、内部裂纹和残余缩孔；（9）渗碳深度 0.3mm。

3. 按以下内容在合适位置填写标题栏（其他内容不填）。

图样名称：单级泵轴、轴套。材料：45 钢。比例：自定。

设计：学号。日期：作业当天日期。

4. 按以下说明选择标注表面粗糙度。

根据轴、轴套的加工和使用情况，在需要的部位选择粗糙度值进行标注，参考附录四。

5. 按以下说明选择标注形位公差。

轴类零件通常是用两个轴颈支承在轴承上，这两个支承轴颈是轴的装配基准。

轴类零件主要表面有圆度、圆柱度、同轴度、垂直度要求，对支承轴颈的形状公差一般应有圆度、圆柱度要求，其公差值应限制在直径公差范围内，根据轴承的精度选择，一般为 IT6~IT7 级。而对于配合轴颈（装配传动件的轴颈），相对于支承轴颈应有同轴度要求，为方便测量，常用径向圆跳动来表示，一般选 IT7 级。普通精度轴的配合轴颈对支承轴颈的径向圆跳动一般为 0.01~0.03mm，高精度轴为 0.001~0.005mm。有些轴在装配时还要以轴向端面定位，因此有轴向定位端面与轴心线的垂直度要求。对轴上的键槽等结构应标注对称度。

根据轴、轴套的加工和使用情况，在需要的部位按规定的标注方法标注圆跳动、垂直度、对称度、平行度等形位公差，几何公差值的大小由几何公差等级并依据主参数的大小确定。几何公差值根据要求在附录三中选择。

6. 尺寸标注内容说明。

零件草图需要标注符合加工要求的尺寸，根据实际测量尺寸确定公称尺寸，查表确定尺寸公差（以极限偏差的形式标注），公称尺寸精确到 1mm，个别尺寸的公称尺寸可以精确到 0.1mm。

7. 标题栏填写内容参见图 4-3-19。

<table>
<tr><td colspan="3" rowspan="2">(图名)</td><td>比例</td><td>材料</td><td rowspan="2">(图号)</td></tr>
<tr><td></td><td></td></tr>
<tr><td>制图</td><td>(工位号)</td><td></td><td colspan="3" rowspan="2">(组别)</td></tr>
<tr><td>校核</td><td></td><td></td></tr>
</table>

图 4-3-19　作业用标题栏

活动 2　现场洁净

1. 清扫操作区域，保持工作场所干净、整洁。
2. 产生的废弃物品，统一回收到垃圾桶，不可随意丢弃。
3. 关闭水、电、气和门窗，最后离开教室的学生锁好门锁。

活动 3　撰写实训报告

回顾完成绘图任务过程，每人写一份小报告，内容包括团队完成情况、个人参与情况、做得好的地方、尚需改进的地方等。

____

____

1. 学生以小组为单位，按照任务要求，进行自查、互评与总结。
2. 教师参照评分标准进行考核评价。
3. 师生总结评价，改进不足，以便将来在学习或工作中做得更好。

序号	考核项目	考核内容	配分	得分
1	技能训练	轴类零件的工艺结构及画法标注	15	
		轴零件图视图选择	15	
		轴类零件测绘	15	

续表

序号	考核项目	考核内容	配分	得分
1	技能训练	任务完成	30	
		实训报告诚恳、体会深刻	5	
2	求知态度	求真求是、主动探索	3	
		执着专注、追求卓越	3	
3	安全意识	爱护工具，文明操作	2	
		安全事故，如发生人为的操作安全事故、设备人为损坏、伤人等情况，“安全意识”不得分		
4	团结协作	分工明确、团队合作能力	3	
		沟通交流恰当，文明礼貌、尊重他人	2	
		自主参与程度、主动性	2	
5	现场整理	劳动主动性、积极性	5	

模块五

化工设备图纸识读

表示化工设备的形状、结构、大小、性能和制造安装等技术要求的图样，称为化工设备装配图，简称化工设备图。化工设备图同机械制图一样都是按“正投影法”和国家标准《技术制图》等规定绘制的，但其也有特殊的表达方法。从事化工生产的工程技术人员必须具备阅读化工设备图的能力。

任务一
识读储罐装配图

学习目标

知识目标

（1）熟悉化工设备图的图样、作用与内容。

（2）熟悉化工设备的结构特点、化工设备图的表达方法和化工设备的简化画法。

（3）掌握阅读化工设备图的步骤和方法。

能力目标

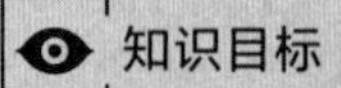

（1）能在教师引导下，认识化工设备图中的相关内容。

（2）能说出化工设备图的作用及内容。

（3）能运用“概括了解、详细分析、归纳总结”的步骤阅读化工设备图，能读懂化工设备图中的主要内容。

（4）能看懂化工设备图中的各种基本要素。

（5）能看懂化工设备图中的简化画法表达的内容。

（6）能分辨出化工设备图中用到的表达方法。

素质目标

（1）通过查阅资料，自主完成任务，培养求真务实、积极探索的科学精神与团结合作的职业精神。

（2）通过识读储罐装配图，培养一丝不苟、追求卓越的工匠精神和热爱劳动、诚实劳动的劳动精神。

任务描述

识读如图5-1-1所示图纸，并完成以下任务：

（1）通过视图分析，说出化工设备图上视图个数，哪些是基本视图，采用的表达方法，以及采用表达方法的目的。

（2）按明细表中的序号，将各个零部件的三视图逐一从视图中找出，了解零部件的主要结构形状。

（3）说出零部件之间的主要连接结构及装配方法和顺序，零部件的主要规格、材料、数量和标准号。

一、化工设备图内容认知

1. 阅读化工设备图的基本要求

化工设备图是表示化工设备的结构、尺寸、各零部件间的装配连接关系，并写明技术要求和技术特性等技术资料的图样。

通过对化工设备图样的阅读，应了解以下方面的基本内容。

① 了解设备的性能、作用和工作原理。

② 了解各零件之间的装配关系和各零部件的装拆顺序。

③ 了解设备各零部件的主要形状、结构和作用，进而分析整个设备的结构。

④ 了解设备在设计、制造、检验和安装等方面的技术要求。

化工设备图的阅读方法和步骤应从概括了解开始，分析视图、零部件及设备的结构。在阅读总装配图对一些部件进行分析时，应结合其部件装配图一同阅读。在读图过程中应注意化工设备图独特的内容和图示特点。

2. 化工设备图的内容

（1）视图　用一组视图表示该设备的主要结构形状和零部件之间的装配连接关系。

（2）尺寸　表示设备的总体大小、规格、装配和安装等尺寸数据。

（3）零部件编号及明细栏　组成该设备的所有零部件必须依次编号，并在明细栏（在标题栏上方）填写每一编号零部件的名称、规格、材料、数量及有关图号或标准号等，如图 5-1-2 所示。

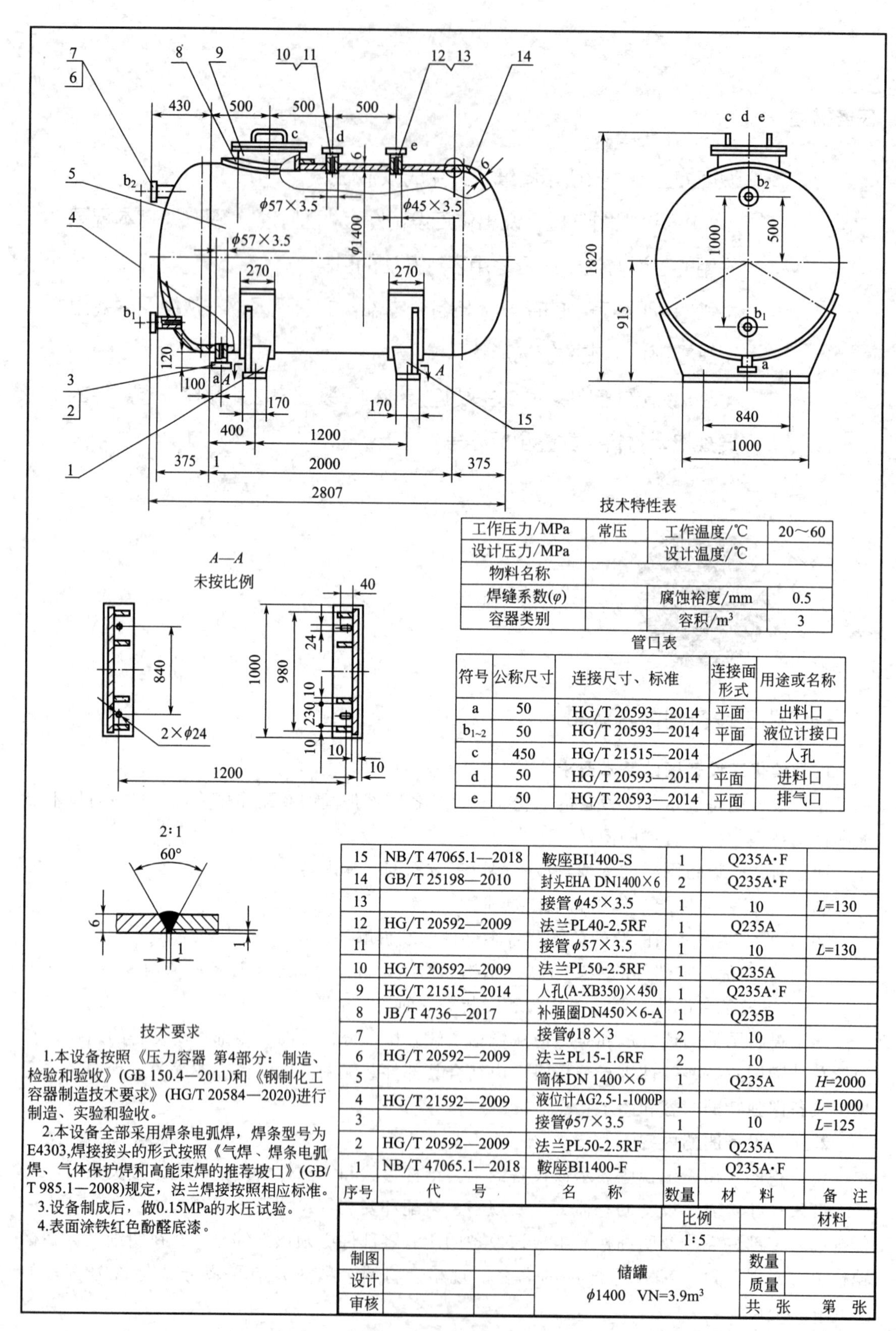

技术特性表

工作压力/MPa	常压	工作温度/℃	20～60
设计压力/MPa		设计温度/℃	
物料名称			
焊缝系数(φ)		腐蚀裕度/mm	0.5
容器类别		容积/m³	3

管口表

符号	公称尺寸	连接尺寸、标准	连接面形式	用途或名称
a	50	HG/T 20593—2014	平面	出料口
$b_{1\sim2}$	50	HG/T 20593—2014	平面	液位计接口
c	450	HG/T 21515—2014		人孔
d	50	HG/T 20593—2014	平面	进料口
e	50	HG/T 20593—2014	平面	排气口

技术要求

1.本设备按照《压力容器 第4部分：制造、检验和验收》(GB 150.4—2011)和《钢制化工容器制造技术要求》(HG/T 20584—2020)进行制造、实验和验收。

2.本设备全部采用焊条电弧焊，焊条型号为E4303,焊接接头的形式按照《气焊、焊条电弧焊、气体保护焊和高能束焊的推荐坡口》(GB/T 985.1—2008)规定，法兰焊接按照相应标准。

3.设备制成后，做0.15MPa的水压试验。

4.表面涂铁红色酚醛底漆。

序号	代号	名称	数量	材料	备注
15	NB/T 47065.1—2018	鞍座BI1400-S	1	Q235A·F	
14	GB/T 25198—2010	封头EHA DN1400×6	2	Q235A·F	
13		接管$\phi45\times3.5$	1	10	L=130
12	HG/T 20592—2009	法兰PL40-2.5RF	1	Q235A	
11		接管$\phi57\times3.5$	1	10	L=130
10	HG/T 20592—2009	法兰PL50-2.5RF	1	Q235A	
9	HG/T 21515—2014	人孔(A-XB350)×450	1	Q235A·F	
8	JB/T 4736—2017	补强圈DN450×6-A	1	Q235B	
7		接管$\phi18\times3$	2	10	
6	HG/T 20592—2009	法兰PL15-1.6RF	2	10	
5		筒体DN 1400×6	1	Q235A	H=2000
4	HG/T 21592—2009	液位计AG2.5-1-1000P	1		L=1000
3		接管$\phi57\times3.5$	1	10	L=125
2	HG/T 20592—2009	法兰PL50-2.5RF	1	Q235A	
1	NB/T 47065.1—2018	鞍座BI1400-F	1	Q235A·F	

		比例	材料
		1:5	
制图	储罐 ϕ1400 VN=3.9m³	数量	
设计		质量	
审核		共 张	第 张

图 5-1-1 储罐装配图

①“序号”栏。“序号”栏中数字从下到上，从小到大。

②“代号”栏。填写零部件所在图纸的图号或标准号，材料不同可不填。

③“名称”栏。标准零部件按规定填写。如封头 EHA DN1400×6。不绘零件图的零件，在“名称”栏附注规格及实际尺寸。如筒体 ϕ1020×10H=2000（外径标注）。外购零部件按有关部门的规定填写。

④“数量”栏。总图、装配图、部件图中填写所属零件、部件及外购件的件数。大量使用的填料、胶合剂、木材、标准的耐火砖、耐酸砖等材料用 m^3 计。大面积的衬里（如铝板、橡胶板、石棉板等）、金属网用 m^2 计。

⑤“材料”栏。应按国家标准或行业标准注写标号及名称。无标准规定的材料，应按习惯名称注写。外购件、部件用从右下向左上的细实线表示。

⑥“备注”栏。仅对需要说明的零部件加以简单的说明，如“外购”等字样。

5		筒体DN1400×6	1	Q235A	H=2000
4	HG/T 21592—2009	液位计AG2.5-1-1000P	1		L=1000
3		接管 ϕ57×3.5	1	10	L=125
2	HG/T 20592—2009	法兰PL50-2.5RF	1	Q235A	
1	NB/T 47065.1—2018	鞍座BI1400-F	1	Q235A·F	
序号	代号	名称	数量	材料	备注

图 5-1-2　明细栏

(4) 管口符号和管口表　设备上所有的管口（物料进出管口、仪表管口等）均需注出符号（按英文字母顺序编号）。管口表（明细栏上方）中列出各管口的有关数据和用途等内容。

管口表的格式如图 5-1-3 所示。

符号	公称尺寸	连接尺寸、标准	连接面形式	用途或名称
a	50	HG/T 20593—2014	平面	出料口
$b_{1\sim2}$	50	HG/T 20593—2014	平面	液位计接口
c	450	HG/T 21515—2014	/	人孔
d	50	HG/T 20593—2014	平面	进料口
e	50	HG/T 20593—2014	平面	排气口

图 5-1-3　管口表

① 管口表中“符号”栏用英文小写字母 a、b、c…以上至下按顺序填写，且应与视图中管口符号一一对应。当管口规格、连接标准、用途均相同时，可合并为一项，例如图 5-1-3 中 $b_{1\sim2}$。

②“公称尺寸”栏中，管口尺寸应填写公称尺寸，带衬里的管口按实际内径填写，带衬里的钢接管按钢管的公称直径填写。如管口无公称直径，按实形尺寸填写，例如矩形孔填“长×宽”、椭圆孔填“长轴×短轴”。“连接尺寸、标准”栏中应填写公称压力、公称直径、标准号三项，螺纹连接管口填写“M24”“G1”等螺纹代号。

③“连接面形式”栏填写法兰的密封面形式，如“平面”“凹面”“槽面”等，螺纹连接填写“内螺纹”。

(5) 技术特性表　用表格形式列出设备的主要工艺特性和其他特性等内容。对于一般化工设备技术特性表，应包括设计压力、工作压力（MPa）（指表压，如果是绝对压力，应注“绝对”两字）、工作温度、设计温度（℃）、物料名称、焊缝系数、腐蚀裕度（mm）及容器类别。不同类型的设备还应增加相应的内容。

① 容器类：增添全容积（m^3）。

② 反应器类（带搅拌装置）：增添全容积，必要时增添工作容积，还需增添搅拌转速（r/min）、电动机功率（kW）等。

③ 换热器类：增添换热面积，换热面积 F 以换热管外径为基准计算。技术特性表的内容应分别按管程和壳程填写。

④ 塔器类：应增添地震烈度（级）、设计风压值（N/m^2），有的专用塔器应增添填料体积、填料比面积、气量、喷淋量等内容。

(6) 技术要求　用文字说明设备在制造、检验时应遵循的规范和规定，以及对材料表面处理、涂饰、润滑、包装、保管和运输等的特殊要求。

(7) 标题栏　用以填写该设备的名称、主要规格、作图比例、设计单位、图样编号，以及设计、制图和校审人员签字等项内容。

(8) 其他　图纸目录、附注、修改栏、选用表、设备总重、压力容器设计许可证印章等内容。

想一想

观察图 5-1-1，完成下列任务。

1. 描述出你看到的化工设备图中的内容及从前面内容学习到的与这幅图有关的知识。

2. 观察明细栏、管口表、技术特性表，完成以下问题。

(1) 说出明细栏中的内容有何规律。

(2) 说出管口表中的字母数字、连接面形式的含义，并在各视图中找到管口表中符号 a 对应的管口和所有管口数量。

3. 说出图 5-1-1 所示的储罐装配图与图 5-3-1 所示换热器装配图的技术特性表的相同和不同之处。

二、化工设备的特殊表达方法认知

1. 局部结构的表达方法

化工设备的壁厚一般是 mm 级，而设备形状尺寸是 m 级的。为解决化工设备尺寸悬殊的矛盾，除了采用局部放大画法，还可以采用夸大画法，即不按图样比例要求，适当地夸大画出某些结构，如设备的壁厚、垫片、折流板等，且允许薄壁部分的剖面符号采用涂色的方法。

2. 断开和分层（段）的画法

当设备［图 5-1-4(a)］总体尺寸很大，而又有相当部分的形状和结构相同或按规律变化和重复时，可采用断开的画法，即用双点画线将设备中重复出现的结构或相同结构断开，可以使装配图绘制高度或长度缩短，便于选用较大的作图比例，将整个装配图绘制在合理的图纸内，且保持布局合理美观。双点画线断开技术除了应用于换热器中相同折流板区间的断开外，还常常用于精馏塔中相同塔节之间的断开、填料塔中相同填料段区间的断开、反应器中相同催化剂层区间的断开，如图 5-1-4(b) 所示。

当设备较高又不宜采用断开画法时，可采用分层（段）的表达方法，也可以按需要用局部放大图把某一段或几段塔节的结构形状画出，如图 5-1-4(c)～(e) 所示。

若由于断开画法和分层画法造成设备总体形象表达不完整，可采用缩小比例、单线条画出设备的整体外形图或剖视图。在整体图上，可标注总高尺寸、各主要零部件的定位尺寸及管口的标高尺寸。

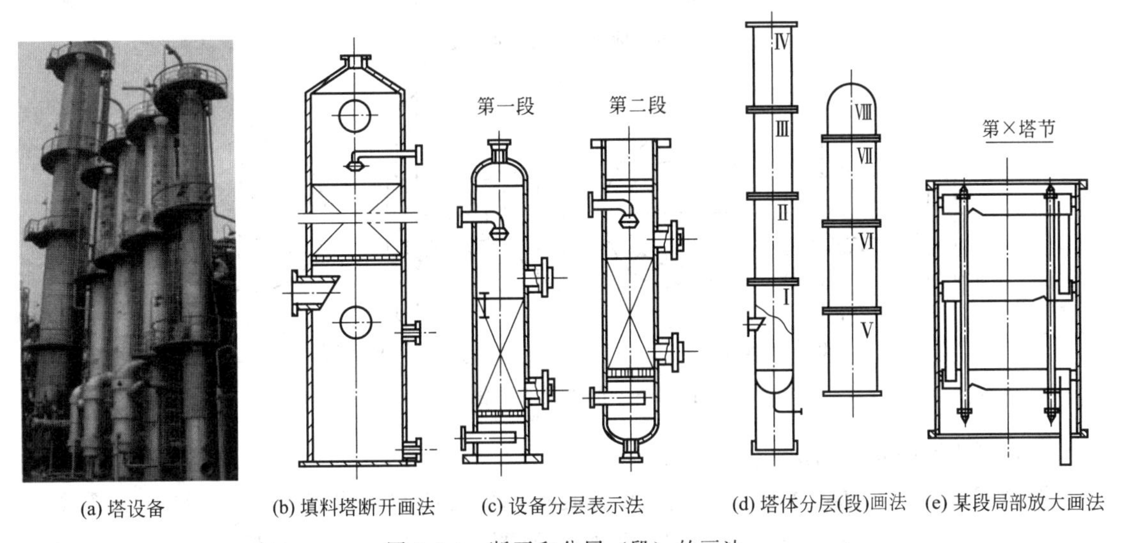

(a) 塔设备　(b) 填料塔断开画法　(c) 设备分层表示法　(d) 塔体分层(段)画法　(e) 某段局部放大画法

图 5-1-4　断开和分层（段）的画法

想一想

说出本任务装配图中的设备壁厚、总长、总高及本图采用了哪种特殊表达方法。

三、简化画法

1. 标准件、外购件及有复用图的零部件表达方法

人（手）孔、填料箱、减速机及电动机等标准件、外购件，在化工设备图中只需按比例画出这些零部件的外形，如图 5-1-5 所示。

2. 法兰的简化画法

法兰有容器法兰和管法兰两大类，法兰连接面形式也多种多样。法兰的特性可在明细栏及管口表中表示。设备上对外连接管口的法兰均不必配对画出，如图 5-1-6 所示。

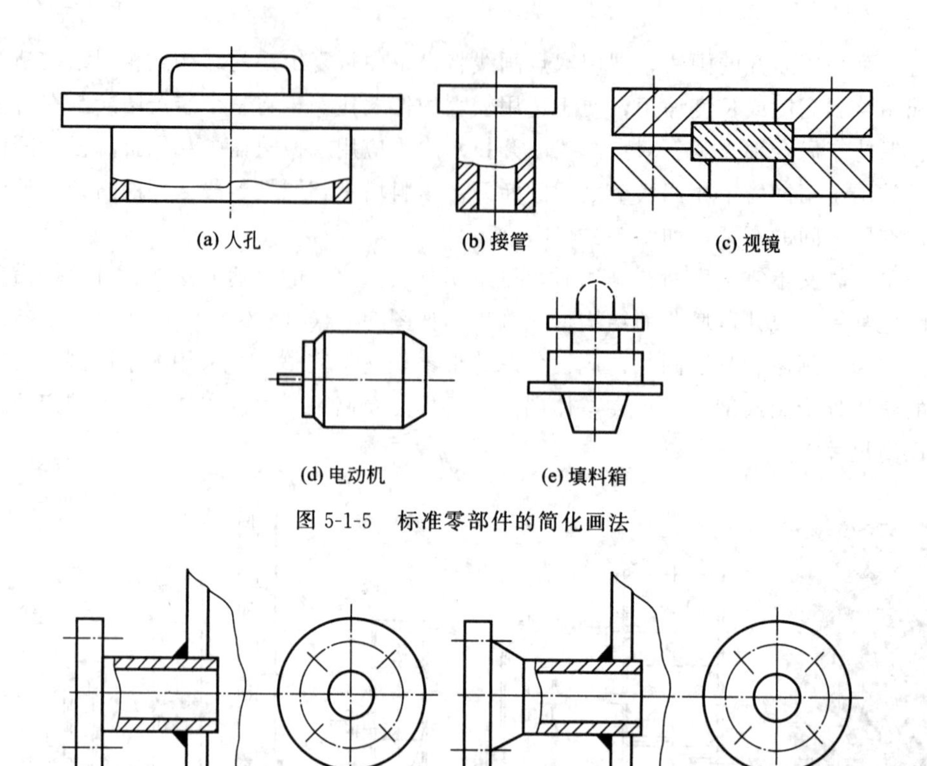

图 5-1-5　标准零部件的简化画法

(a) 平焊法兰　(b) 对焊法兰

图 5-1-6　管法兰的简化画法

3. 重复结构的简化画法

① 螺栓孔及螺栓连接的表达方法。螺栓孔可用中心线和轴线表示，省略圆孔。螺栓结构的简化画法如图 5-1-7 所示，其中符号“×”和“+”用粗实线表示。

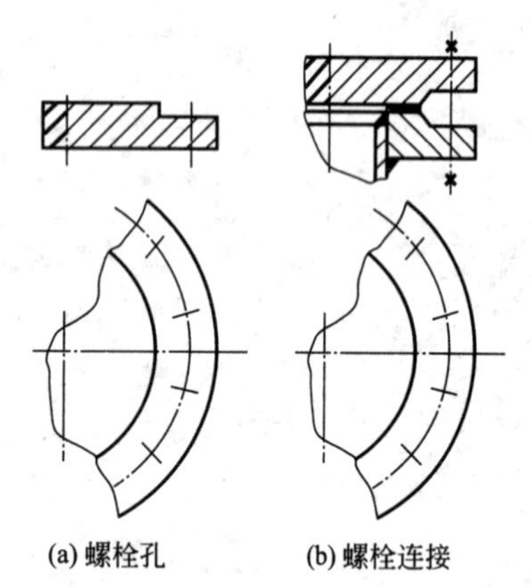

图 5-1-7　螺栓结构的简化画法

② 法兰盖圆孔的简化画法如图 5-1-7 所示。

③ 按规则排列孔的多孔板的简化画法。换热器管板上的孔通常按正三角形排列，此时可使用图 5-1-8(a) 所示的方法，用细实线画出孔圆心连接线及用粗实线画出钻孔范围线，也可画出几个孔，并标注孔径、孔数和孔间距。

如果孔板上的孔按同心圆排列，则可用图 5-1-8(b) 所示的简化画法。对孔数要求不严的孔板的简化画法，如筛板、隔板等多孔板，可参照图 5-1-8(c) 的简化画法和标注方法，此时可不必画出所有孔圆心连接线，但必须用局部放大的画法表示孔的大小、排列和间距。

4. 填充物的表示方法

当设备中装有同一规格、材料和同一堆放方式的填充物时（如填料、卵石、木格条等），在化工设备图的剖视中，可用交叉的细实线及有关尺寸和文字简化表达，如图 5-1-9(a) 所示，其中 50×50×5 表示瓷环的外径×高度×厚度。

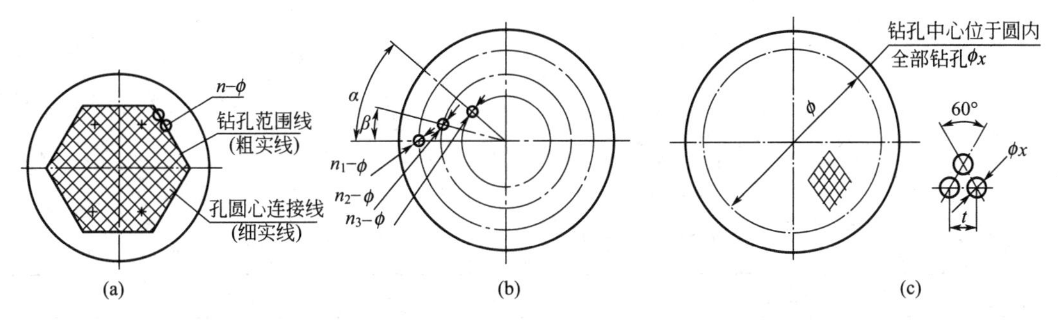

图 5-1-8 多孔板的简化画法

若装有不同规格或规格相同但堆放方式不同的填充物，此时则必须分层表示，分别注明规格和堆放方式，如图 5-1-9(b) 所示。

5. 液位计的简化画法

化工设备图中液位计（如玻璃管式、板式等）的两个投影可简化成如图 5-1-10 所示的画法，其中符号“+”用粗实线表示。

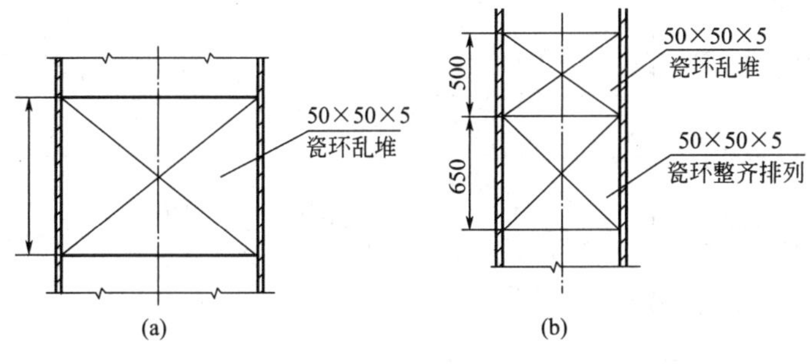

图 5-1-9 化工设备中填充物的图示方法

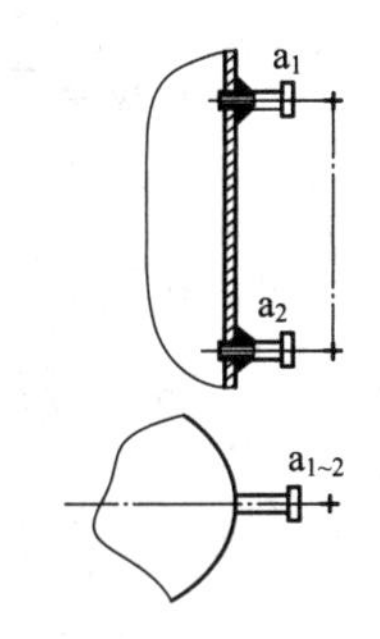

图 5-1-10 液位计的简化画法

6. 单线表示法

当化工设备上某些结构已有零件图，或者另用剖视图、剖面图、局部放大图等方法表达清楚时，则设备装配图上允许用单线表示，例如容器、槽、罐等设备的简单壳体，带法兰的接管，各种塔盘，列管式换热器中的折流板、挡板、拉杆等，如图 5-1-11 所示。

7. 管束的表示法

设备中按一定规律排列或成束的、密集的管子，在设备中只画一根或几根。其余管子均用中心线表示，如图 5-1-12 所示。

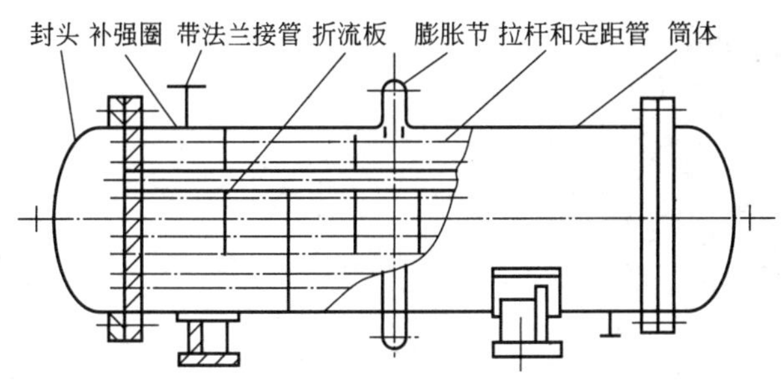

图 5-1-11 单线表示法

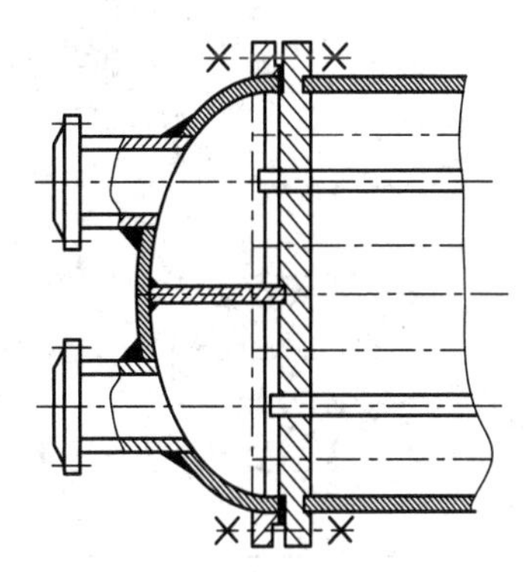

图 5-1-12 密集管束的画法

想一想

查找资料，将下列简化图中代表的零件找出。

设备简化图	设备名称
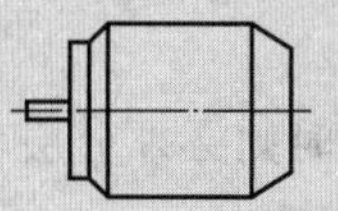	
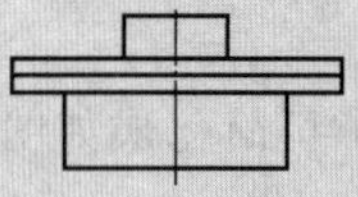	
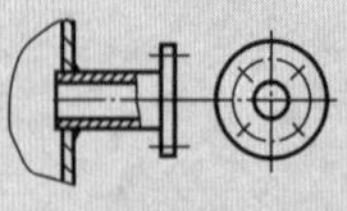	
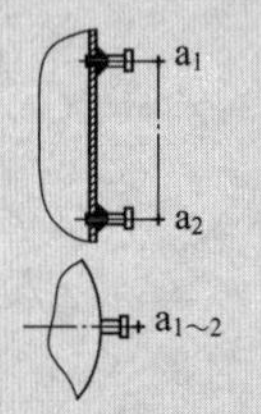 a_1 a_2 $a_{1\sim2}$	
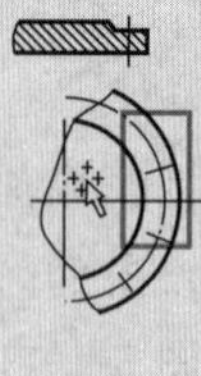	
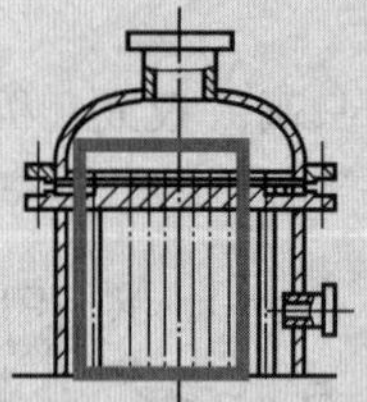	
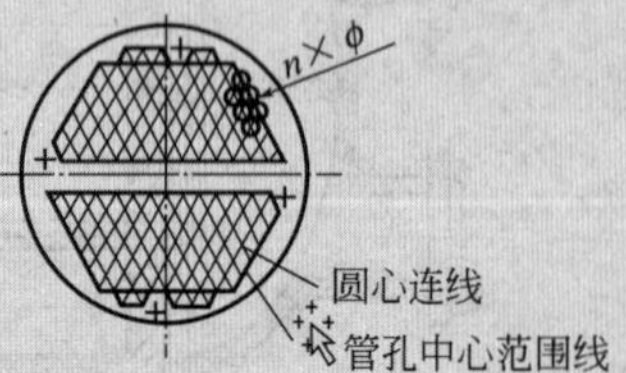 $n\times\phi$ 圆心连线 管孔中心范围线	

续表

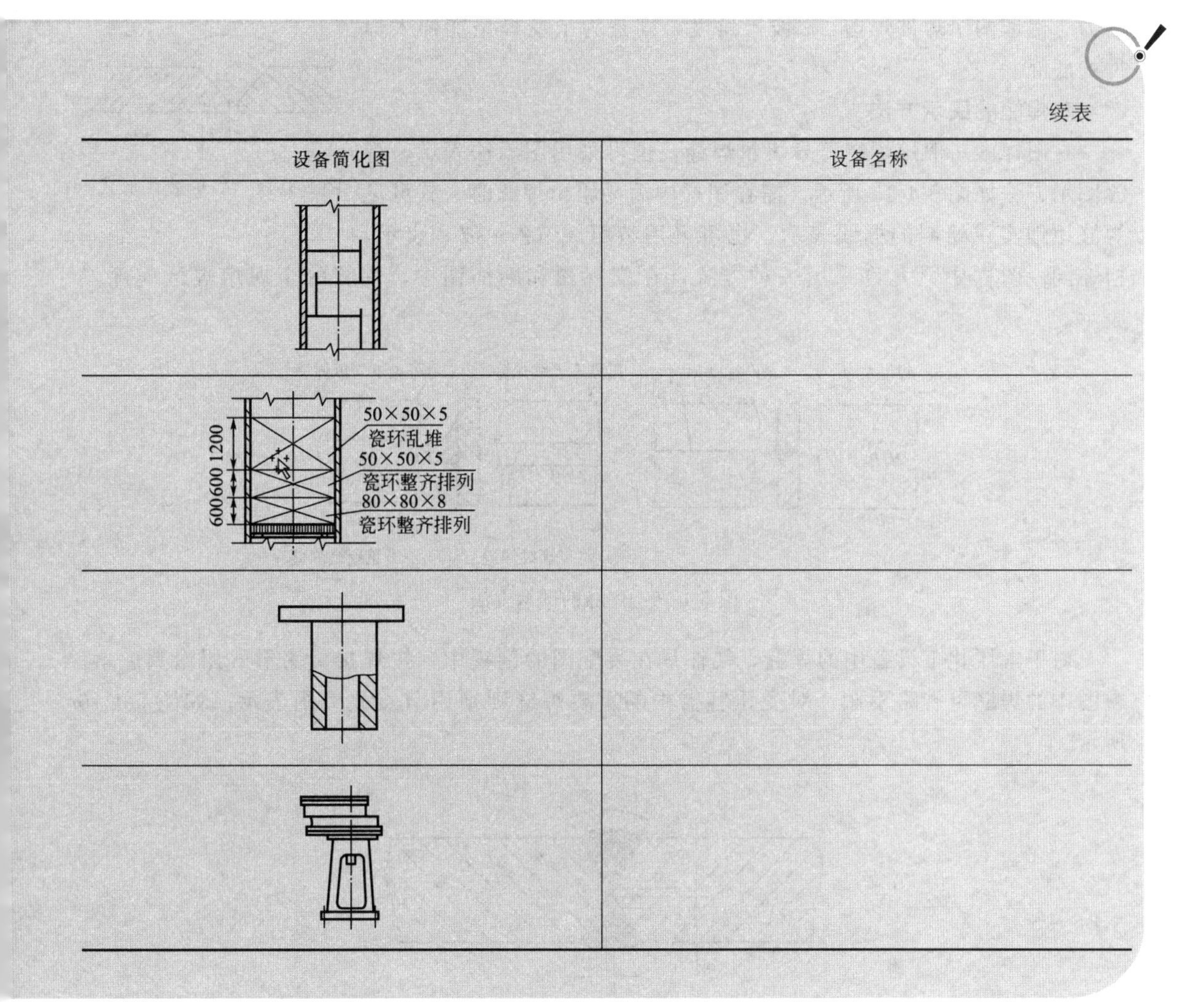

设备简化图	设备名称
50×50×5 瓷环乱堆；50×50×5 瓷环整齐排列；80×80×8 瓷环整齐排列；1200；600；600	

四、焊缝

1. 焊缝基本知识

化工设备制造中最常采用的是电弧焊，即用电弧产生的高热量熔化焊口（钢板连接处）和焊条（补充金属），使焊件连接在一起。

根据两个焊件间相对位置的不同，焊接接头可分为对接、搭接、角接及 T 字接等形式，如图 5-1-13 所示。

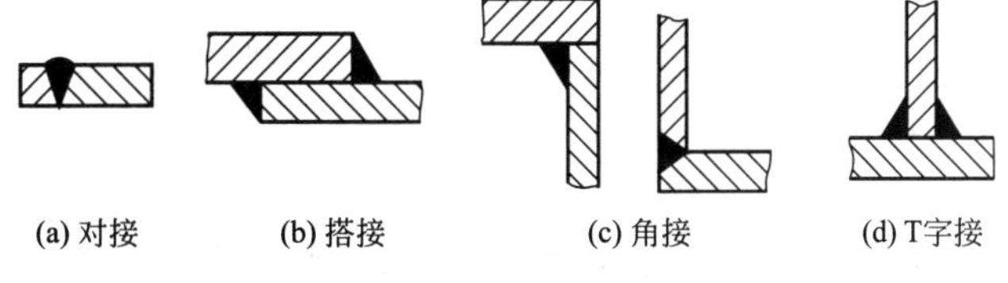

图 5-1-13　零件焊接接头形式

为了保证焊接质量，一般需要在焊件的接边处，预制成各种形式的坡口，如 X、V、U 形等，图 5-1-14 所示为 V 形坡口形式。图中钝边高度 P 是为了防止电弧烧穿焊件，间隙 b

是为了保证两个焊件焊透，α 坡口角度，则是为了使焊条能伸入焊件的底部。

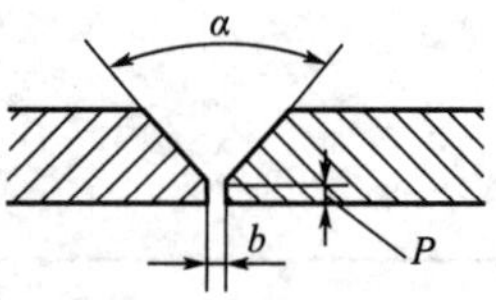

图 5-1-14　V 形坡口形式

2. 焊缝的图示方法

在图样中一般用焊缝符号表示焊缝，也可采用图示法表示，焊缝图示方法如图 5-1-15 所示。需在图样中简易绘出焊缝时，其可见焊缝用细实线绘制的栅线表示，也可采用特粗线（2～3d）表示，但在同一图样中只允许采用一种方式；在剖视图和断面图中，焊缝的金属熔焊区应涂黑表示。

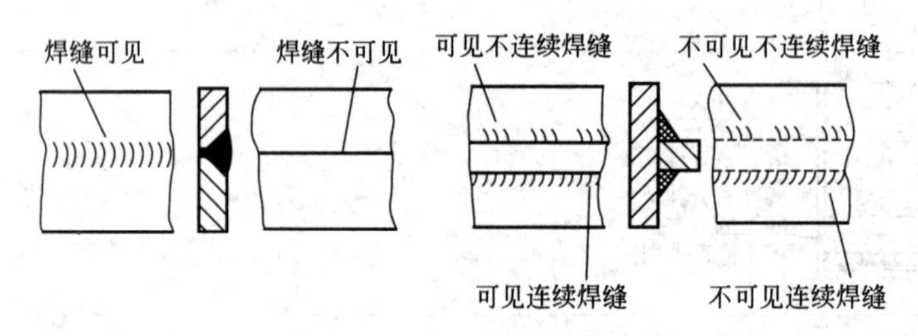

图 5-1-15　焊缝的图示方法

对于常压化工设备中的焊缝，往往只在装配图的剖视中，按焊接接头形式用涂黑表示。视图中的焊缝可省略不画。对受压容器中的重要焊缝则须用节点放大图表示，如图 5-1-16 所示。

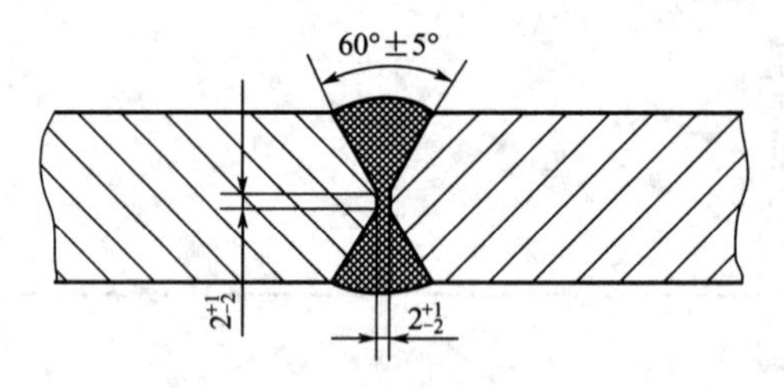

图 5-1-16　压力容器焊缝节点图

想一想

焊接是化工设备中使用最广泛的加工制造方法，零部件连接很多都是焊接。请找出储罐装配图（图 5-1-1）中焊缝的画法。

五、尺寸

尺寸包括设备的主要规格尺寸、总体尺寸，以及一些主要零部件的主要尺寸、设备中主要零部件之间的装配连接尺寸、设备与基础或构筑物的安装定位尺寸，上述尺寸为制造、安装、检验时的尺寸基准。

1. 尺寸种类

（1）规格、性能尺寸　反映化工设备的性能、规格、特征及生产能力的尺寸，是设计时确定的，是设计、了解和选用设备的依据，如本任务储罐装配图中的筒体内径 ϕ1400mm、筒体长度 2000mm。

（2）装配尺寸　反映化工设备各零件间装配关系和相对位置的尺寸，如本任务储罐装配图中的 500mm 表明人孔与进料口的相对位置。

（3）安装尺寸　化工设备安装在基础或与其他设备（部件）相连接时所需的尺寸，如本任务储罐装配图中的 1200mm、840mm。

（4）外形尺寸　是设备包装、运输、安装及厂房设计的依据，如本任务储罐装配图中设备的总长 2807mm、总高 1820mm、总宽 1412mm（筒体的外径）。

（5）其他尺寸

① 设计计算在制造时必须保证的尺寸，如本任务中筒体壁厚 6mm、搅拌轴直径等；

② 通用零部件的规格尺寸，如接管尺寸注 ϕ57×3.5，瓷环尺寸注外径×高×壁厚等；

③ 不另行绘图的零件的有关尺寸，如本任务储罐装配图中人孔的规格尺寸 ϕ450mm×6mm；

④ 焊缝的结构形式尺寸，一些重要焊缝在其局部放大图中，应标注横截面的外形尺寸。

2. 尺寸基准

化工设备图的尺寸标注，首先应正确选择尺寸基准，然后从尺寸基准出发，完整、清晰、合理标注上述各类尺寸。选择尺寸基准的原则是既要保证设备的设计要求，又要满足制造、安装时便于测量和检验。常用的尺寸基准（图 5-1-17）有以下几种：

① 设备筒体和封头的中心线和轴线；

② 设备筒体与封头的环焊缝；

③ 设备法兰的连接面；

④ 设备支座、裙座的底面；

⑤ 接管轴线与设备表面交点。

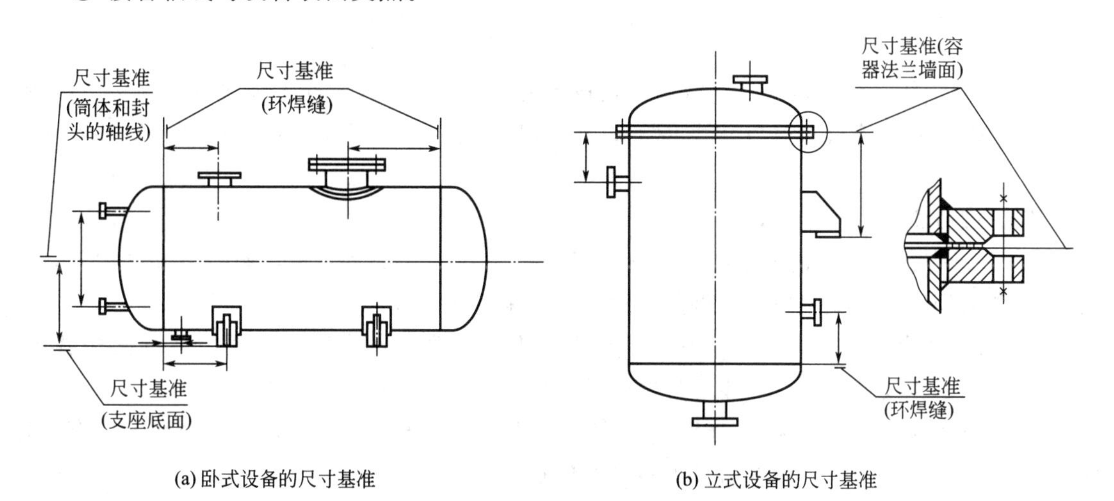

(a) 卧式设备的尺寸基准　　(b) 立式设备的尺寸基准

图 5-1-17　尺寸基准的选择

注意事项：化工设备中，由于零部件的精度不高，故允许在图上将同方向的尺寸注成封闭形式，对其总高尺寸和次要尺寸，通常将尺寸数字加注“（）”或在尺寸数字前加“～”

以示参考；有局部放大图的结构，其尺寸一般标注在相应的局部放大图上。

想一想

阅读储罐装配图，填写表格。

尺寸类型	尺寸详情
a. 规格、性能尺寸依据	
b. 装配尺寸	
c. 安装尺寸	
d. 外形尺寸	
e. 其他尺寸	

六、化工装配图阅读步骤

1. 概括了解

① 看标题栏，通过标题栏（图 5-1-18）了解设备名称、规格、材料、重量、绘图比例等内容。

<table>
<tr><td colspan="3" rowspan="2"></td><td>比例</td><td colspan="2">材料</td></tr>
<tr><td>1:5</td><td colspan="2"></td></tr>
<tr><td>制图</td><td></td><td colspan="2" rowspan="3">储罐
$\phi1400$ VN=3.9m³</td><td>数量</td><td></td></tr>
<tr><td>设计</td><td></td><td>质量</td><td></td></tr>
<tr><td>审核</td><td></td><td colspan="2">共 张 第 张</td></tr>
</table>

图 5-1-18 标题栏

② 看明细栏、管口表、技术特性表及技术要求等，了解各零部件和接管的名称、数量。对照零部件序号和管口符号在设备图上查找到其所在位置。了解设备在设计、施工方面的要求。

2. 详细分析

① 分析表达形式。通过视图分析化工设备图中共有多少个视图，哪些是基本视图，还有其他什么视图，各视图采用了哪些表达方法，采用表达方法的目的是什么。

② 以主视图为主，结合其他视图，按明细表中的序号，将零部件逐一从视图中找出，了解零部件的主要结构形状、零部件之间的主要连接结构及装配方法和顺序。

③ 分析管口方位及结构。分析所有管口的结构、形状、数目、大小及用途，所有管口的周向方位和轴向距离，所有管口外接法兰的形式。

④ 分析技术特性。了解设备的工艺特性和设计参数，了解设备的用材、设计依据、结构选型，掌握设备在制造、安装、验收、包装等方面的要求。

3. 归纳总结

① 设备的工作特性和工作原理；

② 设备的结构特点；

③ 物料流向和特点、传热结构和特点、转动结构和特点、设备的管口布置和结构特点；

④ 设备在制造、安装、使用中可能出现的问题；

⑤ 在可能的条件下，对设备的结构、设计及表达方法等作出分析和评估。

概括了解储罐装配图，完成下列任务：

1. 说出通过这幅图的标题栏，你知道了这个设备的哪些知识。

2. 说出通过这幅图的明细栏，你了解的这个设备零部件的种类及个数。

3. 说出通过这幅图的管口表，你了解的各个接管的名称、用途和个数。

4. 说出通过技术特性表，你了解了关于该设备的哪些内容。

活动 1　图纸识读

1. 编写识读图纸方案。

步骤	内容	备注
1		
2		
3		
4		
5		

2. 识读图纸。识读图纸方案经教师审阅通过后，按照要求识读图纸，写下识读结果。

活动 2 现场洁净

1. 清扫操作区域，保持工作场所干净、整洁。
2. 产生的废弃物品，统一回收到垃圾桶，不可随意丢弃。
3. 关闭水、电、气和门窗，最后离开教室的学生锁好门锁。

活动 3 撰写实训报告

回顾完成储罐装配图纸识读过程，每人写一份小报告，内容包括团队完成情况、个人参与情况、做得好的地方、尚需改进的地方等。

____

____

1. 学生以小组为单位，按照任务要求，进行自查、互评与总结。
2. 教师参照评分标准进行考核评价。
3. 师生总结评价，改进不足，以便将来在学习或工作中做得更好。

序号	考核项目	考核内容	配分	得分
1	技能训练	化工设备图的基本内容认知	10	
		化工设备的特殊表达方法认知	5	
		简化画法认知	5	
		焊缝认知	5	
		尺寸认知	10	
		化工装配图阅读	10	
		任务完成	30	
		实训报告诚恳、体会深刻	5	
2	求知态度	求真求是、主动探索	2	
		执着专注、追求卓越	3	
3	安全意识	爱护工具，文明操作	3	
		安全事故，如发生人为的操作安全事故、设备人为损坏、伤人等情况，“安全意识”不得分		
4	团结协作	分工明确、团队合作能力	3	
		沟通交流恰当，文明礼貌、尊重他人	2	
		自主参与程度、主动性	2	
5	现场整理	劳动主动性、积极性	5	

任务二
识读反应釜装配图

学习目标

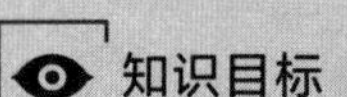

知识目标

（1）熟悉反应釜设备图内容。

（2）掌握反应釜设备视图表达方法。

能力目标

会识读反应釜设备图。

素质目标

（1）通过查阅资料，自主完成任务，培养求真务实、积极探索的科学精神与团结合作的职业精神。

（2）通过学习识读反应釜装配图，培养一丝不苟、追求卓越的工匠精神和热爱劳动的劳动精神。

任务描述

识读反应釜装配图（图5-2-1），并回答下列问题。

（1）通过视图分析，说出化工设备图上视图个数，哪些是基本视图，采用的表达方法，以及采用表达方法的目的。

（2）按明细表中的序号，将各个零部件的三视图逐一从视图中找出，了解零部件的主要结构形状。

（3）说出零部件之间的主要连接结构及装配方法和顺序，零部件的主要规格、材料、数量和标准号。

特殊表达方法

1. 多次旋转的表达方法

化工设备壳体上分布有众多的管口及其他附件，为了在主视图上表达它们的结构形状和位置高度，可使用多次旋转的表达方法，即假设将设备周向分布的接管和其他附件按顺时针（或逆时针）方向旋转至与投影面平行位置，然后再进行投影，如图 5-2-2(a) 所示，人孔与液位计均是旋转到投影面的位置后进行投影，不需标注。

2. 管口方位表达认知

管口在设备上的分布方位，可以以管口方位图表示，以代替俯（左）视图。方位图中仅以中心线表明管口方位，用单线（粗实线）画出设备管口，如图 5-2-2(b) 所示。同一管口，在主视图和方位图中必须标注相同的小写拉丁字母。当俯（左）视图必须画出，而管口方位在俯（左）视图上已表达清楚时，可不必画出管口方位图。用粗实线画出设备管口，标注管口符号及方位角。

练一练

阅读该反应釜装配图，为每个接管找到其对应视图。

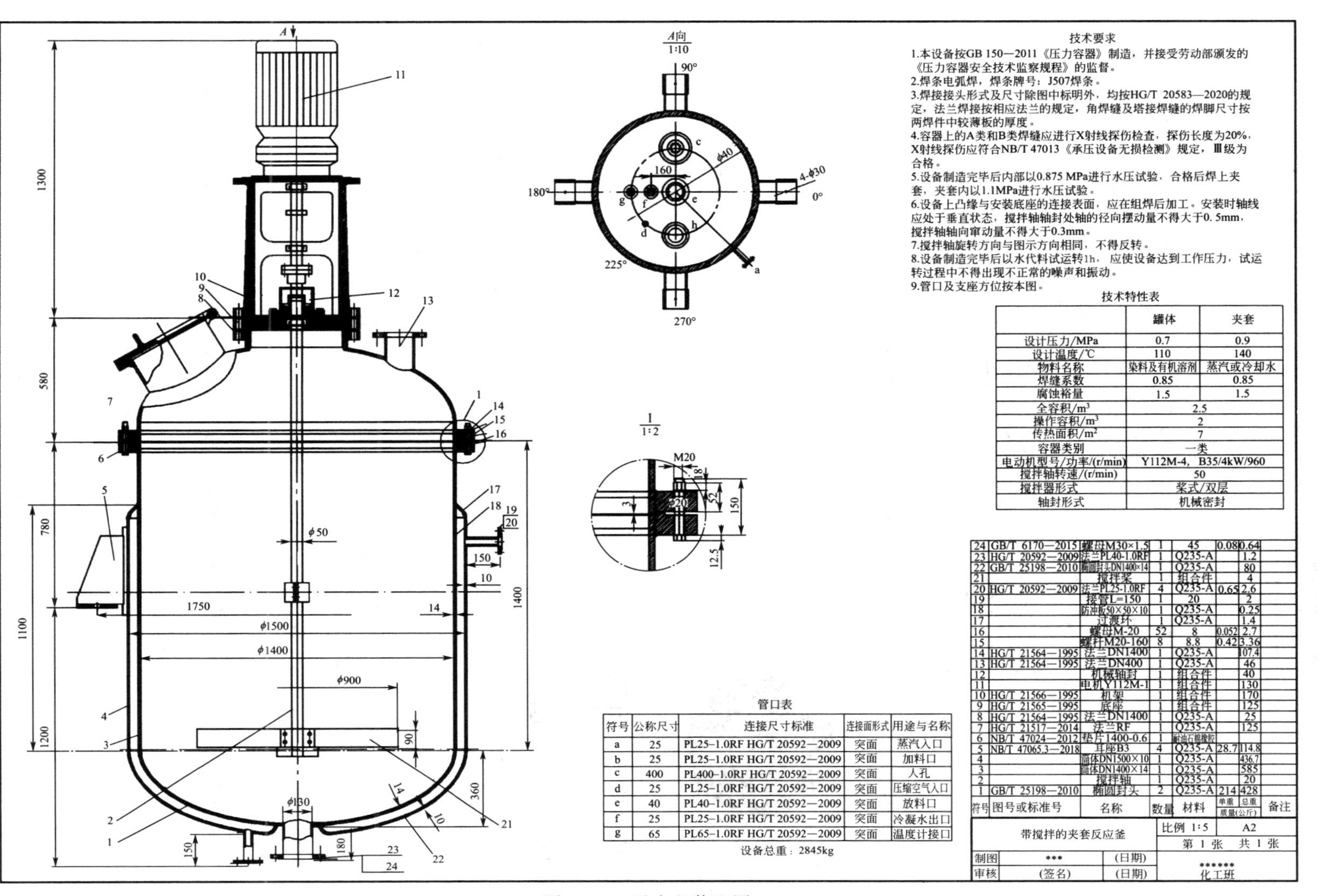

A向
1:10
90°
0°
180°
270°
225°
4-ϕ30
ϕ40
160
I
1:2
M20
技术要求
1.本设备按GB 150—2011《压力容器》制造，并接受劳动部颁发的《压力容器安全技术监察规程》的监督。
2.焊条电弧焊，焊条牌号：J507焊条。
3.焊接接头形式及尺寸除图中标明外，均按HG/T 20583—2020的规定，法兰焊接按相应法兰的规定，角焊缝及搭接焊缝的焊脚尺寸按两焊件中较薄板的厚度。
4.容器上的A类和B类焊缝应进行X射线探伤检查，探伤长度为20%，X射线探伤应符合NB/T 47013《承压设备无损检测》规定，Ⅲ级为合格。
5.设备制造完毕后内部以0.875 MPa进行水压试验，合格后焊上夹套，夹套内以1.1MPa进行水压试验。
6.设备上凸缘与安装底座的连接表面，应在组焊后加工。安装时轴线应处于垂直状态，搅拌轴轴封处轴的径向摆动量不得大于0.5mm，搅拌轴轴向窜动量不得大于0.3mm。
7.搅拌轴旋转方向与图示方向相同，不得反转。
8.设备制造完毕后以水代料试运转1h，应使设备达到工作压力，试运转过程中不得出现不正常的噪声和振动。
9.管口及支座方位按本图。
技术特性表
罐体 夹套
设计压力/MPa 0.7 0.9
设计温度/℃ 110 140
物料名称 染料及有机溶剂 蒸汽或冷却水
焊缝系数 0.85 0.85
腐蚀裕量 1.5 1.5
全容积/m³ 2.5
操作容积/m³ 2
传热面积/m² 7
容器类别 一类
电动机型号/功率/(r/min) Y112M-4，B35/4kW/960
搅拌轴转速/(r/min) 50
搅拌器形式 桨式/双层
轴封形式 机械密封
管口表
符号 公称尺寸 连接尺寸标准 连接面形式 用途与名称
a 25 PL25-1.0RF HG/T 20592—2009 突面 蒸汽入口
b 25 PL25-1.0RF HG/T 20592—2009 突面 加料口
c 400 PL400-1.0RF HG/T 20592—2009 突面 人孔
d 25 PL25-1.0RF HG/T 20592—2009 突面 压缩空气入口
e 40 PL40-1.0RF HG/T 20592—2009 突面 放料口
f 25 PL25-1.0RF HG/T 20592—2009 突面 冷凝水出口
g 65 PL65-1.0RF HG/T 20592—2009 突面 温度计接口
设备总重：2845kg
24 GB/T 6170—2015 螺母M30×1.5 1 45 0.08 0.64
23 HG/T 20592—2009 法兰PL40-1.0RF 1 Q235-A 1.2
22 GB/T 25198—2010 椭圆封头DN1400×14 1 Q235-A 80
21 搅拌桨 1 组合件 4
20 HG/T 20592—2009 法兰PL25-1.0RF 4 Q235-A 0.65 2.6
19 接管L=150 1 20 2
18 防冲板50×50×10 1 Q235-A 0.25
17 过渡环 1 Q235-A 1.4
16 螺母M-20 52 8 0.052 2.7
15 螺杆M20-160 8 8.8 0.42 3.36
14 HG/T 21564—1995 法兰DN1400 1 Q235-A 107.4
13 HG/T 21564—1995 法兰DN400 1 Q235-A 46
12 机械轴封 1 组合件 40
11 电机Y112M-1 1 组合件 130
10 HG/T 21566—1995 机架 1 组合件 170
9 HG/T 21565—1995 底座 1 组合件 125
8 HG/T 21564—1995 法兰DN1400 1 Q235-A 25
7 HG/T 21517—2014 法兰RF 1 Q235-A 125
6 NB/T 47024—2012 垫片1400-0.6 1 耐油石棉橡胶
5 NB/T 47065.3—2018 耳座B3 4 Q235-A 28.7 114.8
4 筒体DN1500×10 1 Q235-A 436.7
3 筒体DN1400×14 1 Q235-A 585
2 搅拌轴 1 Q235-A 20
1 GB/T 25198—2010 椭圆封头 2 Q235-A 214 428
符号 图号或标准号 名称 数量 材料 单重 总重 质量(公斤) 备注
带搅拌的夹套反应釜
比例 1:5 A2
第 1 张 共 1 张
制图 *** (日期)
审核 (签名) (日期)
****** 化工班

图 5-2-1 反应釜装配图

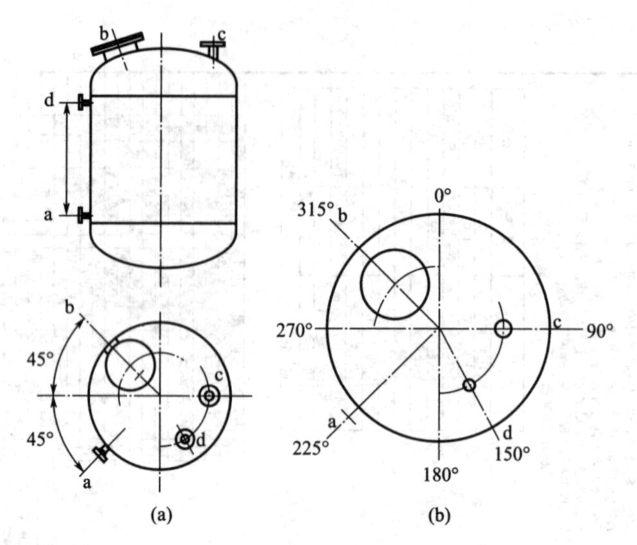

图 5-2-2　多次旋转及管口方位的表达方法

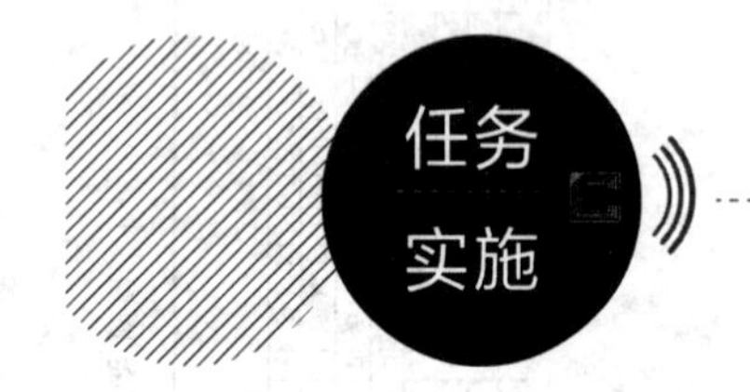

活动 1　图纸识读

1. 编写识读图纸方案。

步骤	内容	备注
1		
2		
3		
4		
5		

2. 识读图纸。识读图纸方案经教师审阅通过后，按照要求识读图纸，写下识读结果。

3. 识读反应釜装配图，并填空。

（1）该设备的名称是________，其规格是____________________。

（2）该反应釜共有______个零部件，有______个标准化零部件，接管口有______个。

（3）装配图采用了________个基本视图，一个是________视图，采用了____________表达方法；另一个是________视图，采用了________表达方法。

（4）该反应釜筒体与上封头通过________连接，与下封头采用________连接。

（5）该反应釜用了________个________式支座，支座与筒体采用________连接。

（6）物料由管口______进入罐内，产品通过接管______排出。搅拌装置以______速度对物料进行搅拌。

（7）该反应釜的总高度为________，ϕ1400 属于________尺寸，1400 属于________尺寸。ϕ1500 是________尺寸。

（8）反应釜的壳体采用________材料。

（9）填料箱的作用是________。

活动 2　现场洁净

1. 清扫操作区域，保持工作场所干净、整洁。
2. 产生的废弃物品，统一回收到垃圾桶，不可随意丢弃。
3. 关闭水、电、气和门窗，最后离开教室的学生锁好门锁。

活动 3　撰写实训报告

回顾完成反应釜图纸识读过程，每人写一份小报告，内容包括团队完成情况、个人参与情况、做得好的地方、尚需改进的地方等。

____

____

考核评价

1. 学生以小组为单位，按照任务要求，进行自查、互评与总结。
2. 教师参照评分标准进行考核评价。
3. 师生总结评价，改进不足，以便将来在学习或工作中做得更好。

序号	考核项目	考核内容	配分	得分
1	技能训练	特殊表达方法认知	30	
		任务完成	40	
		实训报告诚恳、体会深刻	10	

续表

序号	考核项目	考核内容	配分	得分
2	求知态度	求真求是、主动探索	3	
		执着专注、追求卓越	3	
3	安全意识	爱护工具，文明操作	2	
		安全事故，如发生人为的操作安全事故、设备人为损坏、伤人等情况，“安全意识”不得分		
4	团结协作	分工明确、团队合作能力	3	
		沟通交流恰当，文明礼貌、尊重他人	2	
		自主参与程度、主动性	2	
5	现场整理	劳动主动性、积极性	5	

任务三
换热器图纸识读

学习目标

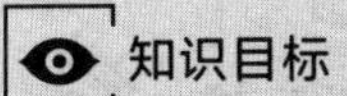

知识目标

（1）熟悉换热器设备图内容。

（2）掌握识读换热器设备图的方法。

能力目标

会识读换热器设备图。

素质目标

（1）通过查阅资料，自主完成任务，培养求真务实、积极探索的科学精神与团结合作的职业精神。

（2）通过学习识读与补全换热器装配图，培养一丝不苟、追求卓越的工匠精神和热爱劳动、诚实劳动的劳动精神。

任务描述

该换热器装配图（图5-3-1）明细栏内容丢失，请利用已有资料补充明细栏内容。

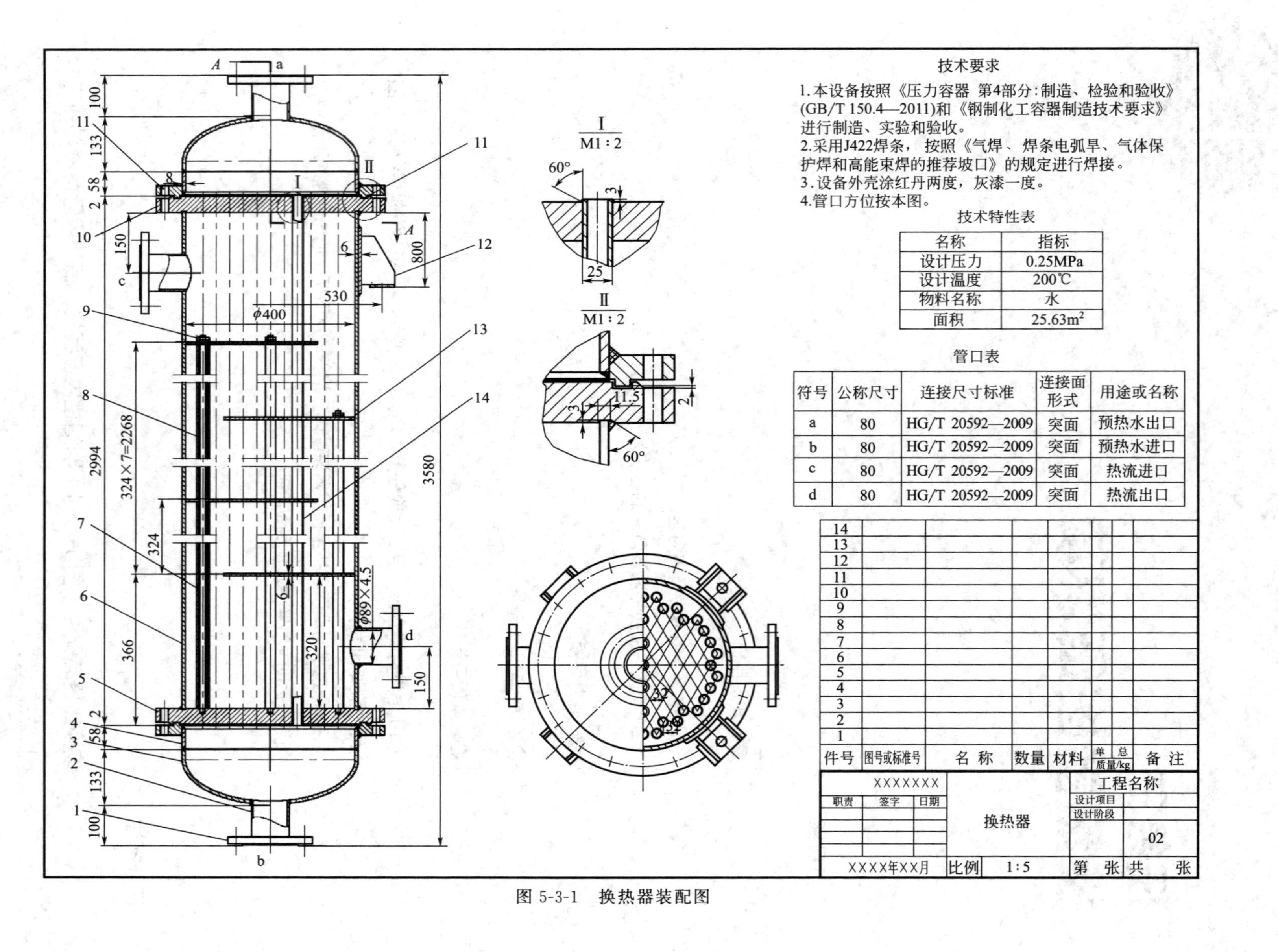
技术要求
1.本设备按照《压力容器 第4部分:制造、检验和验收》(GB/T 150.4—2011)和《钢制化工容器制造技术要求》进行制造、实验和验收。
2.采用J422焊条，按照《气焊、焊条电弧旱、气体保护焊和高能束焊的推荐坡口》的规定进行焊接。
3.设备外壳涂红丹两度，灰漆一度。
4.管口方位按本图。
技术特性表
名称	指标
设计压力	0.25MPa
设计温度	200℃
物料名称	水
面积	25.63m²
管口表
符号	公称尺寸	连接尺寸标准	连接面形式	用途或名称
a	80	HG/T 20592—2009	突面	预热水出口
b	80	HG/T 20592—2009	突面	预热水进口
c	80	HG/T 20592—2009	突面	热流进口
d	80	HG/T 20592—2009	突面	热流出口
件号	图号或标准号	名 称	数量	材料	单 总 质量/kg	备 注
---	---	---	---	---	---	---
14						
13						
12						
11						
10						
9						
8						
7						
6						
5						
4						
3						
2						
1						
XXXXXXX
职责 签字 日期
换热器
工程名称
设计项目
设计阶段
02
XXXX年XX月 比例 1:5 第 张 共 张
I
M1:2
60°
3
25
II
M1:2
11.5
2
3
60°
A
a
b
c
d
100
133
58
2
150
800
530
6
ϕ400
324×7=2268
2994
3580
324
366
320
ϕ89×4.5
150
8
1
2
3
4
5
6
7
8
9
10
11
12
13
14
32
24
图 5-3-1 换热器装配图

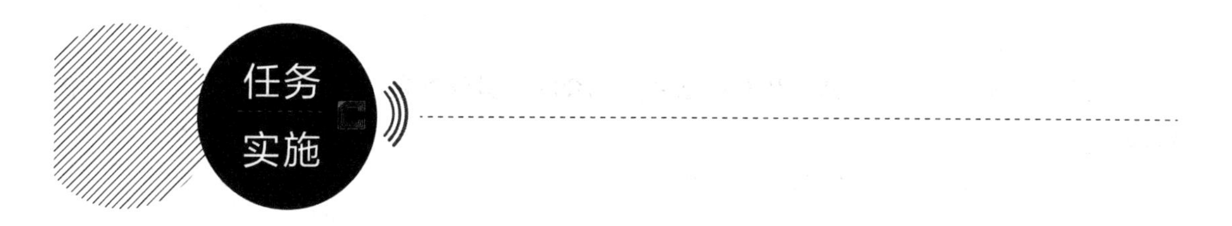

活动 1　换热器装配图识读

（一）壳体

由图 5-3-2 可知，壳体主要确定 3 个尺寸，它们分别是______、______和______。壳体的内直径为______，厚度为______，长度为______。从装配图可知，管子和管板的连接方式采用______，管子高于管板平面______，管板厚度为 40mm，壳体和管板法兰焊接处的凹槽深度为______。

答案：长度、内直径、厚度、 400mm、 8mm、 2920mm、焊接、 3mm、 3mm

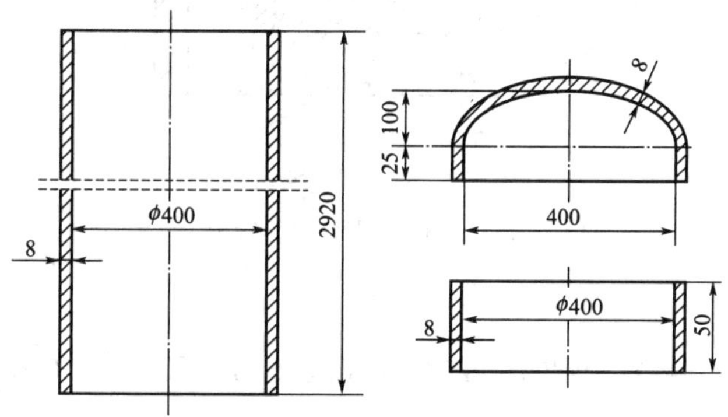

图 5-3-2　壳体筒节、封头

（二）筒节

由装配图 5-3-1 和图 5-3-2 可知，筒节和封头一起组成管箱，其内径为______，厚度为______，高度为______，分别和封头及容器法兰采用______。

答案： 400mm、 8mm、 50mm、焊接方法连接

（三）封头

由图 5-3-2 可知，封头是______，其内长轴为______，短轴为______，高度为______，折边高度为 25mm，封头总高度为______，厚度为______，它分别和筒节及接管进行______。

答案：标准椭圆封头、 400mm、 200mm、 100mm、 125mm、 8mm、焊接

（四）管板

由图 5-3-1 可知，管板兼法兰，共有______个，其大小结构完全一致，管板厚度 40mm，外径 540mm。

答案：两

（五）容器法兰

如图 5-3-3 所示，容器法兰和管板法兰是配套的，其厚度为______，外径为______，内径为______。

答案： 30mm、 540mm、 418mm

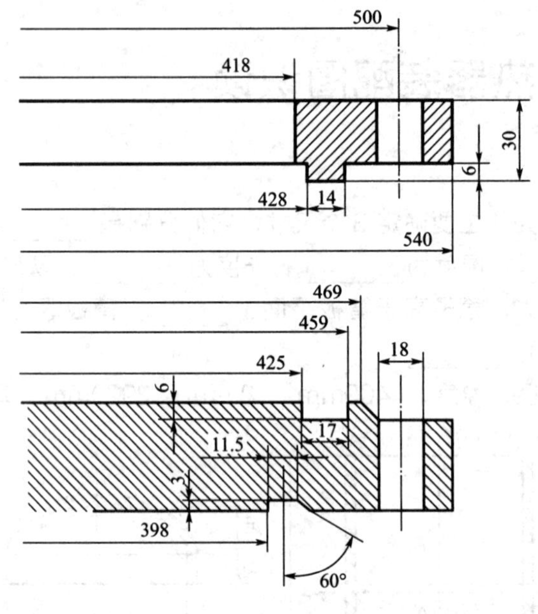

图 5-3-3 容器法兰与管板

（六）支座

支座是化工设备中经常用到的重要零件，如图 5-3-4 所示，支座型号为 A1，在图中标注尺寸。

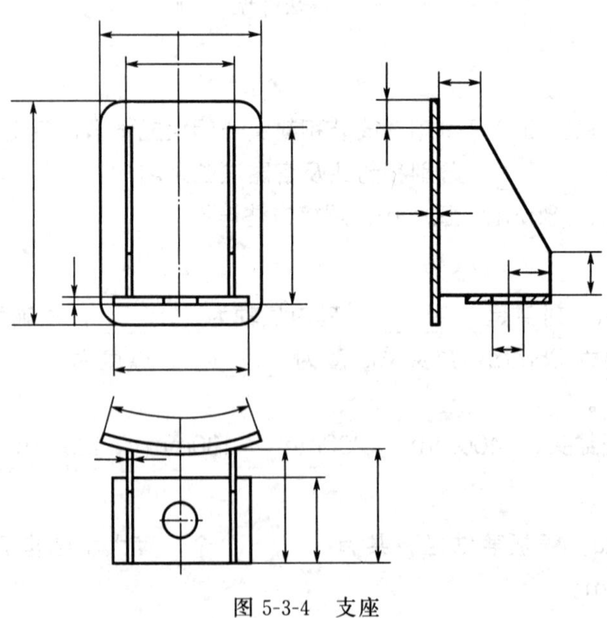

图 5-3-4 支座

答案：见图 5-3-5

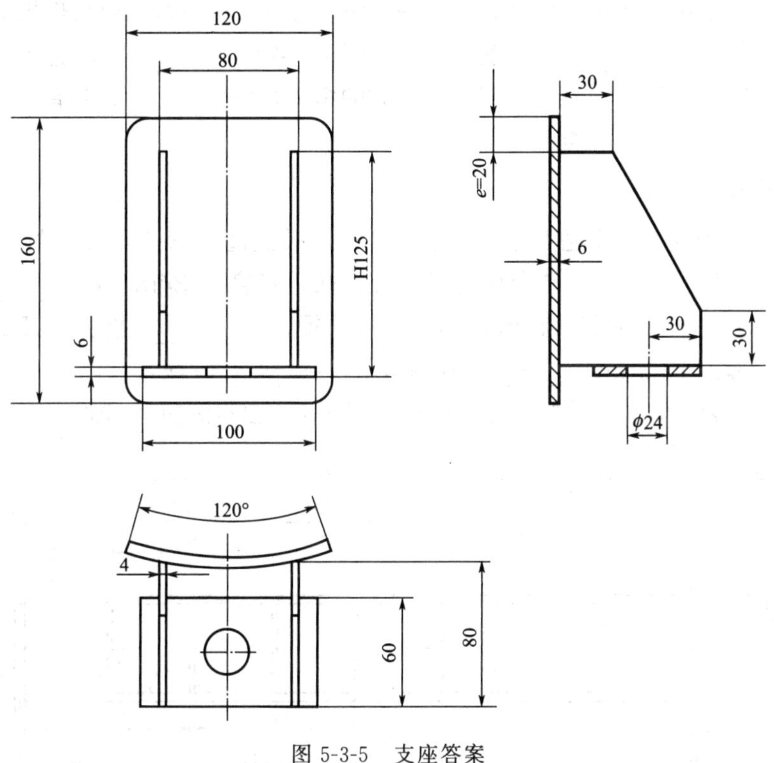

图 5-3-5　支座答案

（七）管板开孔

由图 5-3-6 可知，该管板上共安排 113 个孔，其中 4 个孔用于拉杆，用于安装管子的为________个孔；另一块管板无须安装拉杆，故只需开________个孔，其开孔情况和开 113 个孔的________，不用开________的 4 个孔。

答案： 109、 109、一样、安装拉杆

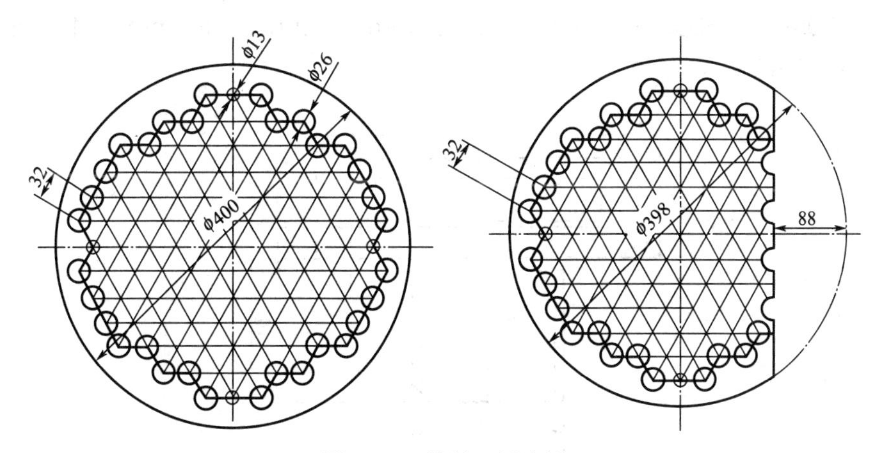

图 5-3-6　管板、折流板

（八）折流板安装及开孔

折流板除了需要确定本身的尺寸外还需确定安装尺寸。折流板为单弓形折流板，其开孔情况和管板开孔情况________。从装配图 5-3-1 可知，共有________块折流板，将两管板之间的壳层分成________段，中间 8 块折流板之间的净间距为________，共有 7 个。

答案：对应、 8、 9、 318mm

（九）拉杆及传热管

拉杆采用定距管结构，由图 5-3-6、图 5-3-7 及装配图 5-3-1 可知，共________根拉杆，其中拉杆直径为________，由装配图 5-3-1 可知，长度 2634mm 的有________根，从第一块折流板开始，长度为 2310mm 的有________根，从________折流板开始。传热管外径为________，厚度 2. 5mm，________在管板上，共________根。

答案： 4、 12mm、 3、 1、 第 2 块、 25mm、直接焊接、 109

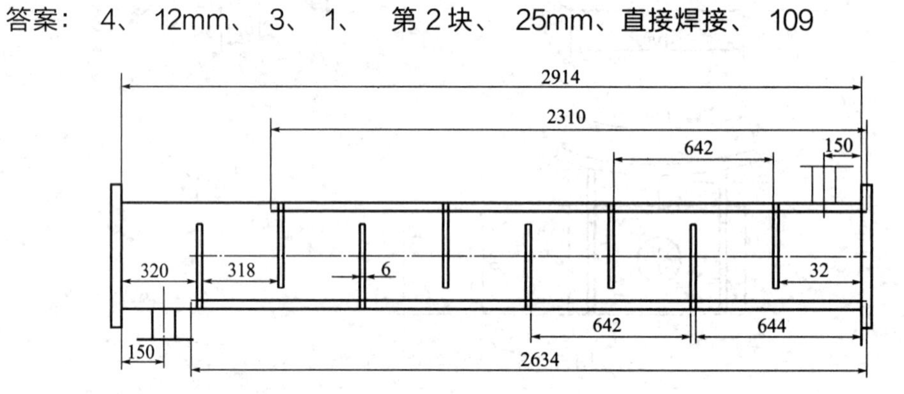

图 5-3-7 折流板、接管、拉杆定位尺寸图

（十）接管

由图 5-3-8 及装配图 5-3-1 可知，接管的外径为________，管长为________，所用管法兰外径为________，厚度为________，凸台高度为________，螺栓孔圆心直径为________，密封面外端直径为________，共有____根接管，规格相同，采用________，法兰________。

答案： 89mm、 100mm、 200mm、 20mm、 3mm、 160mm、 132mm、 4、局部剖、采用简略画法

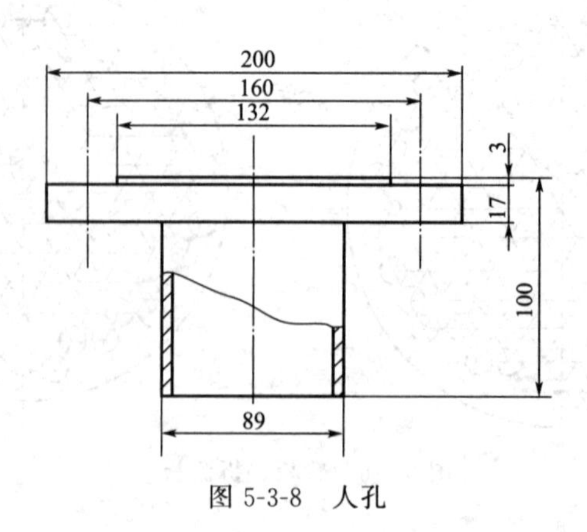

图 5-3-8 人孔

活动 2　补充明细栏

完成识图与填空后将该装配图 5-3-1 中的明细栏“图号或标准号”“名称”“数量”列补全。

活动 3　现场洁净

1. 清扫操作区域，保持工作场所干净、整洁。
2. 产生的废弃物品，统一回收到垃圾桶，不可随意丢弃。
3. 关闭水、电、气和门窗，最后离开教室的学生锁好门锁。

活动 4　撰写实训报告

回顾完成换热器图纸识读过程，每人写一份小报告，内容包括团队完成情况、个人参与情况、做得好的地方、尚需改进的地方等。

1. 学生以小组为单位，按照任务要求，进行自查、互评与总结。
2. 教师参照评分标准进行考核评价。
3. 师生总结评价，改进不足，以便将来在学习或工作中做得更好。

序号	考核项目	考核内容	配分	得分
1	技能训练	识图并填空	30	
		任务完成	35	
		实训报告诚恳、体会深刻	10	
2	求知态度	求真求是、主动探索	3	
		执着专注、追求卓越	3	
3	安全意识	爱护工具，文明操作	4	
		安全事故，如发生人为的操作安全事故、设备人为损坏、伤人等情况，“安全意识”不得分		
4	团结协作	分工明确、团队合作能力	4	
		沟通交流恰当，文明礼貌、尊重他人	3	
		自主参与程度、主动性	3	
5	现场整理	劳动主动性、积极性	5	

任务四
塔器图纸识读

学习目标

知识目标

掌握塔设备装配图内容。

能力目标

能识读塔设备装配图。

素质目标

（1）通过查阅资料，自主完成任务，培养求真务实、积极探索的科学精神与团结合作的职业精神。

（2）通过识读塔设备图纸，培养一丝不苟、追求卓越的工匠精神和热爱劳动、诚实劳动的工匠精神。

任务描述

阅读精馏塔装配图（图5-4-1），完成下列问题。

（1）按明细表中的序号，将各个零部件的三视图逐一从视图中找出，了解零部件的主要结构形状，说出其结构尺寸。

（2）说出零部件之间的主要连接结构及装配方法和顺序，零部件的主要规格、材料、数量和标准号。

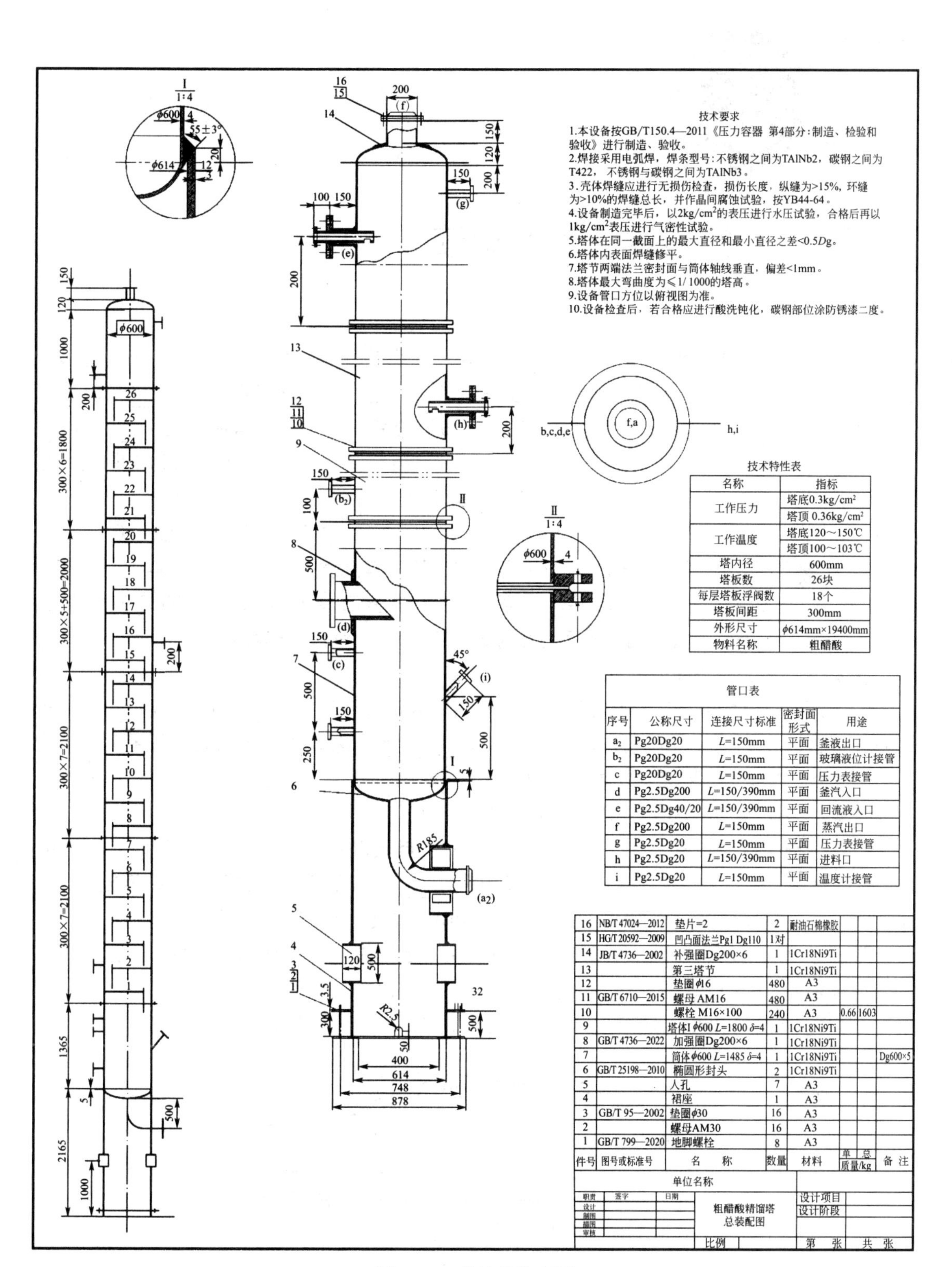

技术特性表

名称	指标
工作压力	塔底0.3kg/cm²
	塔顶 0.36kg/cm²
工作温度	塔底120～150℃
	塔顶100～103℃
塔内径	600mm
塔板数	26块
每层塔板浮阀数	18个
塔板间距	300mm
外形尺寸	φ614mm×19400mm
物料名称	粗醋酸

管口表

序号	公称尺寸	连接尺寸标准	密封面形式	用途
a₂	Pg20Dg20	L=150mm	平面	釜液出口
b₂	Pg20Dg20	L=150mm	平面	玻璃液位计接管
c	Pg20Dg20	L=150mm	平面	压力表接管
d	Pg2.5Dg200	L=150/390mm	平面	釜汽入口
e	Pg2.5Dg40/20	L=150/390mm	平面	回流液入口
f	Pg2.5Dg200	L=150mm	平面	蒸汽出口
g	Pg2.5Dg20	L=150mm	平面	压力表接管
h	Pg2.5Dg20	L=150/390mm	平面	进料口
i	Pg2.5Dg20	L=150mm	平面	温度计接管

件号	图号或标准号	名称	数量	材料	单 质量/kg	总 质量/kg	备注
16	NB/T 47024—2012	垫片δ=2	2	耐油石棉橡胶			
15	HG/T 20592—2009	凹凸面法兰Pg1 Dg110	1对				
14	JB/T 4736—2002	补强圈Dg200×6	1	1Cr18Ni9Ti			
13		第三塔节	1	1Cr18Ni9Ti			
12		垫圈φ16	480	A3			
11	GB/T 6710—2015	螺母 AM16	480	A3			
10		螺栓 M16×100	240	A3	0.66	1603	
9		塔体Ⅰφ600 L=1800 δ=4	1	1Cr18Ni9Ti			
8	GB/T 4736—2022	加强圈Dg200×6	1	1Cr18Ni9Ti			
7		筒体φ600 L=1485 δ=4	1	1Cr18Ni9Ti			Dg600×5
6	GB/T 25198—2010	椭圆形封头	2	1Cr18Ni9Ti			
5		人孔	7	A3			
4		裙座	1	A3			
3	GB/T 95—2002	垫圈φ30	16	A3			
2		螺母AM30	16	A3			
1	GB/T 799—2020	地脚螺栓	8	A3			

单位名称		
职责 签字 日期 设计 制图 描图 审核	粗醋酸精馏塔 总装配图	设计项目 设计阶段
	比例	第 张 共 张

图 5-4-1 精馏塔装配图

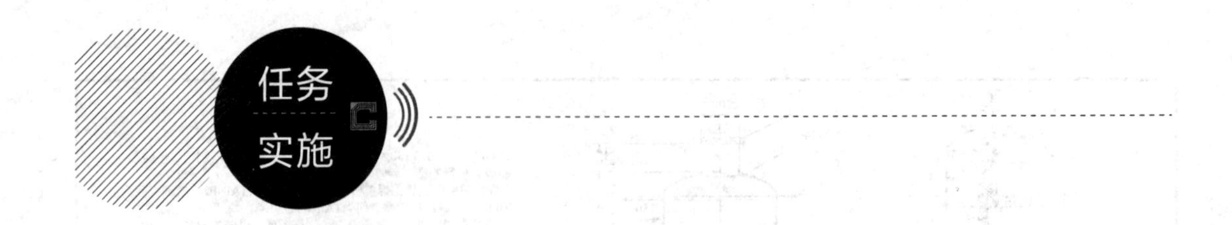

活动 1　换热器装配图识读

识图并填空

（1）本次绘制的精馏塔共设置塔板______块，每块塔板间距为______mm。所有塔板分布在______个塔节上，从下到上分别是：第一塔节，分配______块塔板，长______mm，塔内径为______mm，厚度为______mm；第二塔节，分配_______块塔板，长______mm；第三塔节，分配________块塔板，长______mm（其中一块塔板为进料塔板，高500mm）；第四塔节，分配_______块塔板，长1800mm。

答案：26、300、4、7、2100、600、4、7、2100、6、2000、6

（2）塔釜由于要起到液体储存及气液分离的作用，其高度为______mm，其中封头高度为120mm，封头为________封头。塔顶上面气体出口及回流液进口的塔节距离为______mm，该塔节上气体出口管子的公称直径为______mm，长度为______mm。

答案：1485、椭圆形、1120、200、150

（3）图5-4-1中液体进料管和回流液进料管的内管直径为______mm，采用_______安装方式，总长度______mm，外套管即直径为______mm的管子，伸出筒体外壁面长度为______mm，内管外端和套管外端的距离为______mm。

答案：20、可拆卸式、390、40、150、100

（4）气体进料管是直径为______mm的管子，其长度有两个数据，分别为______mm和______mm。气体出口管在塔顶，采用直径为______mm的管子，由于封头厚度较小，故采用_______零部件，该补强圈直径为______mm，厚度______mm。

如图5-4-2所示，本设备中采用椭圆形封头，但不是标准的椭圆形封头，而是扁平一点，内长轴______mm、短轴______mm、折边______mm、厚度______mm。

答案：200、150、390、200、补强圈、200、6、600、200、20、4

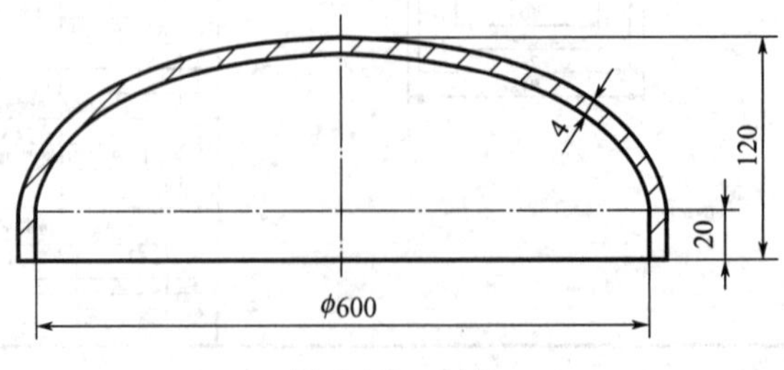

图5-4-2　封头

活动 2　图纸识读

1. 编写识读图纸方案。

步骤	内容	备注
1		
2		
3		
4		
5		

2. 识读图纸。识读图纸方案经教师审阅通过后，按照要求识读图纸，写下识读结果。

活动 3　现场洁净

1. 清扫操作区域，保持工作场所干净、整洁。
2. 产生的废弃物品，统一回收到垃圾桶，不可随意丢弃。
3. 关闭水、电、气和门窗，最后离开教室的学生锁好门锁。

活动 4　撰写实训报告

回顾完成塔设备图纸识读过程，每人写一份小报告，内容包括团队完成情况、个人参与情况、做得好的地方、尚需改进的地方等。

1. 学生以小组为单位，按照任务要求，进行自查、互评与总结。
2. 教师参照评分标准进行考核评价。

3. 师生总结评价，改进不足，以便将来在学习或工作中做得更好。

序号	考核项目	考核内容	配分	得分
1	技能训练	识图并填空	30	
		任务完成	40	
		实训报告诚恳、体会深刻	10	
2	求知态度	求真求是、主动探索	3	
		执着专注、追求卓越	3	
3	安全意识	爱护工具，文明操作	2	
		安全事故，如发生人为的操作安全事故、设备人为损坏、伤人等情况，“安全意识”不得分		
4	团结协作	分工明确、团队合作能力	3	
		沟通交流恰当，文明礼貌、尊重他人	2	
		自主参与程度、主动性	2	
5	现场整理	劳动主动性、积极性	5	

附录

附录一　轴承和轴的配合　轴公差带代号（GB/T 275—2015）

<table>
<tr><td colspan="8">圆柱孔轴承</td></tr>
<tr><td colspan="3" rowspan="2">载荷情况</td><td rowspan="2">举例</td><td>深沟球轴承、
调心球轴承和
角接触球轴承</td><td>圆柱滚子轴承和
圆锥滚子轴承</td><td>调心滚子轴承</td><td>公差带</td></tr>
<tr><td colspan="4">轴承公称内径/mm</td></tr>
<tr><td rowspan="3">内圈承受旋转载荷或方向不定载荷</td><td colspan="2">轻载荷</td><td>输送机、
轻载齿轮箱</td><td>≤18
＞18～100
＞100～200
—</td><td>—
≤40
＞40～140
＞140～200</td><td>—
≤40
＞40～100
＞100～200</td><td>h5
j6
k6
m6</td></tr>
<tr><td colspan="2">正常载荷</td><td>一般通用机械、
电动机、泵、
内燃机、正齿
轮传动装置</td><td>≤18
＞18～100
＞100～140
＞140～200
＞200～280
—
—</td><td>—
≤40
＞40～100
＞100～140
＞140～200
＞200～400
—</td><td>—
≤40
＞40～65
＞65～100
＞100～140
＞140～280
＞280～500</td><td>j5　js5
k5
m5
m6
n6
p6
r6</td></tr>
<tr><td colspan="2">重载荷</td><td>铁路机车车辆
轴箱、牵引电机、
破碎机等</td><td>—</td><td>＞50～140
＞140～200
＞200
—</td><td>＞50～100
＞100～140
＞140～200
＞200</td><td>n6
p6
r6
r7</td></tr>
<tr><td rowspan="2">内圈承受固定载荷</td><td rowspan="2">所有载荷</td><td>内圈需在
轴向易移动</td><td>非旋转轴上的
各种轮子</td><td colspan="3" rowspan="2">所有尺寸</td><td>f6
g6</td></tr>
<tr><td>内圈不需
在轴向易移动</td><td>张紧轮、绳轮</td><td>h6
j6</td></tr>
<tr><td colspan="3">仅有轴向负荷</td><td colspan="4">所有尺寸</td><td>j6、js6</td></tr>
</table>

附录二　公差与配合（摘自 GB/T 1800.1～1800.2—2020、GB/T 1803—2003、GB/T 1804—2000）

1. 基本偏差系列

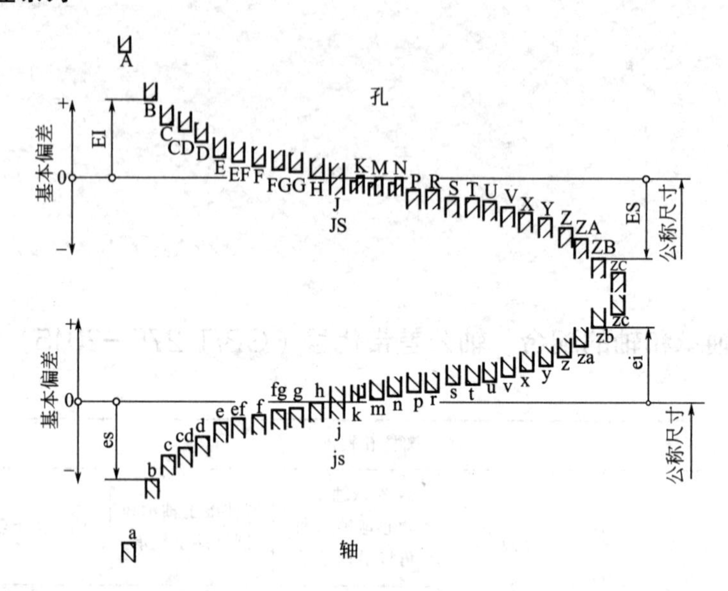

2. 标准公差值及轴的极限偏差值

公称尺寸 6～500mm 的标准公差数值

公称尺寸/mm	标准公差等级							
	IT5	IT6	IT7	IT8	IT9	IT10	IT11	IT12
>6～10	6	9	15	22	36	58	90	150
>10～18	8	11	18	27	43	70	110	180
>18～30	9	13	21	33	52	84	130	210
>30～50	11	16	25	39	62	100	160	250
>50～80	13	19	30	46	74	120	190	300
>80～120	15	22	35	54	87	140	220	350
>120～180	18	25	40	63	100	160	250	400
>180～250	20	29	46	72	115	185	290	460
>250～315	23	32	52	81	130	210	320	520
>315～400	25	36	57	89	140	230	360	570
>400～500	27	40	63	97	155	250	400	630

轴的基本偏差数值（μm）

公差带	等级	公称尺寸/mm							
		>10～18	>18～30	>30～50	>50～80	>80～120	>120～180	>180～250	>250～315
d	6	−50 −61	−65 −78	−80 −96	−100 −119	−120 −142	−145 −170	−170 −199	−190 −222
	7	−50 −68	−65 −86	−80 −105	−100 −130	−120 −155	−145 −185	−170 −216	−190 −242

续表

公差带	等级	公称尺寸/mm							
		>10～18	>18～30	>30～50	>50～80	>80～120	>120～180	>180～250	>250～315
d	8	−50 −77	−65 −98	−80 −119	−100 −146	−120 −174	−145 −208	−170 −242	−190 −271
	▼9	−50 −93	−65 −117	−80 −142	−100 −174	−120 −207	−145 −245	−170 −285	−190 −320
	10	−50 −120	−65 −149	−80 −180	−100 −220	−120 −260	−145 −305	−170 −355	−190 −400
f	▼7	−16 −34	−20 −41	−25 −50	−30 −60	−36 −71	−43 −83	−50 −96	−56 −108
	8	−16 −43	−20 −53	−25 −64	−30 −76	−36 −90	−43 −106	−50 −122	−56 −137
	9	−16 −59	−20 −72	−25 −87	−30 −104	−36 −123	−43 −143	−50 −165	−56 −186
g	5	−6 −14	−7 −16	−9 −20	−10 −23	−12 −27	−14 −32	−15 −35	−17 −40
	▼6	−6 −17	−7 −20	−9 −25	−10 −29	−12 −34	−14 −39	−15 −44	−17 −49
	7	−6 −24	−7 −28	−9 −34	−10 −40	−12 −47	−14 −54	−15 −61	−17 −69
h	5	0 −8	0 −9	0 −11	0 −13	0 −15	0 −18	0 −20	0 −23
	▼6	0 −11	0 −13	0 −16	0 −19	0 −22	0 −25	0 −29	0 −32
	▼7	0 −18	0 −21	0 −25	0 −30	0 −35	0 −40	0 −46	0 −52
	8	0 −27	0 −33	0 −39	0 −46	0 −54	0 −63	0 −72	0 −81
	▼9	0 −43	0 −52	0 −62	0 −74	0 −87	0 −100	0 −115	0 −130
k	5	9 1	11 2	13 2	15 2	18 3	21 3	24 4	27 4
	▼6	12 1	15 2	18 2	21 2	25 3	28 3	33 3	36 4
	7	19 1	23 2	27 2	32 2	38 3	43 3	50 4	56 4
m	5	15 7	17 8	20 9	24 11	28 13	33 15	37 17	43 20
	6	18 7	21 8	25 9	30 11	35 13	40 15	46 17	52 20
	7	25 7	29 8	34 9	41 11	48 13	55 15	63 17	72 20

续表

公差带	等级	公称尺寸/mm							
		>10～18	>18～30	>30～50	>50～80	>80～120	>120～180	>180～250	>250～315
n	5	20 12	24 15	28 17	33 22	38 23	45 27	51 31	57 34
	▼6	23 12	28 15	33 17	39 20	45 23	52 27	60 31	66 34
	7	30 12	36 15	42 17	50 20	58 23	67 27	77 31	86 34
p	5	26 18	31 22	37 26	45 32	52 37	61 43	70 50	79 56
	▼6	29 18	35 22	42 26	51 32	59 37	68 43	79 50	88 56
	7	36 18	43 22	51 26	62 32	72 37	83 43	96 50	108 56

注：标注▼者为优先公差等级，应优先选用。

js 的基本偏差$=\pm\frac{IT}{2}$，对 IT7～IT11，若 IT 的数值（μm）为奇数，则取 js$=\pm\frac{IT-1}{2}$，其中 IT 为相应公差等级。

附录三　几何公差（摘自 GB/T 1182—2018、 GB/T 1184—1996）

形位公差符号

分类	形状公差				位置公差							
项目	直线度	平面度	圆度	圆柱度	平行度	垂直度	倾斜度	同轴度	对称度	位置度	圆跳动	全跳动
符号	—	▱	○	⌭	//	⊥	∠	◎	⌯	⌖	↗	⌰

圆度和圆柱度公差（μm）

主参数 $d(D)$图例

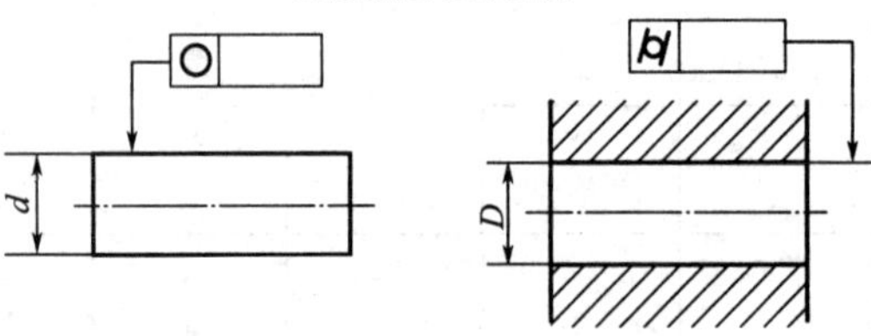

公差等级	主参数 $d(D)$/mm											应用举例
	>6 ～10	>10 ～18	>18 ～30	>30 ～50	>50 ～80	>80 ～120	>120 ～180	>180 ～250	>250 ～315	>315 ～400	>400 ～500	
5	1.5	2	2.5	2.5	3	4	5	7	8	9	10	安装 E、C 级滚动轴承的配合面，通用减速器的轴颈，一般机床的主轴
6	2.5	3	4	4	5	6	8	10	12	13	15	

续表

公差等级	主参数 $d(D)$/mm											应用举例
	>6~10	>10~18	>18~30	>30~50	>50~80	>80~120	>120~180	>180~250	>250~315	>315~400	>400~500	
7	4	5	6	7	8	10	12	14	16	18	20	千斤顶或压力油缸的活塞，水泵及减速器的轴颈，液压传动系统的分配机构
8	6	8	9	11	13	15	18	20	23	25	27	
9	9	11	13	16	19	22	25	29	32	36	40	起重机、卷扬机用滑动轴承等
10	15	18	21	25	30	35	40	46	52	57	63	

直线度和平面度公差（μm）

主要参数 L 图例

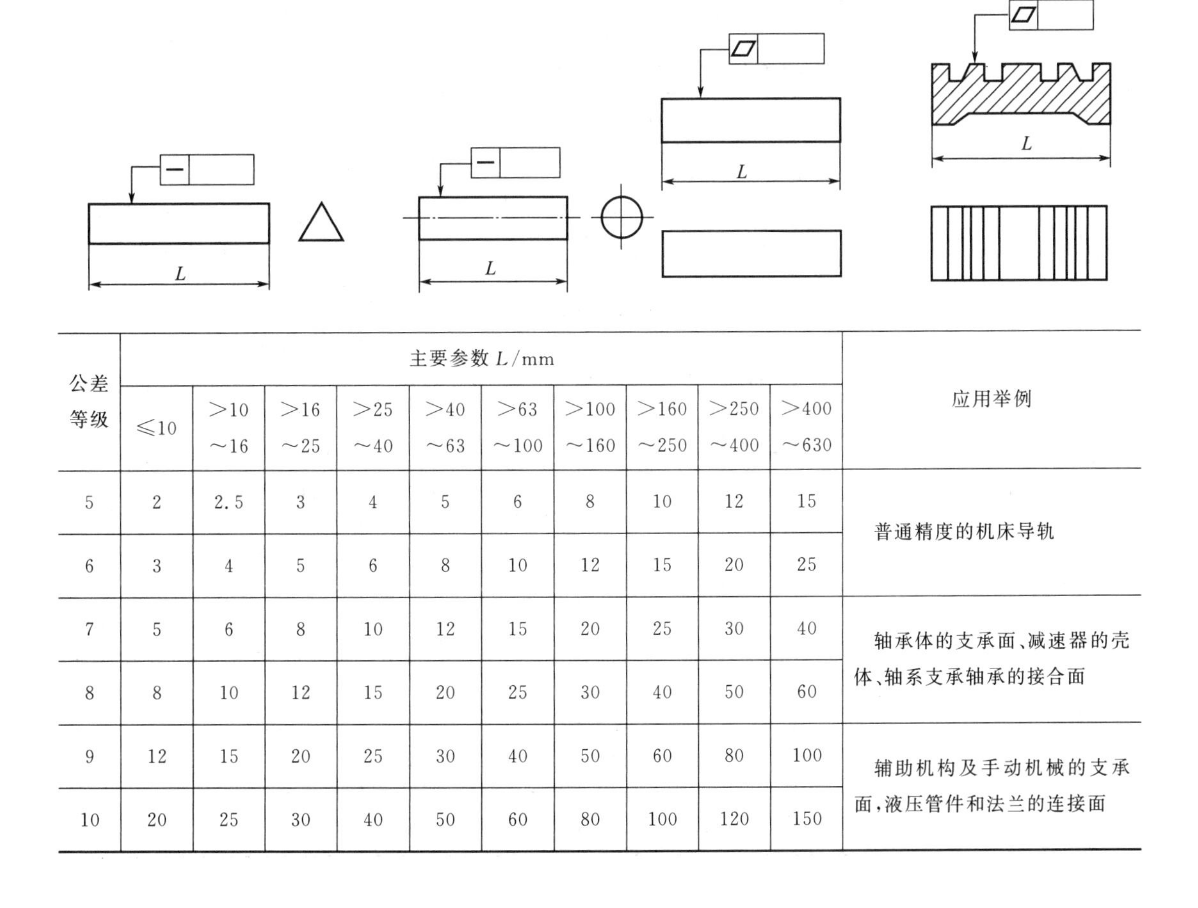

公差等级	主要参数 L/mm										应用举例
	≤10	>10~16	>16~25	>25~40	>40~63	>63~100	>100~160	>160~250	>250~400	>400~630	
5	2	2.5	3	4	5	6	8	10	12	15	普通精度的机床导轨
6	3	4	5	6	8	10	12	15	20	25	
7	5	6	8	10	12	15	20	25	30	40	轴承体的支承面、减速器的壳体、轴系支承轴承的接合面
8	8	10	12	15	20	25	30	40	50	60	
9	12	15	20	25	30	40	50	60	80	100	辅助机构及手动机械的支承面，液压管件和法兰的连接面
10	20	25	30	40	50	60	80	100	120	150	

平行度、垂直度和倾斜度公差（μm）

主参数 L、$d(D)$图例

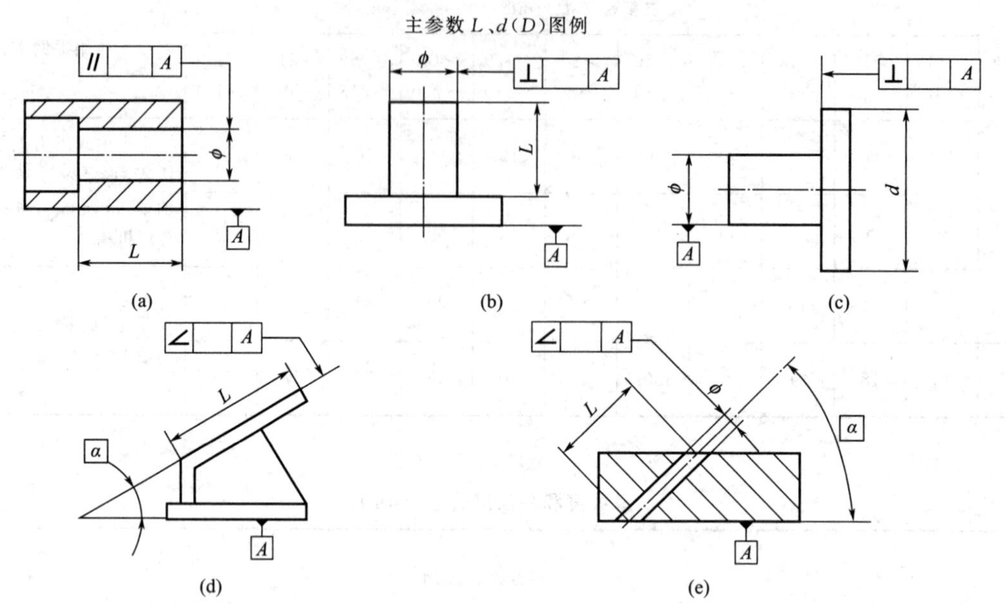

注：L 和 $d(D)$为被测要素的长度和直径。

公差等级	主参数 L、$d(D)$/mm										应用举例
	≤10	>10～16	>16～25	>25～40	>40～63	>63～100	>100～160	>160～250	>250～400	>400～630	
5	5	6	8	10	12	15	20	25	30	40	垂直度用于发动机的轴和离合器的凸缘，装 D、E 级轴承和装 C、D 级轴承箱体的凸肩
6	8	10	12	15	20	25	30	40	50	60	平行度用于中等精度钻模工作面，7～10 级精度齿轮传动壳体孔中心线
7	12	15	20	25	30	40	50	60	80	100	垂直度用于装 F、G 级轴承壳体孔的轴线，按 h6 与 g6 连接的锥形轴减速机的机体孔中心线
8	20	25	30	40	50	60	80	100	120	150	平行度用于重型机械轴承盖的端面、手动传动装置中的传动轴
9	30	40	50	60	80	100	120	150	200	250	
10	50	60	80	100	120	150	200	250	300	400	

同轴度、对称度、圆跳动和全跳动公差（μm）

主参数 $d(D)$、B、L 图例

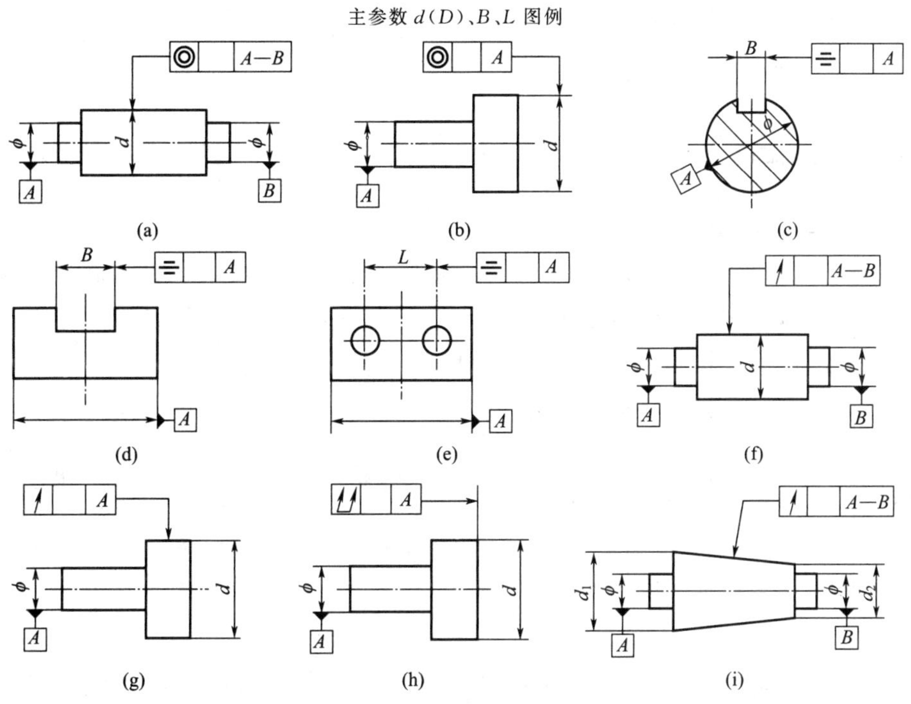

(a) (b) (c) (d) (e) (f) (g) (h) (i)

公差等级	主参数 $d(D)$、B、L/mm								应用举例
	>3～6	>6～10	>10～18	>18～30	>30～50	>50～120	>120～250	>250～500	
5	3	4	5	6	8	10	12	15	
6	5	6	8	10	12	15	20	25	6 和 7 级精度齿轮轴的配合面，较高精度的快速轴，较高精度机床的轴套
7	8	10	12	15	20	25	30	40	
8	12	15	20	25	30	40	50	60	8 和 9 级精度齿轮轴的配合面，普通精度高速轴（100r/min 以下），长度 1m 以下主传动轴，起重运输机的鼓轮配合孔和导轮的滚动面
9	25	30	40	50	60	80	100	120	
10	50	60	80	100	120	150	200	250	

附录四 表面粗糙度

表面粗糙度 *Ra* 值的应用范围

粗糙度代号		光洁度代号	表面形状、特征	加工方法	应用范围
Ⅰ	Ⅱ				
			除净毛刺	铸、锻、冲压、热轧、冷轧	用于保持原供应状况的表面
*Ra*2.5	*Ra*12.5	▽3	微见刀痕	粗车、刨、立铣、平铣、钻	毛坯粗加工后的表面

续表

粗糙度代号		光洁度代号	表面形状、特征	加工方法	应用范围
Ⅰ	Ⅱ				
$\sqrt{Ra12.5}$	$\sqrt{Ra6.3}$	▽4	可见加工痕迹	车、镗、刨、钻、平铣、立铣、锉、粗铰、磨、铣齿	比较精确的粗加工表面，如车端面、倒角
$\sqrt{Ra6.3}$	$\sqrt{Ra3.2}$	▽5	微见加工痕迹	车、镗、刨、铣、刮1～2点/cm^2、拉、磨、锉滚压、铣齿	不重要零件的非接合面，如轴、盖的端面，倒角、齿轮及皮带轮的侧面，平键及键槽的上下面，轴或孔的退刀槽
$\sqrt{Ra3.2}$	$\sqrt{Ra1.6}$	▽6	看不见加工痕迹	车、镗、刨、铣、铰、拉、磨、滚压、铣齿、刮1～2点/cm^2	IT12级公差的零件的接合面，如盖板、套筒等与其他零件连接但不形成配合的表面，齿轮的非工作面，键与键槽的工作面，轴与毡圈的摩擦面
$\sqrt{Ra1.6}$	$\sqrt{Ra0.8}$	▽7	可辨加工痕迹的方向	车、镗、拉、磨、立铣、铰、滚压、刮3～10点/cm^2	IT8～IT12级公差的零件的接合面，如皮带轮的工作面、普通精度齿轮的齿面、与低精度滚动轴承相配合的箱体孔
$\sqrt{Ra0.8}$	$\sqrt{Ra0.4}$	▽8	微辨加工痕迹的方向	铰、磨、镗、拉、滚压、刮3～10点/cm^2	IT6～IT8级公差的零件的接合面；与齿轮、蜗轮、套筒等的配合面；与高精度滚动轴承相配合的轴颈；7级精度大小齿轮的工作面；滑动轴承轴瓦的工作面；7～8级精度蜗杆的齿面
$\sqrt{Ra0.4}$	$\sqrt{Ra0.2}$	▽9	不可辨加工痕迹的方向	布轮磨、磨、研磨、超级加工	IT5、IT6级公差的零件的接合面，与C级精度滚动轴承配合的轴颈；3、4、5级精度齿轮的工作面
$\sqrt{Ra0.2}$	$\sqrt{Ra0.1}$	▽10	暗光泽面	超级加工	仪器导轨表面；要求密封的液压传动的工作面；塞的外表面；活塞气缸的内表面

注：1. 粗糙度代号Ⅰ为第一种过渡方式。它是取新国标中相应最靠近的下一挡的第1系列值，如原光洁度（旧国标）为▽5，*Ra* 的最大允许值取6.3。因此，在不影响原表面粗糙度要求的情况下，取该值有利于加工。

2. 粗糙度代号Ⅱ为第二种过渡方式。它是取新国标中相应最靠近的上一档的第1系列值，如原光洁度为▽5，*Ra* 的最大允许值取3.2。因此，取该值提高了原表面粗糙度的要求和加工的成本。

附录五　平键和键槽的剖面尺寸表

轴径	键			键槽								
				宽度 b 极限偏差					轴 t		毂 t_1	
	b	h	L	较松连接		一般连接		较紧连接	公称尺寸	极限偏差	公称尺寸	极限偏差
				轴	毂	轴	毂	轴/毂				
＞12～17	5	5	10～56	＋0.030	＋0.078	0	±0.015	＋0.012	3	＋0.1	2.3	＋0.1
＞17～22	6	6	14～70	0	＋0.030	－0.030		－0.042	3.5	0	2.8	0
＞22～30	8	7	18～90	＋0.036	＋0.048	0	±0.018	－0.015	4	＋0.2	3.3	＋0.2
＞30～38	10	8	22～110	0	＋0.040	－0.036		－0.051	5	0	3.3	0
L 系列	6、8、10、12、14、18、20、22、25、28、32、36、40、45、50、56、63、70、80、…											

参考文献

[1] 靳兆文. 压缩机运行与维修实用技术 [M]. 北京：化学工业出版社，2014.
[2] 周国良. 压缩机维修手册 [M]. 北京：化学工业出版社，2010.
[3] 王灵果，姜凤华. 化工设备与维修 [M]. 北京：化学工业出版社，2013.
[4] 王勇. 换热器维修手册 [M]. 北京：化学工业出版社，2010.
[5] 魏龙. 泵运行与维修实用技术 [M]. 北京：化学工业出版社，2014.
[6] 郑津洋，董其伍，桑芝富. 过程设备设计 [M]. 3 版. 北京：化学工业出版社，2010.
[7] 马世辉. 压力容器安全技术 [M]. 北京：化学工业出版社，2012.
[8] 王显方. 化工设备基础 [M]. 北京：中国纺织出版社，2016.
[9] 董大勤，高炳军，董俊华. 化工设备机械基础 [M]. 4 版. 北京：化学工业出版社，2011.
[10] 胡建生. 工程制图 [M]. 5 版. 北京：化学工业出版社，2014.
[11] 方利国，董新法. 化工制图 AutoCAD 实战教程与开发 [M]. 北京：化学工业出版社，2005.
[12] 杨雁. 化工图样的识读与绘制 [M]. 北京：化学工业出版社，2013.
[13] 熊放明，曹咏梅. 化工制图 [M]. 2 版. 北京：化学工业出版社，2018.